Springer Series in Synergetics

Editor: Hermann Haken

Synergetics, an interdisciplinary field of research, is concerned with the cooperation of individual parts of a system that produces macroscopic spatial, temporal or functional structures. It deals with deterministic as well as stochastic processes.

Volume 1 **Synergetics** An Introduction 2nd Edition
By H. Haken

Volume 2 **Synergetics** A Workshop
Editor: H. Haken

Volume 3 **Synergetics** Far from Equilibrium
Editors: A. Pacault and C. Vidal

Volume 4 **Structural Stability in Physics**
Editors: W. Güttinger and H. Eikemeier

Volume 5 **Pattern Formation** by Dynamic Systems and **Pattern Recognition**
Editor: H. Haken

Volume 6 Dynamics of **Synergetic Systems**
Editor: H. Haken

Volume 7 Problems of **Biological Physics**
By L. A. Blumenfeld

Volume 8 **Stochastic Nonlinear Systems** in Physics, Chemistry, and Biology
Editors: L. Arnold and R. Lefever

Volume 9 Numerical Methods in the **Study of Critical Phenomena**
Editors: J. Della Dora, J. Demongeot, and B. Lacolle

Volume 10 **The Kinetic Theory of Electromagnetic Processes**
By Yu. L. Klimontovich

Volume 11 **Chaos and Order in Nature**
Editor: H. Haken

Volume 12 **Nonlinear Phenomena in Chemical Dynamics**
Editors: C. Vidal and A. Pacault

Volume 13 **Handbook of Stochastic Methods** for Physics, Chemistry and the Natural Sciences
By C. W. Gardiner

Volume 14 **Concepts and Models of a Quantitative Sociology**
The Dynamics of Interacting Populations
By W. Weidlich and G. Haag

Volume 15 **Noise Induced Transitions.** Theory and Applications in Physics, Chemistry, and Biology
By W. Horsthemke and R. Lefever

Volume 16 **Physics of Bioenergetic Processes**
By L. A. Blumenfeld

Volume 17 **Evolution of Order and Chaos** in Physics, Chemistry, and Biology
Editor: H. Haken

Volume 18 **The Fokker-Planck-Equation** By H. Risken

Evolution of Order and Chaos

in Physics, Chemistry, and Biology

Proceedings of the International Symposium on Synergetics at Schloß Elmau, Bavaria, April 26 – May 1, 1982

Editor: H. Haken

With 189 Figures

Springer-Verlag Berlin Heidelberg GmbH 1982

Professor Dr. Hermann Haken

Institut für Theoretische Physik der Universität Stuttgart, Pfaffenwaldring 57/IV
D-7000 Stuttgart 80, Fed. Rep. of Germany

ISBN 978-3-642-68810-2 ISBN 978-3-642-68808-9 (eBook)
DOI 10.1007/978-3-642-68808-9

Library of Congress Cataloging in Publication Data. International Symposium on Synergetics (1982 : Schloss Elmau, Bavaria). Evolution of order and chaos in physics, chemistry, and biology. (Springer series in synergetics ; v. 17). Bibliography: p. Includes index. 1. System theory--Congresses. 2. Order-disorder models--Congresses. 3. Physics--Congresses. 4. Chemistry--Congresses. 5. Biology--Congresses. I. Haken, H. II. Title. III. Title: Synergetics. IV. Series. Q295.I586 1982 501 82-16891

Softcover reprint of the harcover 1st edition 1982

2153/3130-543210

Preface

These proceedings contain the invited lectures presented at the International Symposium on Synergetics at Schloss Elmau in April, 1982. This symposium marked the 10th anniversary of symposia on synergetics, the first of which was held at Schloss Elmau in 1972. As is now well known, these symposia are devoted to the study of the formation of structures in physical systems far from thermal equilibrium, as well as in nonphysical systems such as those in biology and sociology.

While the first proceedings were published by Teubner Publishing Company in 1973 and the second by North Holland Publishing Company in 1974, the subsequent proceedings have been published in the Springer Series in Synergetics. I believe that these proceedings give a quite faithful picture of the developments in this new interdisciplinary field over the past decade.

As H.J. Queisser recently noted, the prefix "non", which is used quite frequently in modern scientific literature in words such as "nonequilibrium", "nonlinear", etc., indicates a new development in scientific thinking. Indeed, this new development was anticipated and given a framework in the introduction of "synergetics" more than a decade ago.

As everywhere in science, two main tendencies are visible here. On the one hand, we note the achievement of more and more detailed results, and on the other hand, the development of new unifying ideas. In synergetics the latter is unquestionably the main goal. The Springer Series in Synergetics endeavors to attain this goal in two ways. It provides a forum for interdisciplinary discussion by collecting the relevant detailed experimental and theoretical results, and it presents new concepts under which the various phenomena can be subsumed.

The main objective of synergetics was initially the study of the far-reaching analogies between quite different systems far from thermal equilibrium when they pass from disordered states to ordered states. In such transitions, temporal or spatial structures are created in a self-organized fashion on macroscopic scales. Over the past years, a remarkable confluence of ideas has taken place, and a large number of such transitions, which occur in close analogy with phase transitions of thermal equilibrium, have come to be understood.

It soon became apparent that in such systems a hierarchy of various transitions can take place when external conditions are changed. The question of universal features has again arisen, and a whole new class of phenomena, described as chaos, has become a focus of scientific study. By chaos we mean seemingly random motion which is described by deterministic equations. While at the beginning of these studies the randomness of such phenomena was the principal interest, over the past years it has become more and more evident that there are again considerable regularities to be observed experimentally and to be found mathematically. The discovery of such regularities has become an intriguing enterprise. In this respect the present volume must be seen in close connection with the previous book published in this series, "Chaos and Order in Nature".

The present proceedings also mark another shift of emphasis within the field of synergetics. While the emphasis has thus far been placed on dramatic changes in systems on *macroscopic* scales, such changes may, of course, also occur on the *microscopic* level, and I am very pleased to be able to include in these proceedings a paper by M. Eigen on the evolution of biomolecules. In this fascinating field of research, an intimate connection exists between dramatic changes on the microscopic, molecular level, and changes on the macroscopic, phenotypic level.

This symposium on synergetics was made possible by a grant from the "Stiftung Volkswagenwerk", Hannover, and I would like to take this opportunity to thank the VW-Foundation for its continued and active support of the synergetics project.
I also wish to thank my secretary, Mrs. U. Funke, for her efficient help in organizing this symposium and editing these proceedings.

Stuttgart, June 1982

H. Haken

Contents

Part I

Introduction

Introductory Remarks

H. Haken

Institut für theoretische Physik der Universität
D-7000 Stuttgart 80, Fed. Rep. of Germany

Let us briefly recall what the aims of synergetics are. The word "synergetics" is composed of Greek words meaning "working together". Practically all systems can be thought of being composed of individual parts such as atoms, molecules, cells, organs, animals,etc. In most cases the individual parts form an entity which may produce patterns, structures, or functions on macroscopic scales. Quite often the total system exhibits new qualities which are not present at the level of the individual parts, and at least in some disciplines the cooperation of the individual parts appears to be meaningful or purposeful.
In synergetics we ask the question whether there are general principles which govern the selforganized behavior of such systems. Both in the inanimate and animate world we find numerous kinds of structures such as snowflakes, or patterns like rolls, hexagons, or square patterns in fluids which are heated from below. In chemistry we observe chemical waves, spirals, or chemical turbulence. The formation of patterns like stripes or dots on furs or of rings on butterfly wings has become accessible to modelling by means of certain reaction diffusion equations.
A whole class of theories in biology can be now subsumed under this "paradigm"which due to its originator might be called Turing's paradigm. But while in the beginning, processes of cell differentiation leading to macroscopic patterns were in the foreground of interest, the present proceedings contain at least two new aspects. In this contribution Hunding shows how an understanding of mytosis may become possible by use of such concepts and Gierer presents his interesting ideas how topologically correct connections between sensory organs and the corresponding neuronal net can be established.

At a still higher level it seems that we are about to understand the formation of organs, such as wings and feet of insects. Progress has also been made over the past decade in the understanding of temporal patterns or functions. A standard example for selfsustained oscillations, i.e..a temporal structure, is provided by the laser and by many further phenomena dealt with by quantum optics and quantum electronics. Important new results are reported in the subsequent contributions by Lugiato, Narducci, Velarde, Brun and others. Selfsustained oscillations may be found in quite different fields also, such as oscillations of rolls in the Taylor instability in fluid dynamics, and oscillating chemical reactions of which the Belousov-Zhabotinsky reaction is but one.

Biology provides us with a wealth of rhythms and even brain waves indicate the cooperativity of neurons at a macroscopic level. At this instant one should add a warning, however. Namely higher degree of order does not necessarily imply a higher content of meaning. For instance Figure 1 shows an EEG, where the upper part refers to normal brain activity while the lower part refers to brain waves in epileptic seizures. Using modern scientific language, we are inclined to consider the upper curve as an example of a "chaotic" motion. This example reveals a rather deep problem, namely in how far the human mind will be able to decipher or interpret sequences of events. For instance in fluid dynamics we are inclined to believe that turbulence is a state of disorder. A glance at Fig. 1 and its interpretation in human behavior would lead us to the conclusion that turbulence is a highly structured and ordered phenomenon. I think a good deal of clarification is still waiting for terms like "structure" and "order". If we identify order with obvious regularities then the use of the term "ordered structure" should be applied with great caution and might lead us away from our main goal, namely to understand the evolution of more and more complicated structures.

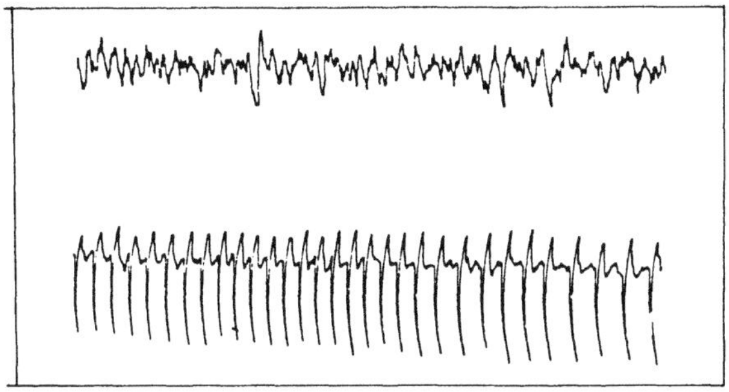

Fig. 1

It is by now well-known that in thermal equilibrium physical systems undergoing phase transitions share a number of common features and it is a celebrated success of phase transition theory that it was possible to unearth the underlying common roots. Though synergetics deals with systems far from thermal equilibrium and with nonphysical systems it was able to reveal similarly common features, i.e., quite different systems change their macroscopic structure on account of the same principles. On the other hand synergetics is still richer than phase transition theory because quite a number of its systems exhibit an instability hierarchy, i.e., by changing control parameter a whole sequence of different states can be reached. Beautiful examples are nowadays provided by fluid dynamics and chemistry. For instance in chemistry a whole series of transitions from periodic to chaotic to periodic to chaotic, etc., was observed. A rich variety of instabilities occur also in laser physics (quantum optics) and here especially in optical bistability.

A common basis for a treatment of all these effects is provided by so-called evolution equations which have been discussed over and over again in our previous conferences so that there is no need of repeating them here. It is nowadays well known that besides such equations which are continuous in time, discrete maps play an important role in getting an overview over instability hierarchies of which period doubling is but one. In the realm of synergetics the profound analogies are not a surprise. Indeed, the common root for such analogies has been discussed at many occasions. It lies in the slaving principle according to which at instability points only very few degrees of freedom, called order parameters, govern the behavior of the system. The order parameters obey the same type of equations irrespective of the nature of the subsystems. Universality classes can be established due to the smallness of the order parameters at transition points, at least in soft transitions, and due to symmetry. Actually these considerations hold not only for equations continuous in time but also for discrete maps. The slaving principle and the order parameter concept seem to be useful also in bringing order to various routes to turbulence, or, more precisely speaking, to "weak turbulence". To illustrate this remark let us consider a system with a control parameter. Let a system first be quiescent. When the control parameter is changed, the system becomes unstable and is described by a low dimensional subspace of order parameters, say a three-dimensional subspace. When the control parameter is changed further within such a subspace quite a variety of things may happen, e.g., period doubling as is well known from nonlinear differential equations such as the Duffing equation. At any rate it is important to note that many of the nowadays known phenomena, such as period doubling sequences, transition to chaos, and intermittency, take place in a low dimensional order parameter subspace. When the control parameter is changed further, new types of instabilites may occur in which the dimension of the order parameter subspace becomes bigger.

At this occasion it might be useful to add some comments on chaos. While the irregular motion due to exponentially divergent trajectories is a feature which quite rightly stands in the foreground of our interest, another aspect might be of interest equally well. When one looks at experiments of chaotic processes, e.g., in chemistry, or at theoretical results, still certain regularities can be observed. Therefore another approach to cope with chaos will be to consider it as motion which has still some regularities but with some flaws. In a way even chaotic systems may fulfill purposes provided we set sufficiently broad error marks. Another aspect of chaos has been alluded to before. Chaotic motion may imply a high degree of structure and it will be our task to disentangle this complicated structure further.

Over the past years remarkable progress has been made in the study of discrete maps, as is witnessed by the contributions of Grossmann, Peitgen, Geisel and others to this volume.

With respect to future research which tries to make contact with experiments further studies seem to be necessary which bridge the gap between the underlying differential equations (e.g., the Navier-Stokes equations) and discrete maps. Of course, one might think of other approaches also, e.g., via topology.

Part II

Evolution

Ursprung und Evolution des Lebens auf molekularer Ebene*

Manfred Eigen

Max-Planck-Institut für biophysikalische Chemie
D-3400 Göttingen, Fed. Rep. of Germany

1. Biologische Komplexität

Das auffälligste Merkmal *biologischer* Organisation ist ihre Komplexität. Das wird besonders deutlich, wenn wir ins molekulare Detail eindringen. Das *physikalische* Problem der Lebensentstehung kann auf die Frage reduziert werden: Gibt es einen gesetzmäßigen Mechanismus für die reproduzierbare Erzeugung von Komplexität? Eine Antwort auf die Frage, wie man sich die Entstehung biologischer Komplexität als gesetzmäßigen Prozess vorstellen kann, ist bereits vor ca. 120 Jahren von Charles Darwin gegeben worden. Aus heutiger Sicht sind Darwins Thesen etwa folgendermaßen zu formulieren:

- Komplexe Systeme entstehen evolutiv.
- Evolution basiert auf natürlicher Selektion.
- Natürliche Selektion ist eine gesetzmäßige Konsequenz der Selbstreproduktion.

Die dritte These is neo-darwinistischen Ursprungs. Sie geht aus den quantitativen Ansätzen der Populationsgenetik hervor, wie sie in der ersten Hälfte dieses Jahrhunderts vor allem von Haldane, Fischer und Wright ausgearbeitet wurden. Die molekularbiologische Revolution der fünfziger Jahre weckte die Euphorie, daß sich die Gesetze der Genetik auf die einfache Zauberformel

DNA ⟶ RNA ⟶ Protein ⟶ alles weitere

zurückführen ließen.

Dieses Dogma der Molekularbiologie postuliert, daß jedes Detail einer komplexen Struktur informationsgesteuert entsteht, wobei die Information un-umkehrbar von der genotypischen Legislative zur phänotypischen Exekutive der somatischen Seinsebene des Organismus fließt. Heute, in den achtziger Jahren – nachdem wir reversible

*Nachdruck eines Vortrages, der auf der Jahrestagung der Schweizerischen Naturforschenden Gesellschaft am 25. September 1981 in Davos gehalten wurde und der eine Zusammenfassung der Vorträge von M. Eigen und R. Winkler-Oswatitsch im Elmau Symposium darstellt.

Transkriptasen, Restriktionsendonukleasen, Extrons und Introns, kurzum Teile des natürlichen Instrumentariums zur Verarbeitung genotypischer Information besser kennengelernt haben – sind wir mit unseren Aussagen etwas vorsichtiger:

- Alle Lebewesen müssen ihre genetische Information reproduzieren.
- Nur Nukleinsäuremoleküle sind sequenzgetreu reproduktionsfähig.
- Reproduktion ist nicht nur die Grundlage der Informationserhaltung, sondern auch der selektiven Informationsbewältigung und Optimierung.

Dreißig Jahre molekularbiologischer Forschung haben uns gezeigt, *wie* wir heute fragen müssen. Am Anfang steht die genaue experimentelle Beobachtung des grundlegenden Prozesses, nämlich die Reproduktion der genetischen Information. Daraus folgt die Abstraktion eines biologischen Grundprinzips sowie die experimentelle Verifizierung seiner logischen Konsequenzen. Schließlich suchen wir in den biologischen Strukturen nach "fossilen" Spuren, die uns bestätigen, daß der historische Prozess der Lebenswerdung sich "im Prinzip" nach eben jenen Grundsätzen vollzogen hat. Im einzelnen sollen in enger Rückkopplung zwischen Theorie und Experiment folgende Fragen behandelt werden:

- Läßt sich zeigen, daß molekulare Selbstreproduktion Selektion und Evolution gesetzmäßig bedingen?
- Ist Selbstorganisation auf der Grundlage von Selbstreproduktion und Selektion ein zwangläufiger Prozess, dessen Voraussetzungen und Konsequenzen sich in natürlichen Systemen nachweisen lassen?
- Gibt es "fossile" Zeugnisse für den molekularen Evolutionsprozess?

2. Experimente zur molekularen Evolution

Wir befassen uns zunächst ausführlicher mit dem Reproduktionsmechanismus eines Virus, dessen genetische Information in einem einsträngigen RNA-Molekül niedergelegt ist. Das Virus benötigt für seine Aufgaben im wesentlichen vier Funktionen, die durch Proteineinheiten repräsentiert sind: Ein Kapsid als Verpackungsmaterial zum Schutz gegen hydrolytischen Abbau, ein Penetrationsenzym zum Einschleusen seiner genetischen Information, einen Faktor zur Auflösung der Wirtszelle sowie einen Umfunktionierungsmechanismus, der die gesamte komplexe Maschinerie der Wirtszelle der Befehlsgewalt des Virus unterordnet. In dem von uns untersuchten Fall wird dieser von einem Proteinmolekül wahrgenommen, das sich mit drei ribosomalen Wirtsproteinen assoziiert und damit ein Enzym ergibt, das das Virusgenom exklusiv erkennt und sehr schnell reproduziert. Der gesamte Stoffwechsel- und Übersetzungsapparat wird damit dem ausschließlichen Zweck untergeordnet, neue Viruspartikel zu produzieren. Allein in diesem Faktor ist *das Prinzip* der Virusinfektion begründet.

Der Reproduktionsmechanismus eines RNA-Bakterien-Virus ist in Abb.1 schematisch dargestellt.

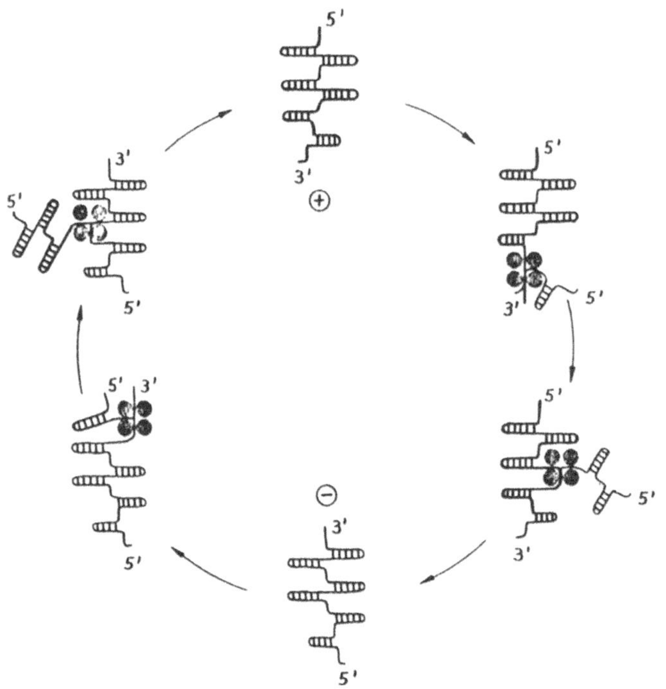

Abb.1. Die einzelsträngige RNA des Bakterienvirus Q_β reproduziert sich mit Hilfe eines Enzyms, Q_β-Replikase genannt, das aus vier Untereinheiten (schwarze Punkte) besteht. Das Enzym erkennt die Matrize spezifisch und läuft bei der Synthese vom 3'- zum 5'-Ende des Matrizenstranges. Die gebildete Replica (-) ist zur Matrize (+) komplementär. Aufgrund einer Symmetrie zwischen 3'- und 5'-Ende haben Plus- und Minusstrang gleichartige 3'-Enden, die beide von der Replikase spezifisch erkannt werden. Der Minus-Strang wirkt daher ebenfalls als Matrize für die Bildung eines Plus-Stranges. Die innere Faltungsstruktur beider Stränge verhindert die Ausbildung einer Plus-Minus-Doppelhelix

Das aus vier Untereinheiten bestehende Enzym läuft vom 3'- zum 5'-Ende der Matrize. Der neugebildete Strang, die Replica, hat eine zur Matrize komplementäre innere Faltungsstruktur, die verhindert, daß ein Doppelstrang gebildet wird. SPIEGELMAN et al. [1], der als erster das spezifische Reproduktionsenzym dieses Virus-Q_β genannt—isolierte und mit seiner Hilfe in vitro infektiös wirksame Virus-RNA synthetisieren konnte, hat gezeigt, daß durch Tempern die Reproduktionsfähigkeit des Virus verloren geht. Die Reproduktion erfolgt nicht kontinuierlich. Das Enzym pausiert an sogenannten "pause sites". Vermutlich muß es warten, bis ein weiterer Teilbereich der Matrize aufgeschmolzen ist, um dann in relativ schnellem Durchlauf diesen Bereich zu kopieren. SPIEGELMAN et al. [2] verdanken wir auch die Entdeckung und Isolierung einer nicht-infektiösen, etwa 220 Nukleotide langen RNA-Komponente. Dieses "Midivariante" genannte RNA-Molekül besitzt einen "Ausweis", so daß es vom Enzym ebenso wie die echte Q_β-RNA erkannt und dann—allerdings sehr viel schneller als diese—reproduziert wird. "Midivariante" ist also ein Schmarotzer, der selber keine Infektion bewirkt, da er das spezifische Reproduktionsenzym nicht aufbauen kann.

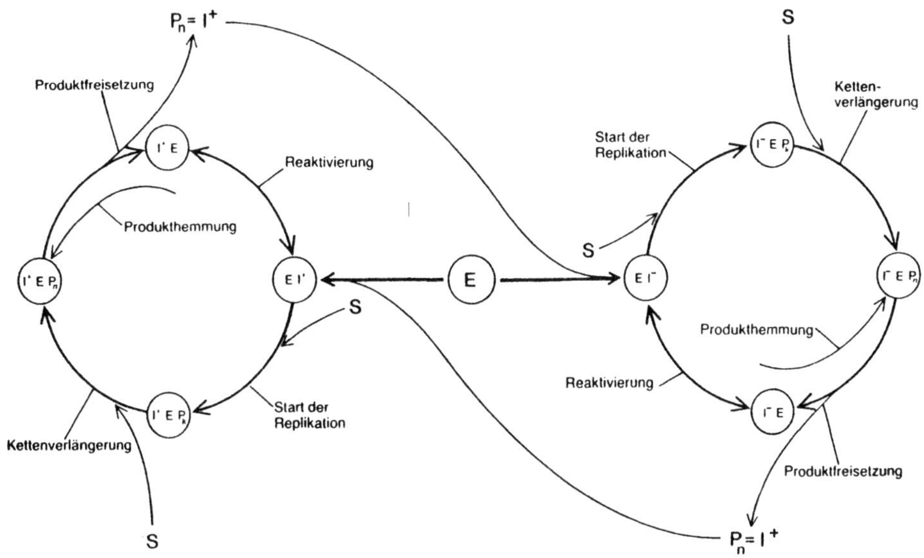

Abb.2. Charakteristisch für den Mechanismus der RNA-Replikation sind die miteinander gekoppelten Synthesezyklen für den Plus- und Minus-Strang. Der katalytisch wirksame Komplex besteht aus dem Enzym, der Replikase, und einem RNA-Matrizenstrang. Vier Phasen lassen sich in jedem Zyklus unterscheiden: Start der Replikation durch Anlagerung von mindestens zwei Substratmolekülen (Nukleosidtriphosphaten). Elongation des Replicastranges durch sukzessiven Einbau von Nukleotiden, Freisetzung der fertigen Replica, Dissoziation des am 5'-Ende der Matrize gebundenen Enzyms und Reassoziation am 3'-Ende eines Matrizenstranges. I repräsentiert die Matrix (Information), E das Enzym, P das Reaktionsprodukt, das nach Fertigstellung (P_n) und Freisetzung als Matrize (I) wirkt. S ist das Substrat, also jeweils eins der vier Nukleosidtriphosphate von A, U, G und C

Wir haben in unserem Laboratorium den Mechanismus der RNA-Replikation mithilfe der Q_β-Replikase quantitativ studiert [3-6]. Die Untersuchungen wurden von Manfred Sumper und Rüdiger Luce begonnen und später von Christof Biebrichter und Rüdiger Luce fortgeführt. Unsere Kenntnisse über den Reaktionsmechanismus der Replikation resultieren aus

- experimentellen Untersuchungen der Replikationsgeschwindigkeit als Funktion der Substrat-, Enzym- und RNA-Matrizen-Konzentrationen,
- der analytischen Behandlung eines Replikationsmodells (s. Abb.2) und
- der Computersimulation dieses Modells mit realistischen Parametern, die aus den experimentellen Daten gewonnen wurden.

Ein typisches Experiment is in Abb.3 skizziert. Gemessen wird die Menge neu synthetisierter RNA – indiziert durch ein P^{32}-markiertes Nukleotid – als Funktion der Zeit. Die Konzentrationen der Substrate (das sind die vier Nukleosidtriphosphate von A, U, G und C) sowie des Enzyms sind konstant. Die Anfangskonzentration der RNA hingegen wird seriell variiert, indem man jeweils um einen konstanten Faktor verdünnt. Die Messkurven, nämlich der Anstieg der RNA-Konzentration mit der Zeit, lassen sich in drei Phasen unterteilen:

1) Eine Induktionsperiode, die mit steigender Verdünnung logarithmisch zunimmt. Verdünnung um einen konstanten Faktor bedeutet jeweils eine konstante Verschiebung auf der Zeitachse.
2) Ein linearer Anstieg der RNA-Konzentration mit der Zeit, der einsetzt, wenn die RNA-Matrizen-Konzentration ungefähr gleich der Enzymkonzentration ist.
3) Ein Plateau, das erst erreicht wird, wenn die RNA-Konzentration sehr groß gegenüber der Enzymkonzentration ist.

Diesem Reaktionsverhalten liegt folgender kinetischer Sachverhalt zugrunde: Die Reaktion, deren Produkt neue RNA-Matrizen sind, wird katalysiert durch einen Komplex aus Enzym und Matrize. Die Affinität zwischen beiden katalytischen Partnern ist so hoch, daß bei der gewählten Enzymkonzentration (ca. 10^{-7} Mol/Liter) zunächst jedes RNA-Molekül an ein Enzymmolekül bindet. Die Zahl der katalytisch aktiven Komplexe nimmt exponentiell zu, und zwar bis die RNA-Konzentration gleich der Enzymkonzentration ist. Alle Enzymmoleküle sind dann mit Matrizen gesättigt. Die lineare Phase deutet an, daß die Zahl der pro Zeiteinheit neu synthetisierten RNA-Moleküle nunmehr konstant bleibt, eben weil die Zahl katalytisch aktiver RNA-Enzymkomplexe sich nicht mehr ändert. Die neugebildeten RNA-Moleküle binden aber nicht nur als Matrize an das Enzymmolekül, sondern auch—wenngleich mit geringerer Affinität—am Syntheseort des Produkts. In der linearen Phase setzt daher eine Hemmung durch überschüssige RNA-Moleküle ein, die schließlich die Reaktion voll-

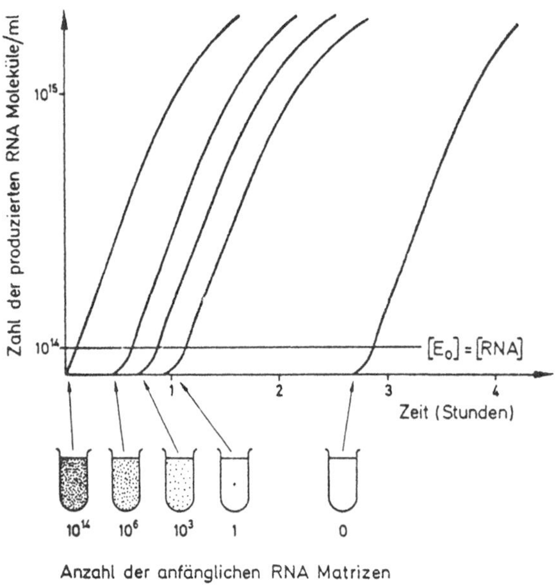

Abb.3. Inkubiert man Syntheselösungen (Puffer, Ionen, Q_β-Replikase, Nukleosidtriphosphate und RNA-Matrizen) mit einer äquivalenten Menge von Enzymmolekülen und Matrizensträngen, so erfolgt die Vermehrung der RNA-Moleküle linear mit der Zeit, denn die Zahl der katalytisch wirksamen Komplexe ist gleich der konstanten Zahl der Enzymmoleküle. (Das Abbiegen der Reaktionskurven bei hohen RNA-Konzentrationen resultiert aus einer Hemmung des Enzyms, hervorgerufen durch Bindung von überschüssiger RNA im aktiven Zentrum). Verringert man die Matrizenkonzentration seriell um jeweils den gleichen Faktor, so verschieben sich die Wachstumskurven um konstante Abschnitte auf der Zeitachse. Diese logarithmische Abhängigkeit der Induktionszeiten von der Verdünnung zeigt ein exponentielles Wachstumsgesetz, das gültig ist, solange das Enzym im Überschuß von RNA ist. Hier nimmt die Zahl der katalytisch aktiven Komplexe aufgrund der RNA-Vermehrung ständig zu (Autokatalyse). Auch wenn kein Matrizenstrang vorhanden ist, entsteht nach langer Induktionszeit "de novo" RNA, die als Matrize wirkt und schnell vermehrt wird. Diese "de novo"-Synthese von RNA ist eine besondere Eigenschaft der Q_β-Replikase

ständig zum Stillstand bringt. Durch Abwandlung der Versuchsbedingungen, wie Veränderung der Substrat-Konzentration, der Enzym-Konzentration oder des Verhältnisses der Anfangskonzentration von Plus- und Minusstrang der Matrize, konnte eine quantitative Zuordnung der kinetischen Parameter erzielt und das in Abb.2 gezeigte Reaktionsschema verifiziert werden. Die wesentlichen Ergebnisse dieser Untersuchung sind:

- Die Replikation wird von einem Komplex katalysiert, der aus einem Enzym- und einem RNA-Molekül besteht.
- Die Wachstumsrate ist demzufolge der kleineren von beiden Bruttokonzentrationen (Enzym bzw. RNA) proportional. Das bedeutet für kleine RNA-Konzentrationen exponentielles, für große RNA-Konzentrationen lineares Wachstum.
- Bei Konkurrenz zwischen verschiedenen Mutanten wächst auch im linearen Bereich die vorteilhafte Mutante exponentiell an, bis diese das Enzym vollkommen sättigt.
- Selektionsvorteil in der linearen Phase basiert allein auf der Kinetik der Matrizen-Enzymbindung. In der exponentiellen Phase dagegen werden die Erzeugungsraten der verschiedenen Mutanten bewertet.
- Plus- und Minus-Strang tragen in der Exponentialphase mit dem geometrischen, in der linearen Phase mit dem harmonischem Mittel ihrer Geschwindigkeitsparameter zur Wachstumsrate bei. Das Ensemble von Plus- und Minusstrang wächst konform hoch. Die Gesamtrate ergibt sich als geometrisches Mittel aus beiden Geschwindigkeitsparametern.
- Die Replikationsgeschwindigkeit hängt von der Länge der zu synthetisierenden RNA-Kette ab und ist eine Funktion der mittleren Substratkonzentration (A, U, G, C). Die Abhängigkeit ist schwächer als linear, da die sukzessive eingebauten Substrate bereits teilweise am Enzym gebunden vorliegen.

Wir kommen nun zur eigentlichen Fragestellung: Was sind die gesetzmäßigen Konsequenzen der Replikation? Lassen sich mit Hilfe eines replikativen Systems evolutiv neue Eigenschaften erzeugen? Sind die Merkmale des replikativen Systems hinreichend, oder bedarf es noch anderer essentieller Eigenschaften?

SPIEGELMAN [7] hatte auch hier schon eine wichtige Anregung gegeben. Durch serielle Übertragungen von RNA-Matrizen in Nährmedien hatte er am Ende der Versuchsreihe Varianten des Q_β-Genoms selektiert, die zwar nicht mehr infektiös waren, sich dafür aber durch eine höhere Replikationsrate (bezogen auf das einzelne Nukleotid) auszeichneten. Sie entkamen auf diese Weise dem Selektionsdruck der Ausdünnung durch schnellere Replikation. Das Wesentliche dabei war, daß diese neuen Varianten nicht nur spezifisch schneller wuchsen, sondern daß sie anstelle der ursprünglich 4500 nur noch 500 Nukleotide besaßen und somit auch die Replikationsrunde sehr viel schneller beenden konnten. Eine solche Evolution, bei der Information verlorengeht, mag eher als Degeneration bezeichnet werden. Doch zeigen die Untersuchungen, daß dieses Replikationssystem sehr anpassungsfähig ist - eine wesentliche Voraussetzung für evolutives Verhalten.

Diese Versuche gewannen an Aktualität, als Manfred Sumper im Jahre 1974 eine überraschende Beobachtung machte. In Verdünnungsreihen, die soweit getrieben wurden, daß in der Probe nur noch mit sehr geringer Wahrscheinlichkeit überhaupt eine Matrize vorhanden sein konnte, entstand dennoch reproduzierbar und homogen ein Molekül, das etwa die Größe und die Struktur der von Spiegelman isolierten "Midivariante" hatte. In Abb.3 ist dieses Phänomen angedeutet. Zum Unterschied von den matrizengesteuerten Replikationen ist diese Synthese mit einer unverhältnismäßig langen und von den Versuchsbedingungen in kritischer Weise abhängigen Induktionsperiode verknüpft. Sumper was sofort überzeugt, daß er eine vom Q_{β}-Enzym "erfundene" und "de novo" synthetisierte Variante in den Händen hatte. (Seine Fachkollegen dagegen plädierten fast sämtlich auf eine durch das Enzym eingeschleppte Verunreinigung.) Konnte Sumper bereits durch eigene Versuche die "Verunreinigungs"-Hypothese ausschließen, so liegt heute, vor allem durch Christof Biebrichers und Rüdiger Luces Experimente, der Beweis für die "de novo"-Synthese vor. Aus den nunmehr bekannten kinetischen Daten folgt, daß die Induktionsperioden bei der matrizengesteuerten und der "de novo"-Synthese vollkommen verschiedenartigen Gesetzen gehorchen. So wird beispielsweise bei der matrizengesteuerten Synthese lediglich ein Enzymmolekül benötigt, und die Substrate werden sukzessive einzeln zugeführt. Für die "de novo"-Synthese ist dagegen ein Komplex aus mehreren Enzymmolekülen erforderlich, und der geschwindigkeitsbestimmende Schritt besteht im Aufbau eines Keimes von mindestens drei Substratmolekülen. Das wesentliche Beweisstück aber wird geliefert durch den Nachweis, daß in der Frühphase der Synthese stets unterschiedliche "de novo"-Varianten auftreten, die unter Selektionsdruck in ihrer Länge zunehmen und bei Variation der Versuchsbedingungen zu verschiedenartigen Endprodukten führen. Letzteres war auch schon von Manfred Sumper gezeigt worden. Er erhielt verschiedene "Mini-Varianten", die unter Bedingungen-z.B. in Gegenwart von Reaktionshemmern-"normal" aufwuchsen, unter denen der Wildtyp gar nicht mehr existenzfähig war.

Das entscheidende Experiment von Biebricher und Luce ist in Abb.4 dargestellt: Eine mit hochgereinigten Enzymen und Substraten angesetzte Syntheselösung wird durch Temperaturerhöhung inkubiert, und zwar für eine Zeit, die ausreicht, etwa vorhandene Matrizen hochzuverstärken, die aber zu kurz ist, fertige "de novo"-Produkte zu ermöglichen. Anschließend wird die Lösung kompartimentiert. In den einzelnen Kompartimenten wird sodann für eine Zeit inkubiert, die für eine "de novo"-Synthese ausreichend ist. Die erhaltenen Produkte werden nach der Fingerprint-Methode analysiert und miteinander verglichen. Im Falle der Gültigkeit der "Verunreinigungs"-Hypothese sollten aufgrund der Verstärkung in der Anfangsphase alle Kompartimente das gleiche Produkt enthalten. Im Falle der "de novo"-Hypothese sollten sich dagegen die Produkte unterscheiden, da die Synthese an verschiedenen

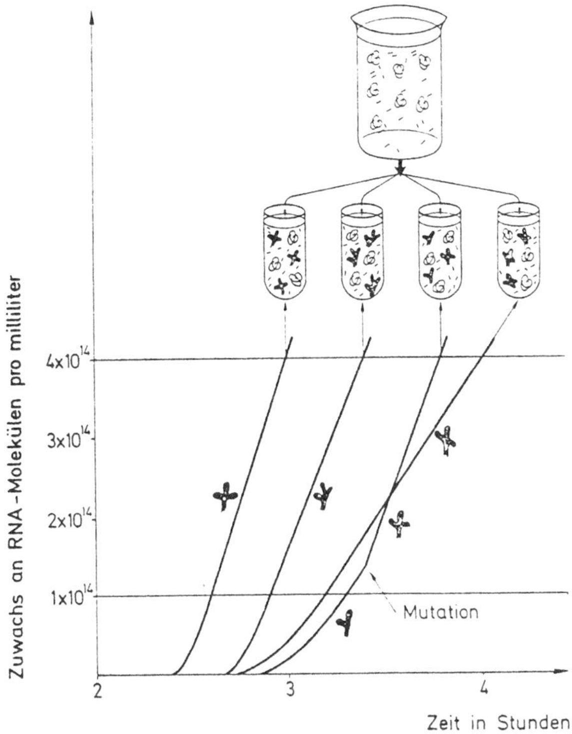

Abb.4. Eine Lösung aus Nukleosidtriphosphaten wird in Gegenwart von Q_β-Replikase gerade lange genug inkubiert, daß jede als Verunreinigung des Enzyms vorhandene Matrize vielfach vermehrt würde. Der Inkubationsprozess wird aber unterbrochen, bevor auch nur eine Matrize "de novo" entstehen konnte. Anschließend kompartimentiert man diese Lösung und inkubiert wiederum, nunmehr lange genug, daß "de novo"-Produkte entstehen und sich vermehren können. Man analysiert die in den verschiedenen Kompartimenten gebildete RNA nach der Fingerprintmethode. Es ergeben sich unterschiedliche Reaktionsprodukte. Manchmal gibt sich in der Wachstumskurve noch eine Mutation zu erkennen. Während für die matrizengesteuerte Synthese die Induktionszeiten eindeutig festgelegt sind (als Folge einer Überlagerung vieler Einzelprozesse), ist hier eine Streuung der Induktionszeiten zu beobachten. Das weist darauf hin, daß der auslösende Schritt ein molekularer Einzelprozess ist, der anschließend sehr schnell "verstärkt" wird

Enzymmolekülen mit verschiedenen "de novo"-Produkten beginnt. Selektion, das heißt bevorzugte Reproduktion *eines* "de novo"-Stranges konnte noch nicht stattfinden, da innerhalb der kurzen Inkubationszeit keines der "de novo"-Produkte fertiggestellt war.

Das Experiment ergab viele unterschiedliche Produkte. Erst wenn man diese wieder vereinigte und die Lösung weiter inkubierte, wuchs schließlich *eine* Variante homogen und reproduzierbar auf. Die frühesten Produkte, die abgefangen werden konnten, hatten Längen von etwa 70 Nukleotiden. Im Verlauf der Evolution erschienen längere Ketten, z.B. bei hohen Salzkonzentrationen die "Midivariante", die etwa 220 Nukleotide einschließt.

Das fundamentale Ergebnis dieser Experimente liegt jedoch nicht allein in der Aufklärung dieser Besonderheit des Q_β-Systems. Man hat nunmehr ein flexibles Replikationssystem zur Verfügung, mit dem man eine Reihe höchst interessanter Produkte aufbauen kann. Hier zeigt sich vor allem, daß Selektion und Evolution gesetzmäßige Konsequenzen der Selbstreplikation sind und sich als solche quantitativ studieren lassen. So konnte die Frage der schnellen Optimierung unter extremen Versuchsbedingungen bis ins Detail beantwortet werden. Die Resultate der beschriebenen Evolutionsexperimente können in vier Hauptaussagen zusammengefaßt werden:

- "De novo"-Synthese von RNA durch Q_β-Replikase erfolgt nach einem grundlegend anderen Mechanismus als matrizengesteuerte RNA-Synthese. Der aktive Reaktionskomplex enthält mindestens zwei Enzymmoleküle und bedarf eines Keimes von drei bis vier Substratmolekülen.
- Keimbildung ist der geschwindigkeitsbestimmende Schritt, während Elongation und Reproduktion sehr schnell erfolgen. Die Einmaligkeit des molekularen Prozesses der Reaktionsauslösung ist in der Streuung der Induktionszeiten für die "de novo"-Synthese zu erkennen.
- "De novo"-Synthese erzeugt ein breites Spektrum von Mutanten unterschiedlicher Länge, das für verschiedenste Umweltbedingungen leicht adaptierbare Sequenzen enthält.
- Initiation von Selbstreproduktion ist offensichtlich hinreichend, evolutive Optimierung in Gang zu setzen.

Dieser Befund macht es möglich, einen Evolutionsreaktor zu entwickeln, in dem sich in relativ kurzer Zeit optimal reproduzierende RNA-Sequenzen herstellen lassen. Daraus kann auch ein Prinzip zur Evolution von RNA-Strukturen mit optimalen Übersetzungsprodukten entwickelt werden. Versuche in dieser Richtung sind im Gange.

Selbstreplikation und Mutagenität in einem "offenen System" (weitab vom Gleichgewicht) sind also hinreichend für selektives und evolutives Verhalten. Auch in relativ einfachen Replikationssystemen lassen sich (gemessen am Wildtyp) optimale Eigenschaften in vitro innerhalb kurzer Generationsfolgen reproduzierbar erzeugen. Derartige Auswirkungen müssen die Konsequenz eines physikalischen Prinzips sein. Kann ein solches Prinzip quantitativ formuliert werden?

3. Selektion und Evolution als naturgesetzliche Vorgänge

In einer Reihe von früheren Veröffentlichungen [8,9] ist gezeigt worden, daß das Selektionsprinzip aus den Voraussetzungen eines selbstreplikativen Systems heraus als Extremalprinzip ableitbar ist. Es besagt, daß bei inhärenter linearer Autokatalyse die relativen Populationsvariablen Werte annehmen, die einer optimalen

Reproduktionseffizienz des Gesamtsystems entsprechen. Die relativen Konzentrationsverhältnisse der stationären Population sind nach kurzer Induktionszeit unabhängig von den zeitlichen Veränderungen des Gesamtsystems. Die Population besteht aus einem singulären Wildtyp (oder mehreren gleichwertigen, d.h. "entarteten" Varianten) und einem Mutanten-Spektrum. Der Wildtyp erscheint innerhalb seiner Mutantenverteilung relativ zu jeder Einzelmutante am häufigsten, macht aber in einer gut adaptierten Population nur einen kleinen Bruchteil der Gesamtmenge aus. Der Quotient der Populationsvariablen (x_i) von Einzelmutanten (i) und Wildtyp ist durch die jeweiligen Geschwindigkeitsparameter für Mutation $W_{im}(m \rightarrow i)$ und Reproduktion $W_{mm}(m \rightarrow m)$ bzw. $W_{ii}(i \rightarrow i)$ bestimmt:

$\frac{x_i}{x_m} = \frac{W_{im}}{W_{mm} - W_{ii}}$ • Von Bedeutung sind ferner die Variablen:

$\bar{q}$ = mittlere Kopierungsgenauigkeit eines Nukleotids, bzw.

$1 - \bar{q}$ = mittlere Fehlerrate pro Nukleotid

ν_i = Zahl der Nukleotide in der Sequenz i

$Q_i \approx \bar{q}^{\nu_i}$ = Bruchteil korrekter Replikationen

σ_m = Superiorität des Wildtyps gegenüber seinem Mutantenspektrum (entspricht im allgemeinen dem Verhältnis von Replikationsrate des Wildtyps und mittlerer Replikationsrate der Mutantenverteilung.)

Die Konsequenzen dieses für Darwinsche Systeme gültigen Extremalprinzips sind:

- Selektion einer vom Wildtyp beherrschten Mutantenverteilung. Diese ist nur solange stabil, wie die Bedingungen $\sigma_m > 1$ und $Q_m > \sigma_m^{-1}$ erfüllt sind.
- Evolution durch Selektion neu auftretender Mutanten, die aufgrund eines Selektionsvorteils die Stabilitätsbedingung $\sigma_m > 1$ verletzen und daher eine Destabilisierung des bis dahin dominanten Wildtyps bewirken.
- Begrenzung des Informationsgehaltes aufgrund der Bedingung $Q_m > \sigma_m^{-1}$. Der Grenzwert errechnet sich zu $\nu_{max} = \ln \sigma_m/(1 - \bar{q}_m)$. Er entspricht etwa der reziproken mittleren Fehlerrate $(1 - \bar{q}_m)$, sofern σ_m genügend groß gegen 1 ist. Wenn der Informationsgehalt ν_m des Wildtyps nahe an den Grenzwert ν_{max} herankommt, wird Q_m etwa gleich σ_m^{-1}. Dann ist der Anteil des Wildtyps an der Gesamtpopulation sehr klein:

$$\frac{x_m}{\sum_k x_k} = \frac{Q_m - \sigma_m^{-1}}{1 - \sigma_m^{-1}}$$

Beide Prozesse: Selektion als Stabilisierung einer bestimmten Verteilung sowie Evolution als sukzessive Etablierung neuer Populationen resultieren aus "innerem Zwang". Sie sind das unausweichliche Resultat selbstreproduktiven Verhaltens.

Daß ein solcher Optimierungsprozess der Evolution tatsächlich auf "hohe Berge" führt und nicht auf "niedrigen Hügeln" stehen bleibt, liegt an der Topologie des vieldimensionalen Mutantenraumes. Betrachten wir als Beispiel eine binäre Sequenz mit ν Positionen. Wir können jeder Position der Sequenz eine Koordinate mit zwei Punkten zuweisen und erhalten dann einen ν-dimensionalen Phasenraum in dem jeder der 2^ν Punkte eine Mutante darstellt. Der Evolutionsprozess kann dann als eine Route in diesem Raum beschrieben werden, die durch einen ständig ansteigenden Selektionswert charakterisiert ist. Die Topologie eines solchen vieldimensionalen Raumes ist unserer Anschauung nicht leicht zugänglich; die "Gebirge" sind hier äußerst bizarr. Denn obwohl es 2^ν Punkte gibt, ist die größte Entfernung nur ν. Es gibt Sattelpunkte verschiedener Ordnung, bei denen ein Fortschreiten in k-Richtungen bergan und in ν-k Richtungen bergab führt. Aufgrund dieses Sachverhaltes genügen relativ kleine Mutationssprünge, um das System immer wieder eine ansteigende Route finden zu lassen. Es gibt eine optimale Zahl ν, bei der die Anzahl der Routen bereits groß genug und Mehrfachmutationen (abhängig von der Populationsgröße) so wahrscheinlich sind, daß ein optimaler "Gipfel" erreicht werden kann.

Fassen wir zusammen: Selektion, Evolution und Anpassung an ein Optimum sind Prozesse, die nach physikalischen Gesetzen ablaufen und die sich quantitativ formulieren lassen. Hier ist zu beachten, daß eine Theorie keineswegs den realiter in der Natur ablaufenden Prozess beschreibt, für den ja die Ausgangssituation, die komplexen Randbedingungen sowie die mannigfach überlagerten Störeinflüsse weitgehend unbekannt sind. Die Theorie sagt uns lediglich, was aus bestimmten Voraussetzungen bei Einhaltung bekannter Randbedingungen folgt. Sie erklärt die in der Natur zu beobachtenden, reproduzierbaren Regelmäßigkeiten in einer "Wenn - dann"-Beschreibung. Das gilt auch für die hier dargestellte Theorie. Sie hilft uns zunächst, die oben geschilderten Experimente zu verstehen und auszuwerten. Unter den klar definierten Anfangs- und Randbedingungen im Laboratorium läßt sich die Theorie quantitativ bestätigen. Für die in der Natur ablaufenden Ereignisse zeigt sie lediglich Tendenzen, Minimalforderungen, Begrenzungen und eventuelle Auswirkungen auf. Hier muß wiederum experimentell überprüft werden, ob die Schlußfolgerungen, die sich aus der Theorie ergeben, auch für die natürlichen Prozesse relevant sind. Als Folgerungen sind vor allem zu nennen:

- Die Informationsmenge, die in einer molekularen Population zur Selektion gelangen kann, ist von der mittleren Fehlerrate und dem mittleren Selektionsvorteil des Wildtyps abhängig. Beim Überschreiten der kritischen Fehlerschwelle akkumulieren sich die Fehler derart, daß die Information der Wildtypsequenz restlos verloren geht.
- Die Adaptationsfähigkeit des Wildtyps ist in der Nähe der Fehlerschwelle am größten. Bei der für eine stabile Verteilung erreichbaren Informationsmenge zeigt das Mutantenspektrum größtmögliche Variabilität. Ein solches

System ist gegenüber Änderungen der Umweltbedingungen äußerst flexibel. Der Wildtyp ist als individuelle Sequenz absolut dominierend, ist jedoch im Vergleich zur Gesamtheit des Mutantenspektrums nur in geringer Menge vorhanden.

4. Molekulare Zeugnisse der natürlichen Evolution

Die Aussagen der Evolutionstheorie lassen sich an natürlichen Systemen testen. WEISSMANN et al. [10,11] haben für Q_β-Viren die folgenden Ergebnisse erhalten: Der Wildtyp hat eine definierte Sequenz, was aber nicht heißt, daß die überwiegende Zahl der Viren exakt die gleiche RNA-Sequenz besitzt. Es bedeutet lediglich, daß sämtliche Sequenzen bei Überlagerung eine eindeutige Nukleotidabfolge, nämlich die des Wildtyps ergeben.

Klonierung einzelner Viren bzw. einzelner Virus-RNA-Moleküle mit anschließender schneller Vermehrung führt zu Populationen mit unterschiedlichen Sequenzen. Die Sequenzen weichen im allgemeinen in einer oder in zwei Positionen vom Wildtyp ab, der selbst kaum in irgendeinem Klon auftritt (s. Abb.5). Aus der Tatsache, daß der Wildtyp nur einen (vernachlässigbar) kleinen Anteil des Mutantenspektrums ausmacht, läßt sich folgern, daß der Schwellenwert des Informationsgehalts mit der tatsächlichen Informationsmenge des Wildtyps (ν_m) nahezu identisch ist.

Gezielt erzeugte extra-cistronische Einfehlermutanten (das sind nicht-lethale Mutationen außerhalb der zur Übersetzung gelangenden Sequenzen) revertieren zum Wildtyp. Sie regenerieren ihre Fehler mit einer Wahrscheinlichkeit von ca. 3×10^{-4}. Die quantitative Auswertung erlaubt die Bestimmung von Fehlerrate und Wachstumsvorteil des Wildtyps und damit auch eine Festlegung der kritischen Fehlerschwelle für die optimale Reproduktion der Informationsmenge. Dieser Wert stimmt innerhalb der Meßfehler mit der vorhandenen Informationsmenge (4500 Nukleotide) überein. Die Tatsache, daß eine Klonierung von Einzelmutanten überhaupt möglich ist, liegt daran, daß in der Mutantenverteilung des Wildtyps die Mutanten dominieren, deren Wachstumsrate der des Wildtyps sehr ähnlich ist. Diese werden bei der zum Klonieren von Einzelmolekülen notwendigen seriellen Verdünnung bevorzugt "herausgefischt". Da sie sich fast so schnell vermehren wie der Wildtyp, bauen sie zunächst ein Mutantenspektrum auf, dessen mittlere Sequenz mit der eigenen identisch ist. In diesem Mutantenspektrum muß irgendwann auch der Wildtyp erscheinen. Er kann sich aber nur langsam durchsetzen, und zwar mit einer Rate, die der (kleinen) Differenz der Wachstumsgeschwindigkeit von Wildtyp und klonierter Mutante entspricht. Am Ende dominiert natürlich in jedem Klon wieder der Wildtyp (s. Abb.5).

Weiterhin kann der Schluß gezogen werden, daß alle einsträngigen RNA-Viren ähnlichen Einschränkungen hinsichtlich des Informationsgehaltes unterworfen sind.

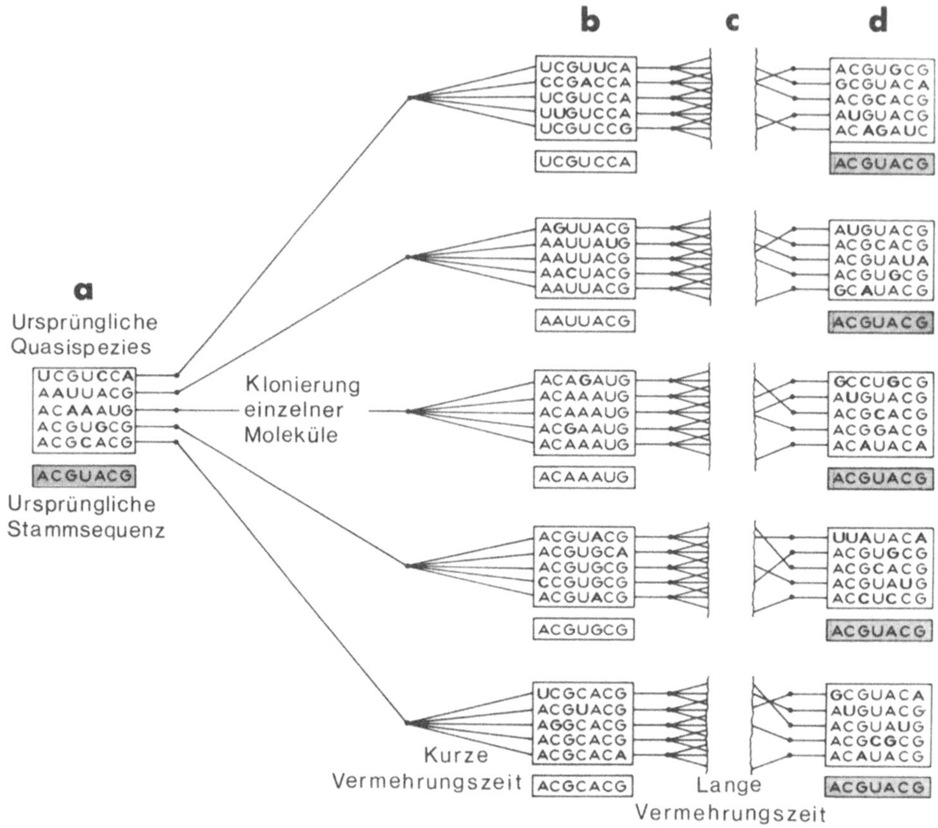

Abb.5a-d. In diesem von Charles Weissmann und Mitarbeitern ausgeführten Experiment wurden einzelne Q_β-RNA Moleküle (bzw. Viren) aus einer Wildtypverteilung (a) in Coli-Bakterien kloniert. Die nach schneller Vermehrung der jeweils eingefangenen RNA-Moleküle erhaltenen Klone (b) wurden nach der Fingerprintmethode (zweidimensionale Elektrophorese teilweise gespaltener RNA-Sequenzen) analysiert und miteinander vergleichen. Es zeigten sich durchweg Unterschiede in ein oder zwei Positionen der Sequenzen. Nach langer Vermehrungszeit (c) bildet sich in allen Klonen schließlich wieder die Wildtypverteilung (d) aus, das heißt die Mittelwerte der Sequenzen werden sämtlich wieder identisch

Denn in der Natur gibt es keine (einsträngigen) RNA-Viren, deren replikative Einheit mehr Information als in der Größenordnung von 10^4 Nukleotiden enthält. Alle größeren Viren besitzen doppelsträngige Nukleinsäuren oder setzen sich aus mehreren replikativen Einheiten zusammen. Für diese gelten wiederum analoge Beziehungen zwischen Fehlerschwelle und Reproduzierbarkeit der Informationsmenge. DNA-Polymerasen müssen im allgemeinen wesentlich genauer als RNA-Replikasen arbeiten. Dieses geschieht vermittels zusätzlicher Möglichkeiten zur Fehlererkennung und Korrektur.

Was bedeuten diese Ergebnisse für die frühe Evolution? Die ersten replikativen Einheiten müssen einen erheblich geringeren Informationsgehalt besessen haben als die mit einer optimalen Reproduktionsmaschinerie arbeitenden RNA-Viren. Die Reproduktionsgenauigkeit hängt in Abwesenheit von (wohl-adaptierten) Enzymen allein von der Stabilität der Basenpaare ab. Das GC-Paar hat unter diesen Umständen gegenüber dem AU-Paar einen ca. zehnfachen Selektionsvorteil. Modellexperimente zeigen [9], daß für GC-reiche Polynukleotide eine Fehlerrate von 10^{-2} kaum unterboten werden kann. Die ersten "Gene" müssen demnach Polynukleotide einer Kettenlänge $\lesssim$ 100 gewesen sein.

Molekulare Evolution erfordert inhärente Selbstreproduktivität. RNA scheint diese Forderung am besten zu erfüllen. In der zeitlichen Abfolge entstand RNA aufgrund ihres komplexeren Aufbaus sicherlich später als Proteine oder proteinähnliche Substanzen. Proteine können an gewisse Funktionen zufällig adaptiert sein, doch folgte eine solche Adaptation lediglich strukturellen und nicht funktionellen Kriterien. Anpassung an optimale Funktion erfordert dagegen einen inhärenten Reproduktionsmechanismus. Der einzige logisch begründbare Weg, die ungeheure funktionelle Kapazität der Proteine evolutiv zu erschließen, liegt in der Verknüpfung beider Stoffklassen, also in der Übersetzung der in den selbstreproduktiven RNA-Strukturen gespeicherten Information.

Daraus ergibt sich sofort die Frage: Konnte RNA ohne enzymatische Unterstützung, das heißt ohne Replikasen überhaupt entstehen? Experimente, die von ORGEL [12] und Mitarbeitern ausgeführt wurden, bejahen diese Frage. So wurde gefunden, daß Zn^{2+}-Ionen – die heute in allen Replikasen als Ko-faktoren enthalten sind – ausgezeichnete Katalysatoren für die 3'-5'-Verknüpfung von Nukleotiden darstellen und eine matrizengesteuerte Synthese von Polymeren ermöglichen. Gezeigt wurde dies zunächst für poly-C als Matrizenstrang. Bietet man diesem aktivierte G- und A-Nukleotide in gleichem Konzentrationsverhältnis an, so wird G je nach Reaktionsbedingungen 30- bis 200-fach bevorzugt.

Damit wird nahegelegt, daß in einem chemisch genügend reichhaltigen Milieu GC-reiche RNA-Stränge einer Kettenlänge von ca. 100 Nukleotiden spontan entstehen, sich stabil reproduzieren und evolutiv adaptieren können.

Lassen sich für diese ersten "Gene" heute noch Zeugnisse finden? Der Informationsgehalt solcher "Gene" reicht nur für relativ kleine, sicherlich noch nicht optimal angepaßte Proteine aus. Das bedeutet aber, daß diese als Informationsträger inzwischen längst überholt und somit verdrängt worden sind. Der Verdrängungsprozess lief mit der Ausbildung der Translationsmaschinerie einher. Im Translationsapparat sind RNA-Strukturen nicht nur als Informationsquellen, sondern auch als Funktionsträger und Zielstrukturen wirksam. Es besteht viel eher die Möglichkeit, daß sie in dieser Funktion im Übersetzungsapparat, z.B. als Adaptoren in Form der Transfernukleinsäuren (t-RNA) oder als ribosomale Nukleinsäuren (r-RNA) bis auf den heutigen Tag überlebt haben. Da die funktionellen RNA-Moleküle keine genetische Information zu speichern hatten, unterlagen sie nach erfolgter struktureller Anpassung kaum noch einem Evolutionszwang. Rekrutiert wurden die funktionellen

Nukleinsäuren zunächst aus dem gleichen Reservoir wie ihre informationstragenden Schwestermoleküle, die m-RNAs. Wir erwarten daher, daß uns die t-RNA zum Beispiel als Zeuge der frühen Evolution des Translationsapparates Auskunft über Aufbau und Struktur der ersten "Gene" zu liefern vermag. Dieses Molekül entspricht mit einer Kettenlänge von ca. 76 Nukleotiden ideal den von der Theorie geforderten, an gegenwärtigen Strukturen experimentell bestätigten und für präbiotische Bedingungen relevanten Kriterien.

Von der t-RNA sind heute sehr viele Sequenzen bekannt, und zwar sowohl bei gegebenem Anticodon für eine Vielzahl phylogenetischer Stufen, als auch bei gegebener Spezies für eine große Zahl von unterschiedlichen Anticodons. Beide Fälle sind für eine komparative Analyse [13,14] gleichermaßen interessant: Die phylogenetische Analyse offenbart, ob t-RNA noch Information aus präbiotischer Zeit bewahrt hat oder ob diese im Verlauf der Phylogenie weitgehend verloren gegangen ist. Der Vergleich verschiedener t-RNA-Moleküle innerhalb einer Spezies kann dann zu einer weitgehenden Rekonstitution der Urstrukturen führen und über die frühe Evolution des Translationsapparates Aussagen machen.

Der in Abb.6 gezeigte phylogenetische Stammbaum für t-RNA$^{\mathrm{met\ in}}$ zeigt, daß t-RNA zu den konservativsten Strukturen gehört, die wir kennen. So unterscheiden sich in dem gezeigten Beispiel die Fruchtfliege (Drosophila) und der Seestern lediglich in einer einzigen und beide vom Menschen nur in 4 Positionen. Organismen, die sich vor Milliarden von Jahren voneinander separiert haben, wie etwa die Eubakterien, Chloroplasten und Archaebakterien, erscheinen auf der Ebene der t-RNAs noch als "nahe Verwandte", nämlich mit nur geringfügig abgeänderten Sequenzen.

Damit wird eine Rekonstitution der Urstruktur in den Bereich des Möglichen gerückt. Vergleicht man die Sequenzen verschiedener t-RNAs, zum Beispiel für Coli-Bakterien, für Hefezellen, oder für Archaebakterien, so zeigen alle einen sehr hohen GC-Gehalt, der bei einer Überlagerung der Sequenzen noch zunimmt. Andererseits ist aus den mitochondrialen Sequenzen, die alle sehr AU-reich sind, zu ersehen, daß G und C im Verlaufe der Evolution – wohl aufgrund eines großen Angebots des Stoffwechselprodukts A in den Mitochondrien – ersetzbar und nicht aus Gründen struktureller Stabilität erforderlich ist. Darüber hinaus deuten die rekonstituierten Vorläufersequenzen eine periodische Triplettstruktur an (s. Abb.7), die auf einen Urcode GNC hinweist, in dem N jeweils eins der vier Nukleotide A, U, G, C symbolisiert. t-RNA war offenbar nicht nur der Ur-Adaptor, sondern fungierte auch als genetischer Informationsträger, eine Eigenschaft, die im Verlaufe der Evolution verloren gegangen ist. Die vergleichende Sequenzanalyse der t-RNAs hat – zusammengefaßt – zu folgenden Aussagen geführt:

- t-RNA ist ein "alter" Adaptor, der sich im Verlaufe der Phylogenese relativ geringfügig verändert hat.
- Verschiedene t-RNA Moleküle einer Spezies erscheinen als Mutanten einer Stammsequenz.

- Die ursprüngliche Stammsequenz ist zum größten Teil rekonstruierbar.
- Sie zeichnet sich durch hohen GC-Gehalt sowie durch ein RNY-Code-Muster aus.
- Alle Befunde sind mit einem Urcode GNC für die in der Natur mit größter Häufigkeit auftretenden natürlichen Aminosäuren: gly, ala, asp und val kompatibel.

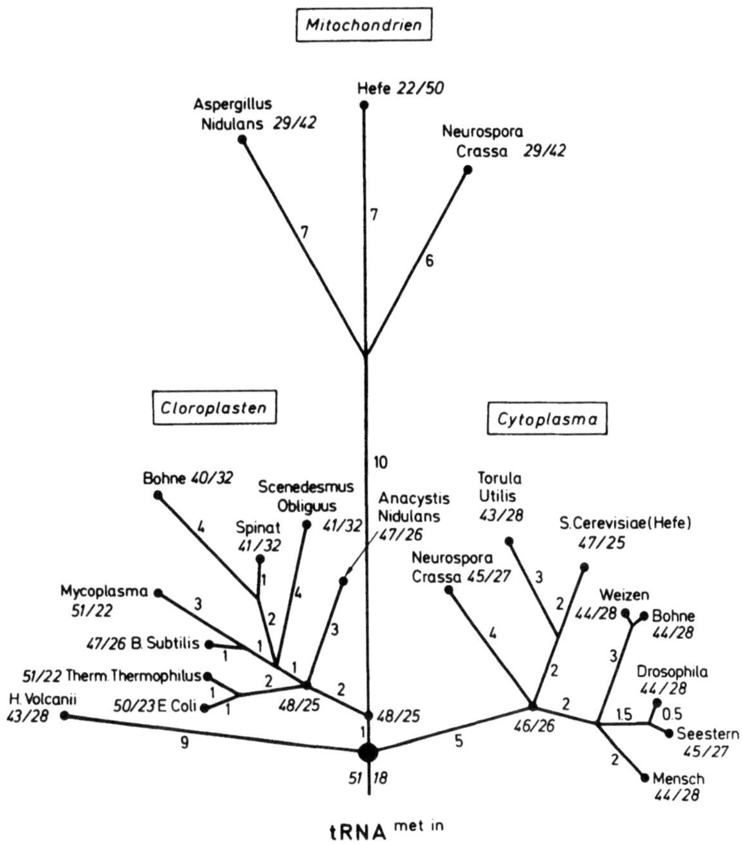

Abb.6. Der Stammbaum einer Transfer-RNA, hier derjenigen, die beim Start der Translation eine Rolle spielt, läßt auch nach Milliarden von Jahren nur wenige Veränderungen in der Nukleotidsequenz (Zahlen an den Astabschnitten) erkennen. Bei allen bislang untersuchten Säugetieren ist die Sequenz nahezug dieselbe. Die Quotienten geben das Verhältnis von Guanin plus Cytosin zu Adenin plus Uracil an. In der Nähe der frühesten Verzweigungen ist es am größten und an den Enden der langen Äste am kleinsten. Mit einem Wert von etwa 1:2 in den Mitochondrien (den "Kraftwerken" der Zelle) hat es sich gegenüber einem Wert von 2:1 nahe den frühesten Verzweigungen praktisch umgekehrt. Der Stammbaum läßt vier Gruppen deutlich hervortreten: Archaebakterien (nur ein Vertreter: H. Volcanii), Eubakterien und Blaualgen, die sich kaum von den Chloroplasten unterscheiden, Eukaryonten sowie Mitochondrien. Der große Abstand der Mitochondrien ist durch eine starke Substitution von G und C durch A und U gekennzeichnet. In der Purin-Pyrimidinabfolge weisen sich die Mitochondrien als nähere Verwandte der Eubakterien aus, während ihr Abstand zu den Halobakterien und den Eukaryonten relativ groß bleibt

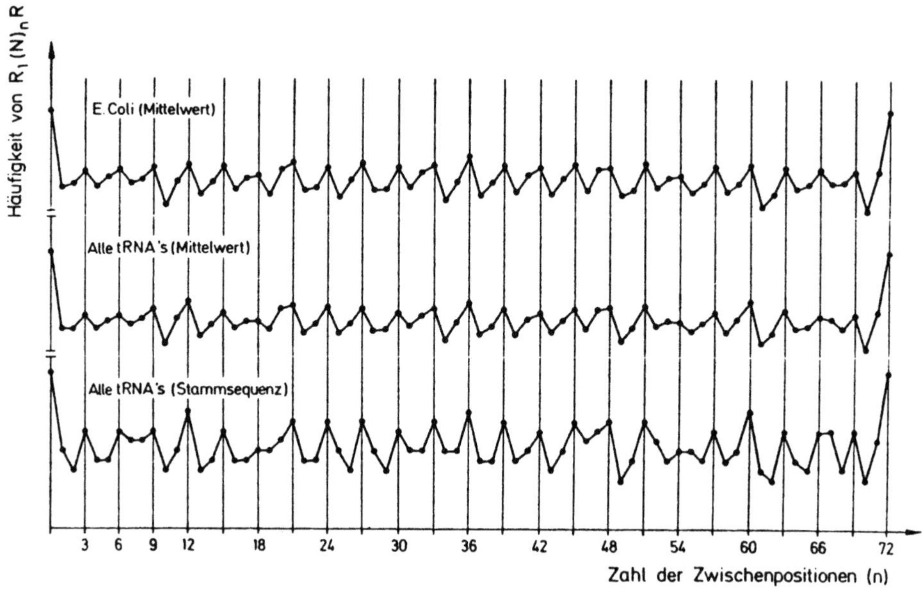

Abb.7. Korrelationsanalyse der Repetition von Purin in t-RNA. Man unterteilt eine t-RNA Sequenz in Tripletts, beginnend am 5'-Ende und im Raster mit dem Anticodon, und zählt, wie oft ein Purin (R) in erster Position des Tripletts nach n Zwischenpositionen von einem Purin (R) gefolgt wird. Die deutlich sichtbare Dreierperiode weist auf eine Triplettstruktur der Form RNY hin. Die Kurven repräsentieren die Mittelwerte für die Sequenzen von E. coli bzw. von allen bisher untersuchten tRNAs im Vergleich zu der Sequenz, die sich aus einer Überlagerung aller tRNAs ergibt. Die Tatsache, daß die Korrelation in der "Überlagerungssequenz" deutlicher ist, zeigt an, daß es sich um eine "Erinnerung" an die Frühzeit der Evolution handeln könnte

5. Synopsis

Wir finden eine Kongruenz von Theorie, Modellexperiment und "historischem" Zeugnis. Doch sollten desungeachtet die folgende Punkte berücksichtigt werden:
Die Evolutionstheorie – wie jede andere physikalische Theorie – beschreibt lediglich ein "Wenn-Dann-Verhalten". Unter der Voraussetzung, daß die Theorie frei von Fehlern ist, zeigt sie, was aus gegebenen Anfangsbedingungen zwangsläufig folgen muß.

Der Wert der Theorie ist allein an der Möglichkeit ihrer experimentellen Überprüfung zu messen. Modellexperimente liefern quantitative "Eichwerte", mit deren Hilfe sich Wahrscheinlichkeiten für die Entstehung der molekularen Vorstufen des Lebens abschätzen lassen.

Weder Theorie noch Modellexperiment sagen etwas über den tatsächlichen historischen Ablauf der Evolution aus. Dazu bedarf es spezieller historischer Zeugnisse.

Kongruenz von Theorie, Modellexperiment und historischem Zeugnis ermöglicht uns, das Prinzip "Leben" als eine Regelmäßigkeit der Natur zu begreifen.

Auf der Grundlage der erkannten Prinzipien wird der Evolutionsprozess im Laboratorium nachvollziehbar.

Literaturverzeichnis

1 S. Spiegelman, et al.: Proc. Nat. Acad. Sci. USA *50*, 905 (1963); *54*, 579,919 (1965); *60*, 866 (1968); *63*, 805 (1969)
2 D.R. Mills, F.R. Kramer, S. Spiegelman: Science *180*, 916 (1973)
F.R. Kramer, D.R. Mills: Proc. Nat. Acad. Sci. USA *75*, 5334 (1978)
3 M. Sumper, R. Luce: Proc. Nat. Acad. Sci. USA *72*, 162 (1975)
4 Ch.K. Biebricher, M. Eigen, R. Luce: J. Mol. Biol. *148*, 369 (1981)
5 Ch.K. Biebricher, M. Eigen, R. Luce: J. Mol. Biol. *148*, 391 (1981)
6 Ch.K. Biebricher, M. Eigen, W.C. Gardiner, Jr.: (to be published)
7 D.R. Mills, R.I. Peterson, S. Spiegelman: Proc. Nat. Acad. Sci. USA *581*, 217 (1967)
8 M. Eigen: Naturwissenschaften *58*, 465 (1971)
9 M. Eigen, P. Schuster: Naturwissenschaften *64*, 541 (1977); *65*, 7,341 (1978)
10 E. Domingo, R.A. Flavell, Ch. Weissmann: Gene *1*, 3 (1976)
E. Batschelet, E. Domingo, Ch. Weissmann: Gene *1*, 27 (1976)
11 Ch. Weissmann, G. Feix, H. Slor: Cold Spring Harbor Symp. Quant. Biol. *33*, 83 (1968)
12 R. Lohrmann, P.K. Bridson, L.E. Orgel: Science *208*, 1464 (1980); J. Mol. Evol. *17*, 303 (1981)
P.K. Bridson, L.E. Orgel: J. Mol. Biol. *144*, 567 (1980)
13 M. Eigen, R. Winkler-Oswatitsch: Naturwissenschaften *68*, 217 (1981)
14 M. Eigen, R. Winkler-Oswatitsch: Naturwissenschaften *68*, 282 (1981)

Part III

Coherence in Biology

The Crystallization and Selection of Dynamical Order in the Evolution of Metazoan Gene Regulation

Stuart A. Kauffman

Department of Biochemistry and Biophysics
University of Pennsylvania, School of Medicine
Philadelphia, Pennsylvania 19104, USA

Introduction: Cell Differentiation

A higher metazoan such as man contains sufficient DNA per nucleus to encode on the order of 2,000,000 average size proteins [1-3]. A very large fraction of that total may not be codonic, nevertheless, the complexity of RNA transcript sequences now detectable in the nuclei of higher plant and animal cells is on the order of 20,000 to 100,000 distinct sequences. A central dogma of developmental biology is that, with unusual exceptions, the genetic constitution of each cell in a higher plant or animal is essentially identical, and therefore that differentiation of the zygote into an array of distinct cell types is associated with alternative, coordinated patterns of gene expression; each cell type is thought of as associated with a delimited set of expressed genes. Increasingly refined data are coming available both with respect to the regulation of gene expression and the overlap in expression in different cell types of one organism. Expression appears to be modulated at a variety of levels: transcription itself, processing the primary transcript by splicing, capping, and polyadenylation, transporting the mature message from the nucleus, translation to protein, subsequent secondary modifications of the protein [1]. With respect to the overlap of gene expression patterns in different cell types the observations depend somewhat upon whether consideration is restricted to cytoplasmic RNA, or to total nuclear plus cytoplasmic transcripts. For total transcript complexity, the central observations are that a very large fraction of sequences appear to be ubiquitously transcribed in all cell types of the organism. The numbers range from 60%-85% of total transcribed sequence complexity. Different cell types, therefore, tend to differ from one another in the transcription of a fairly small fraction of the total transcribed complexity, typically ranging from a few to 10%-15% [3-6]. Two typical cell types in one higher plant or animal might share a common 20,000 sequences transcribed in both, and differ in the transcription of 2000.

Orchestration of differentiation during development therefore depends upon mechanisms which coordinate the expression of very large numbers of distinct genes, and the evolution of differentiation must have been associated not only with the evolution of novel structural genes, but of novel arrangements of regulatory mechanisms to coordinate the expression of useful combinations of genes. A substantial amount of work has been devoted to the study of protein evolution. Almost nothing is known of the principles, means, mechanisms, obstacles, and solutions to the evolution of an adequate regulatory system. My purpose in this article is to show briefly three things: First, chromosomal mutations which duplicate and disperse genetic regulatory loci throughout the genome provide mechanisms which not only generate novel regulatory arrangements, but which drive toward a well defined "average" regulatory architecture. Second, even without further selection, such "average" regulatory systems spontaneously crystallize highly ordered dynamical behavior with sharply alternative, highly coordinated patterns of gene activities around a shared set of ubiquitously active genes. Third, fundamental features of this highly coordinated dynamical behavior provide just the proper preconditions for successful stepwise selection of favorable patterns of gene activities in evolution.

Ensemble Constraints: Evolutionarily "Average " Gene Regulatory Networks

While the mechanisms regulating gene expression are not fully characterized, it now seems clear that these include cis and trans acting genetic loci. Cis acting loci act on an adjacent domain of genes on the same chromosome. Trans acting genes act on genes which may be on different chromosomes, presumably through diffusible products. Families of such genetic loci have now been found in yeast, mouse, maize, and Drosophila [7-12]. Furthermore, it is now widely appreciated that tandem gene duplications have arisen in evolution [13-16], while recent evidence demonstrates that fairly rapid dispersion of some genetic elements occurs through chromosomal mutations [17] including transpositions, translocations, inversions, and recombination [17-20]. Dispersal of loci by processes such as these provide the potential to move cis acting sites to new positions and thereby create novel regulatory connections, opening novel evolutionary possibilities [8,12,17,21]. This raises a general question: If duplication and dispersion occur with characterizable probabilities per site, then in the absence of selection, is it possible to build a statistical theory of the expected control structure of a genetic regulatory system after many such transformations?

An initial extremely simple approach to this complex question is illustrated in Fig. 1a. Here I have assumed that the genome has only four kinds of genetic elements, cis acting (Cx), trans acting (Tx), structural (Sx) and empty (-). All types of elements are indexed. Any cis acting site is assumed to act in polar fashion on all trans acting and structural genes in a domain extending to its right to the first blank locus. Each indexed trans acting gene, Tx, regulates all copies of the corresponding cis acting gene, Cx, wherever they may exist on the chromosome set. Structural genes, Sx, play no regulatory roles. In Fig. 1a I have arrayed 16 sets of triads of cis acting, trans acting and structural genes separated by blanks on four "chromosomes". A graphical representation of the control interactions among these hypothetical genes is shown in Fig. 2a, in which an arrow is directed from each labeled gene, shown as a dot, to each gene which it affects. Thus, in Fig. 2a, C1 sends an arrow to T1 and an arrow to S1, while T1 sends an arrow to C1. A similar simple architecture occurs for each of the 16 triads of genes, creating 16 separate genetic feedback loops. By contrast, in Fig. 1b each triad carries the indexes (Cx, Tx+1, Sx), while the 16th is (C16, T1, S16). This permutation yields a control architecture containing one long feedback loop, Fig. 2b.

CHROMOSOME 1 C1 T1 S1—C2 T2 S2—C3 T3 S3—C4 T4 S4—

CHROMOSOME 2 C5 T5 S5—C6 T6 S6—C7 T7 S7—C8 T8 S8—

CHROMOSOME 3 C9 T9 S9—C10 T10 S10—C11 T11 S11—C12 T12 S12—

CHROMOSOME 4 C13 T13 S13—C14 T14 S14—C15 T15 S15—C16 T16 S16— Fig. 1a

CHROMOSOME 1 C1 T2 S1—C2 T3 S2—C3 T4 S3-C4 T5 S4—

CHROMOSOME 2 C5 T6 S5-C6 T7 S6—C7 T8 S7—C8 T9 S8—

CHROMOSOME 3 C9 T10 S9—C10 T11 S10—C11 T12 S11—C12 T13 S12—

CHROMOSOME 4 C13 T14 S13—C14 T15 T14—C15 T16 S15—C16 T1 S16· Fig. 1b

Fig.1a Hypothetical set of 4 haploid chromosomes with 16 kinds of cis acting (C1,C2,...), trans acting (T1,T2,...), structural (S1,S2,...) and "blank" genes arranged in sets of 4 Cx, Tx, Sx -. See text

Fig.1b Similar to 1a, except the triads are C(x), T(x+1), S(x) -. See text

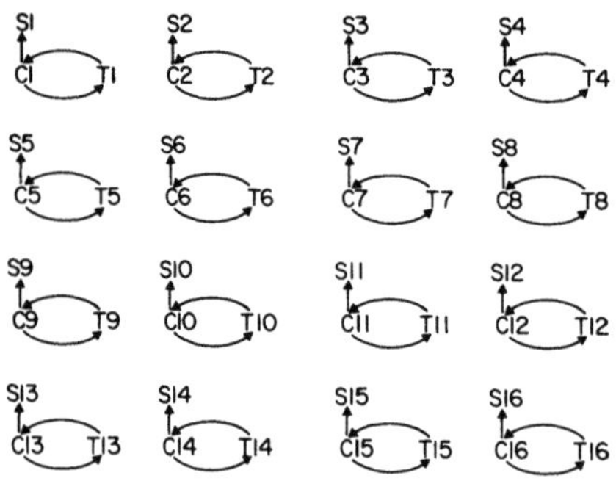

Fig.2a

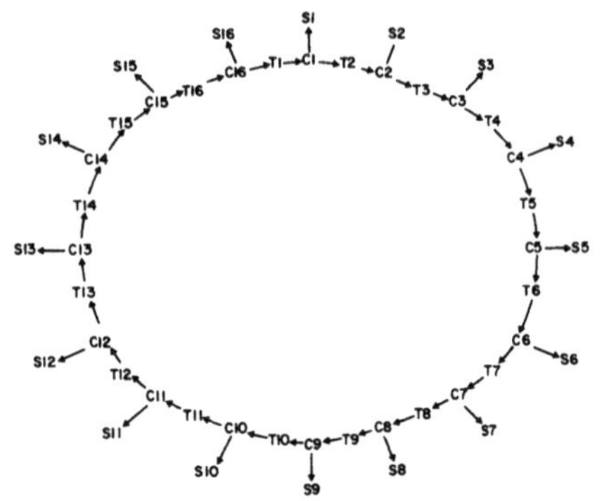

Fig.2b

Fig.2a Representation of regulatory interactions according to rules in text, among genes in chromosome set of 1a

Fig.2b Regulatory interactions of chromosome set in 1b

To begin to study the effects of duplication and dispersion of loci on such simple networks, I ignored questions of recombination, inversion, deletion, translocation, and point mutations completely, and modelled dispersion by using transposition alone. I used a simple program which decided at random for the haploid chromosome set whether a duplication or transposition occurred at each iteration, over how large a linear range of loci, between which loci duplication occurred, and into which position transposition occurred.

Even with these enormous simplifications, the kinetics of this system is complex and scantily explored. Since, to simplify the model, loci cannot be destroyed, the rate of formation of a locus depends upon the number of copies already in existence, and approximately stochastic exponential growth of each locus is expected. This is modified by the spatial range of duplication, which affords a positive correlation of duplication of neighboring loci, and further modified by the frequency ratio of duplication to transposition. The further assumption of first-order destruction of loci would decrease the exponential growth rates. However, the kinetics are not further discussed here, since the major purpose of this simple model is to examine the regulatory architecture after many instances of duplication and transposition have occurred. I show the results for the two distinct initial networks in Fig. 3a and 3b for conditions in which transposition occurs much more frequently than duplication, 90:10, and 2000 iterations have occurred. The effect of transpositions is to randomize the regulatory connections in the system. Consequently, while the placement of individual genes differs, the overall architectures of the two resulting networks look fairly similar after adequate transpositions have occurred.

This result raises the possibility of studying more formally the structural properties of such randomized regulatory networks to seek their statistically stable features. Conceptually, this study would construct the ensemble of all possible regulatory networks with a specified number of copies of each type of cis acting, trans acting and structural gene, then form averages, over the ensemble, of those network properties which are of interest.

Random Directed Graphs

Even the simple model in Fig. 1a and 1b is complicated. The effects of duplication and transposition are to create new copies of old genes, and by their dispersal to new regulatory domains, generate both more, and novel, regulatory couplings among the loci. A minimal initial approach to the study of the ensemble properties of such systems is to study the features of networks in which N genes are coupled completely at random by M regulatory connections. This kind of structure is termed a random directed graph [22-24] in which nodes represent genes, arrows represent regulatory interactions.

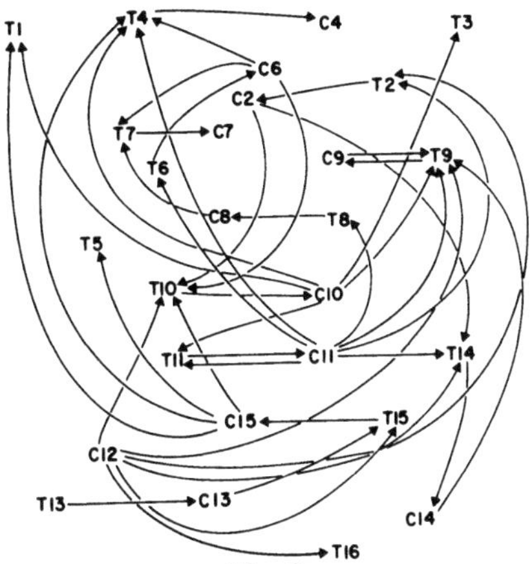

Fig.3a

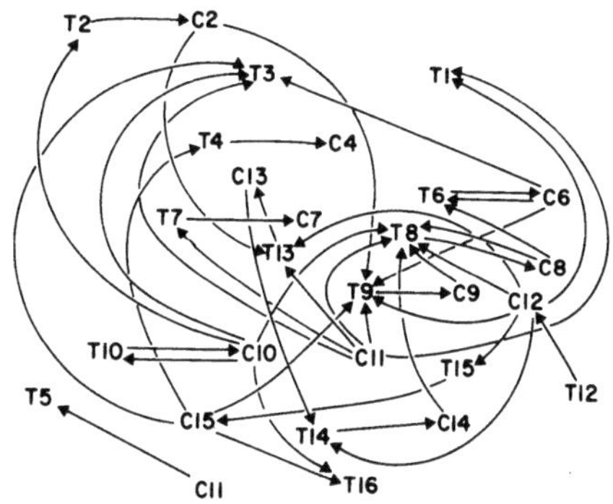

Fig.3b

Fig.3a Regulatory interactions from chromosome set in 1a after 2000 transpositions and duplications have occurred, in ratio 90:10, each event including 1 to 5 adjacent loci

Fig.3b Similar to 3a, after random transposition and duplication in chromosome set from 1b

To analyze such random directed graphs, I employed a computer algorithm which generated at random M ordered pairs chosen among N "genes", assigned an arrow running from the first to the second member of each pair, then analyzed the following features of the resulting directed graph: 1) The number of genes directly or indirectly influenced by each single gene, termed the descendents from each gene; 2) The radius from each gene, defined as the minimum number of steps for influence to propagate to all its descendents; 3) The fraction of genes lying on genetic feedback loops among the total N genes; 4) The length of the smallest feedback loops for any gene which lies on a feedback loop.

As would be expected, these properties depend upon both the number of genes, N, and the number of regulatory arrows, M, which connect them. Figures 4a-d show the results for networks with 200 genes and regulatory connections, M, ranging from 0 up to 720. Figure 4a shows the mean number of descendent genes in a network of 200 genes. As M increases past N, a crystallization of large descendent structures occurs, and some genes begin directly or indirectly to influence a large number of genes. The curve is sigmoidal, and by M=3N, on average any gene can directly or indirectly influence 0.87of the genes. Figure 4b shows the mean radius as a function of M. It is a non-monotonic function of the number of regulatory connections, low when connections are few and each gene can influence all of its descendents in a few steps, maximum when the number of connections is between 1.5N and 2N, and each gene can influence a large number of other genes through a still relatively sparse network, then declining as additional regulatory connections provide shorter routes from each gene to influence all its descendents. As would be intuitively expected, the fraction of genes lying on feedback loops parallels the mean number of genes descendent from each gene. As M increases, the chance of forming closed loops goes up, Fig. 4c. Similarly, the lengths of the smallest feedback loops on which genes lie parallels the radius distribution, reaching a maximum for M between 1.5N and 2N, then declining as M increases, Fig. 4d.

This brief analysis of the structural properties of random genetic networks suggests how robust such statistically typical features are expected to be. These first, simplest models of the expected regulatory architecture among the genetic elements in a eukaryote under the actions of duplication, transposition, translocation, recombination, deletion, point mutations, of course, are no more than the schemata of a theory. Their purpose, at this stage, is to indicate that such a theory should be

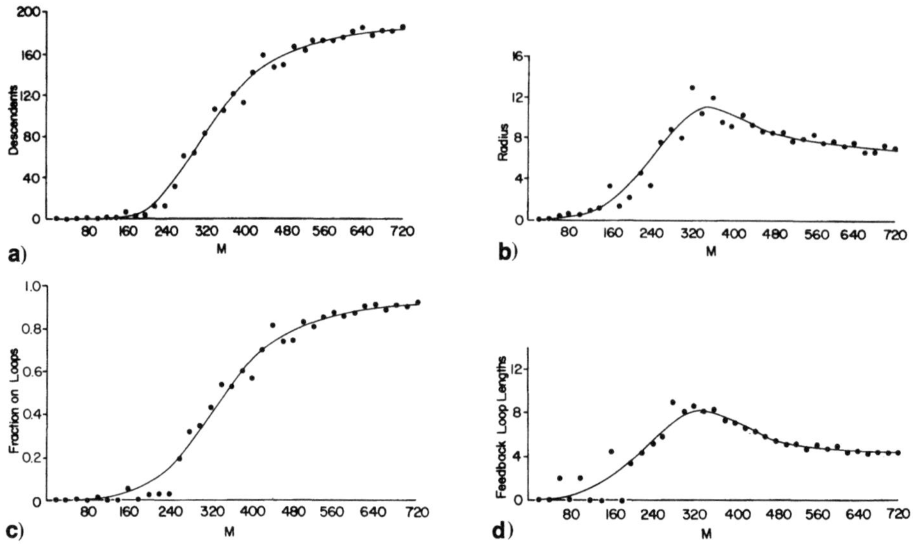

Fig.4a Descendent distribution, showing the average number of genes each gene directly or indirectly influences as a function of the number of genes (200) and regulatory interactions, M

Fig.4b Radius distribution, showing the mean number of steps for influence to propagate to all descendents of a gene, as a function of M

Fig.4c Average number of genes lying on feedback loops, as a function of M

Fig.4d Average length of shortest feedback loops genes lie on as a function of M

constructable. Such a theory would characterize the statistically robust structural properties of large, evolving genetic regulatory networks in the absence of selection. Simultaneously, such a theory would demonstrate the form of the genetic network toward which those in organisms would fall in the absence of selection, and perhaps allow an assessment of how strong selection would have to be to differ by a given degree from the average. In short, the mean statistical features of such networks are constraints in the evolution of the genomic regulatory system which selection must continuously overcome.

Crystallization of Coordinated Dynamical Behavior

Genetic regulatory networks are of importance because their organized dynamical behavior coordinates the activities of genes and their products in the regulation of cell differentiation. If it is possible to envision a theory which characterizes the expected architecture of gene regulatory systems under the actions of duplication, transposition, recombination, deletion, point mutations, in genomic evolution then it becomes of interest to assess the expected dynamical behavior of such regulatory systems. My own previous work [25-27], as well as that of a number of other authors [28-40] has already begun to shed some light on this problem. Again, analysis has largely been carried out only for the simplest kinds of dynamical models of regulatory systems, in which each gene is assumed to be a simple binary, on-off device, regulated by input arrows from other binary genes in a randomized genetic network, in which M arrows (M=2N) connect N genes. The behavior of each binary gene is governed by randomly assigning to it one of the possible binary Boolean "switching" rules. For example, a given gene might be active at the next moment if any of its cis and trans acting regulatory genes are currently active, or if any is inactive, etc. Although formulated in terms of transcriptional regulation, the approach can include regulation of transcript processing and transport, by cis acting sequences on transcripts, and trans acting intranuclear signals [3].

Figures 5a-c exhibit the formal properties of such Boolean genetic networks. In Fig. 5a, three genes are shown, each receives regulatory input arrows from the other two. Two genes are activated at the next time moment if either input is active at the present moment (the OR function) while one is activated only if both inputs are active (the AND function). Figure 5b rewrites this in terms of the current $2^N=2^3$ states of the small network, and the next state into which each state is transformed. The resulting sequence of state transitions is shown in Fig. 4c. Since there is a finite number of states, as the system follows a sequence of state transitions, it must arrive at a state previously encountered. Since the network is deterministic, it thereafter cycles repeatedly. If started at a different initial state, the system may follow a sequence which runs into the first state cycle, or some different state cycle. Because each state either runs into or lies on a state cycle, each state cycle is an attractor lying in a basin of attraction, and the basins of attraction partition the entire space of 2^N States. The existence of at least one state cycle is a trivial property of these sequential finite automata. The interesting questions concern the number of states lying on one state cycle, which might range from 1 to 2^N, how similar the states lying on one state cycle are to one another, how many different state cycles are in the dynamical repertoire of the system, how stable any state cycle is to minimal perturbations reversing the activity of any single binary gene, how many genes are ubiquitously active (or inactive) on all state cycles, how different patterns of gene activities are on different state cycles, and a variety of further questions.

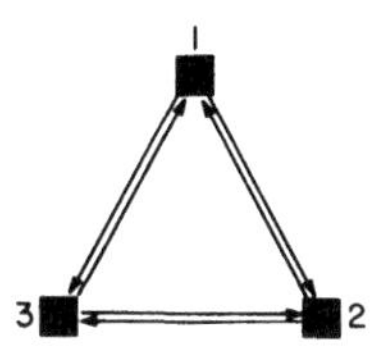

2	3	1
0	0	0
0	1	0
1	0	0
1	1	1

"AND"

1	2	3
0	0	0
0	1	1
1	0	1
1	1	1

"OR"

1	3	2
0	0	0
0	1	1
1	0	1
1	1	1

"OR"

a)

T			T+1		
1	2	3	1	2	3
0	0	0	0	0	0
0	0	1	0	1	0
0	1	0	0	0	1
0	1	1	1	1	1
1	0	0	0	1	1
1	0	1	0	1	1
1	1	0	0	1	1
1	1	1	1	1	1

b)

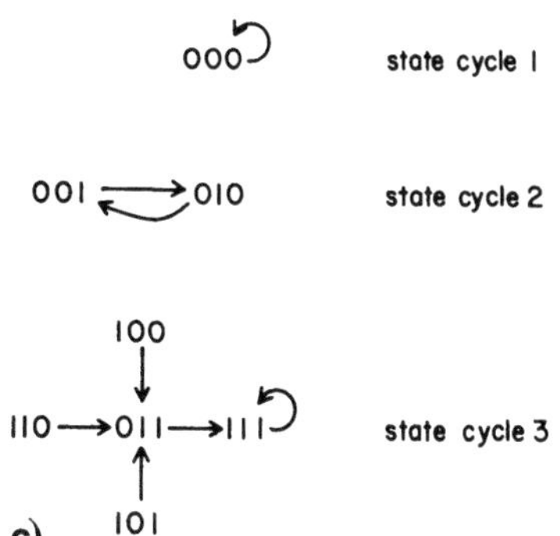

c)

Fig.5a 3 genes, each regulated by the other two, according to the "OR" and "AND" Boolean function

Fig.5b All 2^3=8 states of binary activity of the 3 genes at time T, and the state at time T+1 into which each transforms

Fig.5c The sequence of state transitions from 5b, showing 3 state cycles, see text

The quite surprising result of studies on large networks of binary genes, having up to 10,000 binary elements and $2^{10,000} = 10^{3000}$ possible combinations of gene activities, is that such randomized networks spontaneously exhibit extraordinarily constrained, ordered dynamical properties reminiscent in many respects to those found in even contemporary cells.

First, among the N genes, approximately 60%-70% settle into fixed "on" or fixed "off" states [25-27]. This fixation is due to the crystallization of a particularly powerful subsidiary control structure, termed a forcing structure, in these arbitrary binary dynamical systems [26,27]. Although discussed only briefly here, forcing structures are characterized by regulatory connections having the property that one state (active or inactive) of a given gene suffices to force its descendent to a single state of activity, regardless of the activities of other genes influencing that descendent gene. If the fraction of regulatory connections which are "forcing" surpasses the number of genes, then as expected from Fig. 4a-d, large connected "forcing structures" crystallize. If all genes on a forcing loop are in their forced state, they are fixed, and impervious to influence by other genes. Their fixity propagates to all their forced descendents. Typically 60%-70% are members of this forcing structure and are those which fall to fixed active or inactive states.

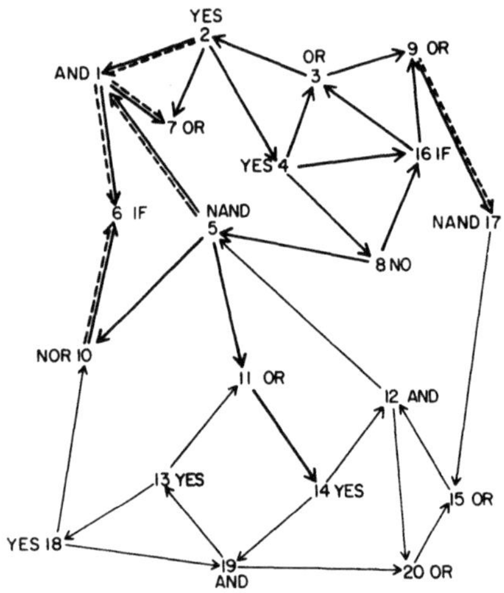

Fig. 6 A network of binary genes regulated by Boolean functions YES, NO, AND, OR, NAND, NOR. Dark arrows and dark arrows with parallel dashed lines comprise forcing structure (see text)

The fundamental consequences of this fixation is simply pictured. This fixed 60%-70% constitutes a large "subgraph" of the entire genetic network, Fig.6. This large "forcing structure" subgraph blocks the propagation of varying inactive and active signals from genetic loci which are not part of the large dynamically fixed forcing structure. Those remaining genes form smaller interconnected clusters, each of which is functionally isolated from influencing the other clusters by the large forcing structure. Each functionally isolated subsystem has a small number of alternative dynamical modes of behavior into which it settles: alternative steady states, or oscillatory patterns of gene activities among the genes in that cluster. Since the clusters are functionally isolated, the alternative dynamical properties of the entire genetic system include the ubiquitously fixed active (and inactive) genes, and the possible combinations of the J alternative modes of behavior in the first cluster, the K of the second,... That is, the dynamical behavior is inherently combinatorial, comprised by the ubiquitous set plus the possible combinations of the alternate modes of the functionally isolated subsystems, each of which provides a highly coordinated pattern of activities among a rather small subset of the non-fixed genes.

The observed simulation results [25] show that the entire large network settles into extremely small localized state cycle attractors, typically cycling among about $\sqrt{N}$ highly similar states. Thus model networks with 10,000 binary variables typically settle into attractors comprised of only 100 of the 10^{3000} possible combinations of gene activities. The number of possible alternative state cycle modes of dynamical behavior of the entire network is also roughly $\sqrt{N}$. Thus a model genome with 10,000 binary genes settles into one of about 100 alternative coordinated patterns of gene activity, each pattern comprised by a recurring set of about 100 similar states. These alternatives reflect the combinatorial behavior of the functionally isolated subsystems described above.

This allows initial construction of a picture of the coordinated gene activities corresponding to a cell type. The genes fixed in the active state would correspond to and satisfy the need in genetic regulatory systems for "housekeeping" genes ubiquitously active in all cell types. Each different cell type would be comprised in addition to the ubiquitous set by a unique combination of the alternative modes of behavior of the functionally isolated subsystems. The extent to which these model cell types differ from one another in patterns of gene expression (typically 5%-10%) and share a ubiquitously active set (typically 60%-80%) is surprisingly similar to the numbers observed in contemporary cells. Simulation results also show that each model cell type is stable to transient reversal of activity of most of the genes, one at a time, but that most cells can be stimulated to differentiate into one of a few "neighboring" cell types by transiently altering the activity of a few critical genes, mirroring the restricted pathways of differentiation open to contemporary cells. A particularly interesting feature of these model gene regulatory systems is that removal of a gene which is fixed _inactive_ in all cell types does not alter those cell types, but may alter the response to perturbations away from the cell type attractor, hence can alter the _pathways_ of _differentiation_ between cell types induced by signals to key genes, while preserving the cell types themselves.

Space precludes a complete discussion, but the results presented suffice to indicate that even in genetic regulatory systems whose architecture is scrambled by duplication and dispersion of regulatory loci throughout the genome, and in which this scrambling leads to entirely _arbitrary_ assignment of the control rule regulating the response of each gene to those controlling its activity, nevertheless, highly coordinated dynamical behavior spontaneously crystallizes. Even without selection, many of the dynamical properties of these model genomes are strongly reminiscent of those seen in contemporary cells. At the least, this suggests that our intuitions are wrong. Crystallization of orderly alternative coordinated patterns of gene activities about a set of ubiquitously active genes appears to be a _typical_ property of large genomic systems which does not itself require substantial selection. The task of selection instead is to pick the particularly favorable combinations of genes which are to be coordinately expressed.

Preconditions for Selection

The next point I want to make is that the spontaneously crystallized orderly dynamics already provide the preconditions requisite for selection to act upon. In order for selective evolution to have succeeded it must be relatively simple to achieve at least a modestly workable starting system, then it is critical that _partial_ successes can accumulate. This implies that a local rearrangement of the regulatory architecture or modification of the control rule governing some single gene will not grossly alter the dynamical behavior of the entire system. Just this requirement is provided by the functional isolation of different clusters of genes. Each can be modified without often affecting the other clusters, allowing modifications in the patterns of activities of a small number of genes in one or a few cell types at a time.

Insufficient information is available to begin to test this hypothesis critically. However, it is of interest that among the Hawaiian picture wing _Drosophilae_, closely related species differ in quixotic ways in the array of tissues in which a battery of different enzymes are synthesized [10,11], suggesting that piecemeal alterations to new combinations of gene activities in a few cell types at a time may be a common mode of evolution in gene regulation. Further, the capacity of systems with functionally isolated subsystems to accumulate partial successes suggests that maintenance of functionally isolated subsystems may have been advantageous and therefore that current differentiation may be fundamentally combinatorial. Such combinatorial features have been suggested on entirely independent grounds in _Drosophila_ [41,42], and mouse development [43].

A second aspect of the capacity to accumulate partial successes is also provided by the spontaneously crystallized dynamical order in these model genomic systems. As noted, deletion or addition of a gene which is inactive on all cell types can alter the pathways of differentiation among cell types by signals to critical genes. Thus such mutants can preserve useful cell types but alter the time and conditions of their occurrence. To evolve by piecewise alterations of developmental pathways, it is necessary that any such mutant affects only a few of the pathways of differentiation among cell types. Just this property is found in these model systems. Hence the capacity for restricted selectively advantageous modifications of pathways of development appears to be typical even of arbitrarily scrambled genomic regulatory systems. Since this capacity for piecewise modification of pathways itself seems to be highly useful, it is plausible that it may also have been maintained during the course of metazoan evolution.

Caveats

The results described apply to highly simplified models of gene regulation and its evolution by chromosomal rearrangements. The dynamical models are binary idealizations of gene regulation. Some grounds exist to think that the very powerful properties of forcing structures carry over to a class of continuous strongly sigmoidal rate equations of the forms:

Continuous	Boolean Homologue	
$\dot{x} = \frac{y^2}{\theta + y^2} - Kx$	(YES)	(1)
$\dot{x} = \frac{1}{\theta + y^2} - Kx$	(NO)	(2)
$\dot{x} = \frac{(y+z)^2}{\theta + (y+z)^2} - Kx$	(OR)	(3)
$\dot{x} = \frac{(yz)^2}{\theta + (yz)^2} - Kx$	(AND)	(4)
$\dot{x} = \frac{1}{\theta + (y+z)^2} - Kx$	(NOR)	(5)
$\dot{x} = \frac{1}{\theta + (yz)^2} - Kx$	(NAND)	(6)

For example, substitution of these continuous equations into the binary model in Fig.6 yielded a system in which the "forcing structure" members assumed extreme active or inactive steady states expected from the binary idealization, while the remaining subsystem exhibited alternative steady states homologous to the binary system. Finding analytic results for these systems has hardly begun. The homologies, however, raise the hope that the powerful ordering properties seen in the binary system are robust enough to carry over to continuous systems. If so, a substantial principle of dynamical order is likely to be found in forcing structures. Beyond mathematical interest, however, if, as it appears, the ordering is not an artifact of the binary idealization, it will strongly support the suggestion from binary models that many dynamical features of contemporary gene regulation crystallize spontaneously in large systems of coupled biochemical reactions far from thermodynamic equilibrium.

References

1. D.D. Brown: Science 211, 667 (1981)
2. R.J. Britten, E.H. Davidson: Science 165, 349 (1969)
3. E.H. Davidson, R.J. Britten: Science 204, 1052 (1979)
4. D.M. Chikaraishi, S.S. Deeb, N. Sueoka: Cell 13, 111 (1978)
5. R. Goldberg: Personal communication (1981)
6. K.C. Kleene, T. Humphreys: Cell 12, 143 (1977)
7. B. McClintock: Cold Spring Harbor Symposium on Quantitative Biology 21, 197 (1957)
8. F. Sherman, C. Helms: Genetics 88, 689 (1978)
9. K. Paigen: In: Physiological Genetics, ed. by J.G. Scandalias (Academic Press, New York 1979)
10. W.J. Dickenson: Science 207, 995 (1980a)
11. W.J. Dickenson: Genetics 1, 229 (1980b)
12. B. Errede, T.S. Cardillo, F. Sherman, E. Dubas, J. Deshuchamps, J-M. Waine: Cell 22, 427 (1980)
13. G.M. Rubin, D.J. Finnegan, D.S. Hogness: Progress in Nucleic Acid Research and Biology 19, 221 (1976)
14. A.C. Wilson, S.S. Carlson, T.J. White: Ann. Rev. Biochem. 46, 573 (1977a)
15. A.C. Wilson, T.J. White, S.S. Carlson, L.M. Cherry: In: Molecular Human Cytogenetics, ed. by R.S. Sparks and D.E. Comings (Academic Press, New York 1977b)
16. K.J. Livak, R. Freund, E.R. Schweber, P.C. Wensink, M. Meselson: Proc. Natl. Acad. Sci. 75, 5613 (1978)
17. G.L. Bush: In: Essays on Evolution and Speciation (Cambridge University Press, Cambridge 1980)
18. H.K. Dooner, O.E. Nelson: Proc. Natl. Acad. Sci. 74, 5623 (1977)
19. G.A. Dover: In: Insect Cytogenetics, ed. by R.L. Blackman, G.M. Hewett and M. Ashburner. Royal Entomological Society London Symposium 9 (Blackwell, Oxford 1979)
20. M.W. Young: Proc. Natl. Acad. Sci. 76, 6274 (1979)
21. W. Krone, V. Wolf: Hereditas 86, 31 (1977)
22. P. Erdos, A. Renyi: In: On the Random Graphs 1, vol. 6 (Inst. Math. Univ. DeBreceniensis, Debrecar, Hungary 1959)
23. P. Erdos, A. Renyi: In: On the Evolution of Random Graphs, publ. no. 5 (Math. Inst. Hung. Acad. Sci. 1960)
24. C. Berge: The Theory of Graphs and its Applications (Methusena, London 1962)
25. S.A. Kauffman: J. Theor. Biol. 22, 437 (1969)
26. S.A. Kauffman: In: Current Topics in Developmental Biology 6, 145 (1971)
27. S.A. Kauffman: J. Theor. Biol. 44, 167 (1974)
28. C.C. Walker, W.R. Ashby: Kybernetik 3, 100 (1966)
29. S.A. Newman, S.A. Rice: Proc. Natl. Acad. Sci. 68, 92 (1971)
30. L. Glass, S.A. Kauffman: J. Theor. Biol. 34, 219 (1972)
31. I. Aleksander: Int. Journ. Man/Machine Studies 5, 115 (1973)
32. A.K. Babcock: PhD thesis, State University of New York, Buffalo (1976)
33. J.A. Cavender: J. Theor. Biol. 65, 791 (1977)
34. R. Thomas: In: Lecture Notes in Biomathematics 29, ed. by R. Thomas (Springer-Verlag, New York 1979)
35. R.A. Sherlock: Bull. Math. Biol. 41, 687 (1979a)
36. R.A. Sherlock: Bull. Math. Biol. 41, 707 (1979b)
37. C.C. Walker, A.E. Gelfand: Behavioral Science 24, 112 (1979)
38. A.E. Gelfand: Submitted (1980)
39. F. Fogelman-Soulie, E. Goles-Chacc, G. Weisbuch: Submitted (1981)
40. A.E. Gelfand, C.C. Walker: Submitted (1981)
41. S.A. Kauffman: Phil. Trans. Roy. Soc. London B295, 567 (1981)
42. S.A. Kauffman: J. Theor. Biol. 44, 167 (1974)
43. R.L. Gardner: In: Results and Problems in Cell Differentiation, ed. by W. Gehring (Springer-Verlag, Berlin, Heidelberg, New York 1978)

The Synergetics of Actin-Myosin in Active Streaming and Muscle Contraction

H. Shimizu

Faculty of Pharmaceutical Sciences, University of Tokyo
Hongo, Tokyo 113, Japan

1. Introduction

The engine is an apparatus which converts chemical energy of fuel to mechanical energy of a macroscopic body. In conventional thermal engines, the process of conversion of chemical energy to mechanical energy proceeds via two steps: chemical energy is first transformed into thermal energy in the form of high temperature gases or vapors, which is then further transformed into mechanical energy. In the latter process, temperature inside the engine must be kept higher than outside temperature. Thus, a thermal engine requires the presence of temperature difference between inside and outside thereof. Although thermal engines are capable of producing a high power, the efficiency of involved chemo-mechanical conversion is not quite high.

A paired enzyme actomyosin, i.e. a complex of actin and myosin, splits ATP to produce ADP and Pi and converts the chemical energy liberated during the reaction to mechanical energy of biological movement. Actomyosin plays a primary active part in various biological engines such as those seen in contraction of muscle and in cytoplasmic streaming in Nitella. Such actomyosin engines may not be regarded as thermal ones [1], because they work in the absence of temperature difference between inside and outside. The chemical energy of ATP is tranformed directly, and not via thermal energy, into mechanical energy of biological movement. Thus, such actomyosin engine works with high efficiency, though it may not be suitable for high-power requiring processes. However, thermodynamic principle or mechanism working in the actomyosin engine have not been known yet. The subject of this paper is to discuss this problem.

2. Examples of Actomyosin Engines

Skeletal muscle is a typical example of such actomyosin engine. A skeletal muscle fiber comprises a series of sarcomere which is comprised of an assembly of regularly arranged interdigitating thick and thin filaments,connected with each other lengthwise. The thick filament is polymeric myosin in a helical bipolar form. Head part of each myosin molecule called heavy meromyosin (HMM) forms a two-headed cross-bridge structure, which protrudes from polymeric myosin backbone i.e.,the thick filament, towards the surrounding thin filaments. Each of the two heads of the myosin cross-bridge provides an ATP-binding site and an actin binding-site. The latter site, i.e.,actin binding site of the cross-bridge, may attach to an actin molecule, i.e.,the actin site in the thin filament. Actin polymerizes head-to-tail to form a polar double-helical filament called F-actin. To F-actin, forming the thin filaments, attach arrays of troponin and tropomyosin which regulate muscle contraction. Interaction between actin and myosin occurs, however, only when sufficient calcium ions exist in muscular cells. The chemical energy liberated in the decomposition of ATP is used to slide the thick and thin filaments over each other in the particular direction, which shortens the sarcomere length.

Inside Nitella cells, cytoplasm steadily circulates along the cell wall. Myosin molecules dissolved in cytoplasm interact with actin filaments which are attached to the cell wall in parallel and in polarized ways and this interaction causes such cytoplasmic streaming. The polarization of the actin filaments primarily determines the direction of cytoplasmic streaming. The sliding motion between actin and myosin molecules may drive such cytoplasmic streaming.

3. Three-State Model of the Elementary Cycle

The cross-bridge head linking to actin (or actin site) is known to take at least two mechanically distinguishable attached states and one detached state. Let us designate the detached state "state 0" and the two attached ones "state 1" and "state 2". The simplest model of elementary cycle of such chemo-mechanical conversion systems comprises these three states, and the elementary cycle may proceed via state 0, state 1 and state 2 to state 0 [2,3]. In the upper part of Fig.1 the intermolecular potentials between the cross-bridge and actin site for those three states are plotted against the relative coordinate x, representing the position of the cross-bridge relative to the relevant actin site [2]. In the lower part of Fig.1 are illustrated the rate constants of transitions among the three states as a function of x. By comparing the upper part with the lower part of the figure, one is able to describe the elementary cycle as follows. At the transition 0 → 1, where the intermolecular potential of state 1 approximately takes the minimal value, the cross-bridge binding partially decomposed ATP attaches to the actin site. Since the rate of transition 1 → 2 is small at that position, state 1 is quasi-stable, and the cross-bridge may remain at that state for a while. Under normal conditions motive force between the cross-bridge and the actin site is scarcely generated in state 1. When after some time, transition from state 1 to state 2 occurs, the cross-bridge-actin linkage becomes unstable at the position (coordinate) where the transition has taken place, and the cross-bridge receives a force according to the potential of state 2. Generally the cross-bridge and the actin site find a more stable position through a relative movement. (ATP will be completely decomposed during this movement.) If the relative position of the cross-bridge is positively shifted from the position on x where the potential of state 2 is minimum, the rate of detachment suddenly increases. The cross-bridge quickly takes the detached state as a new ATP molecule attaches to the cross-bridge.

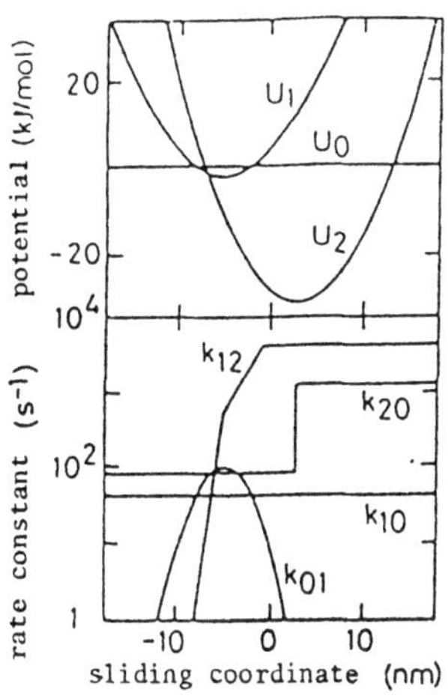

Fig. 1. Upper: Potential energies for the three states as a function of x. U_0, U_1, and U_2 denote, respectively, the potential energies of states 0, 1, and 2.
Lower: Rate constants of transitions among the three states as a function of x. k_{ij} represents one from state i to j

Transition from state 1 to 2 is the key step for the motive-force generation. The rate constant of transition (state 1 → state 2) is a rapidly increasing function of the relative coordinate x,

$$k_{12}(x) = K_0 \exp(Bx/kT), \tag{1}$$

wherein k_0 and B are positive constants. Consequently, any perturbation which increases the relative coordinate x will markedly accelerate the key transition. Such a perturbation is not only a mechanical accelerator of the motive-force generation but also a chemical accelerator of ATP-splitting, or ATPase activity.

4. Stream Cell - Artificial Streaming Model

Figure 2 describes the outline of our actomyosin engine model named "stream cell", in which acto-HMM, F-actin and HMM from rabbit skeletal muscle, produce active streaming in a specific direction [4,5]. The stream cell model is made of polymethyl methacrylate; as shown in Fig.5 it comprises one disc A of 2.8 cm in diameter and 1.1 cm in height, one annulus B of 3.0 cm in inner diameter and 1.1 cm in height, and one circular plate C. The base plate C is provided with a circular concave of 2.8 cm in diameter and 1mm in depth, and one concentric ring shaped groove of 3 cm in a diameter and 1 mm in depth, in which the bottom part of the disc A and that of the annulus B are tightly fixed with the aid of silicon grease, to form an annular slit between the disc A and the ring B of 1 mm in width and 1 cm in depth. (When the inner and outer walls of the slit are covered with a sheet of Millipore filter for binding F-actin, the width of the slit reduces to about 0.6 mm.) F-actin filaments are chemically fixed on inner and outer walls of the ring slit in such a way that F-actin molecules are horizontally arranged on the slit wall regularly with respect to its polarity. When the slit is filled with a solution containing HMM and ATP, spontaneous streaming of the solution takes place along the slit wall in the direction specified by the direction of the polarity of F-actin attached to the wall. The stream is steady and the streaming velocities near the bottom and towards the top of the solution are about the same, i.e.,no sign of covection is observed. Streaming velocity in the vicinity of the walls is, however, occasionally slightly higher than that in the middle of the slit.

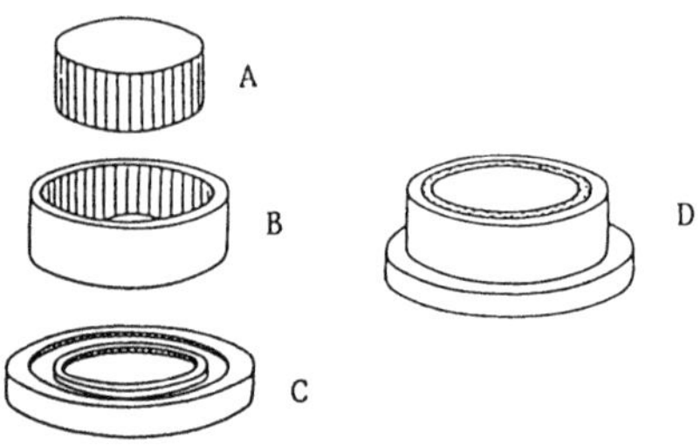

Fig. 2 A schematic reoresentation of the disc (A), outer cylinder (B), and bottom plate (C) on which A and B are fixed (D) is the stream cell model assembly

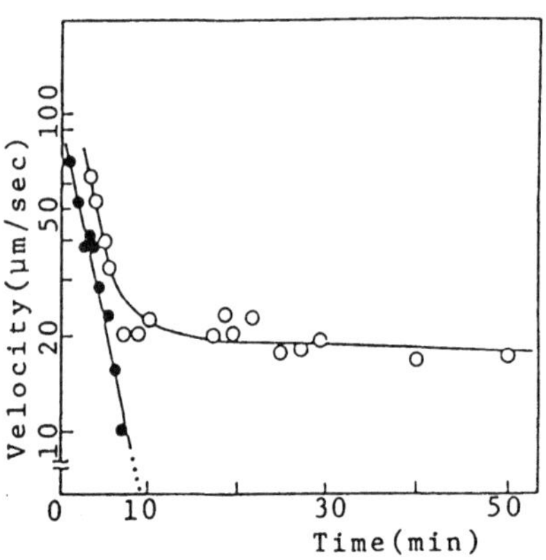

Fig. 3 Time cources of streaming velocity at different salt concentrations; the initial velocity of the fluid was obtained by injecting the solutions into the circular slit at a rate of 100 μm/s. The solution contained 3 mg/ml of HMM, 20 mM Tris-maleate (pH 7.0), 4mM MgATP, 0.1 mM $CaCl_2$, and 0.1 M KCl(open circle) or 0.6 M KCl (closed circle) at 20°C

Actomyosin can generate a strong motive force only under physiological conditions, and steady and directed streaming of stream cell occurs only under such conditions [5]. Figure 3 shows the time courses of streaming velocity under physiological (0.1 M KCl) and nonphysiological (0.6 M KCl) conditions. Under nonphysiological conditions, merely decay of the initial flow velocity is observed. However, when KCl is in the physiological concentration at 20 °C, steady and directed streaming of about 20 μm/sec continues for several hours. (This velocity is about twice of the sliding velocity of myofilaments in the sarcomere of rabbit skeletal muscle.) Even if an external force is applied to this steady streaming liquid to let it flow to the counter direction, after 10 min the liquid flows in steady streaming in the direction specified by the arrangement of F-actin on the slit wall. The streaming velocity and the rate of ATP-splitting by acto-HMM was found to be controlled by calcium ion concentration when troponin and tropomyosin were attached to F-actins.

Figure 4 shows the temperature-dependence of the streaming velocity, triangles, and of ATPase activity, open circles [6]. Apparently the streaming velocity of our present model shows a biphasic profile with respect to the temperature change. Below the transition temperature, T_c, which is about 10 °C in this case, no streaming occurs, and the temperature-ATPase activity curve (the Arrhenius plot) is essentially superimposable with that of a homogeneous acto-HMM system, shown in Fig.4 by a linear dash-broken line. Spontaneous streaming is observed only above T_c, where the Arrhenius plot of ATPase activity is nonlinear: remarkable increase in the ATPase activity is noted as 1/T decreases. The transition temperature T_c is shifted to higher temperature side when mechanical obstacles are placed in the ring slit (four 0.6 mm thick needles arranged perpendicularly at equal mutual distance in the slit) as indicated by closed circles denoting the ATPase activity while it is shifted to lower temperature side as the amount of F-actin on the slit wall is increased. In cytoplasmic streaming of Nitella, similar dependence of the streaming velocity on 1/T as well as the high-temperature shift of T_c by mechanical resistance are also observed [7].

5. Cause of the Phase Transition

Let us discuss the phase transition in the streaming systems. Generally speaking, phase transition is brought about by the cooperative behavior of component elements, i.e., paired enzyme of actin and HMM (or myosin) in the present systems. They are macro-molecules which may subject intramolecular phase

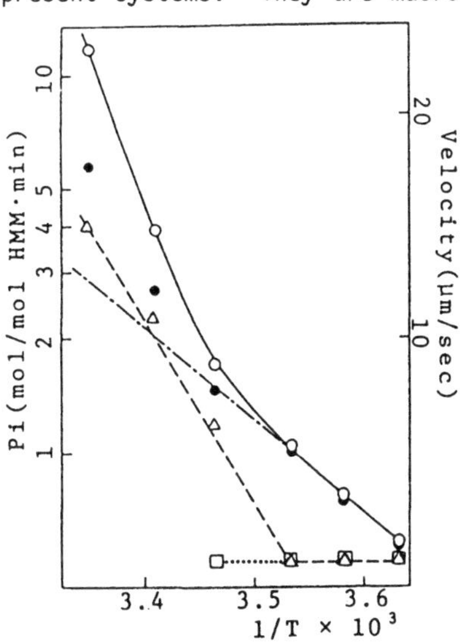

Fig. 4 Temperature dependence of streaming velocity and ATPase activity. Abscissa: the inverse of the absolute temperature. Ordinate: streaming velocity(Δ) and logarithm of the ATPase activity (o). The solution consisted of 3 mg/ml of HMM, 10 mM ATP, 4mM $MgCl_2$, 50 mM KCl, and 40 mM Tris-maleate (pH 7.0)

transitions. Possible causes of such phase transition are as follows: (i) cooperativity in the interactions among amino acid constitutents of these protein molecules, (ii) static cooperativity due to intermolecular interactions among HMM molecules attaching to the same actin filament, which is coupled with the cooperative conformational changes of component actin molecules of the filament, (iii) dynamic cooperativity due to interactions in the active motions of HMM mediated by local streaming, and (iv) a hydrodynamic transition such as the yield value relating to a nonlinear character of the Navier-Stokes equation. Of them, the first and second ones can be immediately denied because mechanical obstacles placed in the streaming shifts the transition temperature to higher temperature side. The hydrodynamic transition (iv) is not likely the case either, because, so far as the ATPase activity is concerned, the phase transition is observed even when macroscopic streaming is terminated by the mechanical obstacles in the slit. Accordingly, the third one is most probable; some cooperativity is present among elementary cycles mediated by local streaming.

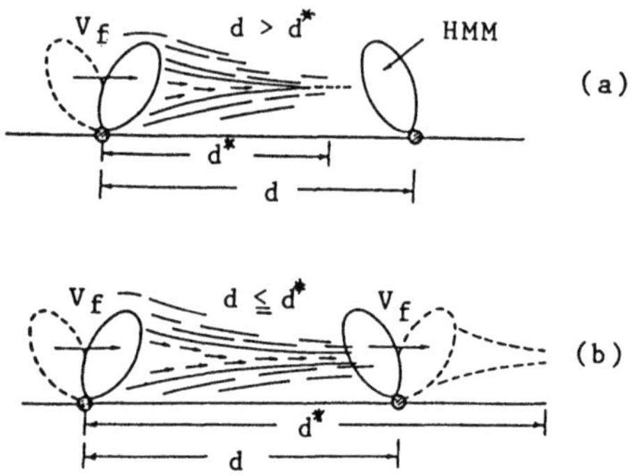

Fig. 5 Schematic representation of active motion of HMM on F-actin; d: the mean distance between neighboring HMM, d*: the relaxation distance of the local flow, (a) $T < T_c$, (b): $T > T_c$

Details of the last-mentioned mechanism may be speculated as follows [8]. An actively moving HMM on F-actin pushes the surrouding fluid into the direction of the motion, producing a microscopic or elementary flow. This elementary flow is soon decayed by the friction inside the fluid and the friction between the fluid and the wall. In a rough approximation the relaxation distance d* of the elementary flow is inversely proportional to the viscosity of fluid. Figure 5(a) describes schematically how a decay of elementary flow occurs. Each HMM independently produces an elementary cycle. Because at lower temperature, the viscosity is so high that the relaxation distance (and relaxation time) is too short to transmit this cycle to a second HMM, and the chemical energy produced by ATP-splitting is transformed to thermal energy through friction, and used up. To produce a macroscopic streaming, elementary flow must be amplified and organized to a macroscopic flow before they decay. As is schematically illustrated in Fig.5(b), at temperature above T_c, the relaxation distance d* becomes substantially longer than the mean distance d between two neighboring HMM molecules. Consequently, an elementary flow produced by one HMM is transmitted to a second one which is in quasi–stable state, state 1. (Let us remember that we are dealing with an anisotropic system where the direction of active motion of HMM molecules is always the same.) If the elementary flow pushes the second HMM for a time long enough to induce a change in the molecular conformation of acto-HMM, the probability that the second one undergoes the transition from state 1 to state 2 is greatly increased. (The position of the second HMM is state 1 on the relative coordinate is shifted to positive direction by the flow.) This increase in the transition probability is proportional to the velocity of the local flow at the second HMM if the velocity is reasonably low. If the transition $1 \to 2$ is successfully induced in the second HMM, the second HMM pushes a third one further with some amplification. (This may be compared with the electrical conduction in the axon.) Local streaming is thus produced by successive activation of active motion by neighboring HMM as in dominoes. Such successive activation of elementary cycles occurs not only among those HMM molecules attaching to the same F-actin filaments but also among those attaching to different filaments. We call the cooperativity which produces such dynamical coherence in elementary dynamics "dynamic cooperativity" to distinguish it from the one in the static state [9]. The size of each local streaming will be semi-macroscopic, and a mosaic ensemble structure of such local streaming will be present in the streaming system. Such an ensemble of local streaming is capable of producing macroscopic streaming by pulling the bulk fluid by means of friction.

6. The Synergetics of Streaming System

The mechanism of phase transition in the streaming systems is now discussed on the basis of a set of equations which are similar to those given by HAKEN [10] for the laser. Since local streaming comprises mosaic structure, active HMM (or myosin) molecules may be classified into two groups: one is moving independently and the other in dynamic cooperativity with neighboring ones.

For the sake of simplicity, we assume that the system is composed of a flickering mosaic structure of cooperative and independent domains and that at a certain point of time, only one HMM molecule works actively in each domain. When the velocity V of macroscopic streaming is small enough, it is proportional to the number of local streaming, n_{coop}, or the number of cooperative domain

$$n_{coop} = nCV, \tag{2}$$

where n is the number of HMM in quasi stable state and the proportionality constant C is assumed to be independent of temperature.

If the contribution from independent HMM is neglected because of its low efficiency, the equation of motion for macroscopic streaming of the fluid of mass M may be given by

$$MdV/dt = - M\Gamma V + m\beta(u - V)n_{coop} + R(t) \tag{3a}$$

with

$$mdu/dt = - m\gamma u - m\beta(u - V) + K + r(t). \tag{3b}$$

The first term in rhs of Eq.(3a) represents the frictional force with frictional coefficient Γ and the third term the fluctuating force. The second term gives the motive force which drives streaming. Equation (3b) represents the motion of HMM of effective mass m in local streaming with velocity v, whereby in the crudest approximation, we may tentatively write $v \simeq V$. The first term in rhs represents the resistive force due to the intramolecular dissipation produced in the active motion of HMM caused by a constant potential force K. The second term which is proportional to u-V is originally caused from the frictional interaction between HMM moving with velocity u and local streaming of velocity V. This frictional force, in turn, moves the fluid as shown in the second term of Eq.(3a). The last term denotes the fluctuating force.

According to Haken's treatment of the synergetics [10], Eq.(3a) can be now written as [9]

$$dV/dt = (A-\Gamma)V - gAV^2 + R^*(t) \tag{4}$$

with

$$A=\beta nKC/(\beta+\gamma)M, \quad g=m\gamma/K=1/v_f, \quad \text{and } R^*(t)=R'(t)/M, \tag{5}$$

$$R'(t) = R(t) + \beta mnCV\hat{r}(t),$$

where A and Γ are the activation and dissipation coefficients of streaming, respectively; v_f is the steady state velocity of the active motion of HMM in the fluid of zero viscosity; g is a kind of dissipation index indicating the mechanical power dissipated to heat through the intramolecular friction in the paired HMM and actin molecules; $A-\Gamma$ is the net activation coefficient of streaming of the solution of unit mass; and the term $-gAV^2$ in Eq.(4) denotes energy lost in the chemo-mechanical conversion. This quantity is brought by the intramolecular dissipation activated by streaming. In Eq.(5), $\hat{r}(t)$ is defined as follows.

$$\hat{r}(t) = \frac{1}{m}\int_{-\infty}^{t} e^{-(\beta+\gamma)(t-t')} r(t')dt' \; .$$

Let us discuss the solution of Eq.(4) in the vicinity of steady state. For better understanding, we will introduce an effective potential $U(V)$ in the velocity space,

$$U(V) = -\frac{1}{2}(A-\Gamma)V^2 + \frac{1}{3}gAV^3 \quad \text{with} \quad V \leqq 0. \tag{6}$$

Now Eq. (4) can be considered as an equation of motion of a quasiparticle with unit mass placed in potential $U(V)$ under fluctuating force $R^*(t)$. The effective potential is composed of the superposition of a quadratic and a cubic one as is illustrated in Figs.6(a) and (b) for the cases of $A < \Gamma$ and $A > \Gamma$, respectively. The "position" where the quasiparticle is stably placed corresponds to the streaming velocity in the stable steady state. Since our system is anisotropic, the streaming velocity V always takes a non-negative value. Clearly, the stable steady state is found at streaming velocity

$$V = \begin{cases} 0 & \text{for} \quad A < \Gamma \\ v_f(1-\Gamma/A) & \text{for} \quad A > \Gamma \end{cases} \tag{7}$$

and a bifurcation appears when $A=\Gamma$. The relation in (7) shows that an ordered state appears when the coefficient A of activation exceeds the coefficient Γ of dissipation. Hence, Γ is a bifurcation parameter. In contrast to lasers, neither periodic pulse nor chaos occurs in the streaming system described by Eqs.(3a) and (3b) [11].

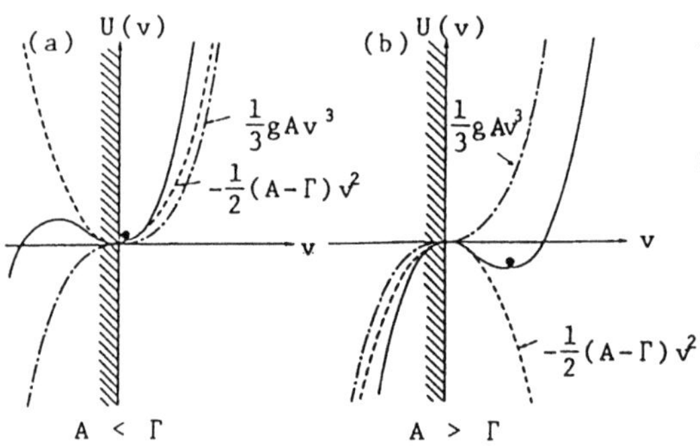

Fig. 6 Velocity potential $U(V)$ (—) in the case of $A < \Gamma$ (a) and of $A > \Gamma$ (b). A steady state is found at the position where $U(V)$ has the minimum value as indicated by a particle (•)

7. The Temperature-Dependence of Streaming Velocity and ATPase Activity

Within a narrow temperature range, $v_f=K/\gamma m$ is almost constant, because both "frictional coefficient" γ and K depend on the intrinsic property of the actin-myosin complex. The number (n) of attached HMM is a weakly increasing function of temperature as inferred from the temperature coefficient Q_{10} of about 1.5 of the isometric tension of glycerol-treated rabbit psoas fibers [12]. Frictional coefficient β is, on the other hand, a moderately decreasing function of temperature. The temperature-dependence of those two quantities are almost cancelled each other in $n\beta$ if the viscosity of water is used for the estimation of β. Consequently, A in (7) becomes almost independent of temperature in the range of our observations. The frictional coefficient Γ is a linear function of the inverse of temperature under our experimental conditions. From the above results, we may now rewrite v_f and $\Gamma v_f/A$ in terms of new constants $\underline{a}$, T_c and c as

$$v_f = \underline{a}/T_c + c \quad \text{and} \quad \Gamma v_f/A = \underline{a}/T + c. \tag{8}$$

Substitution of (8) into (7) leads to the streaming velocity in the stable steady state as a function of temperature as [8,9]

$$V = \begin{cases} 0 & \text{for} \quad T < T_c \\ \underline{a}(1/T_c - 1/T) & \text{for} \quad T > T_c. \end{cases} \tag{9}$$

The temperature-dependence of the rate of ATP-splitting may be estimated as follows [8,9]. The transition from state 1 to state 2 is a rate determining step, which is accelerated by local streaming. In the absence of local streaming, this transition will occur when HMM is present around at the position x=0 where the intermolecular potential of state 1 has the minimal value. In the local streaming of velocity V, HMM is pushed by streaming fluid and will be positively shifted from x=0 by x*; x* is the position where potential force αx* and frictional force βV between the HMM and streaming are balanced, as $x^*=(\beta/\alpha)V$. It is to be noted here that thermal agitations may also deviate the position of HMM from x=0. However, there is only a small probability to keep the position of the perturbed HMM in the positive region of x for a time long enough to induce the conformational change corresponding to the transition from the conformation proper to state 1 to that to state 2, which will be a kind of cooperative changes inside the acto-HMM molecule. By using Eq.(1), the rate constant of elementary step $1 \rightarrow 2$ in cooperative reactions under in influence of local streaming of velocity V is shown as

$$k_{coop}(V) = k_0\exp(Bx^*/kT) = k_0\exp(B\beta V/\alpha kT), \tag{10}$$

where k_0 denotes the rate of said step when there is no local streaming. The effective rate constant k(V) is given as a weighted average of independent and cooperative reactions:

$$k(V) = k_0(n - n_{coop})/n + k_{coop}n_{coop}/n$$

$$= k_0 + Ck_0[\exp(B\beta V/\alpha kT) - 1]V \equiv k_0 + k'(V). \tag{11}$$

Substituting (9) into (11) and assuming that the ATPase activity is proportional to k(V), one is able to find the logarithm of the ATPase activity, logJ(V), as a function of 1/T;

$$\log J(V) = \log J_0 + \log[1+\underline{a}C(1/T_c-1/T)(\exp\{(B\underline{a}b/\alpha kT^2)(1/T_c-1/T)\}-1)], \tag{12}$$

where $\beta=b/T$; J_0 is the ATPase activity in the absence of cooperativity and $\log J_0$ is a linearly decreasing function of 1/T. By choosing suitable values for adjustable parameters $\underline{a}$, T_c, b and α, one is able to calculate the streaming velocity V and the ATPase activity logJ(V) as a function of 1/T. Comparison of theoretical data with experimental data is shown in Fig.4, where various lines denote theoretical results which are in a good agreement with experimental values. The rate constant k_0 of independent reaction satisfies the thermodynamic detailed balance when the reverse reaction is taken into account. However, k'(V) in (11) breaks the detailed balance, producing essential irreversibility in the chemo-mechanical process.

8. Experimental Proof of the Slaving Principle

Haken [13] has proposed that the dynamics of the self-organization in a statistical assembly of subsystems is characterized by the slaving principle. In the preceding treatment on the streaming system, the applicability of this principle was assumed: the streaming velocity, the order parameter representing the extent of the self-organization of macroscopic streaming, slaves the molecular dynamics of elementary cycles. On the other hand, if the slaving principle holds in the streaming system, a change given to the order parameter will lead to the corresponding change in the dynamics of the elementary cycles.

When HMM and F-actin are homogeneously suspended in an ATP solution, no order (streaming) is organized. Under this condition, stirring of the solution gives no influence to the rate of the elementary cycle. This means that the reaction is not of a diffusion-controlled one. Contrary to this, as is shown below, the rate of the elementary cycle (the ATPase activity) is decreased when mechanical obstacles are placed in the streaming solution [6]. These two phenomena might seem inconsistent. However, it is to be noted that in the latter case the order parameter is much reduced by the presence of mechanical obstacles while in the former case the order parameter (which is vanishing) is not changed by stirring the solution. Therefore, these facts can be consistently explained by the slaving principle.

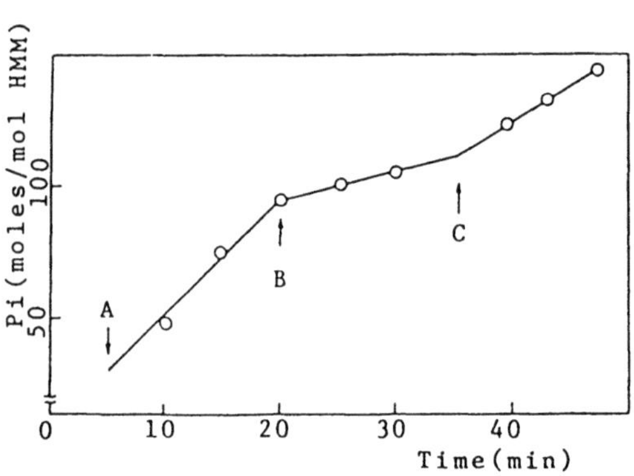

Fig. 7 The time course of phosphate liberation in a stream cell after the injection of the solution. Between times A and B the solution was allowed to stream freely. At B four pieces of chromium-coated iron wire were inserted into the circular slit and at time C they were removed. The solution consisted of 3 mg/ml of HMM, 50 mM KCl, 40 mM Tris-maleate (pH 7.0), 10 mM ATP, 4 mM $MgCl_2$, and 0.1 mM $CaCl_2$ at 20°C

Figure 7 illustrates the effect of mechanical obstacles placed in the stream on the rate of ATP-splitting in the stream cell model. During the time interval between B and C, four barrier needles are perpendicularly placed in the ring slit to prevent macroscopic streaming, which were removed at time C. The ATPase activity is obviously lowered during the time interval BC and is considerably recovered after C. The slaving principle can be clearly seen in Fig.8, where the

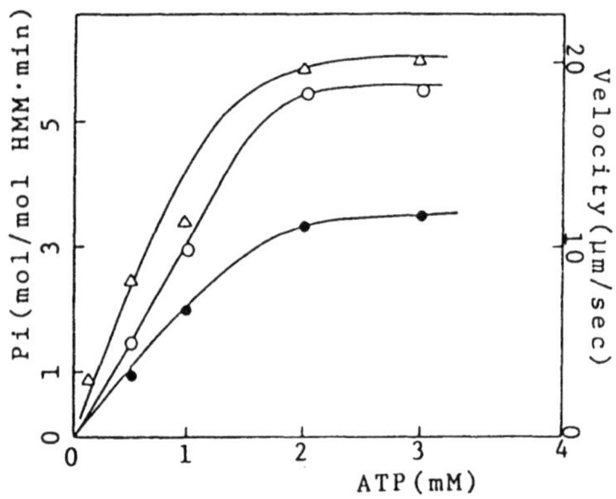

Fig. 8 Representation of ATPase activity and streaming velocity at 20°C as a function of MgATP concentration. Open triangles (Δ) denote streaming velocities. Open circles (o) and closed circles (•) show the ATPase activity of free streaming and resisted streaming, respectively. The solutions consisted of 3 mg/ml of HMM, 0.25 mg/ml of native tropomyosin, 10 mM ATP, 50 mM KCl, 40 mM Tris maleate (pH 7.0), 0.1 mM $CaCl_2$, and various amounts of $MgCl_2$

abscissa indicates the concentration of ATP and the ordinate the streaming velocity (for triangles) or the ATPase activity (for open and closed circles). No macroscopic streaming is produced in the presence of such obstacles. Without such obstacles, these quantities increase from zero to plateau as the concentration of ATP increases. There is a good correlation between the dependence of the streaming velocity on ATP concentration and the dependence of ATPase activity on ATP concentration. The plateau values of the ATPase activity for the free and resisted streaming are different, which means that streaming slaves elementary cycles.

9. Dynamical Coherence in Muscle Contraction

To produce coherence among the dynamics of acto-HMM molecules in the streaming system, the information on the active motion of an HMM molecule must be transmitted to neighboring HMM molecules to trigger an active motion. Local streaming in the cooperative domain is an information mediator. In muscle, cross-bridges attaching to the same thin filament can communicate each other through the sliding motion of the thin filament relative to thick ones. Thus, the information mediator is the sliding motion, and this, in fact, is a much more quick and efficient transmitter of information than local streaming because of the rigidity of these filaments. The sliding motion of a thin filament moves the other thin filaments belonging to the same half-sarcomere into the same direction because they all link to the same Z-band. Consequently, the sarcomere structure may be regarded as an informational network connecting all the cross-bridges for the communication of the active motions.

It takes some time to transmit information from one HMM to another HMM through local streaming. On the other hand, the time needed for the transmission of information within sarcomere is very short because of the reasons given above. Therefore, all the cross-bridges on the same half sarcomere might synchronously move like oars of a long boat. However, such synchronous movements are undesirable for muscle contraction as will be discussed below. In spite of the rigid structure of sarcomere, cross-bridges will be activated in a sequential way like HMM molecules in the streaming system.

The thick filament is a helical polymer with a spatial pitch of 42.9 nm and with this spacing, cross-bridges protrude from the thick filament towards thin filaments. On the other hand, the thin filament has a spatial pitch of 37.0 nm [14]. Since the ratio r of the two pitches, (r=42.9/37.0=1.16), is not unity, only those cross-bridges situated at "good positions" can interact with actin in the thin filament. The relationship between the steric structure of thick and thin filaments and the mechanical properties of the sliding motion is now duscussed for various ratios of the spatial pitches [15,16]. For the better understanding of the molecular dynamics of the elementary cycle in detail, in Fig.9 is shown a simplified half-sarcomere model. Three-state model is applied to elementary cycles of each cross-bridge by means of a Monte Carlo calculation by computer. Results obtained are illustrated in Fig.10, where the value of the external load is constant and is $0.6P_0$. (P_0 is the maximum tension that can be developed in this model.) Although the difference in r values is quite small, differences in the slinding motion are quite considerable. When the ratio r has the natural value, smooth and rapid sliding occurs. No sliding takes place for r=0.

The autocorrelation function for the motive force from the 6th cross-brdige is calculated; the results are shown in Fig.11(a). The cross-correlation functions for the forces from the 6th and 8th cross-bridges are also calculated and the results are shown in Fig.11(b). For r=1.16, a periodic change clearly appears in both auto- and cross-correlations, indicating the presence of dynamical coherence in the elementary cycles. This means that the motive force changes periodically and motive forces from different cross-bridges have a definite relation to each other. The period in both correlations corresponds to the time in which a

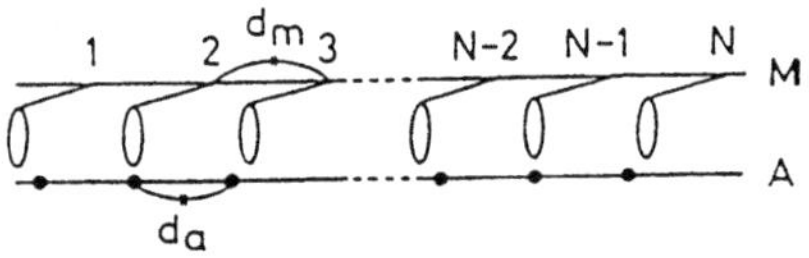

Fig. 9 A simplified half-sarcomere model. M and A denote the thick and thin filaments, respectively. N is the total number of cross-bridges used in the simulation

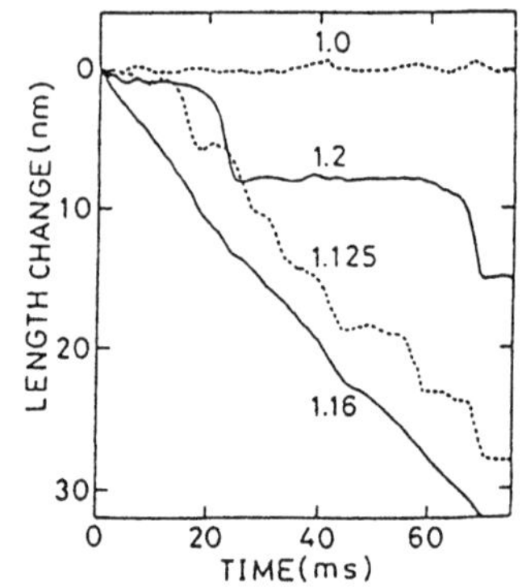

Fig. 10 Time course of changes in length for various values of $r = d_m/d_a$ under a constant external load ($= 0.6P_0$). Figures given on the curves denote r values

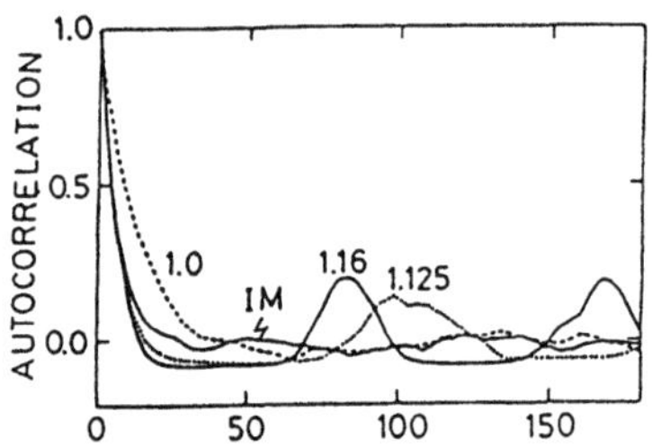

Fig. 11a Autocorrelation function for the contractile forces. Figures given on the curves are r values; IM means the case of r = 1.16 with no sliding motion

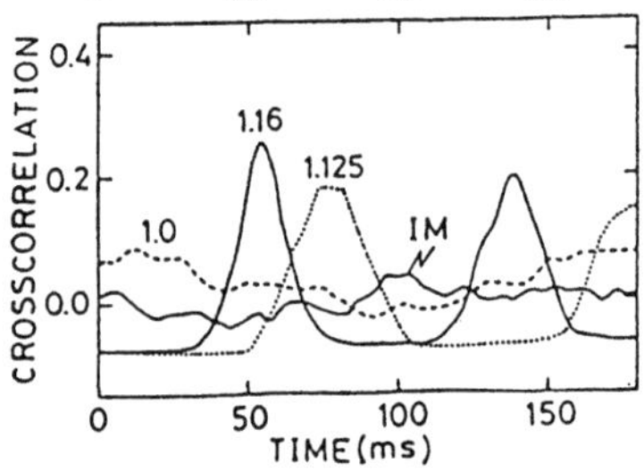

Fig. 11b Cross-correlation function for the forces from the μth and νth cross-bridges. Numbers and IM on the curves have the same meaning as in Fig. 10a

cross-bridge runs from one actin to the next one due to the sliding motion. For r=1.125 the periodic changes are less relevant than for r=1.16. For r=1.0 the autocorrelation function soon decays and the cross-correlation shows a random variation around zero, which means that the motive force is a random process. In the absence of the sliding motion, the auto- and cross-correlations for r=1.16 show similar behavior to that of r=1.0. The sliding motion most clearly slaves the dynamics of cross-bridges for the natural ratio r=1.16. The increase in auto- and cross-correlations means a decrease in the random motion of cross-bridge. Thus, it can be said that a smooth and fast sliding motion in the case of r=1.16 can be characterized by a reduction of noise.

10. The Dynamical Coherence and Efficiency

We have assumed that only cooperative HMM molecules contribute to produce macroscopic streaming. If this is the case, the appearance of dynamical coherence in the motions of HMM will increase the efficiency of chemo-mechanical conversion. The efficiency is determined by (i) "intramolecular" dissipation occuring in elements during elementary process of the energy conversion, (ii) "intermolecular" dissipation which is attributed to the interactions among elementary processes of different elements and (iii) dissipation due to synergistic effect of (i) and (ii). In the case of actomyosin system, the first dissipation occurs by the transfer of the chemical energy of ATP-splitting to Brownian movements inside actomyosin as well as to those of surrounding solvent molecules. In the second process, chemical energy is used to randomize the coherence in the group dynamics of actomyosin molecules. The dissipations (ii) and (iii) will be proper problems to be discussed in the synergetics.

Let us study how the intermolecular dissipation (ii) in our streaming model is influenced by the dynamical coherence in the form of metachronal wave occuring in a group of acto-HMM molecules. Only qualitative discussion will be given here to see the essential nature of the phenomenon [17]. We assume a model in which N HMM molecules are fixed on an actin filament and periodically generate active motion with velocity

$$u_i{}^*(t) = u^0 + u_i(t) > 0, \quad \text{for} \quad i = 1, 2...., N, \tag{13}$$

where $u^0 > 0$ is a constant for adjusting $u_i{}^*$ to a non-negative value and u_i denotes the oscillatory part of the velocity. We assume that the elementary cycle is a kind of stochastic limit cycle where u_i is described by a van der Pol equation,

$$\dot{x}_i = u_i \tag{14a}$$

$$\dot{u}_i = - x_i + \varepsilon\kappa(1 - \lambda x_i{}^2)u_i - \varepsilon\beta(u_i - v_i) + f_i, \tag{14b}$$

where κ and λ are constants; ε denotes a smallness parameter; the third term in rhs represents the interaction of the ith HMM with local streaming of velocity v_i which started some time ago from the (i-1)th HMM; and $f_i(t)$ is a Gaussian white noise defined as

$$< f_i(t) > = 0 \quad \text{and} \quad < f_i(t)f_j(t') > = 2\varepsilon D\delta_{ij}\delta(t-t').$$

In Eqs.(14a) and (14b), the time scale is chosen to the inverse of the angular frequency of the N "oscillators", which are the same in the period of oscillation but are generally different in the phase. For the sake of simplicity, we further assume that the active motion of HMM slaves the local flow,

$$v_i(t) = a_i(\tau; x_i - x_{i-1})[u^0 + u_{i-1}(t-\tau)], \tag{15}$$

where a_i is a transmission function; and for the sake of simplicity, τ is assumed a constant, i.e., the characteristic time needed for sending the local flow from the (i-1)th to the ith HMM which are respectively placed at x_{i-1} and x_i. This time is determined by u^0, $x_i - x_{i-1}$ and the viscosity of the fluid.

Generally a_i is smaller than unity, and the larger a_i the larger the dynamical coupling between the motions of the two HMM molecules. To see only the effect of the dynamical coupling on the intermolecular dissipation, we will tentatively forget u^0 in the following treatment. Substituting Eq.(15) into Eq.(14b), one obtains

$$\dot{u}_i(t) = - x_i(t) + \varepsilon\kappa\{1 - \lambda x_i{}^2(t)\} u_i(t) - \varepsilon\beta\{u_i(t) - a u_{i-1}(t-\tau)\} + f_i(t) \tag{16}$$

where $u_{i-1}(t-\tau)$ is given by the solution of a similar equation at time $t-\tau$,

$$\dot{u}_{i-1}(t-\tau) = - x_{i-1}(t-\tau) + \varepsilon\kappa\{1 - \lambda x_{i-1}{}^2(t-\tau)\}\, u_{i-1}(t-\tau)$$
$$- \varepsilon\beta\{ u_{i-1}(t-\tau) - a u_{i-2}(t-2\tau) \} + f_{i-1}(t-\tau). \tag{17}$$

Thus, we have a chain of coupled equations, which may be regarded as a set of equations for a kind of coupled van der Pol oscillators described by a set of variables with a time-lag by τ as $\{ x_i(t),\ u_i(t);\ x_{i-1}(t-\tau),\ u_{i-1}(t-\tau)\}$. The "oscillators" are mutually connected in a series by asymmetric dissipative interactions such that only $u_{i-1}(t-\tau)$ can perturb $u_i(t)$ but the reverse process is impossible. In any case, the coupled oscillators will synchronize each other under some suitable conditions, which means in the ordinary time-coordinate that a metachronal wave appears in a linear array of N molecules generating elementary--cycles described by a set of variables $\{u_i(t)$ & $u_{i-1}(t)$; $x_i(t)$ & $x_{i-1}(t)\}$.

An analytical treatment has been already given by Yamaguchi et al.[18] to the self-synchronization of van der Pol oscillators interacting each other with dissipative coupling in the presence of external fluctuations. Their theory can be applied to the present problem if a proper modification is made for the effect of the asymmetric interactions. Choosing x_i and $y_i=u_i$ as variables and transferring to a coordinate system "rotating" in the x-y plane with the unit angular frequency, we can express the variables $x_i(t)$ and $y_i(t)$ as

$$x_i(t) = X(t) + \xi_i(t) \quad \text{and} \quad y_i(t) = Y(t) + \eta_i(t), \tag{18}$$

where $\xi_i(t)$ and $\eta_i(t)$ are microscopic variables, and $X(t)$ and $Y(t)$ are macroscopic variables, which may be taken for a large N as follows:

$$X(t) = (1/N)\sum_{j=0}^{N-1} x_{N-j}(t-j\tau) \quad \text{and} \quad Y(t) = (1/N)\sum_{j=0}^{N-1} y_{N-j}(t-j\tau), \tag{19}$$

We may choose the rotating coordinate as $Y(t)=0$ without loss of generality. Hence, the macroscopic variable $X(t)$ is the order parameter denoting the extent of the self-synchronization or of the order of the metachronal wave. Starting from Eqs.(16) and (17) with assumption $\beta > \kappa$, one finds the equation of motion for the order parameter X,

$$\dot{X} = (\kappa/2)[1 - (1-a)\beta/\kappa - (\lambda/4)(3\sigma_x + \sigma_y)]X - (\kappa\lambda/8)X^3, \tag{20}$$

where terms of the order of N^{-1} is neglected, and σ_x and σ_y are defined by $<\xi_i^2>/N$ and $<\eta_i^2>/N$, respectively. The bifurcation given by an equation like Eq.(20) has appeared in the synergetics of the laser [10]. Hence, it will not be discussed here in detail. The order parameter X has a nonzero value only when the coefficient of the term proportional to X in Eq.(20) is positive. Thus, a is a bifurcation parameter, and coupling parameter a is larger than the critical state appears at

$$a_c = (\kappa\lambda/4\beta)(3\sigma_x + \sigma_y) + 1 - \kappa/\beta,$$

where κ/β is smaller than unity. Nonzero order parameter is obtained if $a > a_c$. The lower the viscosity of the fluid, the larger the parameter a. Hence, a will exceeds a_c if the viscosity is low enough. The above results indicate that the metachronal wave of the motions of HMM occurs as a bifurcation phenomenon only when a is larger than a_c. Only under this condition, associating with the metachronal wave, local streaming (as well as macroscopic streaming) will be organized in the streaming system.

The dissipation function per "oscillator" due to the intermolecular dissipative interactions may be defined by

$$\Phi = \varepsilon(\beta/N)\lim_{T\to\infty}(1/T)\int_0^T dt\sum_i\int_0^{u_i} du_i\,[u_i(t) - a u_{i-1}(t-\tau)],$$

which may be written in terms of variables in the "rotating coordinate system" as

$$= \varepsilon(\beta/N)\lim_{T\to\infty}(1/T)\int_0^T dt\sum_i\int_0^{\xi_i} d\xi_i\int_0^{\eta_i} d\eta_i[(\xi_i - a\xi_{i-1}) + (\eta_i - a\eta_{i-1})]$$

$$\simeq \varepsilon(D/2\beta)(\beta + \kappa + 4a^2 - \kappa\lambda X^2/2), \tag{21}$$

in the first order of κ/β. Eq.(21) can be derived as follows: after integrations with respect to ξ_i and η_i, the covariance matrices of $<\xi_i \xi_j>$ and $<\eta_i \eta_j>$ are calculated with respect to a Gaussian distribution function where X is a distribution determining parameter. Eq.(21) indicates that the intermolecular dissipation is decreased when the dynamic coherence in the form of a metachronal wave is organized ($X \neq 0$).

References

1. A.V. Hill: Science 131, 897 (1960)
2. K. Nishiyama, H. Shimizu, K. Kometani, S. Chaen & T. Yamada: Biochem. Biophys. Acta 460, 523 (1977)
3. E. Eisenberg, T.L. Hill & Y. Chen: Biophys. J. 29, 195
4. M. Yano: J. Biochem. 83, 1203 (1978)
5. M. Yano: T. Yamada & H. Shimizu: J. Biochem. 84, 277 (1978)
6. M. Yano & H. Shimizu: J. Biochem. 84, 1087 (1978)
7. H. Kurokawa & H. Shimizu: personal communication
8. H. Shimizu & M. Yano: J. Biochem. 84, 1093 (1978)
9. H. Shimizu: Adv. Biophys. 13, 195 (1979)
10. H. Haken: "Synergetics", 2nd ed., Springer-Verlag, Berlin (1978)
11. Y. Yamaguchi: personal communication
12. S. Chaen, K. Kometani, T. Yamada & H. Shimizu: J. Biochem. 90, 1611 (1981)
13. H. Haken: In "Synergetics, A Workshop", ed. by H. Haken, Springer Series in Synergetics, Vol. 2
14. H.E. Huxley & W. Brown: J. Mol. Biol. 30, 383 (1967)
15. K. Nishiyama & H. Shimizu: Biochim. Biophys. Acta 587, 540 (1979)
16. K. Nishiyama & H. Shimizu: Mathem. Biosci. 54, 115 (1981)
17. Y. Yamaguchi & H. Shimizu: personal communication
18. Y. Yamaguchi, K. Kometani & H. Shimizu: J. Stat. Phys. 26, 719 (1981)

Part IV

Instabilities and Pattern Formation in Physics, Chemistry, and Biology

Pattern Formation in Magnetic Fluids

R.E. Rosensweig

Corporate Research, Exxon Research and Engineering Company
Linden, New Jersey 07036, USA

1. Introduction

Synergetics, the subject of this symposium, is concerned with the spontaneous formation of well organized spatial, temporal, or spatio-temporal structures. The topic leads to problems of evolution, and whether processes of self-organization may be found in simple systems of the unanimated world [1]. In recent years it has become increasingly evident that numerous examples of self-organization exist in physical and chemical systems, and a search has developed to identify basic principles that may be common among the systems. A system that has contributed numbers of famous examples is fluid dynamics, and another is ferromagnetism. In the same spirit, in the following, we examine phenomena resulting from the interaction of fluid dynamics with ferromagnetism as displayed by *magnetic fluids*. It will be seen that the fluid magnetic examples contribute additional objects to the synergetics collection of self-organizing structures.

2. Nature of Magnetic Fluid

Although ferromagnetic liquids are unknown in nature, in recent years it has become possible to synthesize a stable magnetic liquid in the form of a colloid in which minute ferromagnetic particles are suspended in a carrier liquid [2, 3, 4, 5]. The particles, on the order of 100 angstroms in size, may be produced by a special wet grinding process or by chemical precipitation. Magnetite (Fe_3O_4) is the frequently employed magnetic substance, and since the particles produced are smaller than the size of a magnetic domain, each is permanently magnetized. The surface of each particle is coated with an adsorbed molecular layer that confers compatibility with the surrounding carrier liquid and prevents the particles from attracting together whether due to magnetic or van der Waals forces. Thus the particles remain monodispersed and therefore acquire appreciable Brownian motion such that the dispersions are free from settling in gravity or from separating out in intense applied magnetic fields. In the absence of magnetic field the magnetic moments of the particles are randomly oriented, hence a sample of the fluid is without bulk magnetization. The colloidal sample acquires magnetization as applied field increases and ultimately the magnetization reaches saturation. Magnetic fluid is ferromagnetically soft as there is no magnetic hysteresis when field is decreased. Viscosity of the ferrofluids, as the materials have come to be known, is nearly independent of applied field intensity so the materials retain the flowability of a fluid even when magnetized. The typical range of saturation magnetization is 8,000 to 48,000 A/m (about 100 to 600 gauss). Initial susceptibility, M/H, ranges from about 0.1 to 5 depending on the particle size and particle number concentration.

3. Magnetic Fluid Normal Field Instability

Magnetic field oriented perpendicular to the flat interface between a magnetizable and a nonmagnetizable fluid has a destabilizing influence on the interface. Beyond a critical value of the magnetization the interface deforms into a static pattern of surface spikes [5][6]. The phenomenon is evoked in its essential form when the applied magnetic field is uniform. The arrangement sketched in Fig.1 displays reflections of a point source of light from local flats on the fluid surface as seen in the photograph of Fig.2. The hexagonal structure is reminiscent of the pattern of Bernard thermal convection cells, however, this magnetic pattern is motionless. At higher than critical intensity of applied field the peaks rise above the surface, and in air can reach a length exceeding several centimeters, such is the magnitude of the perturbation forces established in this system.

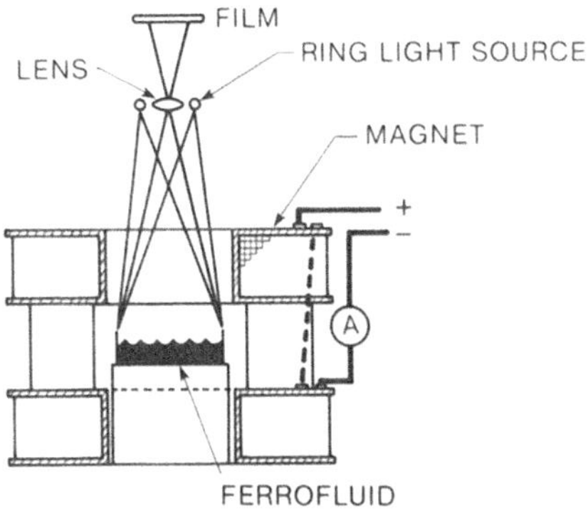

Fig.1:
Experimental arrangement to photograph the glint pattern of Fig.2

Fig.2:
Hexagonal cells in the normal field instability of a magnetic fluid

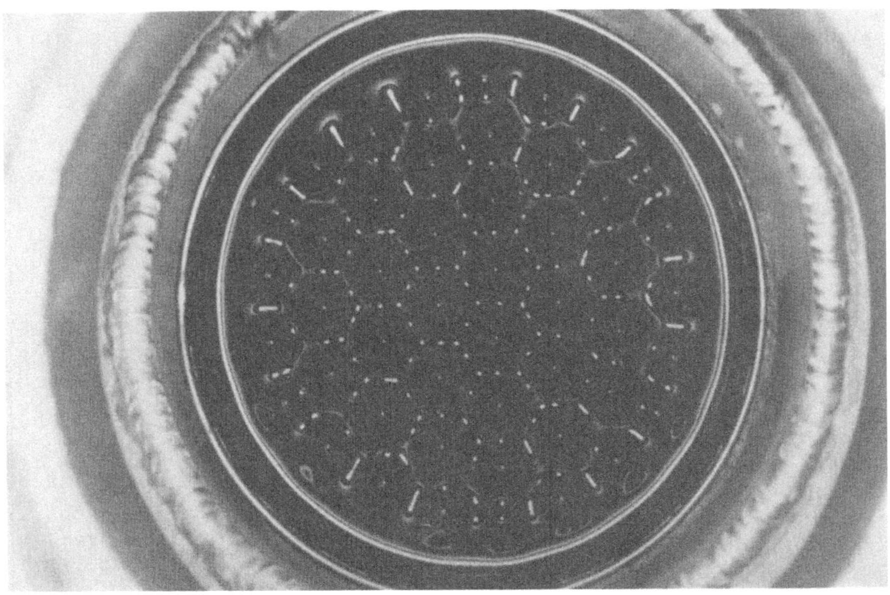

4. Linear Analysis of the Normal Field Instability

A magnetic stress tensor derived [6][7] for nonlinearly magnetizable media may be written as follows for an incompressible medium.

$$\underline{\underline{T}} = -\frac{\mu_0}{2} H^2 \underline{\underline{I}} + \underline{H}\,\underline{B} \tag{1}$$

$\underline{B}$ is magnetic induction (Wb/m^{-2}), $\underline{H}$ magnetic field intensity (A m^{-1}), H is the magnitude of $\underline{H}$, $\underline{\underline{I}}$ is the unit dyadic, and $\mu_0 = 4\pi \cdot 10^{-7}$ Henry m^{-1}, the permeability of free space. A term related to magnetostriction is omitted for simplicity as it has no influence on the dynamics of an incompressibile liquid. Magnetic force density $\underline{f}_v$ in the volume and $\underline{f}_s$ on an interface are obtained as

$$\underline{f}_v = \nabla\cdot\underline{\underline{T}} = \mu_0 M \nabla H \tag{2}$$

$$\underline{f}_s = [\underline{n}\cdot\underline{\underline{T}}] = [-\mu_0 \frac{H^2}{2}\underline{n} + \underline{H}\,\underline{B}\cdot\underline{n}] = \underline{n}\frac{\mu_0}{2} M_n^2 \tag{3}$$

where [ ] indicates the jump or difference across the interface. Eq. (2) makes use of the magnetostatic Maxwell relations $\nabla\cdot\underline{B} = 0$ and $\nabla\times\underline{H} = 0$ while the final equality of (3) employs the field boundary conditions $[\underline{n}\cdot\underline{B}]=0$ and $[\underline{n}\times\underline{H}]=0$.

Thus an equation of motion for magnetic fluid may be written as

$$\rho\frac{D\underline{q}}{Dt} = -\nabla p - \rho\underline{g} + \eta\nabla^2\underline{q} + \mu_0 M\nabla H \tag{4}$$

and stress balance at the interface requires $-[p] + n\cdot[\underline{\underline{T}}] + \underline{n}\,2\mathcal{H}\sigma = 0$ where $\mathcal{H}$ is the mean curvature and σ is interfacial tension thus leading to the normal stress boundary condition in the form

$$p_1 - p_2 + \tfrac{1}{2}\mu_0 M_n^2 + 2\mathcal{H}\sigma = 0 \tag{5}$$

when only phase 1 is magnetizable, and where M_n denotes the normal component of magnetization.

The stability of the fluid interface may be analyzed in reference to the deflection of the interface, see Fig. 3, which may be represented as

$$\zeta = \zeta_0 \exp \nu t\,[\cos(\gamma t - k_y y - k_z z)] \tag{6}$$

$$= \zeta_0 \operatorname{Re} \exp i(\omega t - k_y y - k_z z) \qquad \text{where } \omega = \gamma - i\nu \;.$$

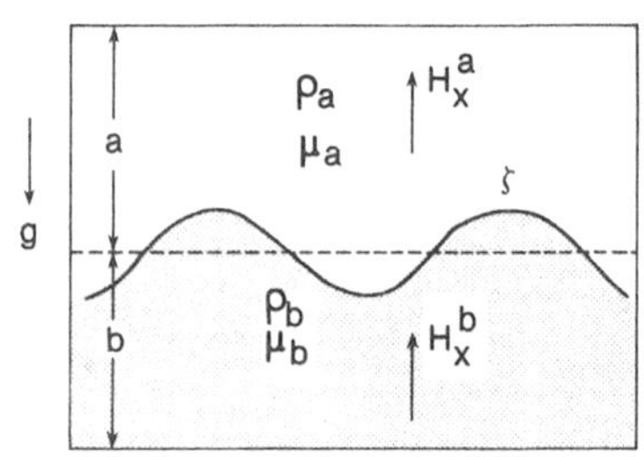

Fig.3
Sketch to define nomenclature for interface analysis

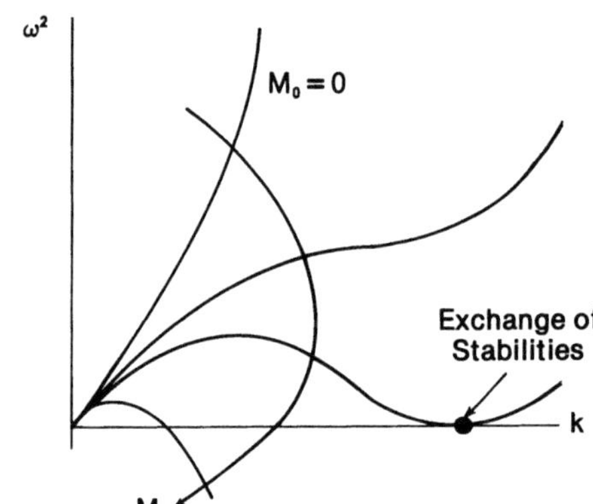

Fig.4
Dispersion relationship from linearized treatment of the normal field instability

Eq. (6) represents a travelling wave having phase velocity γ/k where $k = (k_y^2 + k_z^2)^{1/2}$, and growth factor ν. If $\nu = 0$ the disturbance is neutrally stable, values $\nu < 0$ correspond to stable flows in which the amplitude decays with time, and when $\nu > 0$ the flow is unstable.

When the interface stress balance and the equation of motion are linearized the following dispersion relation may be obtained [2].

$$\omega^2\rho_a \coth ka + \omega^2\rho_b \coth kb = gk(\rho_b - \rho_a) + k^3\sigma - \frac{k^2\mu_a\mu_b\,(H_x^a - H_x^b)^2}{\mu_b \tanh ka + \mu_a \tanh kb} \;. \tag{7}$$

The dispersion equation relates the complex angular velocity ω to the wave vector $\underline{k}$ of the disturbance. In general, the individual waves propagate at different velocities, hence disperse away from each other.

In the limit of thick layers (a,b → ∞), negligible density of fluid a, and negligible magnetization of fluid a, the dispersion relation reduces to

$$\rho\omega^2 = \rho g k + \sigma k^3 - \frac{k^2 \mu_0 M_0^2}{1+\mu_0/\mu} \quad . \tag{8}$$

A graph of (8) is given in Fig.4. The upper quadrant describes the propagation of neutrally stable waves(ν = 0 and γ = real) while the lower quadrant corresponds to instability (γ = 0 and $\pm\nu$ = real). Since γ = 0 the instability wave is static and does not move along the interface. It is evident from Fig.4 that incipient stability corresponds to the *exchange of stability* conditions

$$\omega^2 = 0 \qquad \frac{\partial\omega^2}{\partial k} = 0 \quad . \tag{9a,b}$$

Applying these conditions to (8) gives expressions for the critical parameters.

$$k_c = \left(\frac{g\Delta\rho}{\sigma}\right)^{1/2} \tag{10}$$

$$M_c^2 = \frac{2}{\mu_0}\left(1 + \frac{\mu_0}{\mu}\right)(g\sigma\Delta\rho)^{1/2} \quad . \tag{11}$$

The critical wave number k_c is the Taylor wave number in the classical instability of an accelerated interface [8].

Figure 5 compares the predicted critical magnetization of air/ferrofluid and water/ferrofluid interfaces using ferrofluids with variable particle loading, hence variable magnetization and mass density ρ. Fig.6 compares predicted critical spacing of the surface peaks with experiment. The theory, which contains no adjustable constants, is in good agreement with the data.

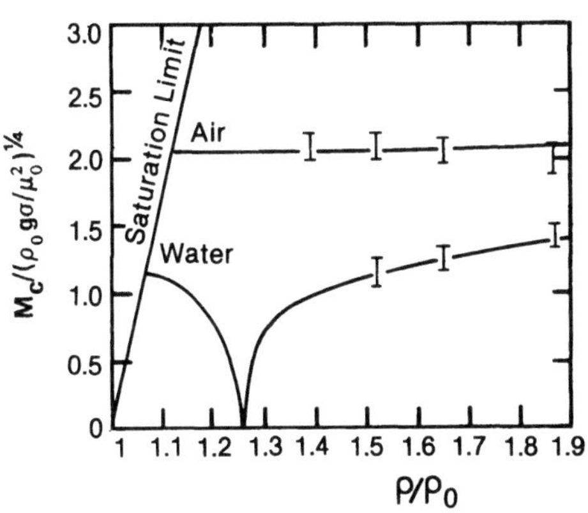

Fig.5
Comparison of experimental critical magnetization vs. theory for the normal field instability (after [6])

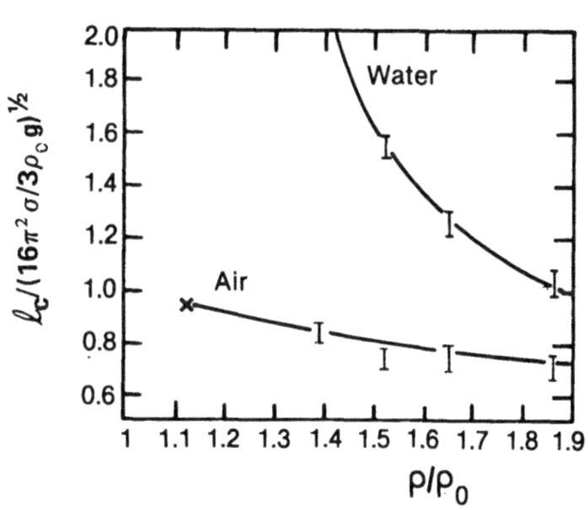

Fig.6
Comparison of experimental critical spacing vs. theory for the normal field instability (after [6])

5. Nonlinear Analysis of the Normal Field Instability

The linear analysis is unable to select between instability patterns resulting from superposition of disturbances of different orientations, nor is it able to predict the amplitude of surface deflections. In addition, questions connected with the character of the transition and the evaluation of hypercritical structures are left unanswered. Theoretical treatment of these problems has been given in the papers of ZAITSEV and SHLIOMIS [9] and GAILITIS [10], [11]. GAILITIS employed an energy variational method that is versatile. To begin, the total energy $U(\zeta)$ of a perturbed surface of arbitrary form $z = \zeta(x,y)$ is expressed as

$$U(\zeta) = U_G + U_S + U_M \quad , \tag{12}$$

where

$$U_G = \tfrac{1}{2}\rho g \iint \zeta^2(x,y)\, dxdy$$
$$U_S = \sigma \iint [1 + (\tfrac{\partial\zeta}{\partial x})^2 + (\tfrac{\partial\zeta}{\partial y})^2]^{1/2}\, dxdy \tag{13a,b,c}$$
$$U_M = \iiiint HdBdxydz \quad .$$

When the magnetic susceptibility is constant the magnetostatic energy can be transformed to the simpler form [12].

$$U_M = - \iiint \mu_0 M H_0\, dxdydz + \iiint \mu_0 \frac{H_0^2}{2}\, dxdydz \quad . \tag{14}$$

Gailitis represented the surface $\zeta\ (x,y)$ as a superposition of N different one dimensional waves of different orientations

$$\zeta\ (x,y) = \sum_1^N a_i \cos(\underline{k}_i \cdot \underline{r} + \delta_i) \quad . \tag{15}$$

A power series expansion for $U(\zeta)$ was limited to susceptibility close to zero and magnetizations close to the critical value. Any extremum of the series corresponds to an equilibrium form of the surface. Maxima and saddle points correspond to unstable equilibria while minima correspond to stable equilibria. In finding the stable equilibria consideration was given to surfaces formed by one, two and three wave modes. The analysis showed that the surface has three possible configurations of stable equilibrium: a flat surface, an array of hexagonal waves, and an array of square waves. Referring to Fig.7, at the critical field H_c a "hard" excitation to a static wave pattern arises $\zeta(H_c)\neq 0$. The peaks of the waves form a hexagonal lattice on the surface of the fluid. The hexagonal array may be of different types; the upper half-plane represents an array with one crest, two troughs and three saddle points in each elementary hexagonal cell (six troughs shared among three cells each, six saddle points shared between two cells each). The lower half plane (not shown) represents another type, with two crests, one trough, and three saddle points in each elementary cell. In stable equilibrium the theory predicts only the first type, in agreement with the observations of COWLEY and ROSENSWEIG [6]. Referring again to the figure, the hexagonal pattern is stable for $H<H_H$. If $H>H_H$ the hexagonal lattice is replaced by a square one and the latter is stable as field is reduced until $H<H_S$. In the subcritical region ($H<H_c$) and in the interval from H_H up to H_S a hysteresis takes place. The sequence of patterns for increasing and decreasing field is shown in the figure by arrows.

Experimentally the hard excitation was not apparent, perhaps because the amplitude jump is small, although a square array developed at an applied field 40% above critical in a test [6].

The analysis of GAILITIS in the linear limit recovers the onset relations of COWLEY and ROSENSWEIG given as (10) and (11) above. The one dimensional nonlinear

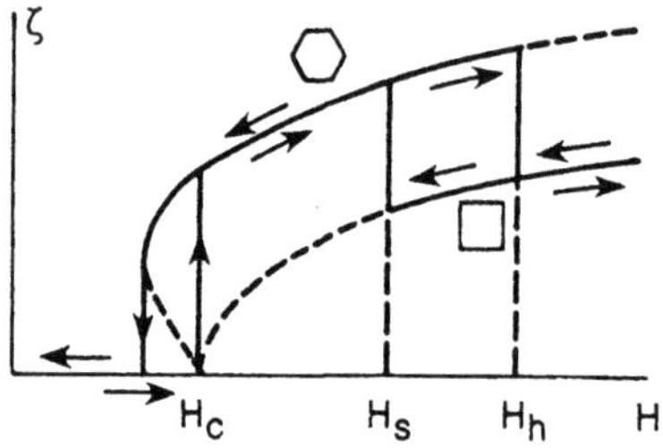

Fig.7
Imperfect bifurcation and hysteresis features in the nonlinear analysis of the normal field instability [11]

result of ZAITSEV and SHLIOMIS [9] is also recovered by GAILITIS but corresponds to a saddle point of energy within the wider class of two-wave disturbances and hence is unstable. BRANCHER's analysis of inviscid oscillations [15] determined phase plane portraits of the dynamic periodic process, but again the least stable mode was not analyzed. Other analyses are that of BRANCHER accounting for the influence of viscous effects [16] and the mathematical bifurcation analysis of TWOMBLY and THOMAS [17].

BERKOVSKY and BASHTOVOI [13] have described the topological instability that may occur when the horizontal magnetic fluid layer is very thin. In this case, the hexagonal pattern first develops and then with further increase of field a *rupture of continuity* occurs with individual droplets formed that preserve the hexagonal geometry. The effect is nicely produced by spreading a film of organic base ferrofluid onto the surface of water in an open beaker, then applying the field perpendicular to the surface [14]. This lubricates the rupture process and as a further consequence one witnesses a lively repulsion and escape of isolated droplets to the beaker circumference.

6. Labyrinthine Instability

An intricately patterned instability in magnetic liquid first reported by ROMANKIW et al. [18] occurs in thin layers of magnetic liquid confined together with an immiscible nonmagnetic liquid with magnetic field applied normal to the layers. For example, the fluids may be contained between closely spaced horizontal glass plates (Hele-Shaw cell). A marvelous, equilibrium, static pattern appears that exhibits a maze or labyrinthine structure having walls or paths of opaque magnetic liquid separated by analogous bands of clear immiscible fluid. The photographs of Figs.8 and 9 photographed in our laboratory illustrate the change that occurs when the two fluids initially separated by a planar interface are exposed to the magnetic field. The opaque phase is ferrofluid having specific gravity of 1.22 and the transparent phase is aqueous with specific gravity of 1.0. Applied field intensity is 280 oersted, and the layer thickness is 1mm. Before applied field reaches the threshold intensity the interface remains flat. Beyond the threshold, fingers of magnetic fluid begin to invade the region of nonmagnetic fluid and concomitantly fingers of nonmagnetic fluid invade the region of magnetic fluid. Bifurcations take place in which a single finger develops separate finger tips while the invasion process continues. Ultimately, all the territory is divided up into a maze with each liquid remaining *simply connected.* The labyrinth maze represents the end stage of the development and may fairly be described as a state of *static chaos*.

Since without a field the equilibrium form of the fluids in the plane layers has remarkably less interfacial surface area then in the maze, it is natural to assume that magnetic field energy is reduced in the process of maze formation. Thus, in the

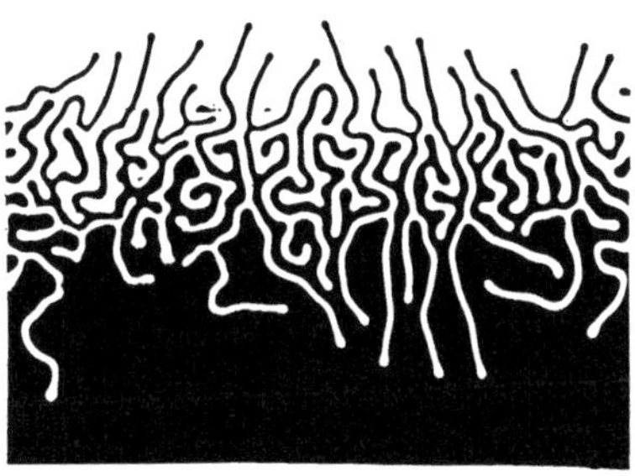

Fig.8
Mutual invasion in the early stage of labyrinthine instability in a horizontal layer

Fig.9
Final stage of labyrinthine instability in a horizontal layer

general relationship of (12), U_G = constant, U_S increases, and accordingly U_M must decrease as the pattern develops. Expression U_S of (13b) no longer applies due to the different geometry of the system, however the physical idea remains the same, namely that surface energy is the product of interfacial tension with integrated surface area. Eq. (14) for U_M remains appropriate and is informative as written. Thus, as magnetization M increases the magnetic energy U_M decreases since the term carries a minus sign. Now the demagnetization field H_d of a strip is less than that of a flat plate (the initial shape). Since $M = \chi(H_o + H_d)$ the magnetization of the strip is greater than that of the plate and accordingly total energy is reduced with formation of the labyrinth strips. These qualitative consideration are treated quantitatively in the next sections.

It is noted that magnetic fluid labyrinth phenomenon is closely analogous to the labyrinthine structure of band domains found in thin films of ferromagnets [19], and the theoretical treatment is similar as well.

7. Droplet Instability

Insight into the labrinthine instability can be gained by considering the problem of the stability of a cylindrical drop of magnetic liquid of radius R in a plane layer of thickness h in a uniform magnetic field oriented normal to the layer, as treated by TSEBERS and MAIROV [20]. The equation of the perturbed interface of the drop in cylindrical coordinates is specified in the form

$$r(\phi) = R + \zeta(\phi) \tag{16}$$

where ϕ is the polar angle. The energy potential has the form

$$U = U_M + U_S \tag{17}$$

where

$$U_M = -\tfrac{1}{2}\int \mu_0 M H_0 dV + \tfrac{1}{2}\int \mu_0 H_0^2\, dV \tag{18}$$

$$U_S = \sigma h \int_0^{2\pi} [(R+\zeta)^2 + \zeta_\phi^2]^{1/2}\, d\phi \quad . \tag{19}$$

The deflection may be represented in a Fourier expansion

$$\zeta = \sum_{n=0}^{\infty} r_n \cos n\phi \quad . \tag{20}$$

The mode n = 0 representing expansion is absent when the fluid is taken as incompressible, and the mode n = 1 is absent since the energy is invariant to translation of the drop. Transition is found to be of the threshold type with total energy U exhibiting a saddle point dependence on deflection at threshold. The threshold of stability of the mode n = 2, representing instability with respect to ellipsoidal shape is found in the form

$$\frac{\sigma}{2\mu_0 M_0^2 h} = \frac{1}{9(1-k^2)}\left[k^2 + \frac{(1-k^2)(8-3k^2)K}{k} + \frac{(7k^2-8)E}{k}\right] \tag{21}$$

where

$$k^2 = \frac{(2R/h)^2}{1+(2R/h)^2} \quad . \tag{22}$$

K(k) and E(k) are complete elliptical integrals of the first and second kind, respectively. As can be seen there exists a minimum value of the degree of magnetization of the magnetic liquid M_c such that in fields which magnetize the magnetic liquid to degrees of magnetization less than M_c, elliptic instability of a drop of a given volume does not develop for any value of the plane-layer thickness h.

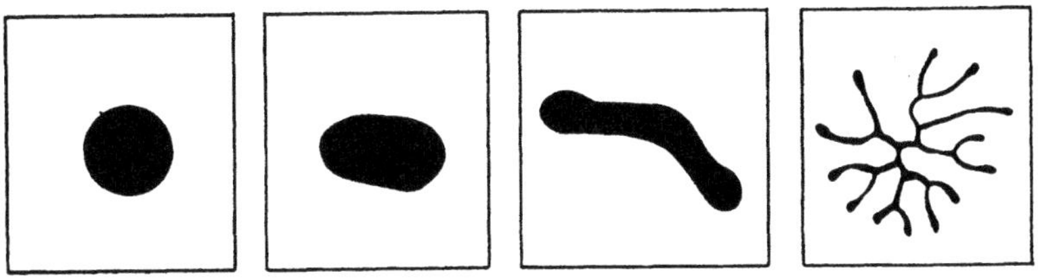

(a) Circular Drop (b) Elliptical (c) Dumbbell (d) Multiply bifurcated

Fig.10,a,b,c,d
Experimental transition with increasing field of a circular drop (after [20])

Figure 10 illustrates the development of the elliptical instability of a drop in a plane layer in the presence of normal field for aqueous base magnetic fluid placed in kerosene contained between parallel glass plates with spacing of about one millimeter. The cross section of the magnetic drop changes shape with increasing field intensity as predicted by theory from circular (Fig.10a) to elliptical (Fig.10b); as the field intensity increases further, the geometry changes to a dumbbell shape and it can be seen in Fig.10c that eventually the dumbbell bends into a horseshoe shape. This behavior can be interpeted as the instability of a strip of magnetic liquid when it deforms, which is discussed in the next section as *serpentine instability*.

8. Serpentine Instability

The stability of an infinite strip of magnetic liquid with width 2d may be considered in a layer of thickness h between solid boundaries with field applied normal to the layer. Let the x-axis be directed along the midline of the strip and the y axis directed perpendicular to it. The free boundaries of the strip may then be represented in the form,

$$y = \pm d + \zeta(x) \tag{23}$$

and the perturbation expanded into a Fourier integral

$$\zeta(x) = \frac{1}{2\pi} \int a(k) \cos kx \, dk \quad . \tag{24}$$

Proceeding as in the problem of the magnetic fluid drop, the threshold field intensity is found as [20]

$$\frac{\sigma}{2\mu_0 M_0^2 h} = \frac{2\, J(k)}{(kh)^2} \tag{25}$$

where

$$J(k) = \gamma + \ln \tfrac{1}{2} kh + \ln (\delta/\sqrt{1+\delta^2}) + K_0(kh) + K_0(\delta kh) - K_0(\sqrt{1+\delta^2}\, kh) \tag{26}$$

with $\delta = 2d/h$ and $\gamma = 0.577215$ is Euler's constant. K_0 is the MacDonald function of zero order.

$$K_0(k\beta) = \int_0^\infty \frac{\cos \alpha \, d\alpha}{\sqrt{\alpha^2 + (k\beta)^2}} \quad . \tag{27}$$

It follows from (25) that the most "dangerous" perturbations in the development of the serpentine instability are those with long wavelengths. For a strip of finite length L the possible spectrum of the wave number k is naturally bounded by the conditions at its ends. If the end conditions are taken as

$$\frac{d\zeta}{dx} = 0 \text{ at } x = \pm L/2$$

it is the wave number $k_0 = 2\pi/L$ which is most dangerous and leads to the horseshoe shaped bending of the strip. That is to say, the horseshoe shape is energetically favored over an S-shape deformation.

In addition to the sinuous or serpentine instability, TSEBERS and MAIOROV [20] also studied the question of the possible development of varicose or sausage instability of the strip. In this case, the perturbed free surfaces of the strip are represented in the form.

$$y = \begin{matrix} d + \zeta(x) \\ -d - \zeta(x) \end{matrix} \quad . \qquad \begin{matrix} (28) \\ (29) \end{matrix}$$

An energy functional again is obtained from which the condition for neutral stability is found as

$$\frac{\sigma}{2\mu_0 M_0^2\, h} = \frac{2[\gamma + \ln \tfrac{1}{2}kh + K_0(kh) - K_0(\delta kh) + K_0(kh\sqrt{1+\delta^2})] + \ln[\delta^2/(1+\delta^2)]}{(kh)^2} \qquad (30)$$

where δ and K_0 are as defined previously. A plot of $\sigma/2M_0{}^2h$ versus kh with normalized strip thickness δ as parameter yields curves that exhibit a maximum in the first quadrant, hence a critical wavelength of the perturbations exists. As strip thickness increases, the characteristic wavelength increases and the threshold field intensity decreases.

When the critical field intensity for serpentine instability is compared to that for varicose instability it is found that the intensity is less for serpentine instability, hence serpentine instability is more dangerous -- in accord with experiment. The ultimate influence of increasing field intensity on the deformation of a drop is sketched in Fig.10d.

9. The Fate of Bubbles

The energy potential of a nonmagnetic drop or bubble in a magnetic medium is identical to that of a magnetic drop in the nonmagnetic medium. Thus, a reciprocity exists such that the spectrum of instabilities is the same in either case.

Four stages in the gradual deformation of a bubble are illustrated in Fig.11a-d. A qualitatively different pattern having a more threadlike appearance was developed

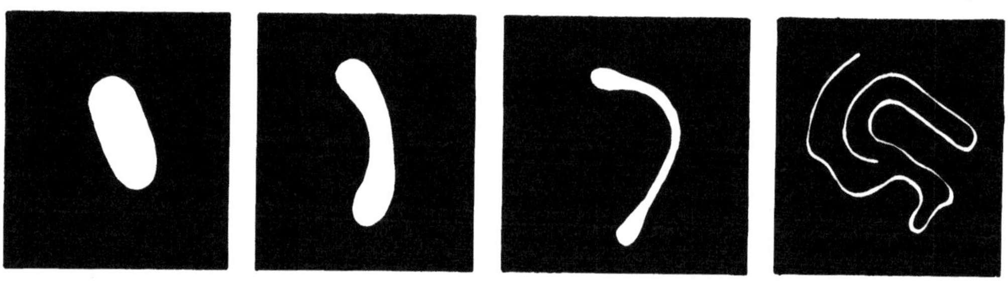

(a) Elliptical 80 oe | (b) Serpentine Onset 100 oe | (c) Serpentine 125 oe | (d) Threadlike 1000 oe

Fig.11
Experimental transition with increasing field of a circular bubble to elliptical shape (a), serpentine instability (b), advanced serpentine instability (c), and threadlike structure (d), after [21]

when the field was applied suddenly in a 500 oersted step [21]. Thus, the pattern obtained is dependent on the transient dynamics of the process.

TSEBERS and MAIOROV [21] further analyzed the problem of elliptical instability of a bubble in an annular layer of magnetic fluid having a fixed boundary at radius R_2 and the free inner boundary at radius R_1. When the annular region is sufficiently narrow there is no elliptical instability of the bubble (a foam bubble is circular-stable).

That the application of a field can lead to a great increase in the interfacial area between a bubble and a magnetic fluid, or between a magnetic fluid drop and its nonmagnetic surroundings offers potential uses in technological processes of interphase transfer of heat, mass, momentum, and charge where an increase in interfacial area yields a faster transfer rate.

10. Comb and Labyrinth Instabilities in Thin Vertical Layers

Another manifestation of these thin layer patterns is the "comb" instability that occurs in vertical orientation of the fluid layers [22]. The idealized system is a semi-infinite flat layer of a magnetic liquid of thickness h situated in a homogeneous field H_0 that is transverse to the layer, i.e., the field is horizontally oriented. Initially a flat interface is present as a horizontal plane separating magnetic from nonmagnetic fluid. Again an energy formulation may be employed and it now includes a gravitational term. The threshold for appearance of instability is obtained in the form [22]

$$\frac{\sigma}{\mu_0 M_0^2 h} = \frac{4\,P(k)}{(kh)^2 + (k_0 h)^2} \tag{31}$$

$$P(k) = \gamma + \ln\frac{kh}{2} + K_0(kh) \quad . \tag{32}$$

Here k_0 is defined as the capillary constant

$$k_0^2 = \frac{g\Delta\rho}{\sigma} \quad . \tag{33}$$

Figure 12, photographed in our laboratory, illustrates the vertical labyrinth instability with superthreshold values of magnetization. Originally comb instability was reported as a relatively mild deformation of the interface region into a configuration resembling somewhat the teeth of a comb [22]. In comparison, the pattern in Fig.12 resembles more so a fully developed labyrinth, albeit the asymmetry imposed by the gravity field produces a greater concentration of the denser, opaque, magnetic phase at the lower elevations in the cell. The magnetic fluid has specific gravity of 1.22, the clear fluid is aqueous with specific gravity of 1.0, the layer thickness is 1mm and the applied field is 535 oersted.

Neutral curves of comb-like instability are plotted in Fig.13 for several values of the reduced capillary constant k_0h. The most dangerous perturbations correspond to the wave number at the maximum of a given curve. For magnetization less than the critical value no instability can occur. With a decrease in interfacial tension the wavelength of the critical perturbation decreases. Comb-like instability is absent in thick layers in agreement with theoretical results long known [27] showing that the unbounded motionless surface of a magnetic fluid is stable in a tangential homogeneous magnetic field.

In the light of these results the problem of magnetically positioning a magnetic fluid in devices such as loudspeakers, seals, and bearings, and in medical applications may not always be trivial.

Fig.12
Final stage in development of labyrinthine instability in a vertical layer

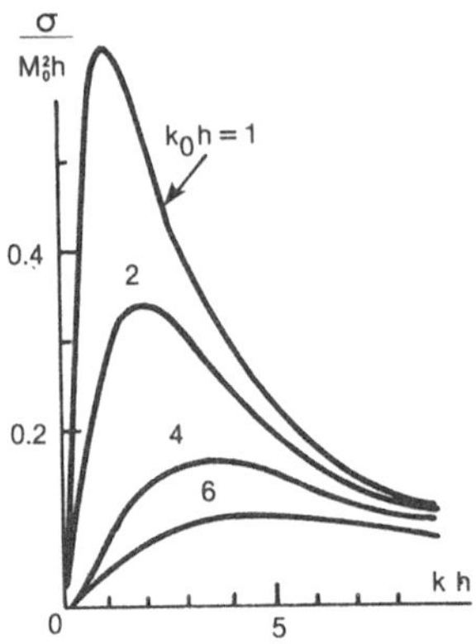

Fig.13
Neutral curves of vertical labyrinth instability [22]

11. Conclusion

A review has been given of pattern-generating instabilities occurring in magnetic fluids subjected to steady applied magnetic field. Although the applied field is featureless and the initial fluid configurations simple, the resultant fluid patterns can be richly structured. These phenomena, since they do not occur in the flow of unpolarized fluids, are unique in fluid mechanics, although in principle the corresponding effects should also be observable in electrically polarized fluids.

It should be noted that behavior of an opposite type to that surveyed herein has frequent occurence in magnetic fluids. In those cases, a *uniform magnetic field preserves the symmetry* of a flow that otherwise would become unstable and undergo transition to a more complex state of motion. Reference 2 surveys a number of problems of this type including tangetial field stabilization of: Rayleigh-Taylor instability, Kelvin - Helmholtz instability, and Saffman-Taylor instability. In each case stabilization preserves the featureless planar interface initially present, in the face of upsetting forces due to adverse acceleration, velocity difference, or adverse viscosity ratio in flow through a Hele-Shaw cell, respectively. In an extension of these principles to two-phase flow we are engaged in an industrial development of magnetically stabilized fluidized beds in which it has been possible to totally eliminate turbulence, mixing, and gross bypassing to achieve moving bed contactors for effective transfer of chemical species between a solid particle phase and a fluid phase [23][24].

The use of *gradient field* to stabilize the capillary disintegration of a fluid cylinder is treated in reference 13. Gradient field has also been demonstrated to achieve two axis stabilization of Raleigh - Taylor flow [2].

In all the situations discussed above the fluid has been treated as free of any body couple due to reception of angular momentum from distant sources. More generally, antisymmetric stress may be generated in magnetic fluids subjected to varying orientation of field direction [25][26]. Although understanding of the equilibrium flow fields in antisymmetric stress fields is incomplete, instability has been observed, for example as eddies in the swirl flow of fluid induced into motion with rotating magnetic field [26].

Finally, although the view is often expressed that structure formation is related to the occurrence of dissipative processes far from equilibrium, it is noted that the phenomena discussed herein all result from static instabilities in which dissipation is absent in the steady state.

References

1. Haken, H. Synergetics - An Introduction, 2nd Edition, Springer-Verlag, Berlin (1978).

2. Rosensweig, R. E., "Fluid Dynamics and Science of Magnetic Liquids," in Advances in Electronics and Electron Physics, 48,103-199 Academic Press, New York (1979).

3. Charles, S. W. and Popplewell, J., "Ferromagnetic Liquids," in Ferromagnetic Materials, Vol. 2, E. P. Wohlfarth, Ed., 509-560, North Holland (1980).

4. Martinet, A., "Ferrofluids" A 16mm Color Film with Sound, 25 Minutes, Distributed by SERDDAV, 27 Rue Paul Bert, 94200 IVRY, France (1981).

5. Rosensweig, R. E., "Magnetic Fluid," Int. Sci. Technol. 55, 48 (1966).

6. Cowley, M. D. and Rosensweig, R. E., "The Interfacial Stability of a Ferromagnetic Fluid," J. Fluid Mech. 30, Pt. 4, 671-688 (1967).

7. Penfield, P. and Haus, H. A. Electrodynamics of Moving Media, MIT Press, Cambridge, Massachusetts (1967).

8. Taylor, G. I., "The Instability of Liquid Surfaces When Accelerated in a Direction Perpendicular to their Planes," Proc. Roy. Soc. A201, 192 (1950).

9. Zaitsev, V. M. and Shliomis, M. I., "Nature of the Instability Between Two Liquids in a Constant Field," Dokl. Akad. Nauk. SSSR 188, 1261 (1969). Transl. in Sov. Phys. - Dokl., 14, No. 10, 1001-1002, April (1970).

10. Gailitis, A., "The Form of a Surface Instability in a Ferromagnetic Fluid," Magnitnaya Gidrodinamika 1, 68 (1969).

11. Gailitis, A., "Formation of Hexagonal Pattern on Surface of a Ferromagnetic Fluid in an Applied Magnetic Field," J. Fluid Mech. 82, Part 3, 401-413 (1977).

12. Stratton, J. A., Electromagnetic Theory, McGraw-Hill, New York (1941).

13. Berkovsky, B. and Bashtovoi, V., "Instabilities of Magnetic Fluids Leading to a Rupture of Continuity," IEEE Trans. on Magnetics, Vol. Mag-16, No. 2, 288-297 (1980).

14. Kendra, M., Personal Communication (1982).

15. Brancher, J. P., "Waves and Instabilities on a Plane Interface Between Ferrofluids and Nonmagnetic Fluids," in Thermomechanics of Magnetic Fluids, B. Berkovsky, Ed., Hemisphere, Washington, 181-194 (1978).

16. Brancher, J. P., "Interfacial Instability in Viscous Ferrofluid," IEEE Transactions on Magnetics, Vol. Mag.-16, No. 5, 1331-1336(1980).

17. Twombly, E. and Thomas, J. W., "Mathematical Theory of Non-linear Waves on the Surface of a Magnetic Fluid," IEEE Transaction on Magnetics, Vol. Mag-16, No. 2, 214-220 (1980).

18. Romankiw, L. T., Slusarczyk, M. M. G., and Thompson, D. A., "Liquid Magnetic Bubbles," IEEE Transactions on Magnetics, Vol. Mag-11, No. 1, 25-28 (1975).

19. Thiele, A. A., "The Theory of Cylindrical Magnetic Domains," Bell System Tech. J. 48, No. 10, 3287-3335 (1969).

20. Tsebers, A. O., and Mairov, M. M., "Magnetostatic Instabilities in Plane Layers of Magnetizable Liquids," No. 1,27-35, January - March (1980) Consultants Bureau, New York.

21. Tsebers, A. O. and Maiorov, M. M., "Structures of Interface of a Bubble and Magnetic Fluid in a Field,", No. 3, 15-20, July - September (1980), Consultants Bureau, New York.

22. Tsebers, A. O. and Maiorov, M. M., "Comblike Instability in Thin Layers of a Magnetic Liquid," Magnetohydrodynamics, No. 2, 22-26, April - June (1980) Consultants Bureau, New York.

23. Rosensweig, R. E., "Magnetic Stabilization of the State of Uniform Fluidization," I & EC Fundamentals, 18, 260 - 269, August (1979).

24. Lucchesi, P. J., Hatch, W. H., Mayer, F. X. and Rosensweig, R. E., "Magnetically Stabilized Beds -- New Gas Solids Contacting Technology," Proc. of the 10th World Petroleum Congress, Bucharest, Vol. 4, SP-4, 1-7 (1979) Heyden and Son, Philadelphia.

25. Moskowitz, R. and Rosensweig, R. E., "Nonmechanical Torque - Driven Flow of a Ferromagnetic Fluid by an Electromagnetic Field, Appl. Phys. Lett. 11, 301 (1967).

26. Suyazov, V. M., "Motion of a Ferrosuspension in a Rotating Homogeneous Magnetic Field," Magnetohydrodynamics, No. 4, 3-10, Oct. - Dec. (1976) Consultants Bureau, New York.

27. Zelazo, R. E. and Melcher, J. R., "Dynamics and Stability of Ferrofluid Surface Interactions," J. Fluid Mech., 39, No. 1, 1-24 (1969).

Thermoelastic Instabilities in Metals[1]

C.E. Bottani and G. Caglioti

Istituto di Ingegneria Nucleare, CESNEF-Politecnico di Milano
I-20133 Milano, Italy, and

Gruppo Nazionale Struttura della Materia, UR7
Consiglio Nazionale delle Ricerche

1. Introduction

The main objective of this contribution is to offer evidence of the need to revisit the field of the mechanical behavior of metals, taking advantage of basic physical concepts which have almost systematically been neglected in materials research.

A specific objective is to offer experimental evidence of the fact that yielding of metals - a workable problem of major technological and economical relevance- can be interpreted in terms of a dynamic instability in far from equilibrium conditions.As such yielding can be studied in the frame of irreversible thermodynamics of dissipative structures [1] and synergetics [2].

A natural extrapolation of the above arguments would induce us to propose that synergetics should be utilized to explore other important features of the mechanics of solids, e.g. the nature of the plastic deformation and the phenomena occurring in creep, fatigue, fracture etc.

In Sec.2 the current criteria to assess the yield point of metals are critically reviewed. In Sec.3 some experimental work recently obtained on the metals behavior across the elasto-plastic boundary is presented: these results suggest that yielding exhibits typical features of a dynamic instability or a non-equilibrium phase transition. In Sec. 4 an interpretation of the thermoacoustic instability occurring at yielding is given in terms of synergetics [3]. In the final section the need for a radical revision of the interpretation of the concept of yielding (and possibly of other mechanical instabilities) is underlined; the role of phonons and dislocations as the elementary moduli whose cooperative behavior controls yielding is stressed and the open problems are outlined.

2. Current Ideas on Metal Yielding [4]

Safety, integrity and reliability of the mechanical structures depend on the nature and amplitude of the deformation promoted by stress on the component materials. The deformations are qualified as "elastic" and "plastic". In practice, elastic deformations are almost completely recoverable when the external loads are removed, while plastic defor-

---

(1) The same paper has also been presented as an invited talk to the 2nd General Conference of the Condensed Matter Division of the EPS, 22-25 March 1982, Manchester, UK. It will appear also in the Proceedings of that Conference

mation are definitely irreversible. Nevertheless, a satisfactory definition of the limit between elastic and plastic deformations is still lacking. Irreversibility is often used as a criterion for distinguishing them. But irreversible processes do occur in both the elastic and plastic regimes, so that irreversibility makes only a *quantitative* difference between the two.

Engineering standards provide only empirical rules to pinpoint the yield strength, σ_y. Usually tensile tests are performed, where the stress σ is measured as a function of an increasing imposed uniaxial deformation ε. The elastic Hookean regime, where $\sigma = E\varepsilon$ (E being the Young modulus), is followed by the plastic regime. The onset of plasticity is marked by a downward curvature in the strain dependence of stress. If the change of the derivative $d\sigma/d\varepsilon$ is abrupt, the yield strength is defined "autographically" in terms of the stress value at the cusp. If the change of $d\sigma/d\varepsilon$ is smooth, the "offset method" is used (Fig.1)

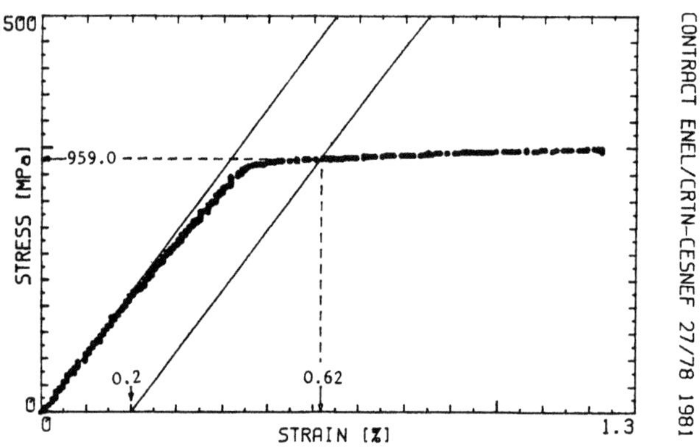

Fig.1 Stress σ vs uniaxial deformation ε of a 38CND4 sample of steel. The yield strength is obtained by the offset method: $\sigma_y \equiv \sigma_{0.2}$ corresponds in this case to the stress associated to a permanent deformation $\varepsilon_y = 0.2 \cdot 10^{-2}$

The above standard procedures, and especially the offset method, are usually intended to identify the stress corresponding to the limit between "small" and "large" plastic deformations: an unambiguous, more meaningful criterion is desirable, based on firmer physical grounds.

3. Experimental Results on the Thermal and Acoustic Behavior of Metals Around the Elastoplastic Transition

In order to provide a physical basis for assessing the yield strength, beside the deformation (and the stress associated to it), an equally important thermodynamic state variable should be measured: the sample temperature (and the associated entropy). In many materials undergoing the elasto-plastic transition, also a significant acoustic emission activity is often detectable.

Examples of measurements of thermal and acoustic activities are briefly reported below. The temperature changes and the acoustic emission occurring as the sample is deformed are correlated with the dynamical changes underlying the elastoplastic transition: it will thus becomes possible to pinpoint the elasto-plastic limit stress, identifying it with the critical point of this transition.

The measurements cover both the thermoelastic behavior of the sample in the linear thermodynamics branch, and the critical region aro-

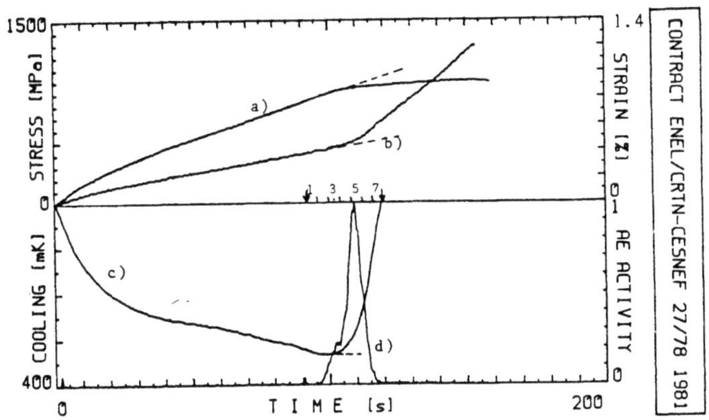

Fig.2 a) Stress; b) deformation; c) temperature; d) acoustic emission activity [9], vs time for the steel sample in Fig.1. In the critical region 7 stages of the tensile test are selected, during which the amplitude distribution of the AE pulses are measured (see Fig.5)

und the elastoplastic bifurcation leading to states removed far from equilibrium regime. They have been performed or are under way on our laboratory, using an INSTRON TTM 1114 dynamometer.

For details on the experimental arrangement and methods* reference is made to the papers [5] - [8].

The following quantities are measured as a function of time t on samples, e.g., of structural steel.

- the imposed deformation, $\varepsilon_a(t)$
- the stress consequently arising, $\sigma(t)$
- the temperature $\Theta(t)$ of the sample surface, in the median plane
- the acoustic emission activity, AE(t)

Typical experimental results on a sample of 38NCD4 steel are plotted (full lines) in Fig.2. We distinguish two regions: the thermoelastic region of the linear thermodynamic branch and the plastic region of the non-equilibrium dissipative structure, developing beyond the bifurcation at the onset of the extrapolated dashed line.

The steel sample opposes a stress $\sigma(t)$ to the increasing imposed tensile deformation $\varepsilon_a(t)$. In an ideally thermoelastic regime the applied strain rate should be sufficiently small to inhibit viscous processes of entropy production and, at the same time, sufficiently large to minimize entropy flows: in practice the imposed strain rate, $\dot{\varepsilon}_a \simeq 8 \cdot 10^{-5}\ s^{-1}$, makes the thermoelastic transformation only partially isoentropic and adiabatic.

While $\sigma(t)$ increases with $\varepsilon_a(t)$, the temperature $\Theta(t)$ decreases: the thermoelastic cooling overcomes both the thermal energy production associated to viscosity and microplasticity, and the equalizing action of thermal diffusion.

Time elimination from $\varepsilon(t)$ and $\sigma(t)$ leads to the usual characteristic $\sigma = \sigma(\varepsilon)$, of Fig.1. These data allow to extract the conventional yield strength, as previously indicated.

Time elimination from $\Theta(t)$ and $\sigma(t)$ leads to a new characteristic, $\sigma = \sigma(T)$, presented in Fig.3. The thermoelastic regime is characterized by an adiabatic cooling of the sample (Kelvin, 1851) due to the conversion of a small fraction of the energy in the thermal bath of the crystal into mechanical work assisting the stress reacting to the imposed deformation: the deformation produces an increase of volume,

*Patent pending

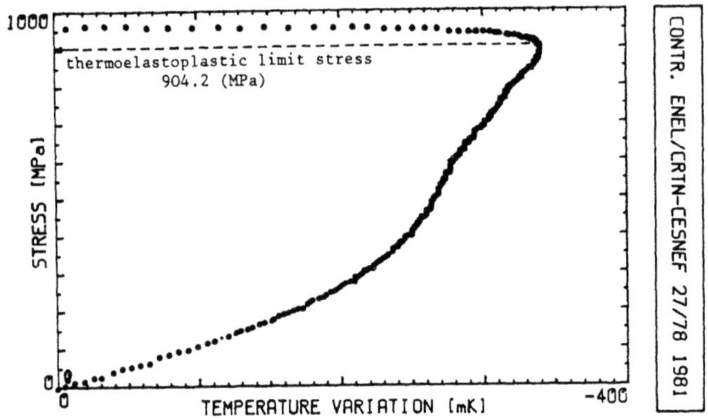

Fig.3 Stress vs temperature for the steel sample of Figs. 1 and 2. The yield strength corresponds to the abrupt change of slope of $\sigma(\Theta)$

and the sample resists to this change by lowering its temperature and shrinking accordingly. Nevertheless the capacity of the sample to resist against the imposed volume change is limited. Uncorrelated fluctuations of displacements of initially immobile dislocation loops gradually lead to incoherent microplastic deformations. Microplasticity acts as an increasingly important source of thermal power, promoting temperature increments in competition with the thermoelastic cooling. These temperature increments assist more and more efficiently the imposed volume change. Acting as a positive feedback, they drive the sample to a stage where finally organized motion of dislocation trains along specific slip systems sets in, a macroscopic plastic deformation - macroplasticity - becomes the dominant state, and the whole system self-organizes in an ordered spatio-temporal dissipative structure.

A "critical point" is thus reached, where the temperature of the sample increases suddendly, acoustic phonons are emitted, and the internal elastic stress is partially relaxed.

This point, at the boundary between the incoherent and coherent dislocation motion, is the true elastic limit of the material. It corresponds to the abrupt change of slope of the $\sigma(\Theta)$ characteristic evidenced in Fig.3.

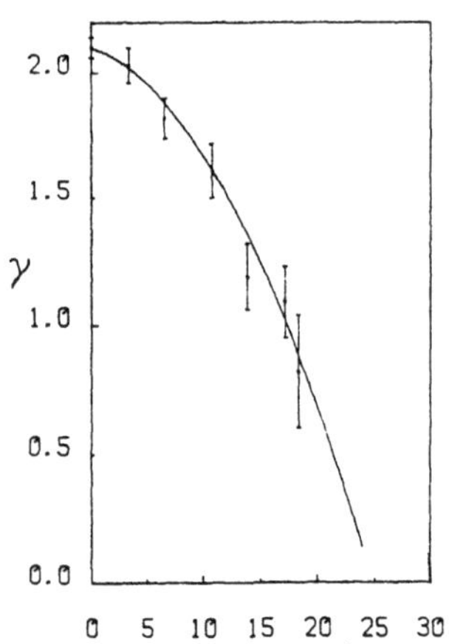

Fig.4 Strain dependence of the macroscopic Grüneisen parameter, as measured by temperature changes induced by strain pulses: the thermoelastic cooling due to anharmonicity in the initial part of the thermodynamic part is counterbalanced more and more effectively by the heat produced by slipping dislocations

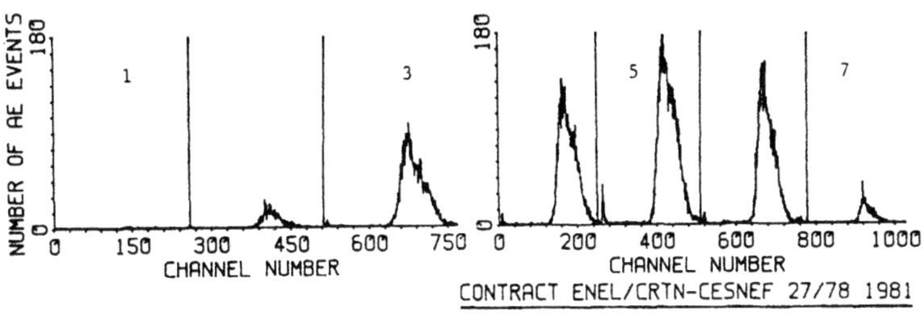

Fig.5 Amplitude distributions of the acoustic activity during the tensile test. 7 groups, corresponding to the stages indicated in Fig.2 are reported. Note the incoherent emissions around the origins and coherent bursts suddendly appearing at already finite amplitude, like for a first-order transition

The above ideas about yielding as a critical cooperative phenomenon involving phonons and dislocations in far from equilibrium conditions are further supported by an experimental analysis of the time-dependent pulse-amplitude spectra of AE signals detected at the sample surface during the elasto-plastic transition (Fig.5)

Conceiving the AE behavior as a critical non-stationary random process, and taking the time envelope R(t) of the amplitude of the lowest wavevector acoustic longitudinal mode (see below) as order parameter, one would expect spectra centered at the origin for incoherent emissions and centered at some finite amplitude for fully coherent emissions. What is actually observed beyond the critical point is a mixture of the two, testifying that AE during yielding is, for a while, a *coherent emission of acoustic phonons.*

4. A Synergetic Approach to the Thermoacoustic Instability of Strained Metals

A rigorous theory of yielding as a non-equilibrium phase transition would require an explicit account of dislocation dynamics. The model presented hereafter instead takes into account dislocations in a global way, lumping their contributions to the gross anharmonicity of the deformed crystal in the macroscopic Grüneisen parameter γ. It has been experimentally proved [10] that in a *uniaxially* deformed metal γ is highly strain dependent.

Figure (4) shows how γ tends to vanish at a critical value of the applied "elastic" strain ε for e.g. α-Ti [10]. This last finding ultimately accounts for the dramatic amplification of the thermoacoustic fluctuations around the thermoelastic reference state (this state corresponds to an almost uniformly increasing elastic deformation associated to a thermoelastic temperature drop, during a tensile test).

A detailed treatment of the theory of the thermoacoustic instabilities is presented in [3],[11],[12]. Here only the general scheme of the synergetic model of these instabilities is outlined in Synopsis I. Although the analytical developments are not trivial, this block diagram reproduces procedures ordinarily employed in research on dynamic instabilities.

Few comments are in order.[3]

In block 1 only terms up to third order are included in the power expansion of the local Helmholtz thermodynamic potential; among the third-order terms only the relevant one, containing the strain dependence of the Grüneisen parameter,

$$-\frac{1}{2} C_v \left.\frac{\partial \gamma}{\partial \varepsilon}\right|_o \Theta \varepsilon^2 \text{, is retained .}$$

Synopsis I. Mathematical scheme of the strain driven thermoelastic instability

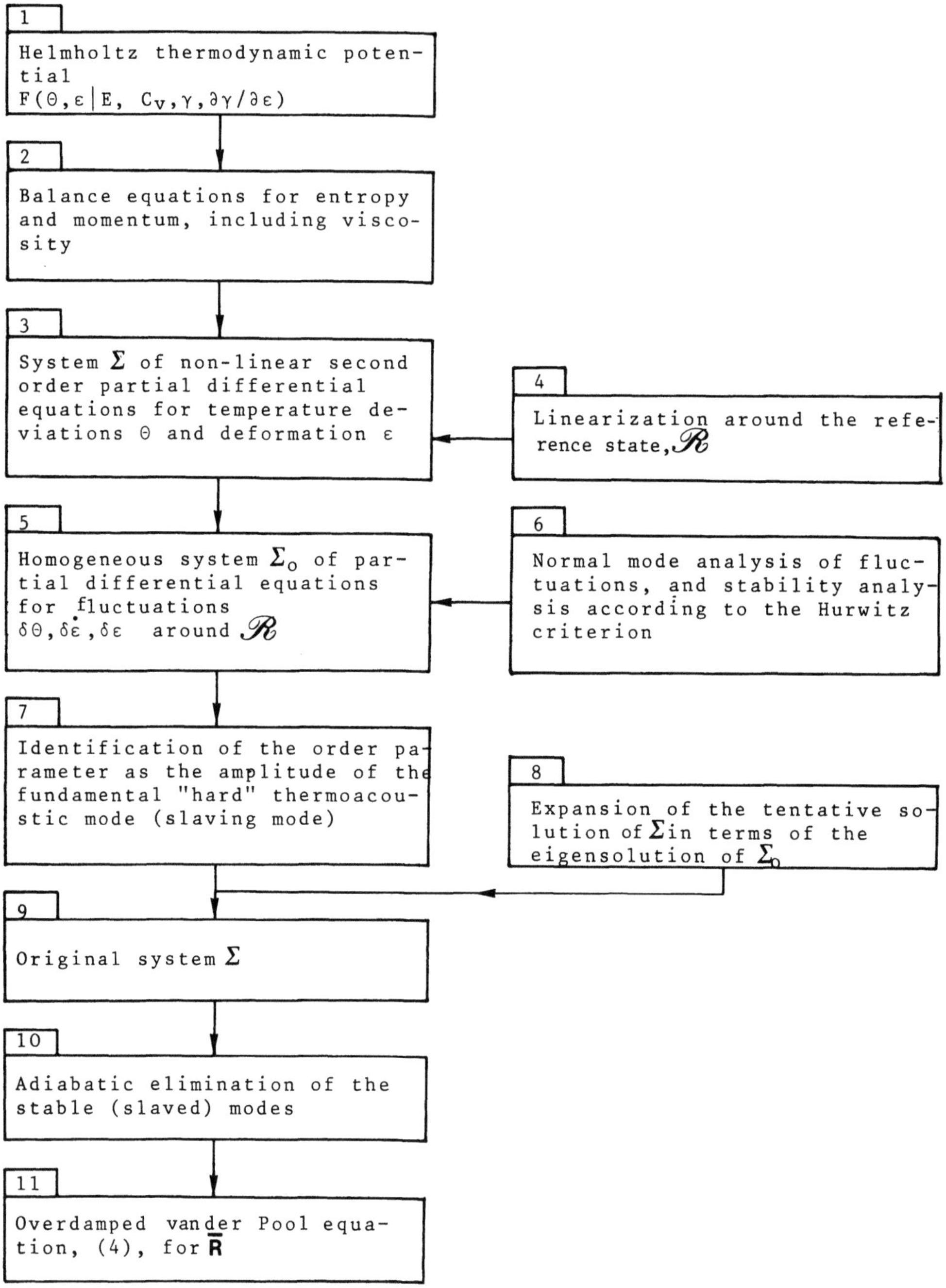

The balance equations for entropy and momentum in block 2 contain the positive feedback terms in $\partial\gamma/\partial\varepsilon|_o$; these terms are associated with space and time inhomogeneities expressing the fact that the symmetry of homogeneous fields breaks at the transition.

The normal mode analysis (block 6) of the fluctuations obeying Σ_o (block 5) leads to the implicit dispersion relation:

$$\lambda^3 + C_1(k^2)\lambda^2 + C_2(k^2|\varepsilon_a,\dot{\varepsilon}_a)\ \lambda + C_3(k^2|\varepsilon_a,\dot{\varepsilon}_a) = 0 \tag{1}$$

where k is the wavevector and C_2 and C_3 are dependent on ε_a and $\dot{\varepsilon}_a$. These quantities take the role of control parameters [3], [12].

A study of the "soft" mode is presented elsewhere[12]. Here we consider only the effect of a slow increase of ε_a. In what follows $\dot{\varepsilon}_a$ is a constant smaller than $\sim 10^{-1}s^{-1}$, so that the thermal diffusivity alone can cope with the rate of pumping of fluctuations via the thermoelastic channel.

For any k, (1) has three roots, one real, "soft", corresponding to an overdamped mode (heat diffusion and viscoelasticity), and two, "hard", complex conjugate roots corresponding to damped vibrational modes (sound and temperature waves).

The Hurwitz criterion (block 6) applied to C's in (1) shows that instability first affects the lowest wave-vector or fundamental mode (block 7) of the "hard" branch. The damping of this mode tends to vanish as the control parameter ε_a increases toward its critical value (Fig.6, from [3]. See also [13]). The corresponding trajectory of the system on the complex ω-plane is sketched in Fig.7.

Use of the slaving principle near the critical point among the mode amplitudes solving the original system Σ (blocks 7, 8 and 9) leads to the following equations for the time envelope of the slaving amplitude $\overline{R}(t)$

$$\dot{\overline{R}} = -\frac{\partial V(\overline{R})}{\partial \overline{R}} \tag{2}$$

$$V(\overline{R}) = -\frac{1}{2}\alpha(\varepsilon_a)\ \overline{R}^2 + \frac{1}{4}\beta\overline{R}^4 \ . \tag{3}$$

Eqs.(2) and (3) (Fig.8) lead in turn to the overdamped van der Pool equation

$$\dot{\overline{R}} = \alpha(\varepsilon_a)\ \overline{R} - \beta\overline{R}^3 \ . \tag{4}$$

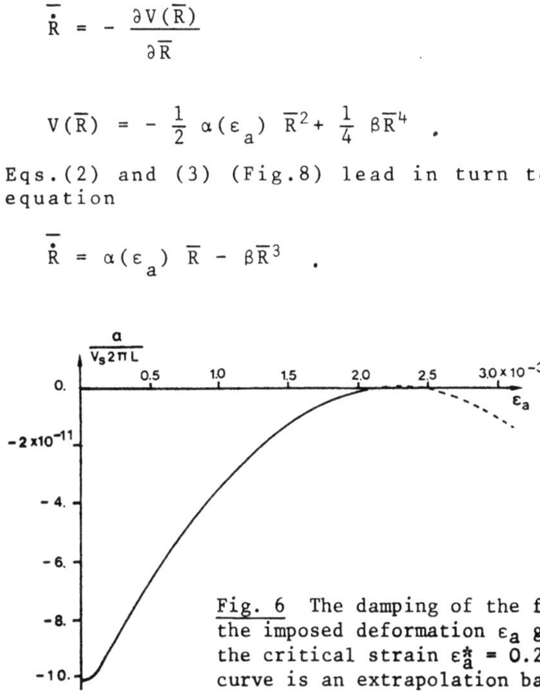

Fig. 6 The damping of the **fundamental** acoustic mode of α-Ti vs the imposed deformation ε_a **gradually** decreases, and vanishes at the critical strain $\varepsilon_a^* = 0.21 \cdot 10^{-2}$. The broken portion of the curve is an extrapolation based on the linear stability analysis

This equation is strikingly reminiscent of that holding for the amplitude E of the electric field in the single mode laser continuous transition [2]. Nevertheless here, to a difference with respect to the idealized case of (4), as the imposed deformation ε_a proceeds beyond its critical value corresponding to a vanishing damping $\alpha(\varepsilon)$, the model breaks down: the onset and development of cooperation in the dislocation dynamics cannot be neglected.

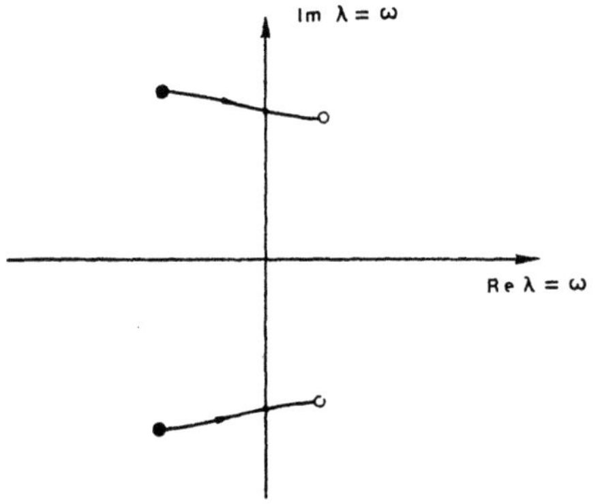

Fig.7 Qualitative plot of trajectories of the roots of (1) on the complex ω-plane corresponding to an increase of the control parameter ε_a across the elasto-plastic instability

Fig.8 The driving force for the time envelope of the amplitude $\bar{R}$ (t) of the slaving thermoacoustic "hard" mode derives from the effective potential $V(\bar{R})$ in a), and the associated bifurcation diagram b)

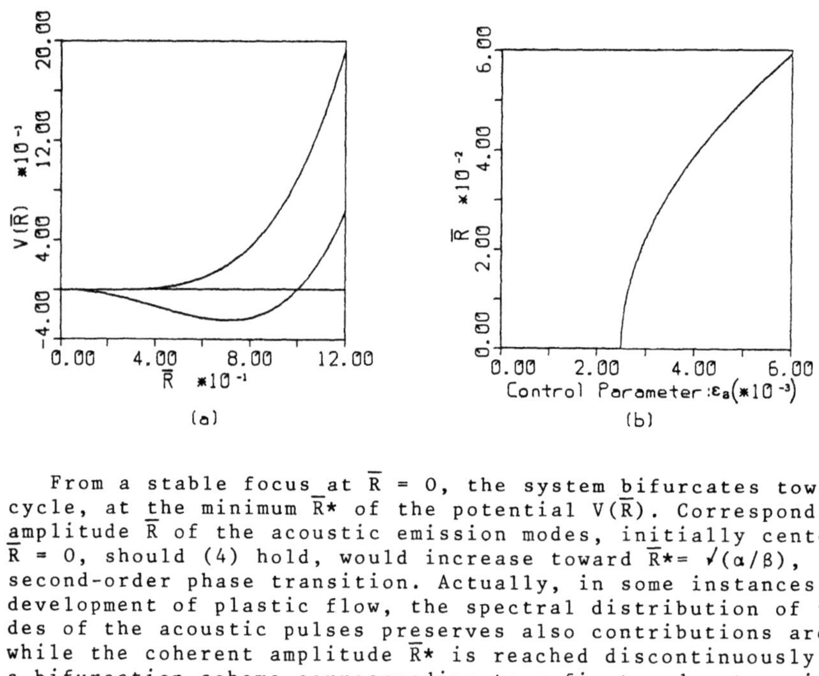

From a stable focus at $\bar{R}$ = 0, the system bifurcates toward a limit cycle, at the minimum $\bar{R}^*$ of the potential $V(\bar{R})$. Correspondingly the amplitude $\bar{R}$ of the acoustic emission modes, initially centered around $\bar{R}$ = 0, should (4) hold, would increase toward $\bar{R}^* = \sqrt{(\alpha/\beta)}$, like for a second-order phase transition. Actually, in some instances, due to the development of plastic flow, the spectral distribution of the amplitudes of the acoustic pulses preserves also contributions around $\bar{R}$ = 0, while the coherent amplitude $\bar{R}^*$ is reached discontinuously, suggesting a bifurcation scheme corresponding to a first-order transition (Fig.5).

5. Conclusions

Yielding cannot be explored on purely mechanical grounds. Yielding is a thermomechanical instability occurring in far from equilibrium conditions: as such it should be explored by the methods currently employed for dynamic instabilities. The equations regulating the thermoacoustic instabilities occurring at the elasto-plastic boundary closely resemble those of, e.g., the continuous single mode laser or the Rayleigh-Benard transitions. As a relevant byproduct of this finding, a revision should be recommended, to the interested technological milieux, of the standard engineering criteria to assess the yield strength of metals.

The cooperating elementary moduli whose mutual non-linear interaction under the action of the imposed strain leads to macroscopic plastic deformation are the phonons and the dislocations. At present,the role of dislocations is accounted for only in a phenomenological way, being represented by the strain dependence of the Grüneisen parameter. One of the control parameters of the elasto-plastic transition is the imposed deformation. The order parameter is the amplitude of the fundamental thermoacoustic "hard" mode. This view is supported by the occurrence of thermal and acoustic emission around the transition.

To proceed further, a detailed study should be made of the anharmonic phonon-phonon interactions responsible for the building up of excess population of the fundamental mode in the metal under stress; furthermore the synergetic role of the dislocation-dislocation, dislocation-phonon and dislocation-point defects interactions (not to speak of grain size,etc.) should be explicitly taken into account.

References

1. Nicolis,G. and Prigogine I., Self-Organization in Nonequilibrium Systems, John Wiley & Sons,New York,London,Sydney,Toronto 1977
2. Haken H., Synergetics: An Introduction, 2nd enlarged edition, Springer, Berlin,Heidelberg, New York 1978
3. Boffi,S. Bottani, C.E. Caglioti,G. Ossi,P.M., Z.Physik B: Condensed Matter 39 135 (1980)
4. Bottani,C.E. Caglioti, G. Novelli,A.Ossi, P.M. Rossitto,F. and Silva,G. (to be published),(1982)
5. Bottani,C.E. Novelli,A. Rossitto,F.Silva G., Met.It. LXIX (2) 67 (1977)
6. Bottani,C.E. Ossi,P.M. Rossitto, F.,J.Phys.F:Metal Phys.8 1671 (1978)
7. Ossi,P.M. Bottani C.E. Rossitto,F., J.Phys.C:Sol.State Phys.11 4921 (1978)
8. Caglioti, G., The Thermoelastic Effect: Statistical Mechanics and Thermodynamics of the Elastic Deformation, in "Mechanical and Thermal Behaviour of Metallic Materials", Proceedings of the Int. School of Physics, E.Fermi, LXXXII Course, Varenna 30 June- 10 July 1981, Caglioti, G. and Ferro, A. Editors, North Holland Publisher, Amsterdam (to be published)
9. Bottani,C.E. Varoli, V. (to be published)
10. Bottani, C.E. Caglioti, G. Ossi, P.M., J.Phys.F:Met.Phys.11 541 (1981)
11. Bottani,C.E., Thermoacoustic Instabilities in Strained Solids: a Synergetic Approach, in "Mechanical and Thermal Behaviour of Metallic Materials", Proceedings of the Int.School of Physics,E. Fermi, LXXXII Course, Varenna 30 June-10 July 1981, Caglioti,G. and Ferro, A. Editors, North Holland,Amsterdam (to be published)
12. Boffi,S. Bottani,C.E. Caglioti,G., Il Nuovo Cim.Sez.D (1982),to be published
13. Pinatti,D.G. Roberts,J.M., The Effect of Static Bias Stress upon the Ultrasonic Attenuation and Velocity of High Purity Tungsten Single Crystals, in "Internal Friction and Ultrasonic Attenuation in Solids", Hasiguti, R.R.Mikoshiba,N. Editors, University of Tokyo Press,Tokyo 1977

Spatial Chemical Structures, Chemical Waves. A Review

C. Vidal and A. Pacault

Centre de Recherche Paul Pascal - C.N.R.S., Domaine universitaire
F-33405 Talence Cédex, France

1. Introduction

In 1917 BRAY discovered the first periodic chemical reaction in homogeneous medium, while studying the hydrogen peroxide decomposition by potassium iodate |21-1|. Meanwhile LOTKA |20-1| suggested a theoretical scheme giving rise to an oscillating chemical reaction. Later on, in 1958, BELOUSOV |59-1| discovered, also by chance, a new periodic chemical reaction as he was studying, in an acidic homogeneous medium, the citric acid oxidation by potassium bromate in presence of cerium sulfate. ZHABOTINSKY |67-1| was to show in 1966** that it was periodic not only as a function of time but also as a function of space.

Over the last decade an abundant and redundant literature has dealt with spatial structures and chemical waves ; it seems that the time has now come to review this question.

Preliminaries

Periodic chemical reactions versus time occur in a homogeneous medium, i.e. during the reaction, the reactant concentrations are periodic functions of time. They are oxido-reduction reactions in an acidic medium. They are not numerous. Three groups of such chemical reactions have been mainly studied. Each group is characterized by the oxidant: alkaline iodate, bromate, chlorite, the nature of other reactants can vary.

- The first group derives from Bray's reaction |21-1|. The most commonly used reactants are, according to BRIGGS and RAUSCHER |73-14|, potassium iodate, hydrogen peroxide, malonic acid (MA), sulphuric or perchloric acid, manganese sulphate in aqueous solution. This is a composition*** giving an oscillating reaction**** :

$$[H_2O_2]_0 = 3.2 \ ; \ [HC\ell O_4]_0 = 0.17 \ ; \ [MA]_0 = 0.15 \ ; \ [MnSO_4]_0 = 0.024 \ ;$$

$$[KIO_3]_0 = 0.14 \ ; \ \text{Thiodene} = 20 \ g\ell^{-1} \ .$$

- The second group derives from Belousov's reaction |59-1|. The most commonly used reactants are potassium bromate, malonic acid (MA), sulphuric acid, cerium sulphate, ferroin. The following composition gives rise to oscillations :

---

* *Lotka's model has only a marginal stability and does not represent a limit cycle.*

** *Conference held at Puschino (B.1).*

*** $[\ ]_0$ *means in mole ℓ^{-1} the composition of the solution before the beginning of the reaction.*

**** *This reaction has been studied in Bordeaux: see the list of papers in (B.16).*

$[KBrO_3]_0 = 0.08$; $[H_2SO_4]_0 = 1.5$; $[MA]_0 = 0.3$; $[Ce_2(SO_4)_3]_0 = 2\ 10^{-3}$;
$[Ferroin]_0 = 3.3\ 10^{-3}$.

The following relationships have been given between the period θ of the chemical oscillation and the concentrations :

$\theta = 0.22\ [BrO_3]_0^{-1,6}\ [H_2SO_4]_0^{-2,7}\ [MA]_0^{-0,27}$ s : in presence of $[ferroin]_0$ = $2.27\ 10^{-3}$ at 24.9°C |79-3|

$\theta = Cte + Cte'\ [MA]_0^{-1,0}$ s : in presence of Ce^{+++} |74-13|

$\theta = Cte.\ [BrO_3]_0^{-0,5}\ [H_2SO_4]_0^{-1,0}\ [MA]_0^{-0,5}$ s : in presence of Mn^{++} |74-14|

Several BELOUSOV-like reactions are known. Particularly the presence of an oxido-reduction catalyst is not necessary as shown by KÖRÖS and ORBAN |78-8|. The organic reducer must nevertheless have some properties |81-13||B.16, p. 213|.

- The third group involving chlorite as the oxidant is very recent |81-10|.

Several biochemical reactions are also oscillating. Among them the glycolysis reaction is, by far, the most studied and well known. Oscillations have been observed in vitro as well as in vivo.

Amongst the periodic chemical reactions, Belousov-Zhabotinsky's (B.Z.) reaction was the only one to exhibit spatial structures, up to 1981. Then, it was shown |82-5| that the third group was also able to yield such structures (see §6). Spatial structures have also been reported in a yeast extract developing in a medium of inorganic phosphate and glycolytic substrate |80-18 ; 80-19|.

2. The chemical pseudo-waves*, artifacts of chemical waves

Some observations of spatio-temporal structures have been interpreted as chemical waves while they were only their artifacts. These illusions have to be dissipated before describing true chemical waves.

Chemical pseudo-waves develop in an oscillating medium of large enough extent when phase and/or frequency gradients occur.

The following experiments, published elsewhere |82-12| and briefly described here, enable the understanding of pseudo-waves.

2.1 Phase gradient pseudo-waves

The set-up presented in figure 1 is used. A solution whose composition is given in the preliminaries (B.Z. reaction) is then prepared. A periodic chemical reaction of period θ occurs, it can be visualized by the colour alternation red-blue-green (blue appears suddenly) , typical of the various phases of the reaction. This solution is poured slowly in the tank L (fig. 1); a colour repartition is observed along its axis, proving thus a spatial dephasing probably due to the sensitivity of the B.Z. reaction to oxygen |78-7 ; 79-6 ; 83-3|. L is rapidly turned upside down so as to fill simultaneously the n vessels (n = 10) without changing the initial

---

**The two names "pseudo-waves" |72-1| and "kinematic waves" |72-2| define correctly the observed phenomenon, since on one hand it cannot be described by a wave and on the other hand it depends only on space and time.*

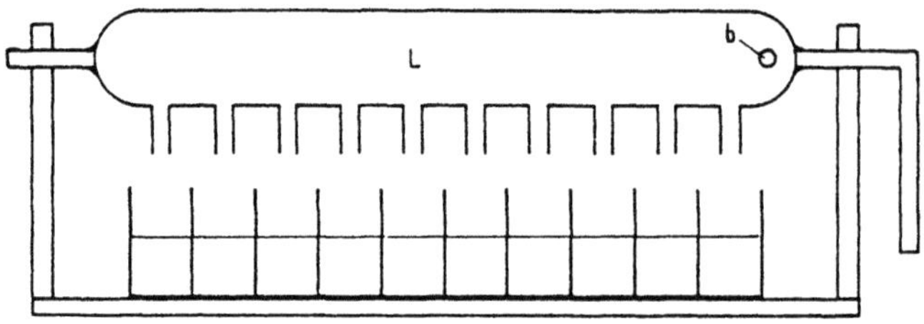

Fig. 1 : Experimental set-up for pseudo-wave exhibition. The ten adjacent rectangular vessels at the bottom are filled at the same time by turning upside down the tank L

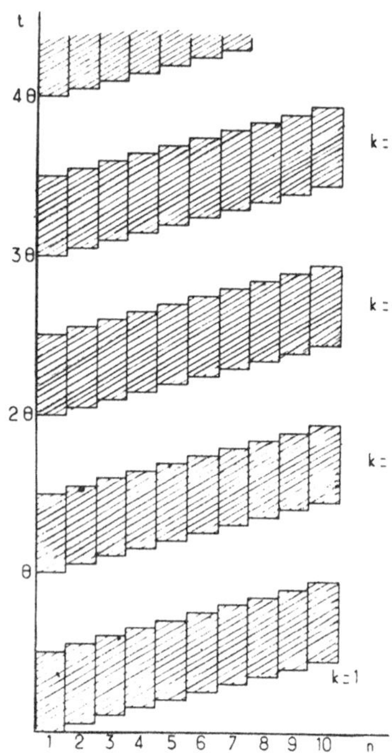

Figure 2

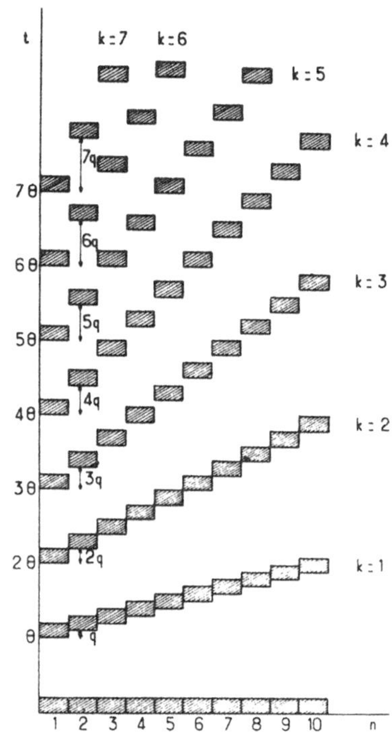

Figure 3

Fig. 2 and 3 : For each cell (from 1 to 10 along the horizontal axis) the dashed areas quote the time (vertical axis) during which the reacting medium exhibits a given colour (blue for instance). In figure 2 the period θ is the same in all cells and there is a constant phase difference between two adjacent cells (linear phase gradient pseudo-wave). In figure 3 the initial phase has the same value for the ten cells, but the period varies from one cell to the next by a quantity q (frequency gradient pseudo-wave). The illusion of wave propagation is easily recovered by moving up a slit in front of the graphs

dephasing. The vessels can be seen to become successively and periodically blue, giving thus the illusion of a *wave* propagating at a constant velocity. The same phenomenon can be obtained with the B.R. reaction according to a slightly different procedure |82-2|.

These pseudo-waves, generated by a phase-difference, are called phase gradient pseudo-waves.

2.2 Frequency gradient pseudo-waves

An other type of pseudo-waves can be obtained by achieving a concentration gradient yielding a frequency gradient. To get this, the same experiment as before is performed with two important modifications. Prior to any pouring into the vessels, $2(10-n)$ concentrated sulphuric acid drops are put in cell number n. Then the solution in the vessel L is vigourously stirred to make it homogeneous. After turning upside down L, the solution in each vessel has a different composition built up so that the period θ_n of the chemical reactions is a linear function of n, $\theta_n = \theta_1 (n-1)q$. The blue colour appears thus successively in each vessel, giving the illusion of a propagating wave. From one blue band to the next, the apparent velocity is decreasing.

These pseudo-waves which are generated by a frequency difference are called frequency gradient pseudo-waves. Figure 6 presents a snapshot of such a pseudo-wave, yielded by the B.R. reaction.

2.3 Interpretation

The interpretation of these two types of pseudo-waves is quite straightforward |73-7 ; 73-8 ; B.10|. To this end figures 2 and 3 sketch the colour of each vessel at time t in the reference frame (n,t).

First let us consider the case of a linear phase gradient, i.e. such that the τ dephasing between two adjacent vessels is constant. The shadowed part represents the persistence duration of the blue colour in a cell. The blue colour is seen to appear at $t = 0$ in the first cell, at $t = \tau$ in the second vessel and at $t = (n-1)\tau$ in the nth vessel. At the end of the chemical period , the phenomenon reproduces itself identically, generating a second pseudo-wave ($k = 2$) which moves at the same velocity $\frac{a}{\tau}$. Hence the distance between successive blue stripes is independant of k. These are the two characteristics of linear phase gradient pseudo-waves (see figure 2).

Figure 3 illustrates the frequency gradient pseudo-waves. It is assumed that the chemical reactions, which have in each vessel a different period θ_n, are in phase at $t = 0$. Consequently the colour blue appears for the first time in each vessel at $t = \theta_n$, giving the illusion of a propagating wave. Then, at $t = k\theta_n$, a kth blue stripe is observed. The velocity (fig. 3) decreases as time increases; the *distance* between two blue vessels becomes narrower from k to $k+1$. This property enables to distinguish clearly the phase gradient pseudo-waves from the frequency gradient pseudo-waves.

The propagation illusion of a wave is due either to phase difference of the chemical reaction occurring in each vessel at the same period θ, or to the period difference of the chemical reactions occurring in each vessel. And yet nothing is propagating since the vessels do not communicate. Accordingly it is not possible to define the propagation velocity of a non-existing wave*.

2.4 From discontinuous to continuous media

The use of separate vessels (fig. 1) allows to achieve easily phase or frequency differences. An almost similar result can be obtained in a continuous medium. Thus, for example, a concentration gradient with the B.Z. reagents can be established

**A nine minutes film, illustrating paper |82-2|, shows the above mentionned phenomena which can also be seen in the film "Far from equilibrium" by A. PACAULT, C. VIDAL, P. DE KEPPER, A.M. MERLE, produced by SERDDAV-CNRS (27, rue Paul-Bert - 94200 IVRY)*

along the vertical axis of a vessel. Red stripes moving up (fig. 4)* are observed. They are frequency gradient pseudo-waves which were thought to be chemical waves |69-1|.

Of course, we notice that the wave illusion is not stopped by the barriers that the vessel walls form when the experimental set up presented in figure 1 is used. It is the same when pseudo-waves occur in a continuous medium. Nevertheless the interpretation is not always as simple as above because diffusion can no longer be neglected without discussion when the apparent velocity becomes very low. In that case, it becomes necessary to take into account the coupling between diffusion and chemical reaction, which accounts for the true waves studied in the next chapter.

3. Chemical waves**

3.1 Description

Let us mix, while stirring, aqueous solutions of the first four following reactants whose molarities $[\ ]_0$, before any reaction***, are given below :

* *A frequency gradient can also be generated by a temperature gradient along the tube since the period depends on temperature |73-7|.*

** *The term "autowave processes" has been suggested by R.V. KHOKHLOV |73-1|.*

*** *These composition is close to the one given in |72-1|, which is itself derived from |70-1|.*

$[BrO_3Na]_0 = 0.35$; $[H_2SO_4]_0 = 0.35$; $[CH_2(COOH)_2]_0 = 0.14$; $[NaBr]_0 = 0.08$;

$[\text{ferroïn}]_0 = 10^{-3}$.

Before adding ferroïn one must wait for the complete release of bromine to prevent the precipitation of brominated o.phenanthroline. The homogeneous solution is poured in a Petri dish so as to yield a two mm layer. Circular waves will appear after a while (fig. 5).

- Let us prepare a solution of composition given in |70-2 ; table I|. This solution is stirred for about thirty minutes, time during which the colour remains red. A few minutes after pouring it in a small diameter tube,rings appear* |70-2|.

In the two cases the reacting medium which was initially homogeneous structures itself in blue and red areas, i.e. oxidizing and reducing areas. A non-homogeneous medium derives from an homogeneous medium, but these waves are stopped by barriers |74-6|, whereas pseudo-waves are not |82-2|.

The preceding structures cannot persist since they are produced in a closed medium. Photographs freeze an evolving situation. But in fact one observes kinds of coloured moving waves: more or less deformed rings in tubes, concentric rings in Petri** dishes.

Though one has used the word *reproducible* |80-2| these figures are not generally reproducible which means that even though the same solution always gives rings , their centres are not always located at the same place in consecutive independent experiments.

**These two basic experiments have been accepted for publication in November 69 |70-1| and in March 70 |70-2| and have initiated many studies in Petri dishes or sometimes in tubes (as indicated table I).*

***Other structural aspects appear with other reactions and in other conditions §4.*

TABLE I

References	T °C	$[BrO_3^-]_o$** M/ℓ	$[H_2SO_4]_o$ M/ℓ	$[CH_2(CO_2H)_2]_o$ M/ℓ	$[Ce^{3+}]_o \cdot 10^3$ M/ℓ	$[Ferroïne]_o \cdot 10^3$ M/ℓ	$[Miscellaneous]_o$
69-1* t		0,07		0,3	1	1 goutte	
70-1	20°	0,3(Na$^+$)	0,37			3	0,125 Br MA
70-2 t	21°	0,09	0,37	0,3	1	qq gouttes	
72-1	25°	0,334(Na$^+$)	0,357	0,113		3	0,057 Br Na + 1 goutte de triton X 100 à 1g ℓ$^{-1}$
72-2*	21°	0,07	+ 0,2 cc concentré	0,3	1	0,6	
72-4*(1)	30°						
73-1***	20° 14° 20°	0,05(Na$^+$) 0,23(Na$^+$) 0,23(Na$^+$)	0,5 0,26 0,27			0,4 3 3	0,05 acétylacétone 0,16 Br MA 0,16 Br MA
73-5		0,35	1,5(solvant)	1,2	3,9	0,48	
73-6		0,05	1,25	0,07		Fixé sur membrane	
73-7	25°	0,08	0,3	0,75 à 2,2	2	0,06	
73-8 t		0,17	1	0,32		4	
73-11		0,14	0,4	0,3	1	1,25	
73-12		0,355(Na$^+$)	0,381	0;12		3,1	
74-3	25°	0,1275-0,3812(Na$^+$)	0,1744-0,5067	0,0244-0,2476		1,29-5,45	0,03738-0,1495 Br MA
74-6		0,054	1,62	0,23	1,6	4,1	5,5 10^{-3} cm^3 Triton X 100
75-1 t	25°	0,07	$\bar{c}$ 0,6	0,3	1,3	0,67	
75-3 t	35°	0,044 0,044 0,044 0,044	1,5 1,5 1,5 1,5	0,064 0,096 0,128 0,256			0,8 10^{-3} SO$_4$ Mn 0,8 10^{-3} SO$_4$ Mn 0,8 10^{-3} SO$_4$ Mn 0,8 10^{-3} SO$_4$ Mn
75-4		0,01	1,5	0,032	1		
75-7 t	25°	0,067	$\bar{c}$ 0,6	0,3	0,87.	0,43	
76-1		0,07	$\bar{c}$ 0,8	0,3	1,3 ou 0,4 ou	1,3 ou 0,4	
76-2		0,075	1				81,4 mg dans 15 cm^3 de solution de Tris (2,4 pentandion-ato) Mn [illegible]
77-1		0,23(Na$^+$)	0,27			3	0,16 Br MA
77-4		0,05	0,52			0,43	{0,05 acétylacétone {2,59 a. acétique
79-4	25°	0,0562-0,1170	0,259-0,538	0,0056-0,0458		0,65-2,16	0,0523-0,1196 Br MA
80-1	25°	0,095(Na$^+$)	0,189			1,21	{0,0574 KBr {0,083 $C_6H_8(CO_2H)_2$**
80-2	∿ 25°	0,187 - 0,358	0,150 - 0,550	0,008 - 0,08		5,21	13 expériences dans ces domaines de concentration
80-9***		0,0666-0,114(Na$^+$)	0,142-0,189			0,805-1,61	3,35-6,22 10^{-2} KBr 8,52-10,8 10^{-2} $C_6H_8(CO_2H)_2$**
80-16***	25°	0,055(Na$^+$) 0,087(Na$^+$)	2,2 2,0				0,022 aniline 0,052 1,2,3-trihydroxy-benzène
		0,11(Na$^+$)	2,2				5 10^{-4} Mn^{2+} 0,011 2.4 diamino-diphé-nylamine
		0,08(Na$^+$)	1,7				0,026 acide 4-amino ben-zène sulfonique
		0,05	2				0,026 phénol
81-2		0,334 0,256(H$^+$) 0,334(H$^+$)	0,363	0,163 0,163 0,163		3 3 3	0,057 Na Br 0,057 Na Br 0,392 HBr

*Incomplete information.

(1)(72-4) 10 ml of each of the solutions : malonic acid (1.1538 M), cerous sulfate (0.0042 M), potassium bromate (0,2994 M) ; in sulfuric acid 1.5 M are homogeneized in a tube at 30° ± 0.05°C.

**Products : BrO_3^- : bromate ions : without special indication the positive ion is K^+ ; in the opposite case, the nature of the ion is specified.

$CO_2H-CH_2-CO_2H$: malonic acid

H_2SO_4 : sulfuric acid

Ce^{3+} : cerous ion

$Fe(C_{12}H_8N_2)_3$ SO_4 ferroïn : Fe^+/o.phenanthroline complex sulfate.

Br MA : bromomalonic acid

$C_6H_8(CO_2H_2)$: acid 4.cyclohexene 1.2 dicarboxylique

$\bar{c}$: mean value of the chemical species molarity, whereas there is a concentration gradient.

T : temperature

t (reference column) : shows that the reaction takes place in tubes whereas all the other references indicate experiments in Petri box.

***Mosaic structures.

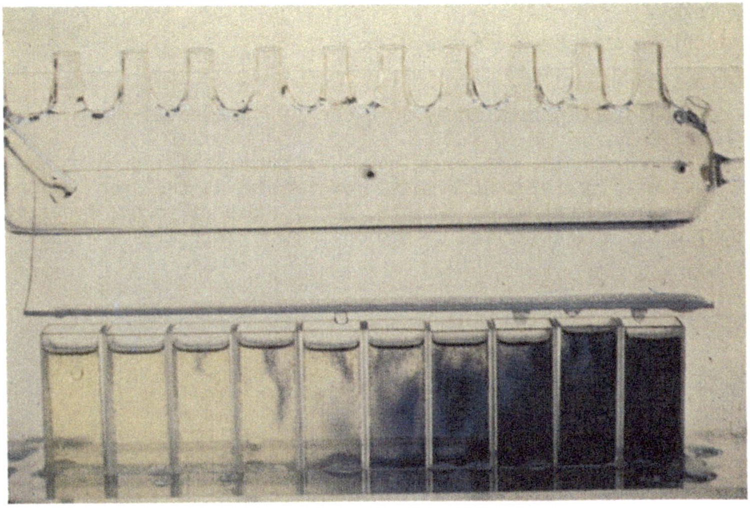

3.2 Nature and composition of solutions generating waves

The chemical reactions yielding this unusual phenomenon are rare and the most widely studied is the B.Z. one, in which BrO_3^- ion and H_2SO_4 are always present, whereas malonic acid and Ce^{3+} ion can be replaced. Table 1 presents chronologically the composition of solutions which have been used. Few details are given on whether or not they are oscillating, although their excitability is considered as essential |72-1 ; 79-1| by certain authors. Their composition varies widely.

3.3 Chemical waves characteristics

Table II sums up chronologically the main experimental results published over the last fifteen years and presented below.

Wave initiation

Any point of the reacting medium may generate circular waves, called trigger waves |72-10|. This point is called leading centre |70-1| or pacemaker |72-1|. According to certain people these initiating centres are heterogeneities: dust, gas bubble, wall flaw etc.; according to others the medium fluctuations originate from the centre. A leading centre can be created by seeding an apparently uniform location of the medium with a sample taken from an already structured part of the Petri dish. The centres procuced by local inhomogeneities are called leading centres |73-1 ; 77-1| and pacemaker is associated to the centres generated by heterogeneities.* Experiments carried out with filtered solutions of by adding a powder did not allow to choose between these two hypotheses. These centres have a frequency which is higher than the one of the bulk oscillation. Their number would be an Arrhenius function of temperature |80-2|.

Wave form

In a Petri dish one can observe :

a) circular waves emitted by initiating centres (fig. 5);

**Centres can also be initiated by electrodes |74-3 ; 79-4|.*

b) spiral waves, generally two spirals of opposite chirality. Are they due to hydrodynamic coupling? The question is open but, in any case, circular waves can be converted into spiral by gently moving the Petri dish and, more generally, by breaking a circular wave front;

c) scroll waves described only once |76-6 ; B.15|;

d) mosaïc structures (see §4);

e) waves with a crescent shape generated by an electric field |81-2|.

They are all composed of 2 fronts, one reducing, the other oxidizing which are respectively red and blue with ferroïn. As a matter of fact it is the propagation of these fronts which makes chemical waves visible. Among these different types of structures the circular waves characterized by the following properties are the most widely studied.

TABLE II

Réf.	
69-1	Experiment in a tube containing a solution made non-homogeneous by ferroïn addition. Observation of easily reproducible coloured layers (fig. 4) which remain stable for several hours according to the author. What was thought to be spatial structures was only frequency gradient pseudo-waves.
70-1	First pictures of circular waves in Petri dish (fig. 5) originated by leading centres (L.C.) whose own period is smaller than the bulk period θ_0. Waves annihilate when colliding with the walls or with other waves. Waves from an A centre which has a θ_A period annihilate a θ_B period centre B when $\theta_A < \theta_B$. These waves cannot be considered as Liesegang rings.
70-2	Production of coloured rings in a tube filled with an homogeneous solution. Accordingly it is concluded that spontaneous fluctuations are able to give rise to spatial structures according to the predictions of Brussels School. Non-homogeneities are not taken into account.
72-1	Spiral waves pictures in Pétri dishes (fig. 6). The phase gradient pseudo-waves are distinguished from the circular waves generated by pacemakers, which are stopped by barriers. Modification of the composition taken in |70-1| to give an excitable oscillating one. Circular waves leading to spiral waves by a convection (screw dislocation analogy, reverberator).
72-2	The kinematic origin of some waves is pointed out. In dilute sulphuric acid solutions, the reduced phase of the reaction is stabilized by oxygen, which thus inhibits oscillations. See criticism of |70-2|: because a possible oxygen concentration gradient has not been eliminated, the coloured stripes would be red ferroïn salt precipitation and one need not mention the non-homogeneities spontaneous formation.
73-1	Nice pictures of circular and spiral waves and of mosaic structures. Study of B.Z.-reaction in which one distinguishes three states, two stationary and one oscillating, depending on the composition. Presence of a unique wave with velocity 0,01 cm s^{-1}. Presence of L.C. with $\theta_{L.C.} < \theta_0$; $\theta_{L.C.}$ is independent of time but varies from one centre to the other. L.C. appear on microheterogeneities (CO_2 bubles etc..) but their periods are only function of the constraints - no change by filtering or by adding $A\ell_2O_3$ powder L.C. are consequently endogenous; a L.C. can be initiated by transferring a small amount of solution from a front wave to a wave-free region.
73-5	Electronic analogy of an oscillating reaction. Wave initiation by a U.V. flash.
73-6	First experiments of B.Z. waves fixed on membranes. Structures are due to the reaction diffusion coupling, the hydrodynamic flow plays no role in the spiral initiation.
73-7	Excellent analysis of pseudo-waves (§2), thus clarifiying for good the question.
73-8	Same analysis contemporary to the previous one. Any structure would be a pseudo-wave. Criticism of |70-2|.
73-11	Waves initiated in a tube connected to a C.S.T.R.* where B.Z. reaction takes place. Thus the frequency can be controlled. It is shown that a signal can be transmitted along the tube. It is most likely a pseudo-wave.
73-12	Same experiments and same results as |70-1 ; 72-1|. Yet, when a pacemaker disappears, it reappears at the same place after the bulk oscillation. Theoretical analysis.
74-3	In a Pétri dish at 25°C ± 0.1 wave initiation by means of a centered Nichrom wire, a Pt wire being placed at the boundary. Heterogeneity initiated waves can be observed. Filtering is carried out. Electrical initiation disappears when the potential difference between the two wires exceeds 1.5 volt. The circular wave velocity v is constant and equal to 5.5 ± 0.1 mm min^{-1}. $v = - 0.832 + 27.87\ [(H^+)(BrO_3^-)]^{1/2}$. It is almost independent of $[\text{ferroïn}]_0$ and $[MA]_0$. Discussion of the mechanism.
	*C.S.T.R. : *Continuous Stirred Tank Reactor.*

TABLE II (continue)

74-6	Scroll wave description in a Pêtri dish, by observing along the vertical axis. To do so, the reaction is performed in a Pêtri dish in which multipore filters are piled up. They freeze the scroll structures which can then be observed.
75-1 (76-1)	Kinematic waves (in Hungarian 75-1 and in english 76-1).
75-3	The circular waves velocity is constant and expressed by $v = k[KBrO_3]^{1/2}\ [H_2SO_4]^{-1}$.
75-4	Wave initiation in a tube connected to a C.S.T.R.
75-7	Kinematic waves. P_H gradient role.
76-2	Chemical waves with a modified B.Z. reaction (table I).
77-1	The difference between the pacemakers |72-1| related to heterogeneities and the leading centres |70-1| interpreted as local non-homogeneities is emphasized; hence a general model of those is proposed (table III).
77-4	Description of a steady spatial structure obtained in an horizontal tube with B.Z. reaction (table I). After a while a blue spot appears inside the solution or on the walls of the tube; later on appearance of two fixed blue spots which are symmetrical wih respect to the first one and so on.. This peculiar phenomenon is described for the first time and a model is suggested.
79-1	Good review of the main results obtained with chemical waves. Study of a mathematical model explaining their properties (table III).
79-4	Wave initiation by a square electric pulse of 0.8 volt. Role of repeated pulses. Analogy with nervous influx.
80-1	Mosaïc structure.
80-2	B.Z. reaction presents three different states ; in two of those the blue oxidizing front wave and the red reducing front wave have the same velocity; in the third state the reducing front wave is slower than the oxidizing one. The number of centres obeys Arrhenius law, hence; the centres cannot be identified to dust particles. The wave propagation is due to a thermal conduction-diffusion-reaction coupling. Trigger waves and pseudo-waves must not be really distinguished.
80-9	Chemical evolution of trigger waves.
80-16	Mosaïc structure. Mechanism.
81-12	Electric field influence on wave shape and velocity: crescent waves. Existence of a critical field. Mechanism.

Wave velocity

It seems to be constant and a function of the reactant concentrations |74-3 ; 75-3| (table II). There are concentration ranges where the two wave fronts move at the same velocity and other ranges where reducing wave front is slower than the oxidizing wave front |80-2|. The velocity lies in the order of mm min^{-1} and seems higher when the liquid layer is thicker.

Wave propagation

When two waves collide or bump into a wall, they annihilate each other. This property explains the observed shapes, the angular point resulting from the collision of two circular waves. It is easily understood that the initiating centre having the highest frequency will finally absorb the centres with a lower frequency.

These waves, much slower than pseudo-waves, are said to be stopped by barriers, which points out the role of diffusion |74-6|. The most frequent interpretation, as reported in §3.5, involves an isothermal coupling between diffusion and chemical reaction.

3.4 Chemical waves in tubes and in Petri dishes

The first major experiment of ZHABOTINSKY |70-1| in a Petri dish has been reproduced by many authors and the information on chemical waves summed up previously come from these studies.

These experiments in Petridish, as shown in table I, are much more numerous than those in tubes.

Among them, frequency gradient pseudo-waves have occured in some experiments |67-1 ; 69-1|. It is now obvious that what was called chemical waves must be identified as pseudo-waves perfectly described later on |72-2 ; 73-7 ; 73-8|. We like to mention the note |70-2| saying that: "la réalisation expérimentale d'une structure spatiale à partir d'un système homogène dans le cas de la réaction d'oxydation de l'acide malonique en présence d'ions cérium. Dans un travail récent, H. BUSSE a attiré l'attention sur le fait qu'en milieu homogène, c'est-à-dire sous l'effet d'un gradient de concentration, cette même réaction donnait lieu à la formation d'une configuration spatiale périodique. Alors que l'organisation obtenue par BUSSE a été réalisée à partir d'un système auquel un gradient de concentration était imposé extérieurement, nous voulons, conformément à la théorie, montrer qu'une telle différentiation spatiale est également possible sans imposer d'inhomogénéités au départ grâce à l'amplification, au-delà d'une instabilité, de petites fluctuations spontanées. Une confirmation a effectivement été obtenue : la structure spatiale représentée sur la photo 1 a été formée à partir d'un milieu homogène et résulte donc uniquement d'un couplage entre réactions chimiques et diffusion". |70-2|.

The interpretation of these spatial structures is questioned by |72-2| claiming that these tube experiments exhibit pseudo-waves generated by, desired |69-1| or not |70-2|, concentration gradients.

The last experiment protocol excludes neither a temperature gradient, |73-7| nor an oxygen concentration gradient at the air-solution interface.

And it is puzzling that a clear answer to those objections has not yet been given up to now. The understanding of these chemical waves would be facilitated by a more comprehensive comparison between the three-dimensional and two-dimensional spatial structures.

3.5 Mechanism of wave propagation

From what has been learnt over the B.Z. reaction kinetics and from the reaction scheme which has been proposed for it |72-8 ; 72-9| it can be thought that the wave propagation takes place in the following way. In an oxidizing region, on one hand $HBrO_2$ reacts with bromate and on the other hand forms itself autocatalytically at the expenses of Br^- ions whose concentration decreases consequently much and very rapidly. In parallel, the catalyst turns into the oxidized form blue coloured ferriin; the oxidation area tends to increase by $HBrO_2$ diffusion thanks to the very steep concentration gradient generated by the autocatalytic process. This extension is accompanied by the consumption of Br^- ions from the neighbouring regions and triggers the $HBrO_2$ autocatalytic production. However, at the back of this front, the ferriin reacts in turn with the bromomalonic acid formed during the bromide and ferroin oxidation by the bromate. During this process, Br^- ions are produced whereas the ferriin is reduced to the state of red ferroïn. As beyond a critical concentration threshold ($\sim 10^{-6}$ M), Br^- ions inhibit the $HBrO_2$ autocatalytic formation, the fast oxidation phase happens to be stopped; the region at the back of the blue front becomes thus refractory to any new oxidation until the Br^- ion concentration has been lowered under the critical threshold as a consequence of their reaction with bromate. Evidently when two oxidizing fronts collide, they annihilate each other, since on one hand the $HBrO_2$ gradient vanishes and, on the other hand, the concentration of Br^- ions necessary to the $HBrO_2$ autocatalytic formation becomes locally much lower.

Of course this very qualitative interpretation must be supported by a description which will be more quantitative and also which may be generalized.

4. Mosaïc structures

An other form of space auto-organization, which is rather different from the waves described herein, has also been observed in a reacting medium initially homogeneous (table I). The resulting structure reminds us somewhat of a mosaïc, which explains the term that we could use to designate it. In reality we almost know nothing about this phenomenon which has not been experimentally and systematically investigated and which has never experienced any attempt of deep interpretation.

ZHABOTINSKY and ZAIKIN |73-1| were the first to mention the mosaïc structure apparition. Later, SHOWALTER |80-1| and ORBAN |80-16| made similar observations. Although their aspect is not absolutely identical - more globular shape in the first case, more filament like in the second case - these structures have in common the fundamental property of being *stationary*, as they are not waves propagating in the medium. Of course, they are actually only pseudo-stationary because of the reactant consumption by the chemical reaction and because also of non-renewing process of the reagents . Their typical width is about 2 - 2.5 mm |73-1 ; 80-1| which is about the same size than their thickness (1 to 2 mm), the experiment being performed with thin layers.

Several assumptions have been made on their origin, but none has been really verified. We must first mention the role that some physical aspects, more or less non-controllable, might play: for example, a hydrodynamic instability caused by tempeperature or concentration variations at the free surface; the influence of matter exchanges through this surface (e.g. oxygen dissolution, bromine evaporation) must also be taken into account. SHOWALTER |80-1| and ORBAN |80-16| consider that this is the most likely explanation of their own observations. A purely chemical instability is an other assumption; it allows to relate these structures with a mechanism similar to the one developed originally by TURING in 1952 |52-1|. They could then be true *dissipative structures* strictly speaking: a spatial organization, time independent, sustained by a continuous energy dissipation. The importance of Turing's model as far as morphogenesis is concerned, makes this last assumption particularly attractive. Nevertheless, much, not to say everything, has to be done in this field. The question should be all the more carefully examined as similar structures have been described by HESS and BOITEUX |80-18 ; 80-19| studying yeast extracts on which an oscillating glycolysis takes place.

5. Theoretical interpretation - modelisation

Almost any analytical and numerical research work is based on the equation called reaction-diffusion equation:

$$\frac{\partial c}{\partial t} = F(c) + D\,\Delta c \qquad (1)$$

c : concentration vector

F(c) : function vector representing the chemical reaction contribution to the concentration variations

D : diffusion coefficient matrix

Δ : Laplace operator

Really, many other phenomena can be described with this general equation: let us quote nervous influx propagation, brain wave, Dyctyostelium Discoideum aggregation, epidemia propagation, time and space evolution of a population. This shows the importance of investigating for solutions of this equation and for their stability. It explains the increasing number of applied mathematical papers on this equation* (Table III).

For more details see, for example, the monograph published in 1979 by P.C. FIFE |B.13|.

TABLE III

References	Models or equations	Treatment* type	Main assumptions	Results
72-5 74-1 75-6 77-3	$\frac{\partial X}{\partial t} = A + X^2 Y - (B+1)X + D_X \nabla^2 X$ $\frac{\partial Y}{\partial t} = BX - X^2 Y + D_Y \nabla^2 Y$	N	$D_X = D_Y$ finite domain whose limit is non-permeable to X and Y	Sustained rotating wave with parameter values such that the oscillating homogeneous state is no longer stable.
73-2	$\frac{\partial \psi}{\partial t} = D \nabla^2 \psi + F(\psi) + \gamma G(r,\psi)$	A	Heterogeneity at a point giving a contribution $\gamma G(r,\psi)$. ψ limit cycle.	Phase waves generated by singularity.
73-1	$\frac{\partial u}{\partial t} = f(u,w) + D \frac{\partial^2 u}{\partial x^2}$ $\frac{\partial w}{\partial t} = g(u,w)$	N	Temporal oscillations.	Circular waves with homogeneous leading centers with periods shorter than those of the bulk oscillation.
74-9	$\frac{\partial A}{\partial t} = \nabla^2 A - A - B \quad \text{mod } S$ $\frac{\partial B}{\partial t} = \nabla^2 B + kA$	N	Excitable medium.	Rotating wave (rotor) generating spirals. Concentration gradient of A and B crossing at the core.
74-3	$\frac{\partial A}{\partial t} = f(A,B) + D_A \frac{\partial^2 A}{\partial x^2}$ $\frac{\partial B}{\partial t} = g(A,B) + D_B \frac{\partial^2 B}{\partial x^2}$	N	f and g provided by the F.K.N. mechanism.	Evaluation of the propagation velocity of circular waves.
75-5	$\dot{X} = G(X,F(Y))$ $\dot{Y} = H(X,F(Y))$	A + N	No diffusion ; F(Y) represents the mean value of Y(r,t) in a finite domain. Continuum of harmonic oscillators.	Circular and spiral waves. Simulation in the phase plane.
76-3 76-6 76-8	$\dot{x} = D_x \nabla^2 x + F_x(x,y)$ $\dot{y} = D_y \nabla^2 y + F_y(x,y)$	A + N	x,y : periodic functions of time. Presence of heterogeneities.	Circular and spiral waves, solitons. Simulation in the phase plane.
77-1	$\frac{\partial u}{\partial t} = \frac{1}{\varepsilon}\left[g - u\left[2g + (1-u)(1-u-v)\right]\right] + D \frac{\partial^2 u}{\partial x^2}$ $\frac{\partial v}{\partial t} = g - v\left[v + (2u-1)(b+p)\right]$ $\frac{\partial p}{\partial t} = \alpha u - \beta p$	N	Excitation of a point in space (perturbation). Oscillating or only excitable medium.	Emission of circular waves having a higher frequency than the one of any other point in the medium.
78-2 80-3	$\frac{\partial}{\partial t}\begin{vmatrix} x \\ y \end{vmatrix} = \begin{vmatrix} B & -A \\ A & B \end{vmatrix}\begin{vmatrix} x \\ y \end{vmatrix} + D\nabla^2 \begin{vmatrix} x \\ y \end{vmatrix}$	A		Study of the dynamic behaviour of the core. Presence of periodic , aperiodic or multiple centers corresponding to the same external wavelength. Possibility of subharmonic resonance.

*A = analytical ; N = numerical.

Using such an equation (1) implies the validity of a macroscopic and deterministic description (c everywhere defined) of the studied phenomena. Moreover several underlying hypotheses must be briefly recalled:

- concentrations are continuous and differentiatable functions (twice versus space, once versus time);

- species diffusion is controlled by Fick's law;

- when the chemical reaction F(c) term is deduced from a reaction scheme, the kinetic law of mass action is applied;

TABLE III (continue)

References	Models or equations	Treatment type	Main assumptions	Results
78-4	Discrete system with 3 or 5 states : excited, refractory, quiescent.	N	Excitable non-oscillating medium.	Spirals, circular waves resulting from the superposition of the centres of two spirals.
79-1	$\frac{\partial\alpha}{\partial t} = s(\eta - \alpha\eta + \alpha + q\alpha^2) + D\frac{\partial^2\alpha}{\partial\ell^2}$ $\frac{\partial\eta}{\partial t} = \frac{1}{s}(-\eta - \alpha\eta + f\rho) + D\frac{\partial^2\eta}{\partial\ell^2}$ $\frac{\partial\rho}{\partial t} = w(\alpha - \rho) + D\frac{\partial^2\rho}{\partial\ell^2}$	N	Phase wave as initial condition.	Phase pseudo-waves existing only in an oscillating medium. Propagation velocity inversely proportional to the phase gradient. Triggered waves with the same propagation velocity in an excitable medium and a variable velocity in an oscillating medium. A wave is triggered by a phase wave whose velocity is slower than the one of the former.
80-2*	$\frac{\partial X}{\partial t} = aY + E_1X - X^3 - XY^2 + D_X\nabla^2X$ $\frac{\partial Y}{\partial t} = -aX + E_2Y - Y^3 - YX^2 + D_Y\nabla^2Y$ $\frac{\partial E_2}{\partial t} = D_{E_2}\nabla^2E_2$	N	Local perturbations of the frequency of an oscillating medium.	Simulation of circular waves.
80-13	$\varepsilon\frac{du}{dt} = \varepsilon^2 D_1\nabla^2u + f(u,v)$ $\frac{dv}{dt} = \varepsilon^2 D_2\nabla^2v + g(u,v)$	A	Excitable non-oscillating medium.	Single pulses, circular waves. Spirals in the plane.
80-6	$\varepsilon\frac{\partial u}{\partial t} = \varepsilon^2\frac{\partial^2u}{\partial r^2} + f(u,v)$ $\frac{\partial v}{\partial t} = g(u,v)$ f(u,v) : piecewise linear kinetics ($\simeq$ Oregonator) g(u,v) : u − v	A	Heterogeneity locally switching the system from an excitable state to an oscillating one.	Circular waves with different properties (phase or triggered waves) in a reducing or oxidizing medium.
77-2 ; 73-13 78-5 ; 78-6 80-14 ; 80-15 81-1 ; 81-4 81-9 ;	$\frac{\partial c}{\partial t} = \begin{vmatrix}\lambda & -\omega\\ \omega & \lambda\end{vmatrix} c + \nabla^2c$ ($\lambda-\omega$ models)	A	Periodic function of time (limit cycle).	Spiral and circular waves without discontinuity at the origin.

A first attempt, using a very simular model, had been made earlier |73-12|. Yet at that time the distinction between waves and pseudo-waves was not clearly established; thus the results remain ambiguous.

- temperature is not taken into account; consequently only strictly isothermal media are investigated.

In the currently used B.Z. systems, one can reasonably think that the first three conditions are really satisfied. To the contrary, the fourth is more questionable, eventhough the B.Z. thermicity is low: in the order of 10^{-1} cal. $m\ell^{-1}$ min^{-1} |80-17|.

5.1 Circular waves

There are two approaches depending on whether the wave emission centre is considered homogeneous or whether, to the contrary, it is considered as being formed by a local heterogeneity of the medium. Presently, calculations developed in both cases do not allow to describe all the observations. When the heterogeneous centre model gives a more quantitative agreement, this advantage comes from a broader choice in the initial conditions and therefore cannot be thought decisive.

Heterogeneous centre

Mathematically, an heterogeneity is taken into account, either by adding to equation (1) a local perturbation term |73-2 ; 76-3 ; 76-6 ; 76-8|, or by modifying the F(c) function at a given point |73-12 ; 80-2 ; 80-6|. This singularity gives particular properties to the medium (for instance, the excitable medium becomes locally oscillating |80-6|) and generates radially propagating waves. The heterogeneity hypothesis, thus, directly solves the wave origin problem. Moreover, as the initiating centre does not belong to the medium, it is always possible to choose its properties, the emission frequency in particular, ensuring thus the agreement between calculation and experiment. Such an approach yet tends to limit evidently the model prediction ability since the initial conditions choice is essential.

Whether equation (1) is solved numerically or analytically, its solutions lead to waves emitted by the centre. TYSON and FIFE |80-6| obtained a good agreement between calculations based on the Oregonator model |74-13| and the B.Z. reaction observations, as well as for reducing waves in oxidizing medium and for oxidizing waves in reducing medium. When there are several centres in an oscillating medium, with a two-dimensional numerical simulation KURAMOTO and YAMADA |76-6| could find typical pictures observed in Petri dishes and also the following properties: annihilation of colliding wave fronts, elimination of a low-frequency centre by a higher frequency one.

Homogeneous centre

Amongst many others the following papers |73-13 ; 78-5 ; 78-6 ; 80-14 ; 80-15 ; 81-1 ; 81-4 ; 81-9| report on the so-called "$\lambda - \omega$" models, first proposed by KOPPEL and HOWARD. If c is a time-periodic function (limit cycle), then the equation:

$$\frac{\partial c}{\partial t} = \begin{vmatrix} \lambda & -\omega \\ \omega & \lambda \end{vmatrix} c + \nabla^2 c$$

exhibits circular and spiral waves as solutions. This analytical result, valid in an oscillating medium, has recently been extended by KEENER to an excitable medium |80-13|. FIFE has shown that, under certain conditions, a bistable or excitable medium, can also generate waves |80-7 ; 80-10|. The numerical simulation confirms that a singularity is not at all necessary to the wave emergence.

Something important, which still remains to be solved, is the wave origin. If analytical calculations show the existence of a solution, they do not demonstrate its unicity. Similarly, numerical simulations lead to an *asymptotic* solution always from an arbitrary initial condition different from the homogeneous state. An other weakness of this kind of models is that there are not able to describe the emission frequency variability of centres: the approach implies, consequently, that this frequency, which depends only on the medium, will be the same at any point. As we can see, the most important question is the apparition way and the properties of a centre.

Recently, ORTOLEVA et al. |78-2 ; 80-3| have developed an analysis showing that several situations, locally very different (periodic , aperiodic , or even multiple centres, sometimes generating sub-harmonic resonance phenomena) can produce a long-range identical structure (i.e. with the same wavelength). If so, it would be necessary to make local observations near the centre.

Of course, homogeneous and heterogeneous centres can exist simultaneously. Some observations seem to confirm this. Indeed, while the role of heterogeneities is experimentally proven, the *leading centres* of ZEIKIN and KAWCZINSKY |77-1| can be interpreted as homogeneous centres produced by a perturbation.

5.2 Spirals

The experiments show that spirals are obtained by a wave front artificial break; no spontaneous apparition has been observed up to now. To interpret this structure type is less difficult, since facts establish the very particular initial condition requirements.

Analytical calculations on $\lambda-\omega$ models |80-14 ; 80-15 ; 81-4| or on others |76-3; 80-13| give solutions leading to Archimedean or logarithmic spirals (vector radius proportional to polar angle or to its exponential). Several numerical simulations confirm this point of view, the medium being either oscillating or only excitable |74-1 ; 74-9 ; 75-5 ; 76-6 ; 78-4 ; 80-13|. We are questioned by the absence of axial symmetry related to the stability of the spiral geometry.

According to HERSCHKOWITZ-KAUFMAN and ERNEUX |77-3| the rotating wave obtained by bidimensional simulation of the brusselator in the instability range of the homogeneous state withstands imposed perturbations in the order of 1 %. The question does not seem to have been examined by WINFREE |78-3| in his papers on what he calls the *rotor*: the spiral core where the two constituent gradients cross each other. This rotor stability is likely to be important since the homogeneous state is not restored.

Starting from an initial condition which is very close to some one achieved experimentally (half a circle), KURAMOTO and YAMADA |76-6| could reproduce by simulation a structure very similar to the one obtained with the B.Z. reaction in a thin layer. Let us mention the original and slightly contradictory result of GREENBERG and HASTINGS |78-4|: the simulation of a system with several discrete stable states generates circular waves by superposition of two spiral centres.

6. Further prospects on chemical waves

6.1 Other chemical systems generating waves

B.Z. reaction is not the only one to produce time-space depending phenomena. Thus, for example, a unique wave propagating in a sodium iodate/arsenious acid solution was observed a long time ago in 1955. This phenomenon has been restudied recently by SHOWALTER et al. |81-10 ; 81-11|. In the chosen experimental conditions, this solution is bistable. An external excitation (for example with a Pt electrode) triggers locally the transition between two states. This perturbation moves along, generating a circular wave front moving at a velocity in the order of 10^{-2} mm per second. Because of its artificial origin, it is once again a classical reaction-diffusion effect, of course quite distinct from the above mentioned self-organization phenomena.

Apart from the B.Z. reaction, which was long the only one, today we know another chemical reaction generating self-organization of space. Although a time periodicity is not a prerequisite to produce spatial structures periodic chemical reactions are more likely to give rise to such structures, because of the importance of the non-linear effects taking place in these reactions*.

Last year in fact, DE KEPPER et al. |81-8| have build up a new type of chemical oscillators in which chlorite is an essential constituent. Hence, they have been able to show |82-5| in a medium:

$$[NaC\ell O_2]_0 = 0.1 \; ; \; [Na\ I]_0 = 0.09 \; ; \; [CH_2(COOH)_2]_0 = 3.3\ 10^{-3} \; ; \; [H_2SO_4]_0 = 5.6\ 10^{-3} \; ;$$

light yellow circular waves growing up in a blue-purple background. Apart from the colour, these waves are absolutely analogous to the B.Z. reaction ones. Spirals can also be produced by breaking a front,but these spirals cannot wind up completely due to the too rapid sink of reagents. Even if this reacting medium seems more difficult to handle - a 5°C temperature is preferable to room temperature - this result is nonetheless very important. Not only the B.Z. reaction is no longer a peculiar reaction, but consequently a satisfying interpretation of wave origin must have a general character.

Then the main point, according to us, is not the wave propagation (more or less well understood today) but the mechanism originating them. Is it a true endogenous phenomenon ? In other terms, does the symmetry breaking come from a local fluctuation ? Or, on the contrary, is it caused by a perturbation (intentional or not) of the boundary conditions ? From the state of the art, neither experiment nor mathematical analysis can clearly answer this question. It is thus necessary to think of the prospects for future research work in this area.Let us put forward some suggestions.

6.2 Experimental improvements

From some discrepancies between observations reported in the literature we think that strict experimental cares should be taken to prevent spurious effects. To this end one has to check the influence of still uncontrolled variables, as for instance superficial tension. The following points should be carefully considered:

- temperature uniformity. Indeed eventhough the heat release remains low |80-17|, it does not turn out that the temperature gradient is negligible in a limited range when the reaction is very rapid. Papers mention no special precaution in this respect. Yet a thermal effect has already been quoted |80-2| to explain the propagation velocity difference between oxidizing and reducing fronts in B.Z. reaction;

- dust presence. Evidently, the dust content must be reduced as much as possible thanks to a very careful filtering. Besides, to prevent an accidental contamination, which is always possible, a dust amount control of the solutions should be done;

- dissolved oxygen presence and gaseous exchanges through the free surface. It is a long time since we know |78-7 ; 79-6| that the B.Z. reaction is sensitive to oxygen. To prevent an uncontrolled influence of this kind, resulting from the unavoidable differences between experiments, the elimination of O_2 by solution degazing should be carried out. Moreover keeping up an inert atmosphere (N_2 or A for example) above the free surface of the reacting medium would be welcome.

Finally it is necessary to define precisely the solution preparation and mixing processes, given the slow kinetics taking place in these media |82-3|.

From a more carefully controlled experimental protocol we can foresee the disappearance of certain controversies, such as dust influence. Still the limits of such

**On the other hand, time periodicity does not guarantee that waves or spatial structures will occur, as demonstrated by Bray and Briggs-Rauscher's reactions. No doubt that to get space organization it is necessary that velocity and diffusion constants lie in very well defined ranges.*

an approach are evident. Therefore this attempt in improving experiments should only be achieved in the framework of a new search for the wave origin.

6.3 Prospect

The problem being to check whether a fluctuation can or cannot induce a wave, a deterministic macroscopic description based on the reaction-diffusion equation (1) is not helpful to analyse the problem. On the contrary, statistical predictions on the observable phenomena can be made from a stochastic approach. This theoretical work has recently been performed by WALGRAEF, DEWEL and BORCKMANS |81-12 ; 82-1 ; 82-4|. Using a particular chemical model, the Brusselator, for which a Ginzburg-Landau potential can be constructed, the authors have analysed the non-homogeneous phase fluctuations of a bidimensional oscillating medium. Calculations show that such fluctuations can generate centres whose emission frequency is always larger than the bulk oscillation frequency. All the centres have not necessarily the same frequency; yet the centre number decreases exponentially with frequency, so that most centres have a frequency near or slightly higher than the bulk oscillation frequency. The total number of centres (isolated) increases with time, but tends to a limit which depends on amplitude and frequency of the bulk oscillation. Finally a turbulence would be almost compulsory for spiral birth: generally spiral pairs appear spinning in opposite rotation.

These conclusions being more related to the limit cycle existence than to the details of the model, they should be general enough to be quantitatively checked on the B.Z. reaction. Experimentally to take into account the stochastic aspect has several serious implications. Thus it becomes necessary to establish statistics and no longer to perform some isolated measurements, the same experiment having to be reproduced several times. The behaviour of each centre and of the waves it generates must be analysed and recorded. Under these conditions it is necessary to foresee the use of a computerized picture automatic processing; this is the only way to get a large enough sample of data. Several performant hardwares for image processing are today available so that no basic obstacle prevents to implement this approach. On the opposite an adequate analysis software must be developed to, on one hand, recognize the present structures and, on the other hand, determine the dynamic laws ruling their evolution. This work is presently undertaken at the Centre de Recherche Paul Pascal. A picture reconstruction program has been studied |82-6|. It can simulate the time evolution generated by a centre series whose properties (birth time, location, emission frequency, wave propagation velocity) are as many initial conditions of calculation . By comparing with observation we can then look for the dynamic characteristics leading to the best agreement and to the detection of certain behaviour irregularities which otherwise would have escape notice . Another program tends to automatically identify major geometrical elements (centre location, circle arcs or spirals) which are present in a picture.

By combining a more thorough experimentation and a computerized image processing, we hope that it will thus be possible to improve the knowledge and understanding of these phenomena of space self-organization.

7. Conclusion

Some observations in oscillating media can be easily interpreted, as we saw, in terms of long range phase or frequency gradients. These pseudo-waves are well understood from the point of view of the apparent propagation effect and the occurrence due to an imposed gradient - voluntarily or not - to the reacting medium. Outside their aesthetic aspect, they have a relatively limited interest since they only reflect, differently, the periodic time behaviour of the chemical system.

On the contrary the origin of the phenomena of true space self-organization taking place in a reacting medium remains still today an unsolved problem. In particular we cannot yet be definitive on the exact role really played by fluctuations.

Thus, the origin of mosaïc structures may lie on different instability mechanisms - superficial tension, convection, chemical reaction - between which it would be necessary to choose. This is why, a systematic experiment has to be performed first to evaluate or, at least, to identify the purely physical process role and then, possibly, to further investigate the consequences of a TURING instability.

Identically if the properties of the chemical waves are more or less well known, the way in which they are generated remains in many respects an enigma. We can hope to overcome it by confronting a statistical analysis of observations with quantitative or semi-quantitative predictions induced by a stochastic approach of reaction-diffusion phenomena.

References

Books & Reviews

B.1 Oscillatory processes in biological and chemical systems, vol. 1 (in russian) Moscow (1967)

B.2 Investigation of homogeneous autooscillating systems, (in russian) Moscow (1970)

B.3 Oscillatory processes in biological and chemical systems, vol. 2 (in russian) Moscow (1971)

B.4 P. Glansdorff, I. Prigogine, Structure, stabilité et fluctuations, Masson, Paris (1971)

B.5 G. Nicolis, Stability and dissipative structures in open systems far from equilibrium, Adv. Chem. Phys. 19, 209 (1971)

B.6 Biological and biochemical oscillators, (B. Chance, E.K. Pye, A.M. Ghosh, B. Hess, editors) Academic Press, New-York (1973)

B.7 G. Nicolis, J. Portnow, Chemical oscillations, Chem. Rev. 73, 365 (1973)

B.8 R.M. Noyes, R.J. Field, Oscillatory chemical reactions, Ann. Rev. Phys. Chem. 25, 95 (1974)

B.9 Physical chemistry of oscillatory phenomena, Faraday Symposia of the Chemical Society n° 9, Chemical Society, London (1975)

B.10 J.J. Tyson, The Belousov-Zhabotinskii reaction, Lecture Notes in Biomathematics n° 10, Springer-Verlag, Heidelberg (1976)

B.11 G. Nicolis, I. Prigogine, Self-organization in non-equilibrium systems, Wiley & Sons, New-York (1977)

B.12 Periodicities in chemistry and biology, Theoretical Chemistry vol. 4 (H. Eyring, D. Henderson, editors) Academic Press, New-York (1978)

B.13 P.C. Fife, Mathematical aspects of reacting and diffusing systems, Lecture Notes in Biomathematics n° 28, Springer-Verlag, Heidelberg (1979)

B.14 Kinetics of physico-chemical oscillations, Ber. Bunsen. Physik. Chem. 84, n° 4, April 1980.

B.15 A.T. Winfree, The geometry of biological time, Biomathematics vol. 8, Springer-Verlag, New-York (1980)

B.16 Non-linear phenomena in chemical dynamics, (C. Vidal, A. Pacault, editors) Springer-Verlag, Heidelberg (1981)

Papers

1920

20-1 A.J. Lotka, Undamped oscillations derived from the law of mass-action, J. Amer. Chem. Soc. 42, 1595

1921

21-1 W.C. Bray, A periodic reaction in homogeneous solution and its relation to catalysis, J. Amer. Chem. Soc. 43, 1962

1952

52-1 A. Turing, The chemical basis of morphogenesis, Ph. Trans. Roy. Soc. (London) B 237, 37

1959

59-1 B.P. Belousov, Sb. Ref. Radiat. Med. za 1958, A periodic reaction and its mechanism, (in russian) Medzig, Moscow

1967

67-1 A.M. Zhabotinsky, in ref. B.1, p. 252 (english version in ref. B.6, p. 89)

1968

68-1 R. Lefever, Stabilité des structures dissipatives, Bull. Acad. Roy. Belg. 54, 792

1969

69-1 H.G. Busse, A spatial periodic homogeneous chemical reaction, J. of Phys. Chem. 73, 750

69-2 I. Prigogine, R. Lefever, A. Goldbeter, M. Herschkowitz-Kaufman, Symmetry breaking instabilities in biological systems, Nature, 223, 913

1970

70-1 A.N. Zaïkin, A.M. Zhabotinsky, Concentration wave propagation in two-dimensional liquid-phase self-oscillating system, Nature 225, 535

70-2 M. Herschkowitz-Kaufman, Structures dissipatives dans une réaction chimique homogène, C.R. Acad. Sc. Paris, t.270 C, 1049

1971

71-1 H.G. Busse, Temperature variations in an oscillating chemical reaction, Nature Phys. Sci. 233, 137

71-2 A.M. Zhabotinsky, A.N. Zaikin, Oscillatory processes in biological and chemical systems, vol. 2, 269, 279, 288, Puschino (in russian)

1972

72-1 A.T. Winfree, Spiral waves of chemical activity, Science, 175, 634

72-2 M.T. Beck, Z.B. Varadi, One, two and three-dimensional spatially periodic chemical reactions, Nature Phys. Sci. 235, 15

72-3 R.J. Field, R.M. Noyes, Explanation of spatial band propagation in the Belousov reaction, Nature, 237, 390

72-4 R.P. Rastogi, K.D.S. Yadava, Generation of chemical waves, Nature Phys. Sci. 240, 19

72-5 M. Herschkowitz-Kaufman, G. Nicolis, Localized spatial structures and non-linear chemical waves in dissipative systems, J. Chem. Phys. 56, 1890

72-6 P. Ortoleva, J. Ross, Local structures in chemical reactions with heterogeneous catalysis, J. Chem. Phys. 56, 4397

72-7 R.J. Field, A reaction periodic in time and space: a lecture demonstration, J. Chem. Educ. 49, 312

72-8 R.M. Noyes, R.J. Field, E. Körös, Oscillations in chemical systems. I.Detailed mechanism in a system showing temporal oscillations, J. Amer. Chem. Soc. 94, 1394

72-9 R.J. Field, E. Körös, R.M. Noyes, Oscillations in chemical systems. II.Thorough analysis of temporal oscillation in the bromate-cerium-malonic acid system, J. Amer. Chem. Soc. 94, 8649

72-10 E. Zeeman in "Towards theoretical biology", vol. 4 (C. Waddington, ed.) p. 4, Aldine, New-York

1973

73-1 A.M. Zhabotinsky, A.N. Zaikin, Autowave processes in a distributed chemical system, J. Theor. Biol. 40, 45

73-2 P. Ortoleva, J. Ross, Phase waves in oscillatory chemical reactions, J. Chem. Phys. 58, 5673

73-3 B.F. Gray, Generation of chemical waves, Nature 242, 257

73-4 E. Körös, M. Orban, Zs. Nagy, Periodic heat evolution during temporal chemical oscillations, Nature Phys. Sci. 242, 30

73-5 H. Busse, B. Hess, Information transmission in a diffusion-coupled oscillatory chemical system, Nature 244, 203

73-6 J.A. DeSimone, D.L. Beil, L.E. Scriven, Ferroin-collodion membranes: dynamic concentration patterns in planar membranes, Science 180, 946

73-7 N. Kopell, L.N. Howard, Horizontal bands in the Belousov reaction, Science 180, 1172

73-8 D. Thoenes, "Spatial oscillations" in the Zhabotinskii reaction, Nature Phys. Sci. 243, 18

73-9 A.T. Winfree, Scroll-shaped waves of chemical activity in three dimensions, Science 181, 937

73-10 D.H. McQueen, Comment on generation of chemical waves, Nature Phys. Sci. 243, 119

73-11 D.F. Tatterson, J.L. Hudson, An experimental study of chemical wave propagation, Chem. Eng. Commun. 1, 3

73-12 M.L. Smoes, J. Dreitlein, Dissipative structures in chemical oscillations with concentrations-dependent frequency, J. Chem. Phys. 59, 6277

73-13 N. Kopell, L.N. Howard, Plane wave solutions to reaction-diffusion equations, Stud. Appl. Math. 52, 291

73-14 T.S. Briggs, W.C. Rauscher, An oscillating iodine clock, J. Chem. Educ. 50, 7

1974

74-1 M.P. Hanson, Spatial structures in dissipative systems, J. Chem. Phys. 60, 3210

74-2 R.J. Field, R.M. Noyes, Oscillations in chemical systems. IV.Limit cycle behavior in a model of a real chemical reaction, J. Chem. Phys. 60, 1877

74-3 R.J. Field, R.M. Noyes, Oscillations in chemical systems. V.Quantitative explanation of band migration in the Belousov-Zhabotinskii reaction, J. Amer. Soc. 96, 2001

74-4 J. Tilden, On the velocity of spatial wave propagation in the Belousov reaction, J. Chem. Phys. 60, 3349

74-5 R.J. Field, R.M. Noyes, A model illustrating amplification of perturbations in an excitable medium, Faraday Symposia of the Chemical Society 9, 21

74-6 A.T. Winfree, Two kinds of wave in an oscillating chemical solution, Faraday Symposia of the Chemical Society 9, 38

74-7 L.N. Howard, N. Kopell, Wave trains, shock fronts and transition layers in reaction-diffusion equation, SIAM-AMS Proceedings 8, 1

74-8 D.H. McQueen, "Spatial oscillations" in the Zhabotinskii reaction, Nature 249, 593

74-9 A.T. Winfree, Rotating solutions to reaction-diffusion equations in simply-connected media, SIAM-AMS Proceedings 8, 13

74-10 A.T. Winfree, Rotating chemical reactions, Scientific American, 82

74-11 P. Ortoleva, J. Ross, On a variety of wave phenomena in chemical reactions, J. Chem. Phys. 60, 5090

74-12 A.T. Winfree, Patterns of phase compromise in biological cycles, J. Math. Biol. 1, 73

1975

75-1 M. Beck, Z. Varadi, M. Hauck, Egydimenziós, térben periodikus jelensegek kvantitativ leirasa a malonsav-kalium, bromát-katalizátor-kensav rendszerben, Magyar Kemiai Folyoirat 81, évfolyam

75-2 R.A. Schmitz, Multiplicity, stability, and sensitivity of states in chemically reacting systems - a review, Adv. Chem. Ser. 148, 156

75-3 R.P. Rastogi, K.D.S. Yadava, K. Prasad, Characteristics of chemical waves generated in a system containing malonic acid, potassium bromate, manganous sulphate & ferroin indicator in sulphuric acid medium, Indian J. Chem. 13, 352

75-4 M. Marek, E. Svobodova, Nonlinear phenomena in oscillatory systems of homogeneous reactions: experimental observations, Biophys. Chem. 3, 263

75-5 T. Pavlidis, Spatial organization of chemical oscillators via an averaging operator, J. Chem. Phys. 63, 5269

75-6 T. Erneux, M. Herschkowitz-Kaufman, Dissipatives structures in two dimensions, Biophys. Chem. 3, 345

75-7 Z.B. Varadi, M.T. Beck, One dimensional periodic structures in space and time, Biosystems 7, 77

75-8 P.C. Fife, J.B. McLeod, The approach of solutions of nonlinear diffusion equations to travelling wave solutions, Bull. Am. Math. Soc. 81, 1076

75-9 P. Ortoleva, J. Ross, Theory of propagation of discontinuities in kinetic systems with multiple time scales: fronts, front multiplicity and pulses, J. Chem. Phys. 63, 3398

1976

76-1 M.T. Beck, Z.B. Varadi, K. Hauck, Quantitative description of one-dimensional spatially-periodic phenomena in the potassium bromate-malonic acid-catalyst-sulphuric acid system, Acta Chimica Academiae Scientiarum Hungaricae 91, 13

76-2 Von W. Jessen, H.G. Busse, B.H. Havsteen, Chemische wellen im System,2,4-pentandion/kalium-bromat, Angew. Chem./88. Jahrg./Nr 21

76-3 T. Yamada, Y. Kuramoto, Spiral waves in a nonlinear dissipative system, Prog. Theor. Phys. 55, 2035

76-4 K. Schowalter, R.M. Noyes, Oscillations in chemical systems. 15.Deliberate generation of trigger waves of chemical reactivity, J. Amer. Chem. Soc. 98, 3730

76-5 P. Ortoleva, Local phase and renormalized frequency in inhomogeneous chemioscillations, J. Chem. Phys. 64, 1395

76-6 Y. Kuramoto, T. Yamada, Pattern formation in oscillatory chemical reactions, Prog. Theor. Phys. 56, 724

76-7 J.M. Greenberg, Periodic solutions to reaction-diffusion equations, SIAM J. Appl. Math. 30, 199

76-8 Y. Kuramoto, T. Yamada, A new perturbation approach to highly nonlinear chemical oscillation with diffusion process, Prog. Theor. Phys. 55, 643

76-9 J.D. Murray, On travelling wave solutions in a model for the Belousov-Zhabotinskii reaction, J. Theor. Biol. 56, 329

1977

77-1 A.N. Zaikin, A.L. Kawczynski, Spatial effects in active chemical systems I. Model of leading center, J. Non-Equilib. Thermodyn. 2, 39

77-2 L.N. Howard, N. Kopell, Slowly varying waves and schock structures in reaction-diffusion equations, Stud. Appl. Math. 56, 95

77-3 Th. Erneux, M. Herschkowitz-Kaufman, Rotating waves as asymptotic solutions of a model chemical reaction, J. Chem. Phys. 66, 248

77-4 A.L. Kawczynski, A.N. Zaikin, Spatial effects in active chemical systems. II.Model of stationary periodical structure, J. Non-Equilib. Thermodyn. 2, 139

77-5 D. Feinn, P. Ortoleva, Catastrophe and propagation in chemical reactions, J. Chem. Phys. 67, 2119

77-6 S. Schmidt, P. Ortoleva, A new chemical wave equation for ionic systems, J. Chem. Phys. 67, 3771

1978

78-1 K. Showalter, R.M. Noyes, K. Bar-Eli, A modified Oregonator model exhibiting complicated limit cycle behavior in a flow system, J. Chem. Phys. 69, 2514

78-2 P. Ortoleva, Dynamic Padé approximants in the theory of periodic and chaotic chemical center waves, J. Chem. Phys. 69, 300

78-3 A.T. Winfree, Stably rotating patterns of reaction and diffusion, Theor. Chem. 4 (Ed. H. Eyring, D. Henderson) Acad. Press.

78-4 J.M. Greenberg, S.P. Hastings, Spatial patterns for discrete models of diffusion in excitable media, SIAM J. Appl. Math. 34, 515

78-5 J.M. Greenberg, Axi-symmetric time-periodic solutions of reaction-diffusion equations, SIAM J. Appl. Math. 34, 391

78-6 D.S. Cohen, J.C. Neu, R.R. Rosales, Rotating spiral wave solutions of reaction-diffusion equations, SIAM J. Appl. Math. 33, 536

78-7 J.C. Roux, A. Rossi, Effet de l'oxygène sur la réaction de Belousov-Zhabotinsky, C.R. Acad. Sci. Paris 287 C, 151

78-8 M. Orban, E. Körös, Chemical oscillations during the uncatalyzed reaction of aromatic compounds with bromate 1.Search for chemical oscillators, J. Phys. Chem. 82, 1672

1979

79-1 E.J. Reusser, R.J. Field, The transition from phase waves to trigger waves in a model of the Zhabotinskii reaction, J. Amer. Chem. Soc. 101, 1063

79-2 D. Edelson, R.M. Noyes, R.J. Field, Mechanistic details of the Belousov-Zhabotinsky oscillations. II.The organic reaction subset, Int. J. Chem. Kin. XI, 155

79-3 M.L. Smoes, Period of homogeneous oscillations in the ferroin-catalyzed Zhabotinskii system, J. Chem. Phys. 71, 4669

79-4 K. Showalter, R.M. Noyes, H. Turner, Detailed studies of trigger wave initiation and detection, J. Amer. Chem. Soc. 101, 7463

79-5 K. Bar-Eli, S. Hadad, On the Belousov-Zhabotinskii reaction: comparison of experiments with calculations, J. Phys. Chem. 83, 2944

79-6 K. Bar-Eli, S. Hadad, Effect of oxygen on the Belousov-Zhabotinsky oscillating reaction, J. Phys. Chem. 83, 2952

1980

80-1 K. Showalter, Pattern formation in a ferroin-bromate system, J. Chem. Phys. 73, 3735

80-2 M.L. Smoes, Chemical waves in the oscillatory Zhabotinskii system: a transition from temporal to spatio-temporal organization, in "Dynamics of Synergetic systems" (H. Haken, ed.) p. 80, Springer-Verlag Heidelberg.

80-3 Sh. Bose, S. Bose, P. Ortoleva, Dynamic Padé approximants for chemical center waves, J. Chem. Phys. 72, 4258

80-4 R.M. Noyes, A generalized mechanism for bromate-driven oscillators controlled by bromide, J. Am. Chem. Soc. 102, 4644

80-5 M.L. Smoes, Bifurcations in the ferroin catalyzed Zhabotinskii system: experimental results, Workshop on Instabilities, Bifurcations, and fluctuations in chemical systems, Austin, March 10-13

80-6 J.J. Tyson, P.C. Fife, Target patterns in a realistic model of the Belousov-Zhabotinskii reaction, J. Chem. Phys. 73, 2224

80-7 P.C. Fife, Propagating waves and target patterns in chemical systems, in "Dynamics of Synergetic Systems" (H. Haken, ed.) p. 97, Springer-Verlag

80-8 N. Kopell, Time periodic but spatially irregular solutions to a model reaction-diffusion equation, Ann. New-York Acad. Sci. 357, 397

80-9 S. Schmidt, P. Ortoleva, Asymptotic solutions of the FKN chemical wave equation, J. Chem. Phys. 72, 2733

80-10 P.C. Fife, in "Applications of nonlinear analysis in the physical sciences" (Ed. H. Amann, N.W. Bazley, K. Kirchgassner), Pitman

80-11 J.C. Neu, Large populations of coupled chemical oscillators, SIAM J. Appl. Math. 38, 305

80-12 H.C. Tuckwell, Evidence of soliton-like behavior of solitary waves in a nonlinear reaction-diffusion system, SIAM J. Appl. Math. 39, 310

80-13 J.P. Keener, Waves in excitable media, SIAM J. Appl. Math. 39, 528

80-14 J.M. Greenberg, Spiral waves for $\lambda - \omega$ systems, SIAM J. Appl. Math. 39, 301

80-15 M.R. Dufy, N.F. Britton, J.D. Murray, Spiral wave solutions of practical reaction-diffusion systems, SIAM J. Appl. Math. 39, 8

80-16 M. Orban, Stationary and moving structures in uncatalyzed oscillatory chemical reactions, J. Amer. Chem. Soc. 102, 4311

80-17 C. Vidal, A. Noyau, Some differences between thermokinetic and chemical oscillating reactions, J. Amer. Chem. Soc. 102, 6666

80-18 A. Boiteux, B. Hess, Spatial dissipative structures in yeast extracts, Ber. Bunsenges. Phys. Chem. 84, 392

80-19 B. Hess, A. Boiteux, E.M. Chance, Dynamic compartmentation, Mol. Biol. Biochem. Biophys. 32, 157

1981

81-1 N. Kopell, L.N. Howard, Target patterns and horseshoes from a perturbed central-force problem: some temporally periodic solutions to reaction-diffusion equations, Stud. Appl. Math. 64, 1

81-2 R. Feeney, S.L. Schmidt, P. Ortoleva, Experiments on electric field-BZ chemical wave interactions: annihilation and the crescent wave, Physica 2D, 536

81-3 M. Orban, I.R. Epstein, Oscillations and bistability in hydrogen-platinum-oxyhalogen systems, J. Amer. Chem. Soc. 103, 3723

81-4 N. Kopell, L.N. Howard, Target pattern and spiral solutions to reaction-diffusion equations with more than one space dimension, preprint

81-5 S.C. Muller, S. Kai, J. Ross, Curiosities in periodic precipitation patterns, preprint

81-6. E.J. Bissett, Interaction of steady and periodic bifurcating modes with imperfection effects in reaction-diffusion systems, SIAM J. Appl. Math. 40, 224

81-7 G.A. Klaasen, W.C. Troy, The stability of travelling wave front solutions of a reaction-diffusion system, SIAM J. Appl. Math. 41, 145

81-8 P. De Kepper, I.R. Epstein, K. Kustin, A systematically designed homogeneous oscillating reaction: arsenite-iodate-chlorite system, J. Amer. Chem. Soc. 103, 2133

81-9 N. Kopell, Target pattern solutions to reaction-diffusion equations in the presence of impurities, preprint

81-10 T.A. Gribschaw, K. Showalter, D.L. Banville, I.R. Epstein, Chemical waves in the acidic iodate oxidation of arsenite, J. Phys. Chem. 85, 2152

81-11 A. Hann, A. Saul, K. Showalter, Chemical waves in the iodate-arsenous acid system; in "Nonlinear phenomena in chemical dynamics" (Ed. C. Vidal, A. Pacault) p. 160, Springer-Verlag

81-12 D. Walgraef, G. Dewel, P. Borckmans, Chemical instabilities and broken symmetry: the hard mode case, in "Stochastic nonlinear systems in physics, Chemistry and Biology" (Ed. L. Arnold, R. Lefever) p. 72, Springer-Verlag

81-13 J. Chopin-Dumas, Reactions périodiques avec le bromate. I.Critères de sélection de réducteurs organiques oscillants sans catalyseur, J. Chim. Phys. 78, 461

81-14 K. Showalter, Trigger waves in the acidic bromate oxidation of ferroin, J. Phys. Chem. 85, 440

1982

82-1 D. Walgraef, G. Dewel, P. Borckmans, Nonequilibrium phase transitions and chemical instabilities, Adv. Chem. Phys. 49, 311

82-2 M. Sadoun-Goupil, P. De Kepper, A. Pacault, C. Vidal, Les pseudo-ondes chimiques, preprint

82-3 N. Ganapthisubramanian, R.M. Noyes, Additional complexities during oxidation of malonic acid in the Belousov-Zhabotinsky oscillating reaction, preprint

82-4 D. Walgraef, G. Dewel, P. Borckmans, Chemical waves in a two-dimensional oscillating system, preprint

82-5 P. De Kepper, I.R. Epstein, K. Kustin, M. Orban, Batch oscillations and spatial wave patterns in chlorite oscillating systems, J. Phys. Chem. 86, 170

82-6 A. Pacault, P. Maraval, C. Vidal, P. Hanusse, Représentation géométrique et cinématique des ondes chimiques, preprint.

Spontaneous Biological Pattern Formation in the Three-Dimensional Sphere. Prepatterns in Mitosis and Cytokinesis

Axel Hunding

Institute for Chemistry, University of Copenhagen, Raadmandsgade 71
DK-2200 Copenhagen N, Denmark

1. Introduction

Spontaneous pattern formation may arise in (bio)chemical networks coupled to diffusion, i.e. an initial homogeneous distribution of certain chemical species may become unstable by changing variables such as enzyme activity or simply the size (radius) of the sphere. Hereby a new inhomogeneous, yet stable, concentration distribution is set up within the sphere, without any outside control imposing the geometry of the pattern, which is created spontaneously. Such spatial dissipative structures, or Turing structures, give rise to gradient-formation, i.e. high concentration at one (spontaneously created) pole and low at the opposite pole, a phenomenon of particular interest in the context of prepattern formation in blastulas. They also give rise to a bipolar concentration pattern, which should be an ideal prepattern for spindleformation and chromosome distribution in the process of mitosis (cell division).

The prepatterns arise through bifurcation of the chemical kinetic reaction-diffusion equations, which are nonlinear partial differential equations subject to boundary conditions. The process is thus mathematical analogous to other well-known phenomena within the area of synergetics. Prepattern formation has been studied theoretically by means of analytical bifurcation theory, and simulated numerically by a fast code, thereby establishing series of stable prepatterns within the sphere, as they appear by changing simple parameters such as the radius. The recorded prepatterns are shown to account for previously experimentally determined chromosome distributions in nuclear division of the radiolarian Aulacantha scolymantha, thus indicating a possible role for these prepatterns in the evolution of mitosis. It is argued here, that prepatterns may play a role even in animal and higher plant cells.

2. Bifurcation analysis, and selection rules

The spherical system under consideration is thermodynamically open. Thus chemical substances are added and removed from the system with uniform rate, i.e. without imposing any symmetry upon the system from the outside. Inside the sphere, an autocalytic chemical network is assumed to exist, the components of which are free to diffuse, but which are confined to the system, i.e. the gradient of the concentrations is zero at the surface of the sphere. In general the set of partial differential equations describing the system is then

$$\frac{\partial c}{\partial t} = F_o(c) + D\Delta c \quad , \qquad (1)$$

where c is a vector, the components of which are the concentrations of the chemical network, the vector function F_O contains the nonlinear chemical kinetic terms and the last term arises from Ficks law. Here D will be taken as a constant diagonal matrix. The appearance of spatial dissipative structures is not confined to any specific form of the rate equations F_o, although a common feature of such networks is the appearance of autocatalytic terms in F_o. For the sake of argument, consider a kinetic scheme, which derives from a biochemical system with enzymatic product activation. Here F_o takes the form

$$F_o(1) = \nu - k_1 e c_1 c_2^{\gamma}/(K + c_2^{\gamma}) \tag{2}$$

$$F_o(2) = k_1 e c_1 c_2^{\gamma}/(K + c_2^{\gamma}) - k_3 c_2 \quad . \tag{3}$$

This describes an open two-component system, where component 1 is fed homogeneously by the constant term ν, and reacts to component 2 under catalysis of an enzyme e, which is activated by component 2 through Hill-type kinetics. Component 2 is degraded in turn by first-order kinetics and the degradation products leave the sphere homogeneously. In its most simplified form, one may omit c_2^{γ} in the denominator, which allows (2-3) to be normalized to the form used by SELKOV

$$F(1) = 1 - c_1 c_2^{\gamma} \tag{4}$$

$$F(2) = \alpha c_1 c_2^{\gamma} - \alpha c_2 \quad , \tag{5}$$

where c_1 and c_2 are proportional to the original concentrations and α becomes a characteristic rate constant proportional to the enzyme concentration e. Normalizing (1), the homogeneous stationary state becomes $c_o = 1$. This stationary state may be examined by standard linear stability analysis, and conditions (inequalities) established under which the homogeneous solution is unstable with respect to small fluctuations. The result shows that spatial inhomogeneous fluctuations amplify provided the diffusion constants D_1 and D_2 are different by about an order of magnitude.

Writing $z = c - c_o$ and splitting the right hand side of (1) in linear and remaining nonlinear part, stationary solutions to (1) satisfy

$$0 = L(z) + N(z) \quad , \tag{6}$$

where $L(z) = D\Delta z + Mz$ with M a constant matrix in general. In particular for SELKOVs scheme (4-5)

$$L = D\Delta + \begin{bmatrix} -1 & -\gamma \\ \alpha & \alpha(\gamma-1) \end{bmatrix} \tag{7}$$

Eq.(6) admits the trivial solution $z = 0$ (the homogeneous solution). Inhomogeneous, stationary solutions to the nonlinear equation (6) may arise, when parameters such as the rate constant α exceeds critical values $\alpha_c(nl)$ where $\alpha_c(nl)$ are given as those values for which the linear problem

$$L_o z = 0 \tag{8}$$

admits nontrivial solutions $z \neq 0$. Here L_o is L with α replaced by $\alpha_c(nl)$. The nontrivial solutions z are proportional to the eigenfunctions ψ_{nlm} of the Laplacian

$$\psi_{nlm}(r,\Omega) = j_n(\kappa_{nl}r)Y_{nm}(\Omega) \tag{9}$$

satisfying $\Delta\psi_{nlm} = -\kappa_{nl}^2\psi_{nlm}$ with $\frac{\partial}{\partial r}\psi_{nlm} = 0$ at $r = R$. $z = d_{nl}\psi_{nlm}$ satisfy (8) provided

$$|-D\kappa_{nl}^2 + M(\alpha_c)| = 0 \quad . \tag{10}$$

This determinand equation defines $\alpha_c(nl)$ and vector d_{nl}. In particular, for (4-5),

$$\alpha_c(nl) = \frac{D_2}{D_1} \cdot \frac{D_R^2 k_{nl}^4 + D_R k_{nl}^2}{(\gamma - 1)D_R k_{nl}^2 - 1} \tag{11}$$

where $D_R = D_1/R^2$ and $k_{nl} = R\kappa_{nl}$. Inhomogeneous stationary solutions z_p (primary bifurcation) to (6) may be obtained by expansion in a small parameter ε. Writing

$$z_p = \sum_{j=1}^{\infty} \varepsilon^j \phi_{j-1} \tag{12}$$

$$\alpha - \alpha_c(nl) = \sum_{j=1}^{\infty} \varepsilon^j \tau_j \tag{13}$$

and collecting terms of the same order in ε, one obtains to first order in ε

$$\phi_o = d_{nl} j_n(\kappa_{nl}) \sum_{m=-n}^{n} \nu_m Y_{nm}(\Omega) \quad . \tag{14}$$

The linear combination expansion coefficients ν_m, and τ_1, may be obtained from the terms to second order in ε, which yield

$$L_o(\phi_1) + \tau_1 L_1(\phi_o) + N_2(\phi_o) = 0 \quad . \tag{15}$$

Here, $L_1(\phi_o)$ is a constant matrix multiplying ϕ_o.

Let [u,v] define the inner product of vectors u and v, i.e. the integral of $u^*\cdot v$ over the sphere. Consider the adjoint operator L_o^+ which obtains from L_o by transposing $M(\alpha_{nl})$. Then the solution space of L_o^+ is spanned by $\phi_o^+(m) = d_{nl}^+ j_n(\kappa_{nl})Y_{nm}(\Omega), m\in[-n,n]$. The Fredholm solvability condition of (15) which equation is of the form $L_o(\phi_1) = f$, is $[f,\phi_o^+(m)] = 0$, $m\in[-n,n]$. That is

$$\tau_1[L_1(\phi_o),\phi_o^+(m)] = -[N_2(\phi_o),\phi_o^+(m)] \qquad m\in[-n,n] \tag{16}$$

which together with normalisation of ϕ_o, i.e.

$$[\phi_o,\phi_o] = 1 \quad , \tag{17}$$

yields a set of 2n + 2 equations in the 2n + 1 ν_m's and τ_1. $N_2(\phi_o)$ is proportional to the square of $j_n\Sigma\nu_m Y_{nm}$, with a proportionality constant dependent of the chemical network in question. This constant is common for all 2n + 1 equations of (16) and the same holds for the term $[L_1(\phi_o),\phi_o^+]$. Both constants may then be absorbed by scaling τ_1 to τ_1'. Evaluation of $[N_2,\phi_o^+]$, involving integrals over three spherical harmonics, is most easily done using tables of 3-j or Clebsch-Gordan coefficients, since

$$\int Y_{nl}Y_{NM}Y_{n'l'}d\Omega = (-1)^{l}(4\pi)^{-\frac{1}{2}}[(2n+1)(2N+1)(2n'+1)]^{\frac{1}{2}} \begin{pmatrix} n' & n & N \\ 0 & 0 & 0 \end{pmatrix}\begin{pmatrix} n & n' & N \\ -l & l' & M \end{pmatrix} \quad . \tag{18}$$

The integral vanishes unless $n' + n + N$ is even and $M + l' = l$. Thus (16) - (17) reduce to a set of $2n + 2$ simple algebraic equations. To be specific, for $\alpha_c(nl) = \alpha_c(21)$, ϕ_o in (14) is spanned by the five Y_{2m}'s, $m\in[-2,2]$, and (16) - (17) evaluate to

$$\tau_1'\nu_{2\pm2} + 2\nu_{20}\nu_{2\pm2} - \nu^2_{2\pm\frac{1}{2}}(3/2)^{\frac{1}{2}} = 0 \tag{19}$$

$$\tau_1'\nu_{2\pm1} + 2\nu_{2\pm2}\nu_{2\mp1}(3/2)^{\frac{1}{2}} - \nu_{20}\nu_{2\pm1} = 0 \tag{20}$$

$$\tau_1'\nu_{20} - \nu^2_{20} + 2\nu_{22}\nu_{2-2} + \nu_{21}\nu_{2-1} = 0 \tag{21}$$

$$\mu_o^2 - \nu_{20}^2 - 2\nu_{22}\nu_{22}^* - 2\nu_{21}\nu_{21}^* = 0 \tag{22}$$

where μ_o^{-2} is a normalisation integral over the spherical Bessel function. The structure of these equations is *independent* of the chemical network but arises through vanishing or nonvanishing of spatial integrals over appropriate products of eigensolutions to the Laplacian. The explicit solution of (19)-(22) may be simplified further. Introducing a rotation in the Euler angles $(\alpha\beta\gamma)$ and writing

$$Y_{2m}(\Omega) = \sum_{m=-2}^{2} D^{(2)}_{m'm}(\alpha\beta\gamma)Y_{2m'}(\omega) \quad , \tag{23}$$

it is possible to find a rotation, which carries the general solution (14) of (19)-(22) into the particular simple form

$$\phi_o = d_{21}\tau_1'j_2(\kappa_{21})Y_{20}(\omega) \qquad \tau_1' = \pm\mu_o \tag{24}$$

i.e. out of the five spherical harmonics Y_{2m}, the selection rule is that transitions from the homogeneous stationary state to Y_{2m}, $m\neq0$ are forbidden, whereas only Y_{20} appears. Thus the *geometry* of the bifurcating branch is common for a large class of chemical networks, although the amplitude depends upon the details of the kinetic equations.

Secondary bifurcation may be studied by expansion from the cross-over points in parameter space of $\alpha(nl)$ and $\alpha(n'l')$. To be specific, consider $(nl) = (11)$ and $(n'l') = (21)$. At the crossover point, L_o's function space is spanned by $d_{nl}j_n(\kappa_{nl}r)Y_{nm}$, $m\in[-n,n]$ and $d_{n'l'}j_{n'}(\kappa_{n'l'}r)Y_{n'm'}$, $m'\in[-n',n']$. Let D_c be D_R at the crossover point, and $\delta = D_R - D_c$. By expansion of (6) in the two small parameters ε, from (13), and δ, one may search for secondary transition points by taking ε as a function of δ, i.e. $\varepsilon = b_o\delta + b_1\delta^2 + --$. Secondary bifurcation, from the primary branch z_p, may occur when (6) linearized about z_p has nontrivial solutions z_s

$$[L(\varepsilon,\delta) + N_z(\varepsilon,\delta,z_p(\varepsilon,\delta))]z_s = 0 \quad . \tag{25}$$

This may be considered an eigenvalue problem in ε, and the curve(s) $\alpha(\delta)$, from (13) with $\varepsilon = \varepsilon_s(\delta)$, determines the secondary transition points, from which secondary branches z_s may be constructed. The analysis shows that Fredholms solvability condition applied to (25) yields

$$q_{12}\nu_{1j} + b_o \sum_i \nu_{2i} I\begin{pmatrix} 1 & 1 & 2 \\ j & 0 & i \end{pmatrix} = 0$$

$$j \in [-1,1] \quad i \in [-2,2] \tag{26}$$

$$b_o \sum_j \nu_{1j} I\begin{pmatrix} 2 & 1 & 1 \\ i & 0 & j \end{pmatrix} + q_{21}\nu_{2i} = 0 \quad .$$

Here z_s is sought to lowest order in the small parameters as

$$z_s^o = d_{11}j_{11}(\kappa_{11}r) \sum_j \nu_{1j}Y_{1j} + d_{21}j_{21}(\kappa_{21}r) \sum_i \nu_{2i}Y_{2i} \quad . \tag{27}$$

The q's in (26) are constants dependent on the rate laws but the structure of (26) is again determined by the vanishing, or nonvanishing, of the numbers I, which contain the integral over spherical harmonics in (18) Two different values of b_o yield nontrivial solutions ν to (26), and thus two secondary branches may be constructed, a result which is again independent of the particular chemical reaction network, but arises through the vanishing or nonvanishing of integrals over products of eigenfunctions to the Laplacian.

Bifurcationtheory thus indicates, that the selection rules and number of secondary branches may be common to a broad class of chemical reaction networks. The analytical construction of such branches is only feasible to low order in the expansion parameters. The above analysis shows, however, that it is meaningful to study bifurcation numerically for a particular reaction network, since the pattern formation, from a geometrical point of view, should be representative of a broad class of such networks.

3. Numerical solution of nonlinear reaction-diffusion systems

The time-evolution of patterns according to (1) may be studied by discretizing the Laplacian (the Method of Lines). The resulting system of nonlinear ordinary differential equations is large, but the Jacobian is sparse. The system is stiff, and is solved accordingly. GEARs method is used with a build-in sparse-matrix package to handle the corrector-step, which requires the solution of a large linear system of algebraic equations. This is accomplished by iterative methods. Solving Au = v, matrix A is written as a sum of the diagonal matrix D, lower L and upper U triangular matrices. With the notation $M_D = -D^{-1}M$ and $b = D^{-1}v$ one may solve Au = v iteratively, given u_n, by

$$u_{n+1} = (E - \omega L_D)^{-1}\{[\omega U_D + (1-\omega)E]u_n + \omega b\} \quad . \tag{28}$$

E is the identity matrix. This may be followed by a backwards iteration with L_D and U_D interchanged. Finally, this symmetric iteration is followed by Chebyshev acceleration (or semiiteration) with little additional work (the SSORSI method). The overrelaxation parameter ω is varied from shell to shell in the mesh imposed on the sphere. The result is an impressive 4 order of magnitude gain in integration step length over nonstiff methods. Due to the larger overlay per step of the stiff code, the actual gain on a CPU-time basis is smaller, but still a factor 470 even for a fairly coarse mesh (2000 equations). This large speed-up makes numerical simulation in three spatial coordinates feasible.

Parameter space of (1), (4) and (5), i.e. $\alpha_c(nl)$ in (11) as a function of $D_R = D_1/R^2$ is given in Fig.1 for the three lowest values of κ_{nl}, which are κ_{11}, κ_{21} and κ_{02}. There results three regions denoted j_1, j_2 and $j_o + j_2$, since the prepatterns which arise in these regions are $j_1(\kappa_{11}r)Y_{10}$, $j_2(\kappa_{21}r)Y_{20}$ and $j_o(\kappa_{02}r) + j_2(\kappa_{21}r)Y_{20}$, respectively.

A cell operating on a crude coordination between enzyme activity α and size (R) of the sphere, such as dilution of an enzyme inhibitor by swelling, would move the system in parameter space to the left and upwards simultaneously. Depending on the initial cell size, paths like Ser 1 or Ser 2 in Fig.1 would result.

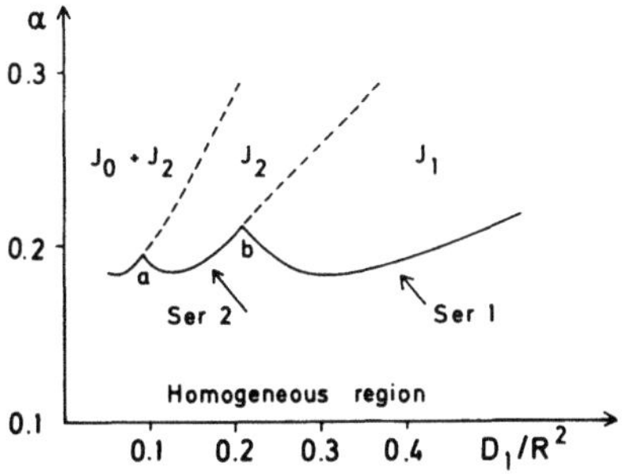

Fig.1 Parameter space displaying (11), i.e. critical enzyme activity $\alpha_c(nl)$ as a function of D_1/R^2. The spherical reaction-diffusion system is unpatterned for parameters at the bottom of Fig.1. Crossing over the solid curves, spontaneous pattern formation takes place to prepatterns of geometry closely related to Laplacian eigenfunctions j_1Y_{10}, j_2Y_{20} or $j_o + j_2Y_{20}$

Starting in the bottom of Fig.1 (low enzyme activity α) the system is in the homogeneous state. By crossing a critical curve $\alpha_c(nl)$, the homogeneous state looses its stability and spontaneous pattern formation occurs. If the cells initial size is such, that the critical region is encountered between points a and b in Fig.1, the j_2-region obtains and primary bifurcation as discussed in Section 2 results, with selection rules arising from (19)-(22), i.e. the homogeneous state vanishes and a bipolar concentration prepattern of form (24) arises. This pattern is most pronounced near the surface, since $j_2(\kappa_{21}r)$, $r\in[0,R]$ rises monotonically from zero in the center of the sphere. The pattern has high concentration at the two spontaneously created poles, and low concentration in a ring close to the surface in the equator plane. This prepattern should be an ideal platform for spatial organisation for the process of mitosis and consequently it is called the "Mitosis-pattern". Moving further into parameter space, eventually the $j_o + j_2$ region is encountered. The result is a new prepattern (secondary bifurcation) which essentially adds a ball, in the center of the sphere, to the bipolar j_2Y_{20} pattern, which is retained as depicted in Fig.2. This pattern should in turn be an ideal platform for cell-division (cytokinesis), since matter previously located in the equatorial ring of the mitosis-prepattern now becomes attracted to the center of the sphere. Consequently, this prepattern is called the "Cytokinesis-pattern". The quantitative bifurcation diagram for this series of transitions has been recorded numerically.

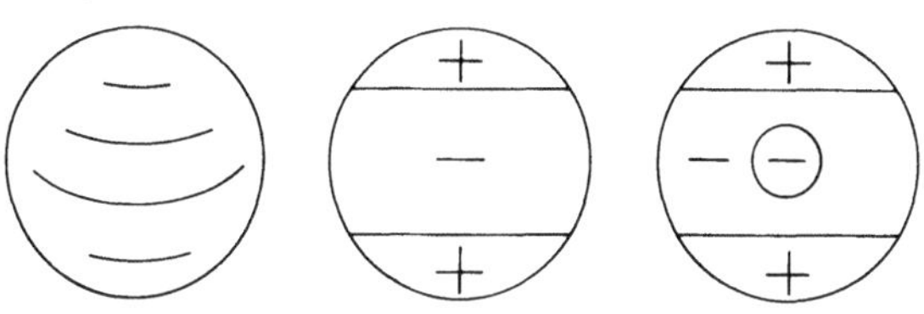

Fig.2 Prepatterns recorded along the path "Ser 2" in Fig.1. The homogeneous state bifurcates to the bipolar "Mitosis"-prepattern j_2Y_{20} which further into parameter space undergoes secondary bifurcation to $j_o + j_2Y_{20}$, which is called the "Cytokinesis"-prepattern

When the cell starts swelling from a smaller initial size the region j_1 in Fig.1 is encountered through pathway Ser 1. The series of prepatterns which arises along this path is describable as a) Homogeneous solution, b) $j_1(\kappa_{11}r)Y_{10}(\Omega)$, c) (transient) $j_1(\kappa_{11}r)Y_{10}(\Omega) + j_2(\kappa_{21}r)Y_{22}(\Omega)$, d) $j_2(\kappa_{21}r)Y_{20}(\Omega)$ and e) $j_2(\kappa_{21}r)Y_{20}(\Omega) + j_o(\kappa_{02}r)$. The first inhomogeneous pattern, (b), has high concentration at one spontaneously generated pole and low concentration at the opposite pole, i.e. spontaneous gradient formation occurs. This pattern changes into the "mitosis-pattern" (d), and "cytokinesis-pattern" (e), as before, if the system moves rapidly along the pathway Ser 1. If, however, the system grows slowly compared to the time it takes to build up the prepatterns, the system bifurcates to a second branch through the long-lived transient (c), which eventually lead to the "mitosis-pattern" (d) again, but this time with the original polar axis tilted 90 degrees toward the original (b) axis.

4. Nuclear division in Aulacantha scolymantha

It is reasonable to assume, that the highly precise, but complex, process of mitosis in higher organisms developed from a less precise, more haphazard, but simple, mechanism. Rudiments of such crude mitotic schemes may be sought in present-day unicellular eukaryotes. The radiolarian Aulacantha scolymantha provides an excellent such system. During nuclear division, the nucleus obtains approximately spherical form. The more than 1000 presumably identical chromosomes are distributed to each hemisphere of the nucleus in a crude segregation, in which the chromosomes occupy certain well defined regions of particular symmetrical shape, inside the spherical nucleus. The governing principle of this pattern formation in A.s. has hitherto been entirely obscure. It is difficult to attribute the confinement of the chromosomes to highly symmetrical space regions to conventional spindle forces.

The present author has argued, that the governing principle in A.s. is the prepattern-sequences recorded in the previous section. If it is assumed, that the chromosomes in A.s. are confined to those regions of space, where the prepatterns have neither high, nor low concentration, i.e. the "null-region" of the functions $j_n(\kappa_{nl}r)Y_{nm}(\Omega)$, then a substantial agreement is found between theoretically predicted series of prepatterns and actual experimentally recorded chromosome distributions. Two of these are of special interest here.

Chromosomal regions equivalent to the null-regions of the mitosis-prepattern are experimentally observed. This may be taken as evidence that this prepattern actually exist in nature, and contribute to spatial governing of chromosomes to the two half-spheres of the cell. However, this chromosomal distribution is closely related to what is usually

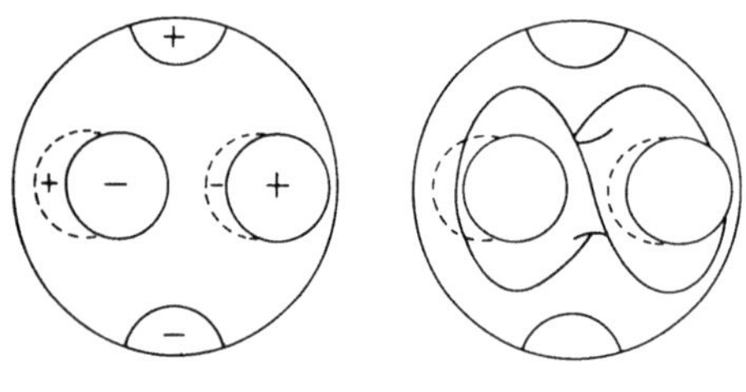

Fig.3 The null-region of the prepattern $j_1Y_{10} + j_2Y_{22}$ (left) creates a saddle-shaped chromosomal distribution (right), photographed in Aulacantha scolymantha. Such highly symmetrical distributions are difficult to explain by conventional spindle forces and may be experimental evidence of Laplacian prepatterns

encountered during standard anaphase in cells, a process which is controlled by a bipolar spindle.

A more decisive argument for the presence of prepattern-governing in A.s. is provided by the null regions of $j_1Y_{10} + j_2Y_{22}$. At first, the chromosomes are confined to the equatorial region (observed experimentally) as this is the null-region of j_1Y_{10}. When j_2Y_{22} appears, effectively four balls of alternating sign are squeezed into this equatorial region, with the result, that the equatorial plate is folded into a highly symmetrical twisted, saddle-shaped object, Fig.3. A highly structured chromosomal distribution with this particular symmetry is very difficult to explain by conventional spindle forces. Yet, this structure is found experimentally in A.S. where it has been photographed repeatedly (the "windshief mutterplatte", recorded by K. GRELL). According to the prepattern theory, this prepattern changes into the bipolar mitosis prepattern, with its axis perpendicular to the original (j_1Y_{10}) axis. During this process, the saddle-shaped object turns into two disconnected regions, of the form of two parallel horseshoes with their openings in the same direction, which eventually close to the two symmetrical null regions of the mitosis-prepattern. Such horseshoe chromosomal regions are reported experimentally as well. The experimentally established appearance of the highly symmetrical saddle-shaped object and the transition involving horseshoeregions strongly suggest that the chromosomal mass is under spatial control of the prepatterns recorded numerically.

The above theory has been developed in [1]-[5], wherein a substantial number of references to the theory of spatial dissipative structures, bifurcation theory and prepatterns may be found.

5. The prepattern theory of mitosis and cytokinesis

I. *Centrioles may not be needed for the processes of mitosis and cytokinesis.*
II. *Prepatterns may govern poleformation, spindleforces and cytokinesis.*

To the uninitiated statement I may seem foolish. In causes of basic biology for several generations of scientists, the centriole has always been ascribed a central, if not crucial, role as a spindle pole organizer. Yet in a recent article in International Review of Cytology, PETERSON and BERNS [6] have questioned the validity of mitosis models based on the idea of the centriole as the prime spindle organisator. The evidence for non-centriolar mitosis has actually been pointed out by many researchers, since chromosome separation takes place without centrioles in a number of species, see PICKETT-HEAPS [7] and LUYKX [8].

Among lower eukaryotes, non-centriolar mitosis is numerous. More important is the fact, that most higher plants divide without centrioles, and in animals, centrioles are absent in the first few divisions of oocytes [9]. Cells, that normally do contain centrioles, can be shown to undergo chromosome separation and cell division without these organelles. It has been demonstrated by DIETZ [10], that when the centriolar region was displaced off the spindle of the crane fly, the cells were still perfectly capable of undergoing anaphase and cytokinesis. Recently, laser microbeam destruction of prophase centrioles was accompanied by normal anaphase movements of chromosomes [11]. Such facts strongly suggest that the centriole is not needed at the pole during mitosis, and that other factors contribute to pole-organization. The migration of the centriolar complexes (or other pole determinants) to establish the poles is a process, which seems to hold as many puzzles as chromosome movement. The path of the centriolar complex may be quite variable [12], [13], but the result is always two poles. It may be argued that something independent of the centrioles must govern this process. Secondly, in studies on chromosome movements in *Heteropeza pygmaea* [14], it is found that the chromosomes in early prometaphase move to the later equatorial plate, although the spindle has not emerged at this time, and no centrioles are present. Thus, spindle polarity has not emerged, but nevertheless the chromosomes show self-organization with respect to the later poles, before these exist. This takes us to statement II.

Prepatterns may play a role in mitosis and cytokinesis. First, the emergence in autocatalytic reaction-diffusion systems of the spontaneous bipolar mitosis pattern does provide an ideal platform, in terms of prepatterns, for spatial governing during the set-up of a bipolar spindle. Secondly, the mitosis prepattern has been shown [4] to account for traction forces on chromosomes. The idea is that the spindle fibers interact with the prepattern along the entire fiber length with a force given by the local gradient of the prepattern. In one mechanism to achieve such a force one may assume that the microtubules carry an electric charge per subunit and the concentration gradients of the prepattern give rise to an electrical diffusion potential. This force is thus easy to quantify, and thus ready to test on experimental data. In particular one may study the forces on chromosomes not lying in the equator plane. By irradiation of crane fly spermatocytes one may induce trivalent chromosomes, i.e. with two spindle fibers toward one pole and one fiber toward the opposite pole. Such trivalents were observed live [15] and their asymmetrical resting positions in the cell recorded. Here, the forces on the chromosome must balance. In conventional spindle theories one assumes forces proportional to the length of the (three) fibers. Yet, force balance is *not* achieved with this assumption. It appears, that the equator crossing fiber a in Fig.4, is much too long [8]. One may introduce the ad hoc assumption, that the part Δ of a lying in the "wrong" half of the cell does not contribute a force, although it is not clear, why this should be so, nor does it lead to force balance: $a - \Delta$ is still too long. However, by calculating the forces on the trivalent from the prepattern theory, the part Δ of a yields a force to the left pole in Fig.4, and a very good force balance obtains. This may indicate that prepatterns exist even in centriolar containing cells, like crane fly spermatocytes

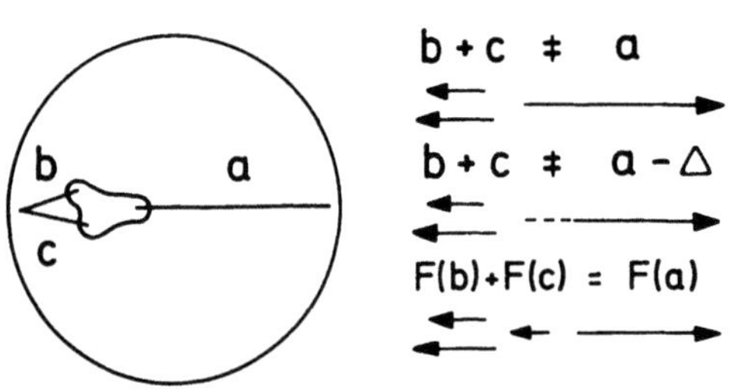

Fig.4 Spindle forces on trivalents. Force balance is not achieved by two theories assuming the force proportional to the length of the fibers. The prepattern theory, however, yields force balance because the equator-crossing part Δ of a is attracted to the left pole by the symmetrical bipolar prepattern

and that prepatterns play a role not just in primitive chromosome segregation but also in spindle-force determination in evolutionary quite advanced cells. The detailed calculation is given in [4].

It is thus suggested, that prepatterns should be added to existing theories on the mechanism of mitosis. Some of these theories are also centriolar-free models resting upon intrinsic spindle properties [16]. The spindle as a traction system was investigated early [17]. A critical review of such models has been given recently by NICKLAS [18].

The process of cytokinesis (cell cleavage) seems to be as complex to understand as that of mitosis (chromosome distribution to the two cell-halves). Chemical substances exist which block one of the processes but leave the other undisturbed. Furthermore, it appears that cytokinesis proceeds through entirely different mechanisms in plant and animal cells. In plants, a cell plate emerges through vesicle fusion [19], whereas in animals, a contractile ring [20] forms leading to furrowing. The spatial governing of the cleavage plane in both cases is as yet unexplained. One may remove the entire spindle-apparatus, yet the cells cleave in the original equatorplane [21]. RAPAPORT [22] has reviewed cytokinesis as it takes place in most asters containing cells, a work which indicate a governing role based on overlapping astral rays. This theory does not encompass cells with small or absent asters, however, such as epithelial cells or plant cells, respectively.

It will be argued here, that prepatterns may play a role in spatial governing of cytokinesis. The mitosis-prepattern has, as noted, a ring in the equator plane close to the surface. A "cleavage substance" which is attracted to this part of the prepattern, may govern furrowing as observed experimentally. The cleavage substance would then accumulate independent of the spindle in agreement with HIRAMOTOS experiment [21]. Experiments supporting a cleavage substance mechanism of cytokinesis have been carried out by MARSLAND [23] and co-workers. By pressure-centrifugation well before cells reach anaphase, furrow induction occurs consistent with the idea, that a cleavage substance is displaced to a band perpendicular to the axis of centrifugation, but not necessarily in the equator plane.The spindle is destroyed but may reform in one end of the cell, with no spatial relation, however, between the induced furrow and the reformed spindle. This may, however, in turn create another furrow determined apparently by the quite variable oriented asters. The experiment suggests that a cleavage substance exists independent of the spindle, but that astral rays may give off such a substance as well. In the normal case of cytokinesis, asters and prepattern would then complement each other.

Usually, two arguments [22] are raised against theories operating with spatial governing from the cytoplasm, rather than a mechanism solely dependent on the cortex of the cell. One is that the cytoplasm may be stirred with a microneedle during cleavage. This is said to destroy any preexisting organization in the cytoplasm. - However, the prepatterns under discussion are not passive mechanical structures, to which the argument may apply. Rather, the prepatterns are dynamically maintained by the reaction-diffusion process. This may be explained further by alluding to another example from synergetics: In hydrodynamic flow, spontaneous pattern formation in the shape of vortices may appear. Stirring the vortex regions with a needle may change minor details in vortex-generation, but the vortices are not necessarily destroyed: They are constantly regenerated dynamically. - Thus stirring the cytoplasm may be a process which is slow with respect to the regeneration time of the reaction-diffusion prepatterns and consequently, the prepatterns may be basically unaffected. The second argument against a cleavage substance theory is an experiment by HIRAMOTO [24]. Oil or sugar droplets may be injected into the center of the cell. Furrowing takes place, even though the spindle is displaced or completely dissolved. The droplets are argued [22] to destroy any previous cytoplasmic organization, but this hardly apply to the dynamically created prepatterns, which may form even in this case.

The most convincing experimental evidence for prepatterns in cytokinesis so far is provided by an experiment due to SCOTT [25]. When the spherical eggs had formed a bipolar spindle, they were flattened to a disc like object with a reported longest-to-shortest axis ratio τ of $150/30 \sim 5.0$. Furrowing was then studied in these flattened eggs, Fig.5. Quadripartition was observed, which yielded two daughter cells with one aster each, and, remarkably, two cells *without* asters. Observe, that the furrows do not occur, where astral rays overlap, which would create only two cells by furrowing perpendicular to the aster-axis.

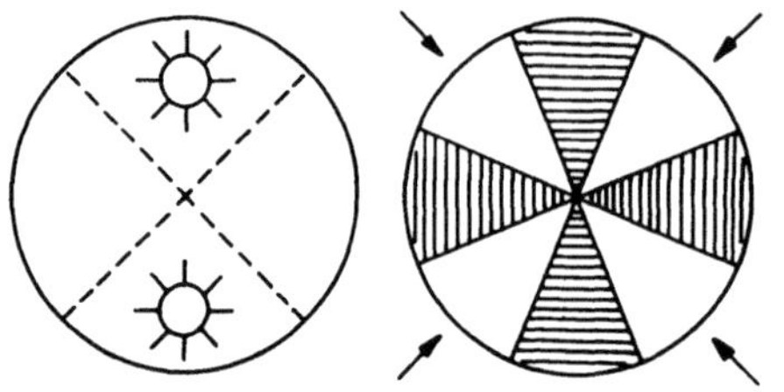

Fig.5 SCOTT's quadripartitioning

This quadripartition is explainable by the prepattern theory, however. What may happen is, that a quadripolar prepattern arises in the flattened cell, as shown in the right of Fig.5. This would resemble $J_4(\kappa_{41}r)\cos(4\theta)$ of a two-dimensional disc. Indeed one can show that a sphere would be close to the region of parameter space, Fig.1, where such a quadripolar prepattern is located, if the sphere is compressed to an oblate spheroid with an axis ratio as high as 5. κ_{nml}'s of oblate spheroids may be computed numerically, and the result is $\kappa_{441} \sim 1.84$. The spherical volume $(4/3)\pi R^3$ should match that of the compressed sphere, i.e. the volume of the oblate spheroid $(4/3)\pi(b/2)(a/2)^2$. Since the axis ratio $\tau = a/b$, one obtains a relation between κ_{nl} (sphere) and κ(oblate) which is $\kappa(\text{oblate}) \sim (\tau)^{1/3}\kappa_{nl}(\text{sphere})$. This yield a value of κ(oblate) which must be close to the value κ_{nml} of the prepattern arising in the oblate case. Substituting the experimental value $\tau = 5.0$ and κ_{21}(sphere) $= 1.06$ one obtains $\kappa(\text{oblate}) \sim 1.81$, i.e. very close to the desired value of $\kappa_{441} \sim 1.84$. Thus, the equatorial ring of the mitosis prepattern in the sphere may change into the four perpendicular regions (arrows in Fig.5) of the resulting quadripolar prepattern. Furrowing would as usual be governed by these regions with the observed quadripartition as a result. A similar argument applies to cytokinesis of cells transformed into torus-formed objects [22], also leading to quadripartitioning.

In conclusion, a number of experimental facts are in support of the assumption, that prepatterns exist in cells and play a governing role both in mitosis and cytokinesis. It is also satisfying, that crude spindle-free chromosome segregation and cleavage processes may be based on these prepatterns, a simple mechanism which could then evolve, partly by stabilization from centriolar structures, to the much more complex processes of mitosis and cytokinesis, as they are seen in evolutionary advanced cells like animal and plant cells. Thus, the interesting possibility exists, that a number of diverse phenomena, like plant and animal cytokinesis, are different exploitations by nature of a unifying principle, based on spatial control by prepatterns.

Acknowledgement

Calculations were performed at RECKU, with support from the Danish Natural Research Council.

References

1. G.D. Billing and A. Hunding, Bifurcation analysis of nonlinear reaction-diffusion systems: Dissipative structures in a sphere, J.Chem.Phys. 69 (1978) 3603.
2. A. Hunding and G.D. Billing, Secondary bifurcations in spherical reaction-diffusion systems, Chem.Phys. 45 (1980) 359.
3. A. Hunding, Dissipative structures in reaction-diffusion systems: Numerical determination of bifurcations in the sphere, J.Chem. Phys. 72 (1980) 5241.
4. A. Hunding, Possible prepatterns governing mitosis: The mechanism of spindle-free chromosome movement in *Aulacantha scolymantha*, J.Theor.Biol. 89 (1981) 353.
5. A. Hunding and G.D. Billing, Spontaneous pattern formation in spherical nonlinear reaction-diffusion systems: Selection rules favor the bipolar "mitosis" pattern, J.Chem.Phys. 75 (1981) 486.

6. S.P. Peterson and M.W. Berns, The Centriolar complex, Int.Rev. Cyt. 64 (1980) 81.
7. J.D. Pickett-Heaps, The autonomy of the centriole: Fact or fallacy? Cytobios 3 (1971) 205.
8. P. Luykx, Cellular mechanisms of chromosome distribution, Int.Rev. Cyt. Suppl. 2 (1970).
9. D. Scölössi, P. Calarco and R.P. Donahue, Absence of centrioles in the first and second meiotic spindles of mouse oocytes, J.Cell. Sci. 11 (1972) 521.
10. R. Dietz, The dispensability of the centrioles in the spermatocytes divisions of *Pales Ferruginea (Nematocera)*, Chromosomes Today 1 (1964) 161.
11. M.W. Berns and S.M. Richardson, Continuation of mitosis after selective laser microbeam destruction of the centriolar region, J.Cell.Biol. 75 (1977) 977.
12. J.B. Rattner and M.W. Berns, Distribution of microtubules during centriole separation in rat Kangaroo (Potorous) cells, Cytobios 15 (1976) 37.
13. J.E. Aubin, M. Osborn and K. Weber, Variations in the distribution and migration of centriole duplexes in mitotic PtK2 cells studied by immunofluorescence microscopy, J.Cell.Sci. 43 (1980) 177.
14. P.G. Gandolfi, Die ultrastruktur der Chromosomen-Aufregulation in männlich determinierten eiern der gallmücke *Heteropeza pygmaea*, Biol. Zbl. 98 (1979) 409.
15. H. Bauer, R. Dietz and C. Röbbelen, Die spermatocytenteilungen der Tipuliden, Chromosoma 12 (1961) 116.
16. R.L. Margolis, L. Wilson and B.I. Kiefer, Mitotic mechanism based on intrinsic microtubule behaviour, Nature 272 (1978) 450.
17. A. Forer, Characterization of the mitotic traction system, and evidence that birefringent spindle fibers neither produce nor transmit force for chromosome movements, Chromosoma 19 (1966) 44.
18. R.B. Nicklas, Chromosome movements: Facts and hypotheses, in Mitosis. Facts and Questions (Eds. M. Little, N. Paweletz, C. Petzelt, H. Ponstingl, D. Scroeter and H.-P. Zimmermann), Springer-Verlag, Berlin 1977.
19. W.G. Whaley, M. Dauwalder and J.E. Kaphart, The Golgi apparatus and an early stage in cell plate formation, J.Ultrastr.Res. 15 (1966)169.
20. T.E. Schroeder, Dynamics of the contractile ring, in Molecules and Cell Movement (Eds. S. Inoue and R.E. Stephens) Raven Press, New York 1975.
21. Y. Hiramoto, Cell division without mitotic apparatus in sea urchin eggs, Exp.Cell Res. 11 (1956) 630.
22. R. Rapaport, Cytokinesis in Animal Cells, Int.Rev.Cyt. 31 (1971)169.
23. D.A. Marsland, A.M. Zimmerman and W. Auclair, Cell division: Experimental induction of cleavage furrows in the eggs of *Arbacia punctulata*, Exp.Cell Res. 21 (1960) 179.
24. Y. Hiramoto, Further studies on cell division without mitotic apparatus in sea urchin eggs, J.Cell Biol. 25 (1965) 161.
25. A.C. Scott, Furrowing in flattened sea urchin eggs, Biol.Bull. 119 (1960) 246.

Generation of Projections in the Developing and Regenerating Nervous System

A. Gierer

Max-Planck-Institut für Virusforschung
D-7400 Tübingen, Fed. Rep. of Germany

Introduction

The development of the retino-tectal projection in birds, amphibia and fish is an example of the generation of spatially ordered connections between neurons in one area and target cells in another area of the nervous system. Various mechanisms, including pre-existing order of fibers in the nerve, order in time of arrival of fibers in the target area, and fiber-fiber interactions may contribute to the spatial order of connections. This does not suffice, however, since partial rotation of target tissue causes partially rotated maps [1] and partial destruction of early retinal rudiments lead to non-innervated parts of the tectum even if these are overgrown by fibers connecting elsewhere [2]. It rather appears that main determinants for projections are spatially distributed chemical components in the tissue of origin and in target tissue. We propose a model for the formation of such projections in which components of growing axons which are spatially graded with respect to position of the neuron of origin, and graded components in the target tissue, interact and cooperate in generating a guiding parameter p; in the simplest case, p is the concentration of a substance which guides the fiber in the direction of maximal slope until a minimum of p is reached. Relatively simple kinetics (involving production of p and its inhibition) suffice for reliable projections. Effects of regulation depending on fiber density can be superimposed on the basic mechanism for projection. Expansion and compression of the map occurring after ablations of parts of the retina or the tectum can be simply explained on this basis.

Graded distributions of substrates may guide nerve fibers by preferential adhesion in certain directions [3], but this is not the only possibility. Axonal growth might be determined by the orientation of an intracellular pattern within the axon, either within the growth cone, or between axonal sprouts [4] in the area of growth. The direction of activation, in turn, could be determined by a gradient, however shallow, of a guiding substance interfering with the intracellular pattern forming system. This notion is supported by theoretical results showing that shallow gradients can reliably orient asymmetric patterns formed by molecular reactions involving autocatalysis and lateral inhibition [5,6]. A self-enhancing reaction with small diffusion range coupled to an inhibitory or depletion effect which extends farther into the cell, is capable of generating a focus of activity in part of the cell or its membrane, whereas activation elsewhere is inhibited. The position of the focus can be determined by very shallow gradients interfering with the intracellular pattern forming system. If the focus causes directional growth or movement, guidance in the direction of maximal slope of the orienting gradient results. Pulsing patterns adapt rapidly to changes in the direction of maximal slope encountered in the course of movement. Experimentally, the capability of cells to respond to shallow gradients is known for directed movements of cellular slime molds [7] responding to cAMP, and certain nerves seem to respond, by directed growth, to nerve growth factor [8].

Basic Model of Projections

In the model [9], the growth cone of the retinal axon (or possibly, a wider area of axonal sprouting encompassing several growth cones [4]), cooperates with the tectum, within the area of contact, in the production of guiding substances; the tectal components involved are graded with respect to the coordinates x,y in the dimensions parallel to the tectal surface. Therefore, the guiding parameter p is also graded, giving rise to small differences of p between different parts of the growing axon. These differences lead to activation at the position of minimal p; thus the axon is guided, along the pathway of maximal slope of p, to the position on the tectum where p is at a minimum, and the slope of p is zero. This position, in turn, depends on components of the growth cone which are graded with respect to the coordinates of origin, u,v, within the ganglion cell layer of the retina. Not all such mechanisms lead to ordered maps, but requirements for reliable projections are surprisingly simple.

For each dimension of the projecting and the target area, one or two graded compounds suffice. Two examples based on exponential gradients are the following: A substance in the retinal axon, graded according to $e^{-2\alpha u}$ with respect to the position of origin u in the retina, but constant within a particular axon or its growth cone, produces p. This process is inhibited by a graded tectal component of distribution $e^{-\alpha x}$; the same or a different tectal component graded according to $e^{-\alpha x}$ produces p constitutively. Substances involved may be diffusible, membrane-bound, or confined to the area of direct contact between axonal and tectal membranes. Inhibition is approximated by inversely proportional reaction kinetics. Generalized to two dimensions, and assuming rapid equilibration between production and decay, p may then be given as

$$p = \frac{e^{-2\alpha u}}{e^{-\alpha x}} + e^{-\alpha x} + \frac{e^{-2\beta v}}{e^{-\beta y}} + e^{-\beta y} \quad . \tag{1}$$

Another model presumes that graded retinal components producing p are inhibited by graded tectal components and vice versa, leading to

$$p = \frac{e^{-\alpha u}}{e^{-\alpha x}} + \frac{e^{-\alpha x}}{e^{-\alpha u}} + \frac{e^{-\beta v}}{e^{-\beta y}} + \frac{e^{-\beta y}}{e^{-\beta v}} \quad . \tag{2}$$

p guides growth cones along its slope until the minimum of p is reached, and its slope is zero ($\partial p/\partial x = 0$, $\partial p/\partial y = 0$); this occurs upon arrival at $x = u$, $y = v$. The target position depends on the retinal coordinates of the axon thereby leading to a topographically ordered projection of the retina on the tectum. More general versions and variants of such models, properties with respect to the metric of projections, molecular interpretations, and superimposed modifying effects such as tendencies of fibers to grow nearly straight, or to align with other fibers, are discussed elsewhere [9]. A random contribution to activation can lead to variations of directions along the pathway. Several instead of one guiding substance may be involved, and the kinetics may be such that a maximum instead of a minimum of p is approached. Equations of type (1) and (2) can be interpreted not only by the conjunction of activation and inhibition but alternatively also as activating interactions of gradients of opposite orientation. Further, the coordinate system needs not be Cartesian; radial and other coordinates may also be involved.

A mathematical analysis has shown that projections do not depend on the gradients being exponential. Non-exponential gradients G(u) and H(v) in the retina, in conjunction with gradients g(x) and h(y) in the tectum also lead to projections if retinal and tectal gradients are suitably interrelated. Projections are formed whenever the solution x(u), y(v) for the position of minimal p in the plane x,y increases or decreases monotonically with u, and v, respectively; it is always possible to transform coordinates such that a projection corresponds to x = v, y = v. To exemplify the principle, conditions for forms of interacting gradients leading to such projections will be derived for three types of kinetics.

1. As generalization of (1), for each dimension of retina and tectum, (x,u) and (y,v), production of p by a graded retinal component is assumed to be inhibited by a graded tectal component. In addition, there is a constitutive production of p, which is graded in the tectum. The generalization of (1) then reads:

$$p = \frac{G(u)}{g(x)} + g(x) + \frac{H(v)}{h(y)} + h(y) \quad . \tag{3a}$$

Solutions for $\partial p/\partial x = 0$, $\partial p/\partial y = 0$:

$$\frac{\partial p}{\partial x} = \frac{dg(x)}{dx}\left(-\frac{G(u)}{g^2(x)} + 1\right) = 0; \quad \frac{\partial p}{\partial y} = \frac{dh(y)}{dy}\left(-\frac{H(v)}{h^2(y)} + 1\right) = 0$$

are given by x = u, y = v, if

$$G(x) = g^2(x); \; H(y) = h^2(y). \tag{3b}$$

2. As generalization of (2), activating and inhibiting interactions of retinal and tectal gradients would lead to

$$p = \frac{g(x)}{G(u)} + \frac{G(u)}{g(x)} + \frac{h(y)}{H(v)} + \frac{H(v)}{h(y)} \tag{4a}$$

with solutions for $\partial p/\partial x = 0$, $\partial p/\partial y = 0$ at x = u and y = v if

$$g(x) \equiv G(x); \quad h(y) \equiv H(y) \quad . \tag{4b}$$

For this type of general kinetics for the production of p, projections always result if the shape of the gradients in projecting and target tissue are similar for each dimension; gradients in one dimension (x,u) can differ, however, from the gradients in the other (y,v).

3. As an example for activating interactions based on gradients of opposite slope, we assume, in a field of size L, symmetric distributions (such as g(x) and g(L-x)). A simple type of kinetics results if contributions to p are proportional to the product of interacting gradient levels in retina and tectum. A model of this type would lead to:

$$p = g(x).G(L-u) + g(L-x).G(u) + h(y).H(L-v) + h(L-y).H(v) \tag{5a}$$

with the solution for $\partial p/\partial y = 0$, $\partial p/\partial y = 0$ at x = u, y = v if $dg(x)/dx = G(x)$, $dh(y)/dy = H(y)$, implying

$$g(x) = \int G(x)dx; \quad h(y) = \int H(y)dy \quad . \tag{5b}$$

Exponential gradients in retina and tectum meet the condition for projection in all three cases (3,4,5), but many other gradient shapes are also consistent with the schemes.

Some Elementary Processes of Developmental Regulation

The models described above can be extended to allow for some types of regulation of connectivity patterns observed after experimental interferences, namely by additions to, or other modifications of, the pre-existing level of p. This will be demonstrated for regulation following ablations. If, in goldfish, part of the retina, or part of the tectum is removed, the original connections are first restored, but this is followed by a slow invasion of retinal fibers into empty parts of the tectum in experiments where part of the retina is removed (expansion), or by a compression of the projection where part of the tectum is removed, such that the complete retina projects on the remaining tectum [10,11]. Experiments on secondary innervation of regulated tissue indicate that in both cases it is the tectum, and not the retina, which is respecified [12]. The theory based on a guiding parameter p suggests rather simple explanations for such regulation: that retinal fiber terminals induce, in the tectum, a very slow increase in a source (e.g. an enzyme) producing an additional contribution to p, and that this increase is proportional to the local density of retinal fiber terminals. If the sources thus produced persist on the tectum while fiber terminals continuously move to respecified positions of minimal p, this process will eventually smooth out differences in the density of fiber terminals, giving rise to compression or expansion in the dimension of ablation.

The additional contribution of the source to the level of p is given by a term r(x,t) which increases slowly at a rate proportional to the local density of fiber terminals $\rho(x,t)$. Thus (2), written for ablations in the x,u dimension, would read

$$p = \frac{e^{-u}}{e^{-x}} + \frac{e^{-x}}{e^{-u}} + r(x,t) \tag{6a}$$

$$\frac{\partial r}{\partial t} = \text{const.}\rho \quad . \tag{6b}$$

Computer simulations show that the model accounts, in a straightforward manner, for expansion and compression of the maps following retinal or tectal ablations. A simulation of expansion is the following, with an array of tectal positions x = 1...24, and numbers indicating the position of origin u of retinal fiber terminals within the tectal field. The retinal field extends from 1 to 24, but half of the field 13 to 24 is taken as ablated. The remaining fibers 1...12 first project on the corresponding half 1...12 of the tectum; thereafter they expand into the entire field. Stars (*) indicate empty parts of the tectal fields. Time is given as number of iterations.

Time	Position in the tectum																						
	1	2	3	4	5	6	7	8	9	10	11	12	13	14	15	16	17	18	19	20	21	22	23	24
0	1	2	3	4	5	6	7	8	9	10	11	12	*	*	*	*	*	*	*	*	*	*	*	*
60	1	2	3	4	5	6		8		9		10		11	12	*	*	*	*	*	*	*	*	*
900		1		2	3		4		5	6		7		8			9		10		11			12
1500		1		2		3		4		5		6		7		8		9		10		11		12

The model has the following properties which are in agreement with experimental observations: Expansion or compression can be near-complete [10,13], because no density gradient of fibers needs to persist to maintain and stabilize the altered projection. Whether retina or tectum is cut, it is always the positional specificity of the tectum that is affected [12,14]. The regulatory mechanism is not constitutive for the primary projection and can thus be weak or absent as it is in birds [2].

The model makes use of a feature for regulation which was proposed previously as a main cause for primary projections [15], namely the imprintment or induction of tectal markers by retinal fibers. In our model of regulation, however, the primary projection is specified by pre-existing markers in the tectum; then, superimposed regulation by induction of further tectal markers can be extremely simple involving no spatial cues with respect to the origin of retinal fibers. It is thus a feature of the model that regulation contributes to target properties on top of, and not instead of, the original specification by graded distributions.

This feature is experimentally supported by studies of YOON [13]: If first part of the tectum is rotated, and then compression is caused by suitable ablations (or vice versa), compression is eventually found in both the unrotated and the rotated part of the map. The model (6) has this qualitative property, as confirmed by computer simulations for a two-dimensional field involving rotation and compression, though an extended model is probably required to predict the projection in detail.

In the simplest model for regulation induction of tectal markers by retinal fibers was assumed to be a slow process so that it does not strongly affect the primary projection. If it is fast it has to be introduced into the model for projection from the outset. An extreme case would be to assume that one of the gradients in a dimension of the tectum (corresponding, for instance, to the term $+e^{-x}$ in (1)) would be absent at the beginning of innervation. For one dimension (u, x), (1) would then read:

$$p = \frac{e^{-2u}}{e^{-x}} + r(x,t) \quad . \tag{7}$$

Initially, r would be 0 and all fibers would collect at one edge of minimal p, x = 0. Thereafter, p increases in proportion to the density of fibers according to (6b), pushing fibers with high values of u far into the field until a gradient r (with a contribution $e^{-\alpha x}$) is produced and a complete, uniform and stable projection of retinal (u) on tectal coordinates (x) is achieved. Intermediate cases with a primary projection in part of the tectal field, followed by subsequent expansion, are also conceivable and perhaps more likely than the puristic case (7).

Discussion

The specific assumptions introduced into the above treatment of regulation - the alteration of tectal but not of retinal markers; a long lifetime of tectal markers; plasticity and adaptability of neural connections over a long period of time - were made in view of experimental evidence on the retino-tectal connection, not because they are logically required. Other cases of neural projections are conceivable which may involve, for instance, irreversible connections formed at a given stage so that fibers arriving earlier can locally exclude fibers arriving later as proposed by RAGER [16].

Further generalizations are possible which could lead to a variety of coordinate transformations. An attractive possibility would be a combinatorial specification of positions by a combination of two types of gradients for each dimension, one extending across the entire functional area, and another forming local gradients within subareas. Parameter exchange could lead to transformations other than simple projections: For instance, fibers may spread across the entire target area according to the value of the local gradients in the tissue of origin, and organize locally on subareas of the target in response to overall gradients in the area of origin [9]. Such hypothetical combinatorial specifications in conjunction with parameter exchanges might be involved in the capacity of the nervous system for feature abstraction.

The model is confined to the approach of axons to the target position on the plane of target tissue. The mechanisms of guidance of nerves across the organism to the target tissue and of effects following arrival of axons at the target position, including the formation of reversible or irreversible synapses in the appropriate cell layer, are separate aspects of the problem. Further, one expects that the primary projection is of limited accuracy, to be refined later by mechanisms including functional validation. Our model is proposed as a fair approximation for the primary projection, and as a subroutine for a more comprehensive account of the processes involved.

In conclusion, the theoretical analysis demonstrates that interaction or cooperation of the axonal growth cone with target tissue could produce substances guiding the fiber in the direction of maximal slope towards the target position. Substances graded with respect to position in projecting and target tissue must be involved in this process, but relatively simple reactions consistent with conventional enzyme and receptor kinetics suffice to generate reliable projections. Simple extensions of the basic models suffice to account for elementary processes of developmental regulation such as expansion and compression of maps following ablations.

Since target positions can be reached from any part of the field, the process can be described as an approach to a minimum of generalized potential. This may but need not involve energies of adhesion between growing fibers and target tissue. It is suggested that intracellular pattern formation within the growth cone enhances shallow gradients of guiding substances, giving rise to oriented activation and directed growth. While such mechanisms would be formally similar to mechanisms depending exclusively on adhesion [3], the molecular and biochemical implications would be different, shifting the emphasis from energies of association of membrane components to general enzyme and receptor kinetics.

References

1. Sharma, S.C. and Gaze, R.M., Arch. Ital. Biol. 109, 357-366 (1971)
2. Crossland, W.J., Cowan, W.M. and Kelly, J.P., J. comp. Neur., 155, 127-164 (1974)
3. Fraser, S.E., Develop. Biol., 79, 453-464 (1980)
4. Fujisawa, H., Dev. Biol., in press (1982)
5. Gierer, A. and Meinhardt, H., Kybernetik (continued as "Biological Cybernetics"), 12, 30 (1972)
6. Meinhardt, H. and Gierer, A., J. Cell Sci., 15, 321-346 (1974)
7. Bonner, J.T., J. exp. Zool., 106, 1-26 (1947)
8. Gundersen, R.W. and Barrett, J.N., Science, 206, 1079-1080 (1979)
9. Gierer, A., Biological Cybernetics, 42, 69-78 (1981)
10. Yoon, M.G., Expl. Neurol., 33, 395-411 (1971)
11. Gaze, R.M. and Sharma, S.C., Exp. Brain Research, 10, 171-181 (1970)
12. Schmidt, J.T., J. comp. Neurol., 177, 279 (1978)
13. Yoon, M.G., J. Physiol. (London), 264, 379-410 (1977)
14. Gaze, R.M. and Straznicky, C., J. Embryol. exp. Morph., 58, 79-91 (1980)
15. Willshaw, D.J. and von der Malsburg, C., Phil. Trans. R. Soc. Lond. B, 287, 203-243 (1979)
16. Rager, G., Proc. R. Soc. London, Ser. B 192, 353-370 (1976)

Part V

Order and Chaos in Quantum Electronics and Fluids

Optical Bistability, Self-Pulsing and Higher-Order Bifurcations

L.A. Lugiato and V. Benza

Istituto di Fisica dell' Universita'
Milano, Italy, and

L.M. Narducci

Department of Physics, Drexel University
Philadelphia, PA 19104, USA

1. Introduction

When a stationary laser beam is injected in an optical cavity which is resonant or nearly resonant with the carrier frequency of the incident field, part of the incident light is transmitted, part is reflected, and a fraction is scattered by the medium inside the cavity (Fig. 1). In the simple case when the cavity is empty or filled by a homogeneous nonabsorbing medium, the transmitted flux is simply proportional to the incident flux, and the proportionality constant depends on the mismatch between the incident frequency and the nearest cavity resonance.

Fig. 1 Fabry-Perot cavity. E_I is the incident field, E_T and E_R the transmitted and reflected fields, respectively

If, on the other hand, the cavity is filled with a medium that has an absorption line near or at the frequency of the incident field, the transmitted intensity becomes a nonlinear function of the incident intensity. This nonlinearity, which is characteristic of the absorption process, coupled to the feedback induced by the optical resonator, can cause discontinuous changes in the transmitted flux as the incident power is varied. In addition, the transmitted light can display a hysteresis cycle with two distinct stationary states (low and high transmission). Whenever this condition is realized, the system is said to be *optically bistable* [1]. We should add at this point that absorbing media in optical resonators are not unique in their ability to display bistable action, and that several other nonlinear optical systems have been shown to behave in a similar way. Our considerations, however, will be limited, for simplicity, to the special case of purely absorbing materials.

Already from this brief description it may be apparent that optically bistable systems offer interesting prospects for practical applications as memory elements, optical "transistors" and, as we shall see later, even converters of cw into pulsed light. Not surprisingly, efforts are being made to construct practical, miniaturized and fast operating devices of this kind [1].

On the other hand, optical bistability has also become the focus of much theoretical interest and has renewed the enthusiasm that was devoted to the laser during the sixties. It is now evident that this effect has acquired a rightful place in the general framework of Synergetics [2]. First of all, it should be clear that the presence of a hysteresis cycle in the transmitted light is a manifestation of a *nonequilibrium steady-state behavior* which is reminiscent of a first-order phase transition in an equilibrium system [3]. Furthermore, as we shall discuss at greater depth, a suitable variation of the external parameters can induce regular *spontaneous pulsations* in the output intensity (self-pulsing behavior) and even *chaotic* spiking.

The emergence of hysteresis, self-pulsing and chaos is the consequence of successive *bifurcations* in the equations of motion that govern the time evolution of the system. What makes optical bistability so especially appealing is that some of these bifurcations can be characterized *analytically* with excellent accuracy over their entire domain of existence. This is rather unusual in problems of this type where bifurcated solutions are commonly available in a small neighborhood of the critical region where the "old" solution becomes unstable. Here, instead, bifurcated solutions can be monitored over the entire control parameter space until they become unstable and produce, in turn, a higher-order bifurcation.

2. Steady-State Behavior

The best setting for a theoretical description of optical bistability is a ring cavity where the field can be assumed to propagate in only one direction (Fig. 2).

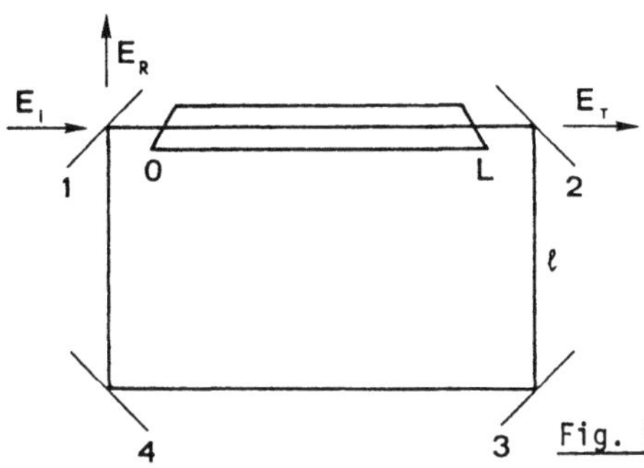

Fig. 2 Schematic representation of the ring cavity

The incident field E_I enters from the left, is partly reflected (E_R) and, in part, transmitted through the absorbing medium. At the exit mirror the field is again partly transmitted (E_T) and partially fed back to the entrance mirror after total reflection at mirrors 3 and 4. With this arrangement, the internal electric field $E(z,t)$ obeys the boundary condition

$$E(0,t) = \sqrt{T}\, E_I + (1-T)\, E(L,t-\Delta t) \quad , \tag{1}$$

where $\Delta t = (L + 2\ell)/c$ is the travel time of light from mirror 2 to mirror 1 and T is the intensity transmission coefficient. The second term on the right-hand side of (1) describes the feedback mechanism imposed on the system by the cavity mirrors.

For simplicity, the atoms are modeled as two level systems, all with the same transition frequency (i.e. we neglect Doppler broadening). Furthermore, we assume perfect resonance between the incident field, the atoms and one of the empty cavity modes. Because, in this case, dispersion plays no role, the effect will be identified as *purely absorptive* optical bistability.

The evolution of the system is described by the Maxwell wave equation coupled to the so-called Bloch equations for the atoms. The wave equation describes how the electric field propagates through the medium and how it is affected by the atomic polarization. The nonlinear Bloch equations, instead, describe the evolution of the atomic system under the driving action of the electric field. Two key parameters that appear in the Bloch equations are the transverse and longitudinal relaxation rates, $\gamma_\perp = T_2^{-1}$ and $\gamma_\parallel = T_1^{-1}$, respectively. They measure the characteristic decay rates of the atomic polarization and population difference.

In steady state, the time derivatives of the electric field and of the atomic variables vanish, and the Maxwell-Bloch equations reduce to an algebraic system that can be solved exactly. After taking into account the boundary condition (1), one finds the nonlinear relation that links the transmitted field E_T to the incident field E_I. In terms of the dimensionless variables

$$y = \frac{\mu E_I}{\hbar\sqrt{\gamma_\perp \gamma_\parallel T}} \quad , \quad x = \frac{\mu E_T}{\hbar\sqrt{\gamma_\perp \gamma_\parallel T}} \tag{2}$$

the state equation takes the form [4]

$$\ln \left[1 + T(\frac{y}{x} - 1)\right] + \frac{x^2}{2} \left\{\left[1 + T(\frac{y}{x} - 1)\right]^2 - 1\right\} = \alpha L \quad . \tag{3}$$

The parameters μ and α represent the modulus of the atomic dipole moment and the unsaturated absorption coefficient per unit length, respectively. In the limit of small absorption and small transmission, i.e. when

$$\alpha L \to 0, \; T \to 0, \text{ with } C = \frac{\alpha L}{2T} = \text{constant}, \tag{4}$$

the state equation (3) becomes

$$y = x + \frac{2Cx}{1 + x^2} \quad . \tag{5}$$

It is important to emphasize that the double limit (4) is nontrivial in the sense that, while the action of the atoms on the field becomes progressively more insignificant over a single pass, as $\alpha L \to 0$, the light is trapped inside the cavity for longer and longer times, as $T \to 0$. In practice, the state equation (3) is already quantitatively very close to (5) for $\alpha L \sim 1$ and $T \sim 0.05$.

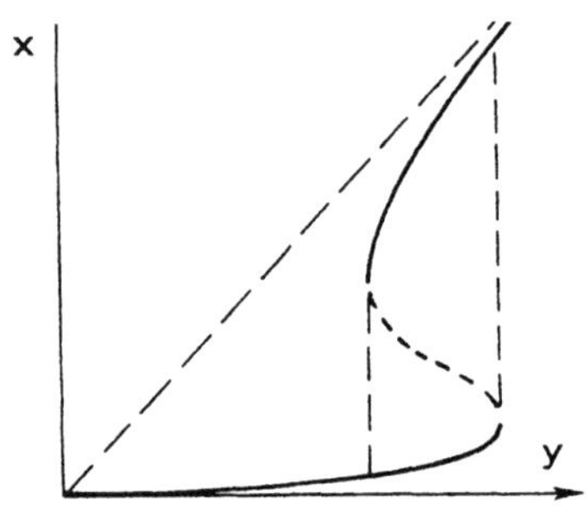

Fig. 3 Hysteresis cycle of the normalized transmitted field x as a function of the normalized incident field y. The dashed segment of the transmitted curve is unstable

The behavior of (5) as the bistability parameter C is varied has already been discussed in detail, for example in [3]. In particular, for $C > 4$, the transmission curve $x = x(y)$ acquires an S-shaped form (Fig. 3). The segment with negative slope is always unstable, as we show mathematically in the next section. This is to be expected, however, because along this branch an increase in the incident field causes a decrease in the transmitted field. The consequence of this instability is a bistable behavior, a hysteresis cycle, and the existence of low-and high-transmission branches.

From the exact state equation (3) one can see that an increase in transmittivity causes a decrease in the range of bistability, and that the effect eventually disappears when T becomes large enough. In particular, when T = 1 (no mirrors), bistability can never be obtained. This shows convincingly that bistable behavior, in the context of this model, requires not only the nonlinearity of the atoms-field interaction, but also the feedback action of the mirrors.

3. Self-Pulsing and Precipitation

The description of the stationary solution is incomplete without a discussion of its stability. This can be carried out, as usual, by analyzing the behavior of the dynamical variables in the neighborhood of their stationary values, e.g.

$$E(z,t) = E_{st}(z) + \delta E(z,t), \tag{6}$$

with the help of the linearized limit of the Maxwell-Bloch equations. In the small deviation regime, the solutions of the linearized equations are given by linear combinations of exponentials, e.g.

$$\delta E(z,t) = \sum_{\nu} c_{\nu}(z)\, e^{\lambda_{\nu} t} \quad , \tag{7}$$

where λ_ν denotes one of the eigenvalues of the linearized problem. The stationary state under consideration is stable if and only if Re $\lambda_\nu \leq 0$ for all ν. In this case, ν denotes the two eigenvalue indices n and j, where n labels the eigenfrequencies of the empty optical resonator; for definiteness, n = 0 corresponds to the cavity mode that is resonant with the incident field. The index j runs from 1 to 3 because the Maxwell-Bloch equations are three in number.

In the double limit (4), the explicit calculations show that only the eigenvalues λ_{n1} can acquire a positive real part; when this happens, of course, the system becomes unstable. The explicit expression for Re λ_{n1}, while not very complicated, is not of interest here: what is interesting, instead, is that the structure of these eigenvalues is of the type

$$\mathrm{Re}\,\lambda_{n1} = G(x,C,\alpha_n) - \kappa \quad , \tag{8}$$

where x is the stationary (possibly unstable) value of the transmitted field, α_n is the frequency difference between the resonant and the n-th cavity eigenfrequency

$$\alpha_n = \frac{2\pi nc}{\mathscr{L}} \, , \; n = 0,\pm1,\pm2,\ldots \tag{9}$$

and κ is the cavity damping rate

$$\kappa = \frac{cT}{\mathscr{L}} \quad . \tag{10}$$

The symbol $\mathscr{L} = 2(L+\ell)$ denotes the total length of the ring cavity (see Fig. 2). The explicit expression of the function G is given elsewhere [5]. The eigenvalue (8) for the resonant frequency (n = 0), which in the limit (4) is the only frequency with a nonvanishing steady state amplitude, is such that

$$\mathrm{Re}\,\lambda_{01} \propto -\frac{dy}{dx} \quad . \tag{11}$$

This proves what we anticipated in the previous section, namely that the segment of the steady-state curve with a *negative* slope is unstable. The low-and high-transmission branches, instead, are stable for the resonant mode.

Some *off-resonance* frequencies ($n \neq 0$), however, can become unstable [4]. In fact, when G is positive (8) acquires a gain-minus-loss form (in fact, the damping constant κ represents precisely the cavity losses). When, for a given frequency, the gain exceeds the loss, the corresponding modal amplitude builds up, is amplified and the stationary state becomes unstable. Note that the gain G has a completely different physical origin from the usual gain of the laser [2], because the atomic system here does not have a population inversion; G has the same physical origin, instead, as the gain that one finds in the so-called *saturation spectroscopy* [5].

From the explicit expression of G, one can conclude that a well-defined segment of the high-transmission branch can become unstable. The range of the domain of instability depends on the length $\mathscr{L}$ of the cavity. For the sake of definiteness, we let $\gamma_{\perp} = \gamma_{\parallel} = \gamma$ and we consider the case in which only the two eigenfrequencies $n = \pm 1$ can become unstable. In this case, a stationary state in the high-transmission branch becomes unstable when [4]

$$\alpha_{min}(x) < \alpha_1 < \alpha_{max}(x) \tag{12}$$

where

$$\alpha_{\substack{max\\min}}(x) = \gamma\left(x^2 - C \pm \sqrt{C^2 - 4x^2}\right)^{1/2} . \tag{13}$$

Hence, for each value of the transmitted field x along the upper branch, one expects an instability provided that the off resonance $\alpha_1 = 2\pi c/\mathscr{L}$ of the first sidebands lies in the range (13). The functions $\alpha_{min}(x)$ and $\alpha_{max}(x)$ are plotted in Fig. 4. The region of the $(\alpha_1/\gamma, x)$ plane bounded by these curves defines the instability domain of our system. In fact, for fixed values of $\mathscr{L}$ and γ (hence, of α_1/γ) one can find immediately the segment of the hysteresis cycle which is unstable (see Fig. 5).

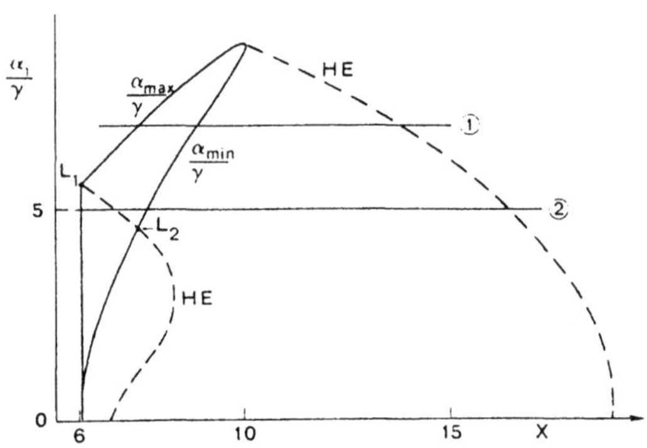

Fig. 4 Instability region of the system for $C = 20$, $\gamma_{\perp} = \gamma_{\parallel} = \gamma$; $\tilde{\alpha} = \alpha_1/\gamma$ is proportional to the difference between adjacent eigenfrequencies of the cavity; x is the stationary value of the normalized transmitted field in the upper branch. The horizontal lines 1 and 2 represents scans with constant $\tilde{\alpha}$ which are discussed in Section 5

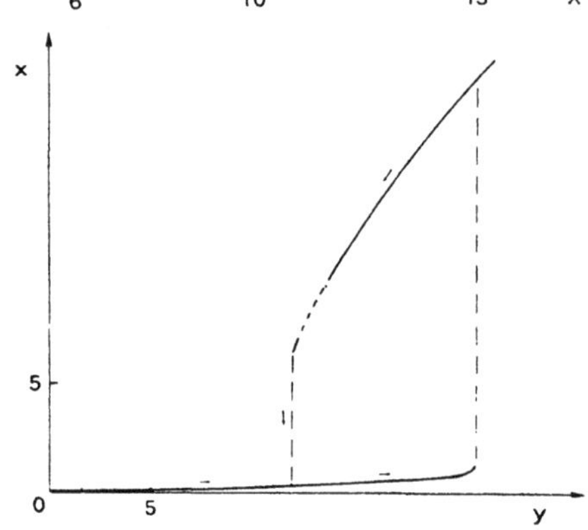

Fig.5 Stable (solid) and unstable (dashed) parts of the hysteresis cycle for $C = 20$, $\tilde{\alpha} = 7$, and $\gamma_{\perp} = \gamma_{\parallel} = \gamma$

Computer solutions of the Maxwell-Bloch equations show that, when a steady state in the high-transmission branch is unstable, the system can evolve along two different routes [3-5]: the first leads to eventual precipitation into the corresponding low-transmission state after some transient pulsations; the second leads to periodic *self-pulsing* of the transmitted light with a period of the order of the cavity transit time $\mathcal{L}/c$. This behavior is reminiscent of that of a ring laser beyond the so-called second threshold [6,7]. The shape of the pulses depends on the number of unstable frequencies. When only two frequencies are unstable, the pulses are sinusoidal; in the case of many unstable modes, the shape deviates greatly from sinusoidal, and, in fact, under proper conditions, the entire pulse train loses its periodic character and becomes *chaotic*.

This last possibility was first predicted by IKEDA [8] after transforming the Maxwell-Bloch equations and boundary conditions into finite difference equations for a system characterized by some detuning between the incident field frequency and the atomic transition, and by a ring cavity with a length $\mathcal{L} \gg c\gamma^{-1}$. Under these conditions, on increasing the strength of the incident field, one first finds self-pulsing, roughly in the form of a sequence of square-waves. Subsequently, the system undergoes a sequence of period doubling bifurcations, which finally terminates into chaos. This behavior is in qualitative and quantitative [9] agreement with the general theory of discrete maps, developed by FEIGENBAUM [10]. The existence of this behavior has been confirmed experimentally [11] using a hybrid electro-optic system. Because of its discovery within the framework of finite difference equations, the IKEDA instability has been thought for some time to be quite independent of the type of self-pulsing discussed in this section. A recent paper [12] has shown, instead, that the chaotic instability of IKEDA is a special case of the general self-pulsing instability discovered earlier by BONIFACIO and LUGIATO [4].

4. The Dressed Mode Theory of Optical Bistability

In order to gain some physical insight into the origin of the self-pulsing behavior, numerical solutions of the Maxwell-Bloch equations are not enough. An analytical (or, more precisely, quasi-analytical) treatment is possible in the simplest setting, i.e. when $\alpha L \ll 1$, $T \ll 1$, and when only the nearest sidebands, $n = \pm 1$, of the resonant mode are unstable. In this case, one can exploit HAKEN'S general theory of the Ginzburg-Landau equations for phase transition-like phenomena in open systems far from thermal equilibrium. The basic development was first formulated in general terms [13] and later applied both to problems of chemical instabilities [2] and of the laser [14]. We have shown [15,16] that some crucial steps, which are only approximate in the general theory, can be carried out exactly by exploiting and completing the limit (4), as we shall discuss further on in this section. Thus, our procedure allows us to characterize the self-pulsing state exactly not only in the neighborhood of the instability region, where it bifurcates from the cw state, but *over its entire domain of existence*.

In order to illustrate our approach, we must consider the eigenvalues λ_{nj} and the corresponding eigenstates $\vec{O}_{nj}$ of the linearized Maxwell-Bloch equations. When $\alpha L \ll 1$ and $T \ll 1$, one finds that, for $j = 1$, Re λ_{nj} is proportional to the cavity damping constant κ, while, for $j = 2,3$, Re λ_{nj} is proportional to the atomic linewidth γ. For this reason, the modes with label $j = 1$ will be called "field modes" and those with $j = 2,3$ "atomic modes". Despite their dominant field or atomic character, the (n,j) modes describe the linear part of the interaction exactly and will be referred to as "dressed modes" of the system [15].

Next, we expand the dynamical variables of the Maxwell-Bloch equations in terms of the eigenstates $\vec{O}_{nj}$. For example, the normalized transmitted field is expanded in the form

$$x(t) = x + \sum_{nj} \exp(-i\, \alpha_n t)\, S_{nj}(t)\, O_{nj}^{(1)} \quad , \tag{14}$$

where x is the stationary value of the transmitted field in the high-transmission branch, $O_{nj}(1)$ is the first component of the eigenstate $\vec{O}_{nj}$ (a three-component vector), and S_{nj} are the dressed mode amplitudes. After inserting (14), and similar expressions for the atomic variables, into the Maxwell-Bloch equations one obtains exact nonlinear equations that govern the time evolution of the dressed mode amplitudes. They have the structure

$$\frac{d}{dt} S_{nj} = (\lambda_{nj} + i\alpha_n) S_{nj} + \sum_{n'j'n''j''} \Gamma(nj,n'j',n''j'') \tilde{S}_{n'j'} S_{n''j''} \quad , \tag{15}$$

where the mode-mode coupling coefficients Γ are algebraically complicated but otherwise explicit functions of the system parameters. Because numerical tests reveal that, under the conditions described in this section, the dominant modes are those with $n = 0,\pm1$ and $j = 1,2,3$, the problem is reduced to the study of nine coupled equations of the type (15).

The analysis becomes considerably more transparent if one takes advantage of (4) together with the limit

$$t \to \infty, \quad \tau \equiv \kappa t = \text{constant}. \tag{16}$$

In this case, the atomic modes, which vary on a time scale of the order of γ^{-1}, attain a stationary configuration, in the sense that $dS_{n2}/dt = dS_{n3}/dt = 0$, while the field modes, whose evolution is significant only over a time scale γ^{-1}, can still be described with complete accuracy. Thus, the atomic modes *are eliminated adiabatically in an exact way*, and one obtains a closed set of equations for the field modes alone which now play the role of *order parameters*

$$\frac{d}{dt} S_{n1} = h_n(S_{11}, S_{01}, S_{-11}), \quad n = 0,\pm1 \quad . \tag{17}$$

An important feature of this problem is that the functions h_n can be calculated exactly and analytically unlike the general case discussed in HAKEN'S theory [13], where the adiabatic elimination is performed by an iterative process. In fact, our explicit calculations show that, in the limits (4) and (16), all the nonlinear terms in (15) that involve the product of two atomic mode amplitudes vanish (i.e. the appropriate coefficients Γ approach zero). It follows that the atomic amplitudes can be calculated exactly from a linear algebraic system.

The limit (4) implies also another simplification, i.e. the eigenvector components $O_{nj}(1)$ with $j = 2,3$ vanish. Hence, if we set

$$\begin{aligned} \rho(\tau) &= 2|O_{11}^{(1)} S_{11}(\tau)| \\ \phi(\tau) &= \arg(O_{11}^{(1)} S_{11}(\tau)) \\ \sigma(\tau) &= O_{01}^{(1)} S_{01} \end{aligned} \tag{18}$$

and take into account the complex symmetry

$$S_{-11} = S_{11}^* \tag{19}$$

the transmitted field $x(\tau)$ in (14) takes the form

$$x(\tau) = x + \sigma(\tau) + \rho(\tau) \cos(\alpha_n t - \phi(\tau)) \quad . \tag{20}$$

The meaning of the variables ρ and σ is now transparent; ρ measures the half-amplitude of the self-pulsing oscillation and σ the difference between the mean value of the oscillations and the unstable steady-state value x.

With this choice of variables, one finds that the system (17) decouples into a closed system of equations for $\rho(\tau)$ and $\sigma(\tau)$, and into a separate equation for $\phi(\tau)$ of the form

$$\frac{d\rho}{d\tau} = \rho f(\rho,\sigma), \quad \frac{d\sigma}{d\tau} = g(\rho,\sigma) \tag{21a}$$

$$\frac{d\phi}{d\tau} = \ell(\rho,\sigma) \quad . \tag{21b}$$

The analytic expressions of the rational functions f,g,ℓ is given in [15]. Here we stress that, upon solving (21a) for $\rho(\tau)$ and $\sigma(\tau)$, the time evolution of the self-pulsing envelope of the transmitted light, $x + \sigma(\tau) \pm \rho(\tau)$ can be calculated at once.

At this point, the original complex problem has been reduced to one that can be simply described in terms of the two-dimensional phase-plane of the variables σ and ρ. After a sufficiently long time, when σ and ρ have reached the stationary values $\rho(\infty)$ and $\sigma(\infty)$, the self-pulsing envelope becomes flat. In the (σ,ρ) plane one can recognize at a glance whether a stationary solution corresponds to a cw or a self-pulsing state, depending on where the representative point $P_\infty \equiv (\sigma(\infty), \rho(\infty))$ happens to be. Thus, if P_∞ lies along the σ-axis, the stationary solution displays a cw character (no self-pulsing); the opposite is true if P_∞ is located off the σ-axis.

Naturally, the steady state solutions of (21a) may or may not be stable. Their stability can be studied in the usual way by linearizing (21a) around P_∞; thus, the behavior of the system as a function of the external parameters x and $\tilde{\alpha} \equiv \alpha_1/\gamma = 2\pi c/\mathscr{L}\,\gamma$ can be immediately understood by noting the displacement of the point P_∞ in the (σ,ρ) plane as the external parameters are varied.

5. Steady-State Solutions

Two classes of steady-state solutions of (21a) can be identified by inspection. The first one corresponds to cw solutions of the type

$$\rho_\infty = 0, \; g(0,\sigma_\infty) = 0, \quad , \tag{22}$$

while the second describes the self-pulsing states with $\rho_\infty \neq 0$ and $\sigma_\infty \neq 0$. A detailed stability analysis of these steady-state solutions inside the instability domain of Fig. 4 shows that below the boundary line L_1L_2 only the cw solutions (22) are stable; above this line, the self-pulsing solutions become stable and provide a local attractor for trajectories that emerge from the initial unstable condition $\rho(0) = \sigma(0) = 0$.

The situation can be clarified with the help of Fig. 6, where the stable asymptotic amplitude of self-pulsing is plotted as a function of the varying control parameter x for a fixed value of $\tilde{\alpha} = 7$ along the scan line 1 of Fig. 4. On entering the instability region from the left boundary, stable self-pulsing states become accessible, whose amplitude of oscillation grows monotonically. Surprisingly [15], the self-pulsing state persists stably even when x increases beyond the right boundary of the instability region. On the other hand, at this point the system is no longer unstable against small perturbations. This apparent contradiction can be easily explained in the following terms. Outside and on the right of the instability region, stable cw and self-pulsing solutions coexist and are separated by a line of unstable steady-state solutions. Thus, if the system is initially perturbed by a small fluctuation, it will return to the cw steady state. On the other hand, if the initial amplitude of the fluctuation is sufficiently large, a stable self-pulsing state can be accessed. Eventually, the lines of unstable and stable self-pulsing states merge, these solutions disappear and the only surviving stable

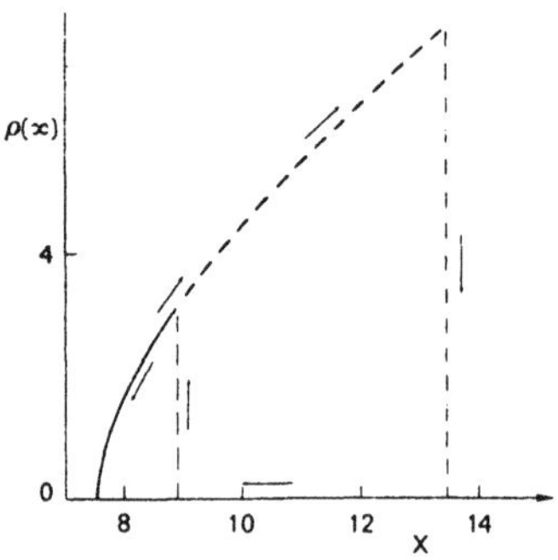

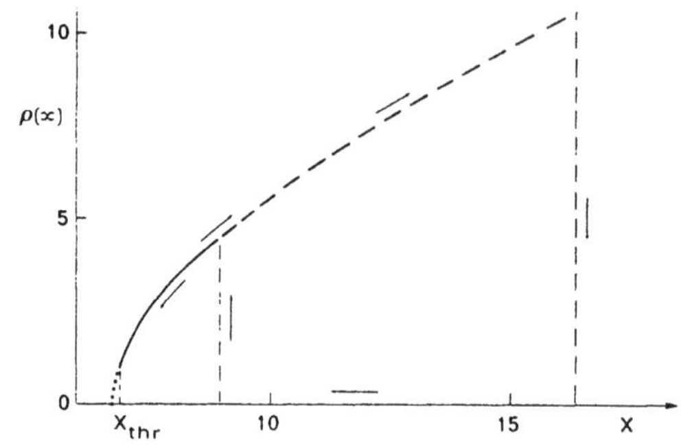

Fig. 6 Dependence of the asymptotic self-pulsing amplitude $\rho(\infty)$ on the transmitted field x along the scan line $\tilde{\alpha}$ = 7 of Fig. 4. The solid line represents a sequence of stable self-pulsing states generated by small initial fluctuations. The dashed segment denotes hard-excitation self-pulsing. This terminates when the scan line crosses the hard-excitation (HE) boundary of Fig. 4

Fig. 7 Dependence of the asymptotic self-pulsing amplitude $\rho(\infty)$ on x along the scan line $\tilde{\alpha}$ = 5 of Fig. 4. The solid and dashed segments have the same meaning as in Fig. 6. The dots identify unstable self-pulsing solutions for $x < x_{thr}$

state is the cw solution in the high-transmission branch. The vertical dotted line in Fig. 6 marks the boundary where the hard-mode instability disappears.

For completeness, we now consider in Fig. 7 a second typical scan of the instability region corresponding to $\tilde{\alpha}$ = 5 and variable x (scan line 2 of Fig. 4). Upon entering the instability domain from the left, the origin of the (σ,ρ) plane becomes unstable and self-pulsing develops. On the other hand, the only stable solution at this point is the cw state in the low-transmission branch. Thus, the system can only undergo precipitation. The unstable character of the asymptotic self-pulsing in the range $x < x_{thr}$ is marked in Fig. 7 by a series of dots. Beyond the threshold line L_1L_2 the self-pulsing state becomes a local attractor and, as in the case of Fig.6, stable self-pulsing develops whose asymptotic amplitude grows monotonically well beyond the right boundary of the instability region (hard-mode instability). On the other hand, the threshold line L_1L_2 is characterized by a sign reversal of the real part of the two complex conjugate eigenvalues of the linearized limit of equations (21a), while the imaginary parts of these eigenvalues remain different from zero. Under these conditions, one expects the occurrence of a Hopf bifurcation. An analysis of this problem will be carried out in the next section.

An interesting feature that emerges from our steady-state analysis is the existence of a hysteresis cycle of entirely new type [15]. With reference to Fig. 6, for example, we see that upon entering the instability region, a branch of stable self-pulsing states bifurcates from the cw solutions. As the strength of the incident field is increased further, the self-pulsing amplitude continues to grow until discontinuously, it returns to zero beyond the hard-excitation boundary. If now one decreases the strength of the incident field, the system continues to operate along the cw high-transmission branch, until the operating parameters cross the right boundary of the instability domain. Here a discontinuous transition occurs into a stable self-pulsing state with a finite amplitude of oscillation. This situation is reminiscent of a first-order phase transition with a hysteresis cycle that involves, in this case, both cw and self-pulsing branches. On the contrary, the left-most bifurcation in Fig. 6 has the typical looks of a second-order phase transition. Here, again, the bifurcating branches consist of cw and self-pulsing states.

6. Transient Evolution

As an example of the kind of instabilities that are typical of an absorptive system, we imagine an experiment in which for a fixed cavity length and gaseous conditions (hence, constant C and $\tilde{\alpha} = \alpha_1/\gamma$) one varies the strength of the incident field. For each value of y (or, more conveniently, for each corresponding unstable value of x in the upper branch) we follow the evolution of the time-dependent envelope of the transmitted light.

For definiteness, we consider the scan line 2 of Fig. 4. On the left of the threshold line L_1L_2 the system is unstable against small initial fluctuations but the only asymptotic stable configuration is the cw state in the low-transmission branch. Predictably (Fig. 8) one can observe at first the onset and exponential growth of self-pulsing, and eventually the precipitation of the system into the lower branch. Practically identical behavior is obtained for all values $x < x_{thr}$. The only significant difference is a lengthening of the time scale that accompanies the build-up of the self-pulsing envelope as $x < x_{thr}$ from the left. This effect is the usual critical slowing down that accompanies a stability change. In fact, on the right of the threshold line (Fig. 9) the asymptotic state of the system is one of stable self-pulsing. The transient behavior, however, reveals long-term oscillations of the self-pulsing envelope (breathing) which are the cause of the pronounced spiraling of the phase space trajectory into the stable focus (Fig. 10). Further away from x_{thr}, the breathing pattern disappears as the system approaches the stable self-pulsing state over a much shorter time scale.

If the operating parameters are now moved to the right of the instability line and into the hard-excitation regime, a sufficiently large initial fluctuation will develop into a stable self-pulsing pattern, as shown in Fig. 11. As anticipated in our discussion of Section 5, even the hard-mode instability eventually disappears; beyond the right boundary of the hard excitation domain a large initial fluctuation causes brief oscillations--however the system quickly returns to a stable cw steady state on the high-transmission branch.

An interesting feature which is worth mentioning is the existence of a Hopf bifurcation at the threshold line L_1L_2. As we mentioned, the real parts of the two complex conjugate eigenvalues of the linearized equations undergo a sign change

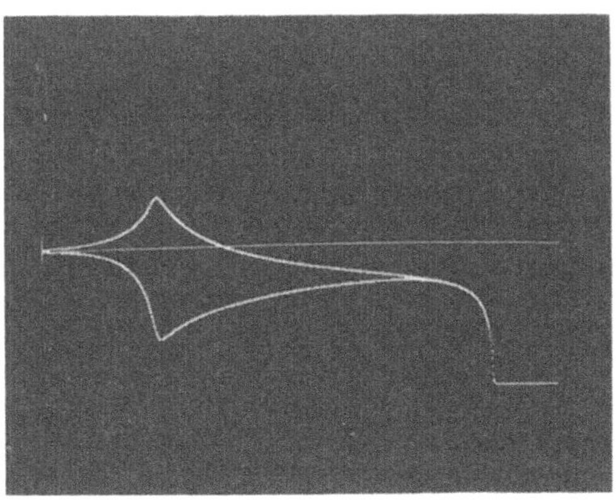

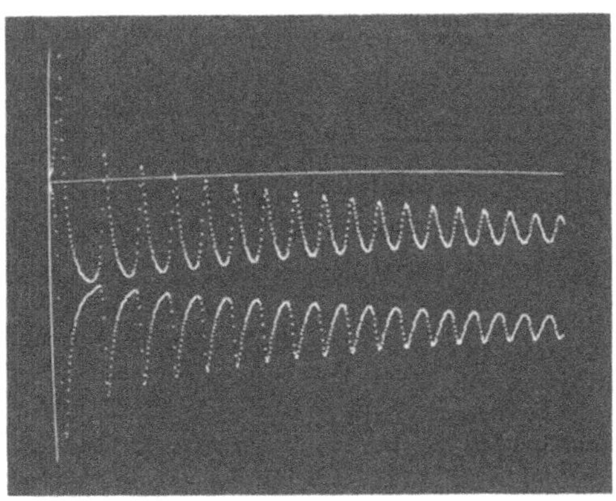

Fig. 8 Transient evolution of the self-pulsing envelope followed by precipitation of the system in the low-transmission branch. The operating parameters are $\tilde{\alpha} = 5$, $x = 6.86$. The total run time is 50 units of τ

Fig. 9 Self-pulsing envelope corresponding to operating values which are slightly to the right of the threshold line ($\tilde{\alpha} = 5$, $x = 6.867$). The total run time is 600 units, more than 10 times the length of the characteristic time scale of Fig. 8

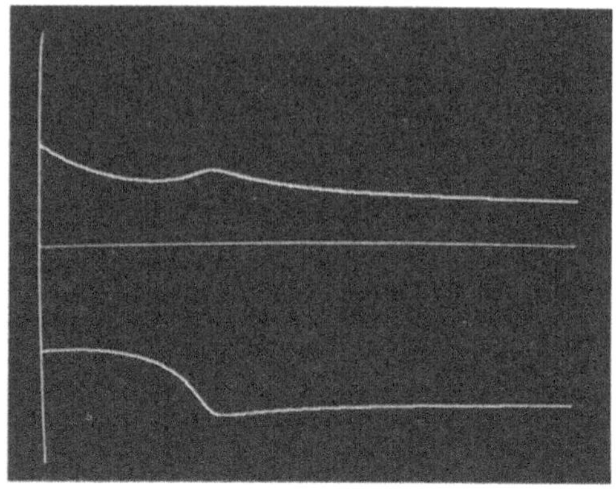

Fig. 10 Phase-space portrait of the solution shown in Fig. 9. The trajectory lies in the second quadrant of the (σ,ρ) plane

Fig. 11 Self-pulsing envelope outside the instability region ($\tilde{\alpha} = 5$, $x = 5.0$). The system must be given a "kick" if it is to evolve into steady oscillations. The total run time is considerably shorter than that of the preceeding figures (10.0 units of τ)

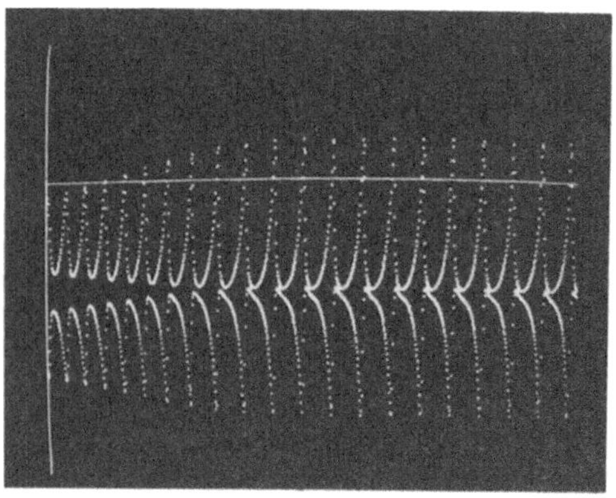

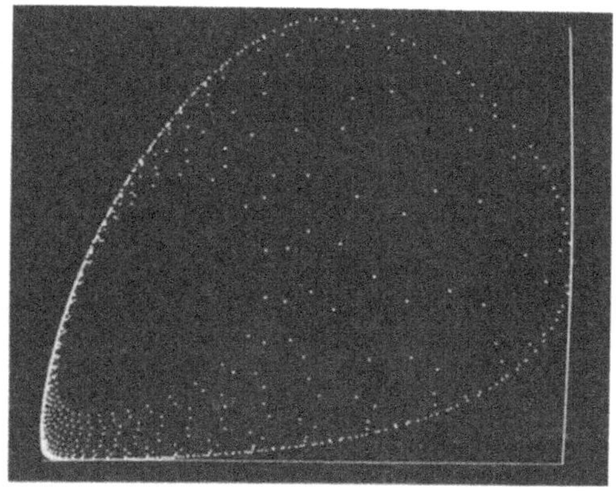

Fig. 12 Time-reversed trajectory and limit cycle with operating parameters $\tilde{\alpha} = 5$, $x = 6.8669$ and running time of 1000 units of τ

Fig. 13 Time-reversed evolution of the envelope of the transmitted field for the same value of the parameters as in Fig. 12. Here the envelope behaves as a perfect clock that ticks backwards in time

while the imaginary parts remain finite. Under these conditions, one expects a manifold of limit cycles to bifurcate from the stable or unstable lines of foci that represent the solutions on both sides of the threshold. As it turns out, the limit cycles are unstable and, therefore, act as repellers of nearby trajectories. In order to reveal their presence, we have run numerical solutions backwards in time, thus turning the cycles into stable attractors. With this trick, we have identified the existence of a very small range of values of x on the right of the line L_1L_2 where the unstable limit cycles coexist together with the stable self-pulsing foci. One example of such solutions is shown in Fig. 12, together with the corresponding self-pulsing envelope (Fig. 13). Here, in contrast to the result of Fig. 9, the envelope breathing persists indefinitely while the system goes on marking (negative) time as a regular clock.

Acknowledgements

We wish to thank Professors H. Haken, N. Abraham, J. Farina and J.M. Yuan for numerous discussions and useful suggestions. A special acknowledgement goes to Ms. C.A. Pennise for her generous help with several aspects of the numerical work. This research was partially supported by a grant from the Martin-Marietta Research Laboratory and by the U.S. Army Research Office under contract #DAAG29-82-K-0021.

References

1. For a review of the state of the art in optical bistability, see for example:
   (a) Optical Bistability, edited by C.M. Bowden, M. Ciftan and H.R. Robl, Plenum Press 1981.
   (b) IEEE Journal of Quantum Electronics, Special Issue on Optical Bistability, edited by P. Smith, March 1981.
2. H. Haken, Synergetics--An Introduction, Springer-Verlag, Berlin, 1979.
3. R. Bonifacio, L.A. Lugiato, in Pattern Formation by Dynamic Systems and Pattern Recognition, Proceedings of the International Symposium on Synergetics, Schloss Elmau, Germany, April 1979, edited by H. Haken, Springer-Verlag, 1979.
4. R. Bonifacio, L.A. Lugiato, Lett. al Nuovo Cimento 21, 505 (1978); 21, 510 (1978).
5. M. Gronchi, V. Benza, L.A. Lugiato, P. Meystre, M. Sargent III, Phys. Rev. A24, 1419 (1981).
6. R. Graham, H. Haken, Zeit. Phys., 213, 420 (1968).
7. H. Risken, K. Nummedal, J. Appl. Phys. 49, 4662 (1968).
8. K. Ikeda, Opt. Comm. 30, 257 (1979); K. Ikeda, H. Daido, O. Akimoto, Phys. Rev. Lett. 45, 709 (1980).
9. R.R. Knapp, H.J. Carmichael, W.C. Schieve, Opt. Comm. 40, 68 (1981).
10. M.J. Feigenbaum, J. Stat. Phys. 19, 25 (1978); 21, 669 (1979).
11. H.M. Gibbs, F.A. Hopf, D.L. Kaplan, R.L. Shoemaker, Phys. Rev. Lett. 46, 474 (1981).
12. L.A. Lugiato, M.L. Asquini, L.M. Narducci, Opt. Comm. (to be published).
13. H. Haken, Zeit. Phys. B21, 105 (1975); B22, 69 (1975).
14. H. Haken, H. Ohno, Opt. Comm. 16, 205 (1976); Phys. Lett. 59A, 261 (1976).
15. V. Benza, L.A. Lugiato, Zeit. Phys., B35, 383 (1979); Zeit. Phys. (to be published).
16. L.A. Lugiato, V. Benza, L.M. Narducci, J.D. Farina, Opt. Comm. 39, 405 (1981).

Benard Convection and Laser with Saturable Absorber. Oscillations and Chaos

Manuel G. Velarde

U.N.E.D.-Ciencias, Apdo. Correos 50.487
Madrid, Spain

1. Introduction

It has been shown[1-7] that the most relevant features of *two-component* Bénard convection can be described by a five-mode truncated version of the original thermo-hydrodynamic equations [8]. For the case of stress-free, heat conducting and permeable boundaries the truncation leads to a set of five nonlinearly coupled ordinary differential equations for the amplitudes of the flow fields. We have

$$dA_1/dt = -P\{Rk(A_3+SA_5)+\pi^3A_1(1+k^2)^2\}/\pi(1+k^2) \tag{1.a}$$

$$dA_2/dt = A_1A_3/2 - 4A_2\pi^2 \tag{1.b}$$

$$dA_3/dt = -\pi kA_1-\pi^2(1+k^2)A_3-A_1A_2 \tag{1.c}$$

$$dA_4/dt = A_1A_5/2 - 4\pi^2r(A_4-A_2) \tag{1.d}$$

$$dA_5/dt = \pi^2r(1+k^2)(A_3-A_5)-A_1A_4-\pi kA_1 \quad , \tag{1.e}$$

where A_1 refers to the velocity, A_2 and A_3 to the temperature and A_4 and A_5 to the mass-fraction of an *impurity* or *solute*. P is the Prandtl number. R is the *thermal* Rayleigh number, which is a dimensionless measure of the temperature gradient across the layer (heated from below or above). There might be in the problem a *solute* Rayleigh number but this is not the case for (1) where the role of the impurity or solute is assumed to appear through Onsager's cross-transport (Soret effect) in the absence of an initial concentration gradient. S is the dimensionless measure of such cross-transport process and an estimate of the ratio between the two buoyancy forces involved in the problem [8]. r denotes the ratio of mass to heat diffusivity (Lewis or inverse Lewis number, according to different authors). k is the assumed structure (wave number) in the convective regime past the Rayleigh-Bénard instability.

A remarkable feature of (1) is that by a suitable transformation it describes the basic aspects of a laser with a *saturable absorber* operating in a single-mode regime with perfect tuning between the atomic transition frequencies and the laser mode in the cavity[3-7,9,10]. Such mathematical equivalence was already discovered by HAKEN [11, see also 12] for the case of a single-component Bénard problem and the standard laser without the absorber. As a matter of fact, the equivalence can be supported by an intuitive approach to the mechanisms underlying the onset of instability in the two problems and by a straightforward analogy of the relevant fields and parameters involved in the cooperative state (see Fig.1).

The laser problem refers to a highly simplified mathematical model obtained from a more refined description given by LUGIATO *et al.* [9,10]. We have

$$dE/dt = -\kappa E + NV + \bar{N}\bar{V} \tag{2.a}$$

$$dV/dt = -\gamma_{\perp}V + |g|^2DE \tag{2.b}$$

$$d\bar{V}/dt = -\bar{\gamma}_{\perp}\bar{V} + |g|^2\bar{D}E \tag{2.c}$$

$$dD/dt = -\gamma_{\parallel} D - 4V E + \gamma_{\parallel}\sigma \qquad (2.d)$$

$$d\bar{D}/dt = -\bar{\gamma}_{\parallel}\bar{D} - 4\bar{V} E + \bar{\gamma}_{\parallel}\alpha \quad , \qquad (2.e)$$

where N is the number of two-level excitable(active) atoms. E is the electric field amplitude. V is the polarization of the atoms. D is the perturbed atomic inversion (population inversion). g is the field-matter(active or passive)coupling constant. κ is the damping constant of the field in the cavity.σ is the unsaturated inversion. $\gamma_{\parallel}$ and $\gamma_{\perp}$ are the longitudinal and transverse relaxation constants, respectively(their inverses are a measure of the population and dipole decay times,respectively).The bar over a quantity indicates the corresponding variable for the *passive* atoms(*absorbing medium*).

The following transformation is one that leads from (1) to (2)

$A_1 = 2|g|E\sqrt{2}$, $A_2 = D - \pi k$, $A_3 = -2V|g|^{-1}\sqrt{2}$,$A_4 = Dr/(r-1)+\bar{D}/S-\pi k$, and

$A_5 = -2Vr\sqrt{2}/|g|(r-1)-2\bar{V}\sqrt{2}/|g|S$,with the following parameter correspondence

$N|g|^2 = PRk\{1 + Sr/(r-1)\}/\pi B$, $\bar{N}|g|^2 = PRk/\pi B$, $\kappa = \pi^2 BP$, $\gamma_{\perp} = \pi^2 B$, $\bar{\gamma}_{\perp} = \pi^2 Br$,

$\gamma_{\parallel} = 4\pi^2$, $\bar{\gamma}_{\parallel} = 4\pi^2 r$, $\sigma = \pi k$ and $\bar{\sigma} = \pi kS/(1-r)$.Here $B = 1+k^2$.

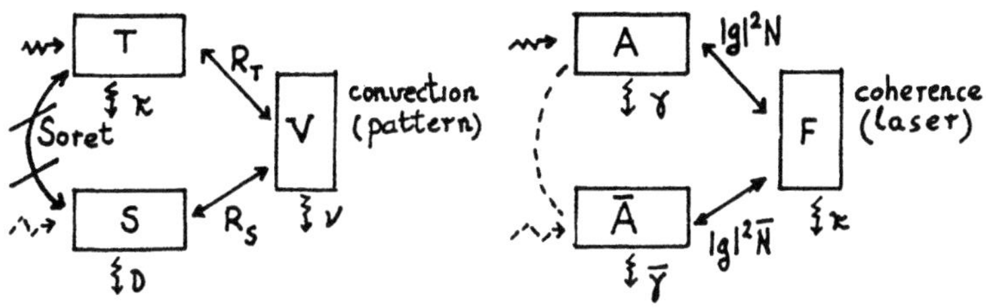

Fig.1 Two-component Bénard convection and laser with a saturable absorber:a fertile *analogy* underlying a mathematical *equivalence*. T,S,V account for temperature,solute and velocity in correspondence with A,Ā,F,active,passive atoms and field.Constrains(couplings) and decaying constants are also shown

Classes of solutions of(1)or(2) are well- known [1-7,10,13,14].For a phase transition analogy see Refs. 6 and 7(limitations of the analogy are given in Ref.13).

2. Soft- and hard-excited oscillations

The quantity k introduced in the preceding section denotes the planform at the onset of steady convective instability. It has a fixed value according to the linear stability analysis of the motionless(trivial)steady state. For the above-mentioned boundary conditions in the two-component Bénard problem it is $\sqrt{2}/2$. There is no such restriction in the model for the laser with absorber and thus the two problems are not strictly equivalent. We shall concentrate here on the model-problem where k is allowed to take on any real number.The k-solution in Bénard convection bifurcates from a state of rest and it has been shown by several authors that it possesses a non trivial domain of stability (for a recent account of results see Ref. 7).We shall see in the following that it can be destabilized through limit cycle oscillations. On the other hand steady convection or steady lasing is not the only available state bifurcating from the rest or the no lasing state. Linear stability analysis also predicts bifurcation through complex eigenvalues leading to other limit cycle oscillations.Fig. 2 illustrates the physical mechanism underlying an oscillatory behavior in the two-component Bénard problem.

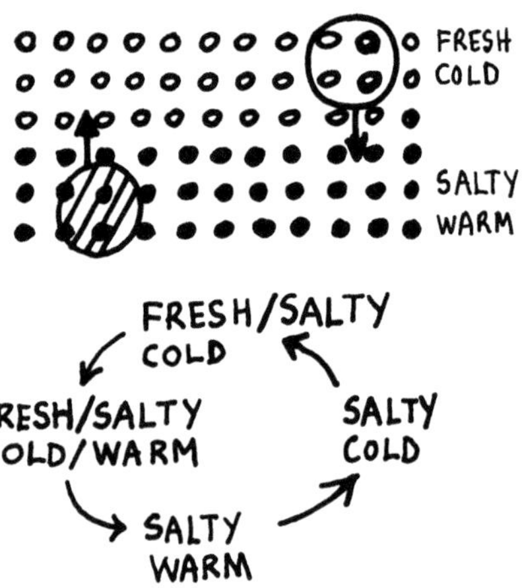

Fig.2 Overstability and the physics behind oscillatory convection in the two-component Bénard problem. Consider a salty warm layer underlying a fresh cold one. A portion of fluid displaced from the lower(upper)part to the upper(lower)one would tend to come back to its original position as the thermal diffusivity is two orders of magnitude larger than the solute(mass)diffusivity. Then the *overshooting* of the equilibrium position brings the oscillatory motion sustained indeed by the nonlinear transport equations.Further details about this phenomenon can be found in Ref.16. Other mechanisms for oscillatory convection in fluid layers with or without surfaces open to the ambient air are described in Refs.17 and 18

For universality of the description we shall make use of(1.2)in dimensionless form. We pose

$$E = -(\gamma_{\parallel}\gamma_{\perp})^{\frac{1}{2}}a/|g|2,\ V = -\sigma|g|(\gamma_{\parallel}/4\gamma_{\perp})^{\frac{1}{2}}p\ ,\ \bar{V} = -\bar{\sigma}|g|(\gamma_{\parallel}/4\gamma_{\perp})^{\frac{1}{2}}\bar{p}\ ,\ D = \sigma(1-d)\ ,$$

$$\bar{D} = \bar{\sigma}(1-\bar{d})\ ,\ t' = \gamma_{\perp}t\ ,\omega = \gamma_{\parallel}/\gamma_{\perp}\ ,\ r_1 = \bar{\gamma}_{\perp}/\gamma_{\perp}\ ,\ r_2 = \bar{\gamma}_{\parallel}/\gamma_{\parallel}\ ,\rho = \kappa/\gamma_{\perp}\ ,$$

$A = N|g|^2\sigma/\kappa\gamma_{\perp}$ and $C = 1 - \bar{N}|g|^2\bar{\sigma}/\kappa\bar{\gamma}_{\perp}$. Note that $\kappa = c(1-R)/L$, where in the laser problem R is the reflectivity of the mirrors and L is the length of the cavity. c is the velocity of light. A and C (or more precisely C-1)would be the equivalent of *thermal* and *solutal* Rayleigh numbers,*i.e.*, they are the "control" parameters which hide the pumping rates of *active* and *passive* atoms, respectively. It is clear that the problem has too many parameters that can be considered free to vary. In dimensionless form we have

$$da/dt = \rho\{-a+Ap+r_1(1-C)\bar{p}\} \qquad (1.a)$$

$$dp/dt = a(1-d) - p \qquad (1.b)$$

$$d\bar{p}/dt = a(1-\bar{d}) - \bar{p}r_1 \qquad (1.c)$$

$$dd/dt = \omega(-d+ap) \qquad (1.d)$$

$$d\bar{d}/dt = \omega(-r_2\bar{d}+a\bar{p})\ , \qquad (1.e)$$

where $\{a,p,\bar{p},d,\bar{d}\}$are the new "field amplitudes" of the model-problem and the remaining are parameters.As no confusion is expected we have replaced t' by t.

To illustrate some of the results found with (1) we now set some of the parameters to given values. We set $r_2=1$,*i.e.*,we take the population decay time the same for both active and passive atoms which is consistent with the assumption of resonance between the emitting and absorbing transitions. We fix $\omega = 0.01$,*i.e.*,we take the dipole decay time to be two orders of magnitude smaller than the other time constant($T_1=1/\gamma_{\parallel}$,$T_2=1/\gamma_{\perp}$,$T_2 \ll T_1$). We also take $\rho = 0.1$ and $\omega<\rho$. Other parameter ranges have been studied in the literature [6,7,15] . r_1 can be let free to vary but for purposes of illustration we shall also fix to a value,say,$r_1 = 0.4$.

Fig.3 illustrates the results of the linear stability analysis of the trivial motionless state or the *no lasing* state.This fig. also contains the locus of *finite amplitude* instability(*subcritical instability or metastability* according to the various jargons in the literature:fluid mechanics and physics,respectively). Note that the stability diagram is restricted to the range of parameter values where oscillatory modes are expected which corresponds to the case where the impurity field competes with the thermal field and the absorber plays its *role of absorber*. Later on we shall discuss the case where the impurity and the absorber rather cooperate with the major destabilizing field.

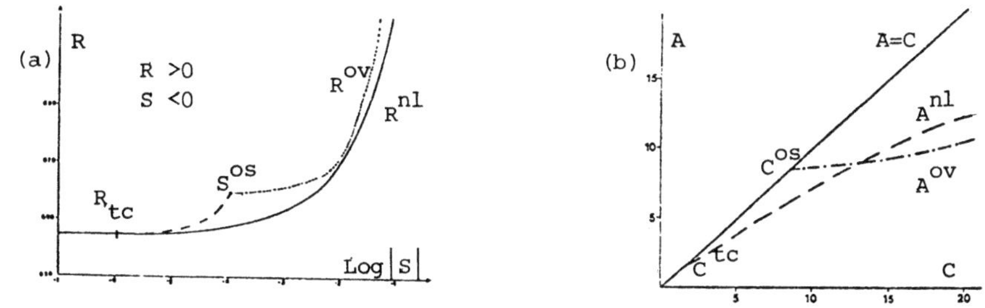

Fig.3 Stability diagrams for Bénard convection with heat and solute and the laser with absorber. (a) Rayleigh *vs* Soret (or even solutal) parameters, (b) Active (A) and passive (C) pumping rates (hidden in A and C). Shown are lines of neutral stability (exchange), overstability and finite amplitude instability, all in accordance with the main text. A major difference between Bénard convection and the laser with absorber is that the model for the latter has a richer phenomenology due to the cross-over between overstability and the line for *steady nonlinear* finite amplitude instability shown in (b)

2.1. Soft-excited oscillation (direct Hopf bifurcation)

At a Hopf bifurcation point of (2.1) we have the possibility of constructing the oscillatory branch. This has been achieved by means of a *two-time scale method* [19] and the analytical predictions have been checked with a fourth-order Runge-Kutta direct integration of the differential equations [3,6,7]. Figs. 4 and 5 illustrate some of the results found. Fig. 4 refers to a *phase diagram* in the neighborhood of the bifurcation point whereas Fig. 5 gives a qualitative sketch of the (soft) limit cycle in terms of the laser variables. Note that the parts in Fig.4 correspond to different ranges of parameter values and the plots are given in term of dimensionless (a) and dimensional (b) quantities.

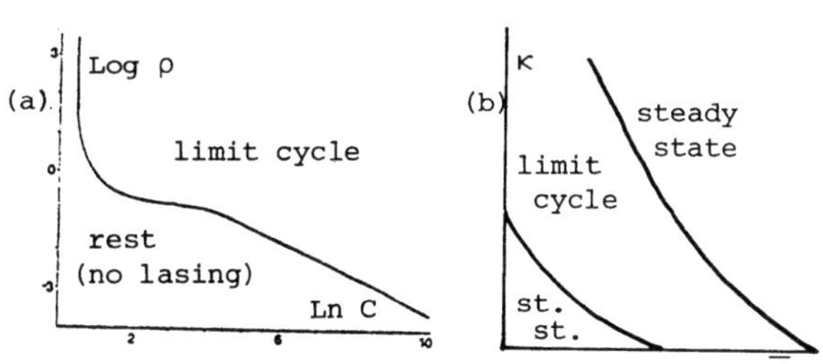

Fig.4 Two of the phase diagrams that are possible in the description of (soft) limit cycle behavior in the laser with absorber in terms of the variables defined in the main text

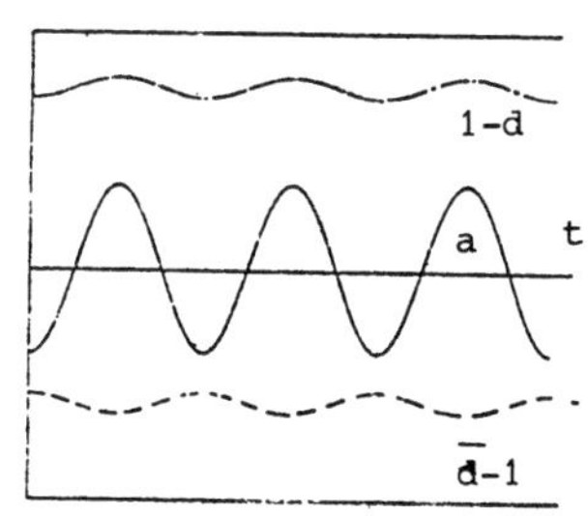

Fig.5 Soft limit cycle in the laser with absorber. Active and passive population inversions and field amplitude *vs* time

Note that the critical Rayleigh number or the equivalent parameter in the laser depends on the variable controlling the role of the impurity or the absorber, and on other quantities like the Prandtl number. This is very important as the critical Rayleigh number for the onset of steady instability depends only on the impurity but not on the Prandtl number or its equivalent parameter in the laser problem. The lower is the Prandtl number the higher are the chances of triggering an oscillatory instability as inertial terms in the Navier-Stokes,etc.,equations dominate over the dissipation.

2.2. Hard-excited oscillation(Passive *Q-switching* as an inverted Hopf bifurcation)

Without absorber the threshold for laser behavior is at A = 1 (Fig.3.b) and the steady state laser intensity grows with (A-1). The absorbing medium is pumped as an emitter if C is smaller than unity, with threshold at $C = 1 - 1/r_1$. Thus we now restrict consideration to the case C larger than unity. Then ,for

$$(1-r_1)^{-1} \equiv C_{tc} \leq C \leq (\rho+r_1)/\rho(1-r_1) \equiv C_{osc}$$

the zero-field solution is stable up to A = C where a branch of steady solutions bifurcates subcritically(Figs.3.b and 6)like in a *hard-mode (discontinuous,first-order)*transition. This brings a region of A-values where *two steady states are available to the system*, since the middle branch(Fig.6)is always unstable. One usually expects that past A^{nl} the nonlinear steady branch would be stable, at least for A not too different from A^{nl}.(Incidentally, in the case under consideration here there is no oscillation expected according to the results given in Fig.3.b.)This nonlinear steady branch can be obtained analytically and a linear stability analysis of such branch has been carried out. To our surprise the nonlinear steady branch is unstable for the range of parameters indicated in Fig.6. Then at a value A_u there is a right-hand bifurcation from this nonlinear branch. Using Floquet theory [20] and the two-time scale method [7,19] it appears that the bifurcation is to the *wrong side,i.e.,it is subcritical*·thus bringing bifurcation of an *unstable limit cycle*, whereas the nonlinear steady state is stable for values of A larger than A_u. For illustrative purposes, note that this prediction is valid in the neighborhood of $\rho = 0.1$ and r_1 smaller than unity. Such value of ρ corresponds to a one meter cavity in the laser with some 3% losses if we take $\gamma_\perp \sim 10^{-8}\ s^{-1}$. The condition r_1 smaller than unity and $\bar{T}_2$ larger than T_2, is consistent with having an active medium with higher gas pressure than that in the absorber.

The divergence of (2.1) is always negative and there must be an attractor in the solutions of (2.1). As neither of the two steady states is stable below A_u and no softly excited limit cycle is expected we wonder about the evolution of the above mentioned limit cycle.We have explored the region $C < A < A_u$ by means of the Poincaré map. Then a relaxation oscillation type of limit cycle was found(Fig.7).Its width is of the order of the photon lifetime in the cavity,*i.e.*, $1/\kappa$ ($1/\rho$ in dimensionless units) and its period is of the order of the decay time of the excited state T_1 ($1/\omega$ in dimensionless units).

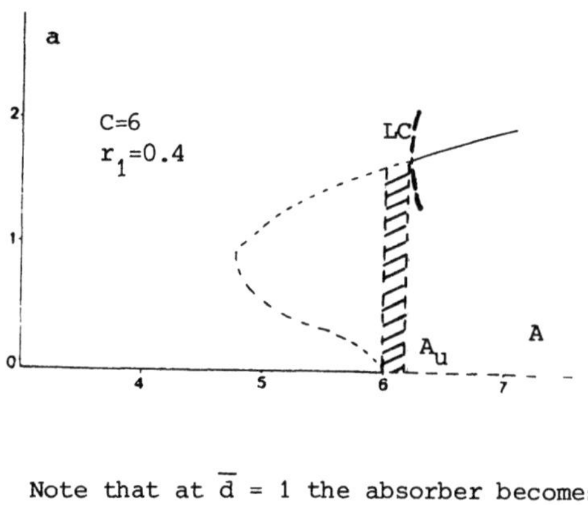

Fig.6 An interesting bifurcation picture of the model for laser with absorber.All dotted lines refer to unstable states, First there is an inverted bifurcation to steady lasing that ,however, is unstable until another inverted bifurcation appears in the form of an unstable limit cycle.The dashed portion corresponds to the hard-excited Q-switching oscillation described in the main text

Note that at $\bar{d} = 1$ the absorber becomes transparent with equal number of atoms in the excited and ground states.It actually becomes *active* for a short interval of time, and only there *cooperates* with the gain cell. The pulse peak intensity decreases with increasing value of the constraint,A.Its value is an order of magnitude higher than the corresponding value at the unstable steady state. The period

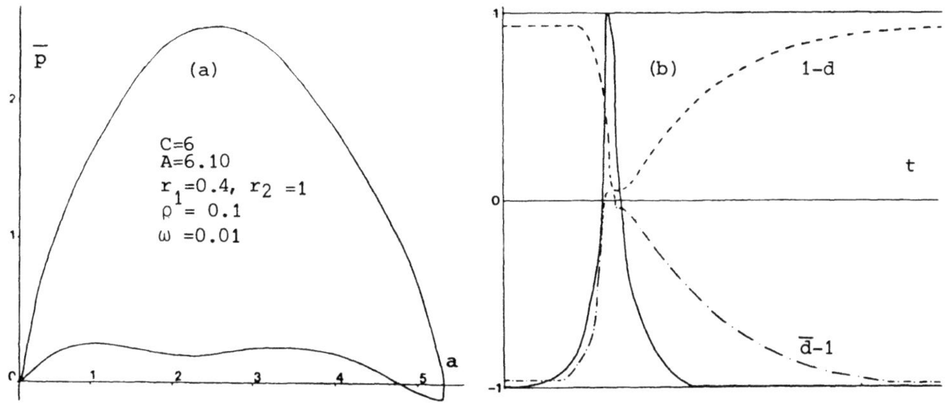

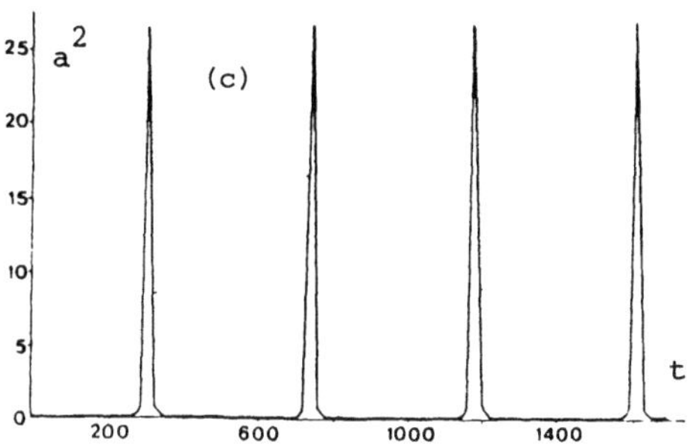

Fig.7 The limit cycle excited through finite amplitude instability.(a)cycle in phase space(a cross-section),(b)the form of a pulse,with emitter' and absorber's population inversions as functions of time.Values are not to scale but rather a sketch of the quantitative predictions.(c)the periodicity of the pulses(intensity *vs* time)

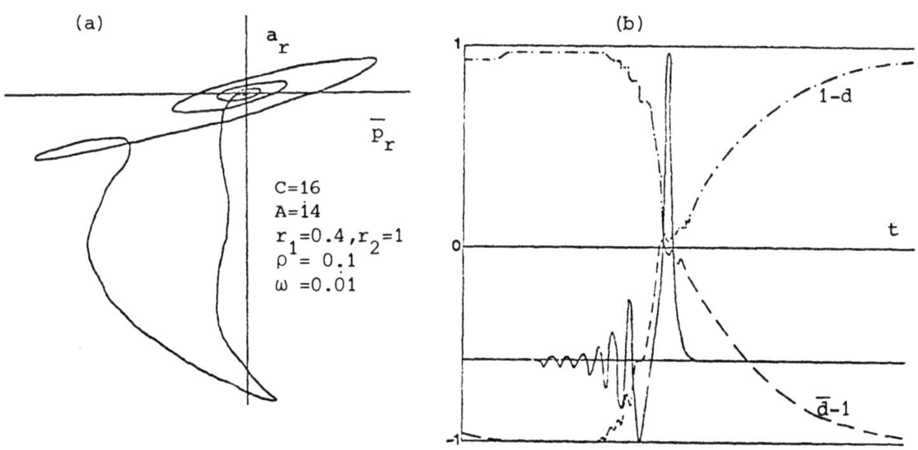

Fig.8 Another limit cycle obtained through hard excitation.This cycle together with the cycle of the preceding fig. correspond to what we have considered as *passive Q-switching* in the main text.Note the appearance of transient oscillations prior to the highest value of the pulse.(a)cycle in phase space(cross-section),(b)the actual pulse with the emitter' and absorber's population inversions *vs* time

decays with increasing values of A. On the other hand when A tends to A_u from below the pulses broaden and tend more to a smooth oscillation keeping ,however,a nonvanishing amplitude and finite period at A_u. When A approaches C from above, the limit cycle period rises drastically, the minimum intensity tends to zero, and the peak intensity remains essentially constant. All these features are characteristic of a *saddle-loop* at A=C.At values of A around C the oscillation tends to a single pulse with infinite rising and decaying times but,however, finite width and height.

3. Coexistence of soft-and hard-excited limit cycles in the model with complex amplitudes:bistability of limit cycle oscillations

Model (1.2) or ,equivalently, model (2.1) is a very drastic truncation of the laser model discussed in Ref. 9. On the other hand, several authors have pointed out that the stability analysis sketched in the preceding Section may be altered with the addition of the phases in (2.1),*i.e.*,with the consideration of the field amplitudes and the corresponding phases. This can be achieved by considering model (2.1) with complex amplitudes.Then the simplest extension of (2.1) to account for the phases brings the following set of *eight* ordinary differential equations that we write in dimensionless form. We have

$$da_r/dt = \rho\{-a_r + Ap_r + r_1(1-C)\bar{p}_r\} \tag{1.a}$$

$$da_i/dt = \rho\{-a_i + Ap_i + r_1(1-C)\bar{p}_i\} \tag{1.b}$$

$$dp_r/dt = a_r(1-d) - p_r \tag{1.c}$$

$$dp_i/dt = a_i(1-d) - p_i \tag{1.d}$$

$$d\bar{p}_r/dt = a_r(1-\bar{d}) - r_1\bar{p}_r \tag{1.e}$$

$$d\bar{p}_i/dt = a_i(1-\bar{d}) - r_1\bar{p}_i \tag{1.f}$$

$$dd/dt = \omega(-d + a_r p_r + a_i p_i) \tag{1.g}$$

$$d\bar{d}/dt = \omega(-r_2\bar{d} + a_r\bar{p}_r + a_i\bar{p}_i) \quad , \tag{1.e}$$

where the subscripts "r" and "i" have the obvious meaning of real amd imaginary parts of the variable defined in Section 2. Note that Eqs.(1) provide non-trivial phase effects,*i.e.*, non-vanishing values of a_i and p_i, only when the atomic system is prepared in a coherent superposition state at the initial time.A more realistic case would be to consider the action of an external field in (1.a,b) or a detuning in (1.c,d) between the atoms and the field. We do not consider these possibilities here as the problem becomes dramatically involved.

As in the preceding Section we set $r_2 = 1$, $\omega=0.01$, and $\rho=0.1$. Thus we again have $\omega<\rho$. Then the steady solutions of (1) are either the *emissionless(no lasing)* state($a_r=a_i=0$)or a nonlinear emission with non-vanishing a, $a_r^2 + a_i^2 = X^2 \neq 0$, where X is any of the positive roots of $X^4+X^2(1-A+r_1C)+r_1(C-A)=0$. We have non-vanishing roots only for C larger than C_{tc} and below A_{nl} the only solution available is X=0. Thus A^{nl} corresponds to the appearance of four solutions in the algebraic equation. We also have $d = X^2/(1+X^2)$, $\bar{d} = X^2/(r_1+X^2)$, $p_r = a_r/(1+X^2)$, $p_i = a_i/(1+X^2)$, $\bar{p}_r = a_r/(r_1+X^2)$, and $\bar{p}_i = a_i/(r_1+X^2)$.

The emissionless state is linearly unstable when A is larger or equal than C or

$$A \geq (\rho + r_1)\{1+r_1+\rho(1+r_1C)\} / \rho(1+\rho) \equiv A^{os} \quad .$$

Along A = C there is *exchange of stabilities* (transitions between steady states in the jargon used above). The transition here is soft for C smaller than C_{tc} and hard at $A = A^{nl}$ for C larger than C_{tc}. At $C = C_{os}$ (defined in Section 2.2) and all along $A = A_{os}$ there is *overstability*. Actually this overstability corresponds to a soft limit cycle bifurcation with a pair of complex semisimple eigenvalues both of multiplicity two. Their imaginary part is μ_o with $\mu_o^2 = r_1\{\rho C(1-r_1)-(\rho+r_1)/(1+\rho)$. Thus it happens that the linear stability diagram of the problem with complex amplitudes (1) is exactly the same as the diagram depicted in Fig.3 for (2.1) or, equivalently, (1.2). The discussion that follows refers to $A^{os} < A^{nl}$.

At values of A slightly above A_{os} two stable limit cycles bifurcate from the emissionless state. They have been constructed using a method due to Kielhöfer [14, 21(for a similar calculation using a different method see 22)]. One of the limit cycles (LC1 in Fig.9) has constant phase and corresponds to the oscillatory solution described in Section 2.1 [3]. Thus LC1 is the same whether or not we consider the phases in (1.2), (2.1) or (1) in this Section. The other limit cycle (LC2 in Fig.8) has linearly growing phase and *does not appear* in the model (2.1). That LC1 and LC2 both bifurcate stable has been verified analytically by means of Floquet theory and numerically by using the Poincaré map. Also with the Poincaré map we have been able to locate the end-points where these limit cycles become unstable. Both yield to tori which bifurcate to the wrong side. For LC2 this has been verified by means of the two-time scale method. The coordinates of its corresponding fixed point in the Poincaré map are known [22]. Then we have constructed the bifurcated limit cycle in such plane and we have seen that it bifurcates to the wrong side, *i.e.*, the limit cycle bifurcating in the Poincaré map shows up *unstable* which indicates the appearance of an unstable torus in the eighth-dimensional space. The analytical result has been checked by means of a direct integration of (1). We have observed that there is a passage from the fixed point to an outwardly spiraling orbit in the Poincaré map. A similar behavior appears in the Poincaré map of LC1 although for this oscillation we have not been able to establish this property analytically.

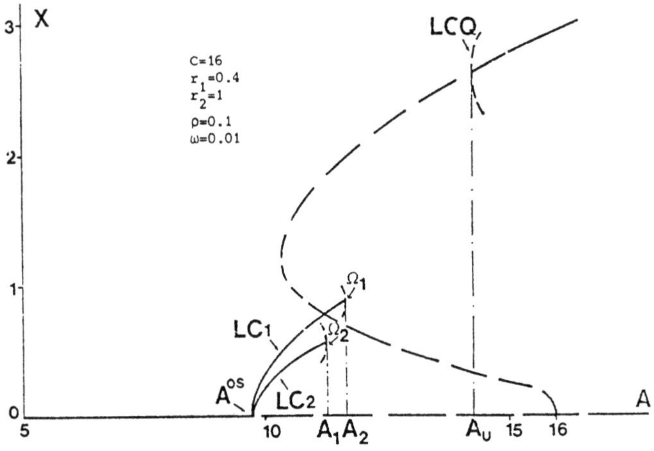

Fig.9 A bifurcation diagram for the model with phases, Eq.(3.1), for a laser with absorber. Compare this picture with Fig.6. Here we have the possibility of two softly excited limit cycles branching at once (LC1 and LC2) and a hard-excited cycle (LCQ) - the *Q-switching*. However, as in Fig.6 there is again a steady lasing bifurcating to the wrong side (unstable) that in turn yields to LCQ. The latter oscillation also branches to the wrong side but becomes stable below A_u in a range of values where the expected steady lasing is unstable. Coexistence (bistability) is possible between the two soft-induced cycles and one of these cycles (LC1) and the pulses shown in Fig.8. All dotted lines correspond to unstable states. *Q-switching* and *smooth oscillation* (LC1) can coexist in the region between A_1 and A_2. Ω_i (i=1,2) are the unstable tori

As in Section 2.2. we have also studied the stability of the nonlinear steady lasing state(A^{nl} in Fig.3.b).We have again found that this state is unstable for values of A smaller or equal to A_u and stable otherwise. The actual value of A_u depends on the values given to the remaining parameters of the problem (1).However, this value A_u is *exactly* the same as the value found with the system without the phases (2.1). Thus the phases in (1) play no relevant role in the stability of the nonlinear steady lasing state. They play indeed an interesting role in the evolution of the emissionless state as they permit the appearance of LC2. This fact was already discovered by different authors [22,23 . In Ref. 23 there is also a phase diagram like that shown in our Fig.3.b.]

Fig. 8 depicts the hard-excited limit cycle found. It is very much like the passive *Q-switching* described in Section 2.2 although they differ in some non-trivial properties. The pulses here found for (1) have peak intensity that *increases with increasing pumping rate(hidden in A) which is the opposite case to the Q-switching described in Section 2.2 where C was smaller than* C_{os}.Note that in Section 2.2. the Q-switching was the only available oscillatory solution due to the chosen range of parameter values. In both cases the maximum of the pulses is attained before the minimum in the emitter's curve is reached(Figs.7 and 8). For the case of the present Section we have coexistence of limit cycles not only between softly excited oscillations but also between a soft- and a hard-excited cycle .

At $A \leqq A_1$ the oscillation LCQ disappears whereas LC2 disappears at $A \gtrsim A_1$. The latter cycle yields to an unstable torus that we *conjecture* dies at LCQ. Hopefully the major qualitative findings with (1) remain valid for the model with the addition of an external field or a detuning between the field and the atoms.

4. Strange attractors (chaos)and fractal dimension

4.1. The case of an absorber cooperating with the gain cell or the Bénard problem when the layer is heated from below and the (impurity)denser component migrates to the cold plate

In the present Section we return to model (1.1) ,(1.2) or,equivalently,(2.1).Strange attractors are complex objects, solutions of the differential system that share with "turbulence"(in hydrodynamics)the basic properties of decaying correlations and sensitivity to initial conditions(instability in phase space). They are responsible for the appearance of "chaos" in purely deterministic systems [12,see also 7] . We have located such a solution for certain ranges of parameter values in the model indicated above. To do that we have focused on the computation of the Lyapunov exponents of the system [5,7] .Our method is a slightly modified version of a recipe given by in Ref. [24] . The relevant exponent is the first(largest) one as the system (1.1) has negative divergence in the five-fold phase space. Fig. 10 depicts the evolution of such exponent as a function of the external constraint(Rayleigh

Table 1. Lyapunov exponents for a strange attractor of (1.1) or (1.2) and the fractal dimension according to Mori [25] D_M and Yorke [26] D_Y in the case of transition from steady state to chaos

ε	24
λ_1	1.1
λ_2	0
λ_3	-0.3
λ_4	-0.3
λ_5	-213.3
D_M	2.15 (two plus the fractal)
D_Y	4.048(four plus the fractal)

number or pumping rate, respectively measured from the bifurcation point). The drastic change from negative to positive values corresponds in this parameter range (see Figs.10 and 11) to a transition from a steady state to the non-periodic *(strange)* attractor. Table 1 gives typical values of all five Lyapunov exponents for a given value of the constraint. They correspond to the following values

$\kappa = 148.04$, $N=\bar{N}=10^4$, $\sigma = 2.221$, $\bar{\sigma} = 0.000107$, $\gamma_{\perp} = 14.8$, $\bar{\gamma}_{\perp} = 0.148$

$\gamma_{\parallel} = 39.47$, $\bar{\gamma}_{\parallel} = 0.39$, $|g|^2 = 2.35$ and $\varepsilon = A - A_c$ where A_c is the critical value for the onset of steady lasing.

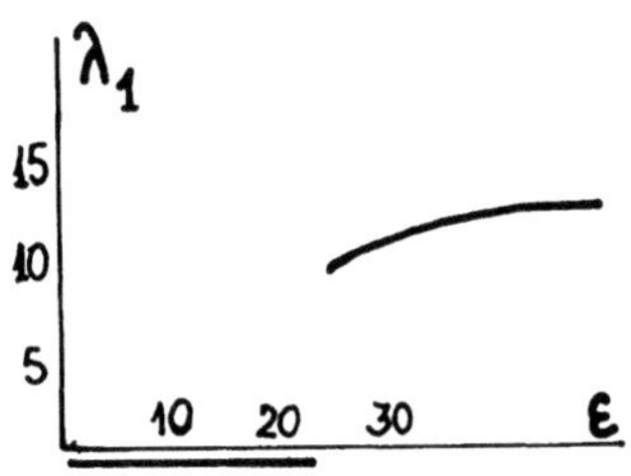

Fig.10 Evolution of the first Lyapunov exponent as a function of the constraint past a first transition from rest (no lasing) to steady (non-linear) lasing. At $\varepsilon \sim 22$ there appears the strange attractor shown in Fig.12

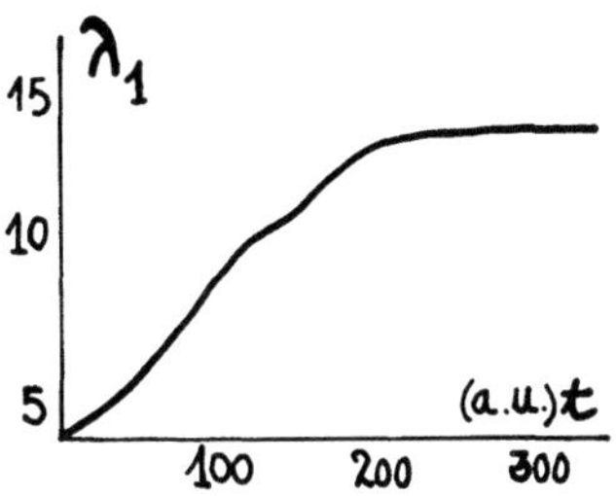

Fig.11 Evolution of the first Lyapunov exponent in the course of time (in the units of the integration procedure) until it reaches a fix and stable value

4.2 Chaos following a period-doubling cascade: strange attractor when the absorber plays its passive role or the impurity tends to stabilize a fluid layer heated from below (solute goes to the warmer boundary)

In this Section we come back to the case discussed in Section 2.1 where there appears a soft-excited oscillation. We have seen that such smooth limit cycle can be destabilized through a cascade of period-doublings thus leading to a strange attractor. Again we have computed the Lyapunov exponents and the corresponding fractal dimension. For a detailed introduction to the subject of this Section see, for instance, Refs. 7, 27 and 28.

For illustration we here choose the parameters as follows: $\omega = 8/3$, $\rho = 10$, $r_1 = r_2 = 0.4$ and $C = 16$. Then the soft Hopf bifurcation to limit cycle occurs at $A = 7.785$. A subsequent bifurcation to a cycle with period twice the former is at $A = 7.793$. Further period-doublings appear at $A = 7.7953$, 7.79546, 7.79550, and presumably there are higher period-doubling bifurcations. We have been unable to obtain them due to lack of computing facilities. We are sure, however, that past $A = 7.7955$ there is erratic behavior. At $A = 7.796$ there is a strange attractor. Such type of attractor exists for a finite range of values of A until the figure 7.8 is attained. Then in accordance with our computer calculations the system escapes the erratic behavior and goes to a fixed point. We have not yet studied neither in detail nor accurately the region of chaos. However, for the elements that we have obtained of Feigenbaum's cascade we are confident in the results. We have used a Poincaré map ($\bar{p} = 0$ in the laser variables). Tables 2-3 & Fig.13 illustrate the results found.

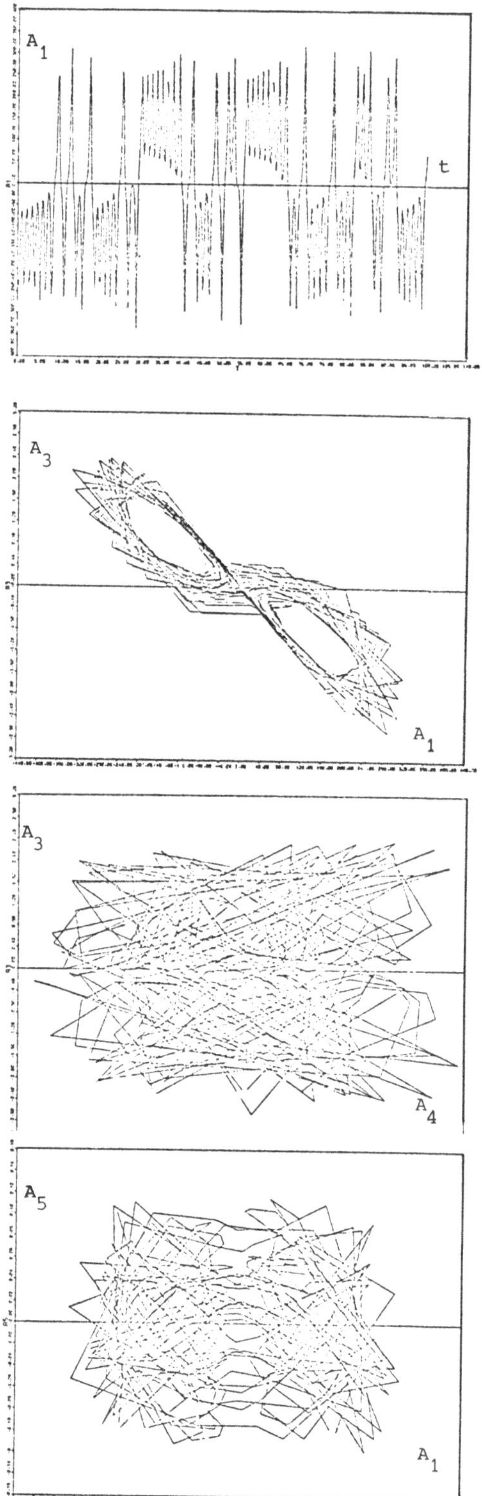

Fig.12 The strange attractor in Bénard convection with heat and solute when the Soret effect is oerating or in the model for a laser with a saturable absorber.

(a) Actual time evolution of the solution. For illustration A_1 is plotted *vs* time. A_1 gives the amplitude of the velocity or of the electric field

(b) Phase space: A_3 *vs* A_1

(c) Phase space: A_3 *vs* A_4

(d) Phase space: A_5 *vs* A_1

Table 2. Lyapunov exponents for a strange attractor of (1.1) or (1.2) and the fractal dimension according to formulas provided by Mori [24] and Yorke [26] in the case of a transition from a (soft-excited) limit cycle to chaos via a sequence of period-doubling instabilities

ε	(A=7.798)
λ_1	0.116
λ_2	0
λ_3	-0.798
λ_4	-1.696
λ_5	-12.75
D_M	2.02 (two plus the fractal)
D_Y	2.14 (two plus the fractal)

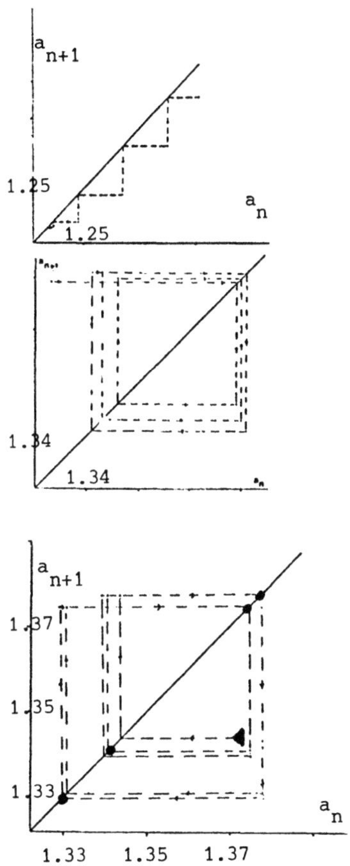

Fig. 13 Chaos(strange attractor) following Feigenbaum's period-doubling cascade.Poincaré maps($\overline{p}$=0)

(a) A limit cycle corresponds to the evolution of initial condition to a fixed point. A=7.88

(b) First period-doubling at A=7.794. The mapping shows two fixed points

(c) Second period-doubling at A=7.79510. The mapping has four fixed points

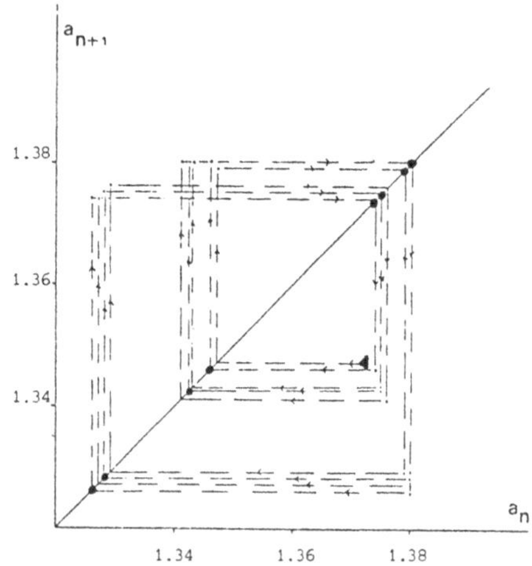

(d) Third perioddoubling at A=7.79541. We have eight fixed points

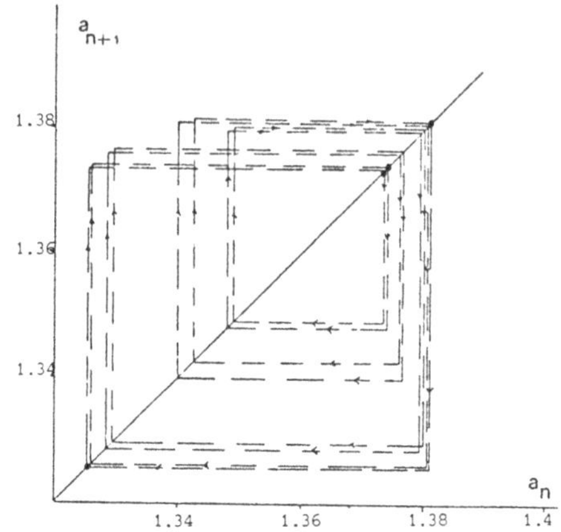

(e) Fourth perioddoubling at A=7.79540. There are 16 fixed points

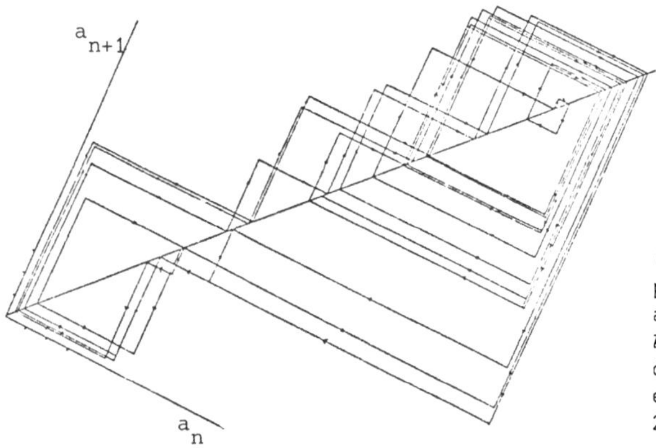

(f) More and more the mapping becomes a real mess and chaos shows up. Here A=7.798, there is no periodicity and the fractal dimension of the attractor is 2.02(Mori) and 2.14(Yorke)

Table 3. Direct(a) and inverse(b, in the chaotic region) cascades of period-doublings(n indicates the nth doubling) for $\rho=1$ (one), $\omega=8/3$, $r_1=r_2=0.4$ and C= 16.

(a) n	A	(b) n	A
1	7.833	5	7.84804
2	7.8453	4	7.84812
3	7.84725	3	7.84842
4	7.84784	2	7.84965
5	7.84797		

Acknowledgments

This report summarizes work done with several of my collaborators. I wish to mention L.L.Bonilla and J.Gea, and especially J.Carlos Antoranz whose Ph.D. Dissertation(Madrid, 1982, unpublished) contains many useful details on computer calculations and the analytical methods used to study the solutions described here. Fruitful discussions with Professors H.Haken and F.T. Arecchi and Dr. J. Kimble and Dr. D. Farmer are gratefully acknowledged. The research has been possible thanks to a grant from the Stiftung Volkswagenwerk.

References

1.M.G.Velarde,J.C.Antoranz,Phys.Lett. A72(1979)123

2.For an extensive numerical study of various truncation schemes see,for instance, J.K.Platten,G.Chavepeyer,Adv.Chem.Phys.32(1975)281.See also G.Veronis,J.Marine Res.23(1965)1

3.M.G.Velarde,J.C.Antoranz,Phys.Lett. A80(1980)220

4.M.G.Velarde,J.C.Antoranz,J.Stat.Phys.24(1981)235

5.M.G.Velarde,J.C.Antoranz,Prog.Theor.Phys.66(1981)717

6.J.C.Antoranz,M.G.Velarde,Optics Commun.38(1981)61

7.M.G.Velarde,in NONLINEAR PHENOMENA AT PHASE TRANSITIONS AND INSTABILITIES(T. Riste,editor),Plenum Press,N.Y.,1981

8.R.S.Schechter,M.G.Velarde,J.K.Platten,Adv.Chem.Phys.26(1974)265

9.L.A.Lugiato,P.Mandel,S.T.Dembinski,A.Kossakowski,Phys.Rev. A18(1978)238

10.V.Degiorgio,L.A.Lugiato,Phys.Lett. A77(1980)167

11.H.Haken,Phys.Lett. A53(1975)77

12.H.Haken,SYNERGETICS(2nd. edition),Springer-Verlag,N.Y.,1977

13.J.C.Antoranz,J.Gea,M.G.Velarde,Phys.Rev.Lett. 47(1981)1895

14.J.C.Antoranz,L.L.Bonilla,J.Gea,M.G.Velarde,submitted for publication

15.H.Knapp,H,Risken,H.D.Wollmer,Appl.Phys.15(1978)265

16.M.G.Velarde,Ch. Normand,Sci.Amer.243(1980)92

17.M.G.Velarde,in FLUID DYNAMICS|Les Houches-1973|(R.Balian,J.L.Peube,editors),Gordon and Breach,N.Y.1977

18.M.G.Velarde,J.L.Castillo,in CONVECTIVE TRANSPORT AND INSTABILITY PHENOMENA(J. Zierep,H.C. Oertel Jr.,editors),Braun-Verlag,Karlsruhe,1981

19.See,for instance,L.L.Bonilla,M.G.Velarde,J.Math.Phys.20(1979)2692

20.G.Iooss,D.D.Joseph,ELEMENTARY STABILITY AND BIFURCATION THEORY,Springer-Verlag, N.Y.,1980(Chapters V and VII)

21.H.Kielhöfer,Arch.Rat.Mech.Anal.69(1979)53

22.T.Erneux,P.Mandel,Z.Phys. B44(1981)353

23.S.T.Dembinski,A.Kossakowski,P.Pepłowski,L.A.Lugiato,P.Mandel,Phys.LettA68(1978) 20. See also F.Mrugała,P.Pepłowski,Z.Phys.B38(1980)359

24.I.Shimada,T.Nagashima,Prog.Theor.Phys. 61(1979)1605

25.H.Mori,Prog.Theor.Phys. 63(1968)1044

26.P.Frederickson,J.L.Kaplan,J.A.Yorke,preprint

27.A highly valuable *layman's paper* is M.Feigenbaum, in Los Alamos Science,1980, Summer issue. See also P.Collet,J.P.Eckmann,ITERATED MAPS ON THE INTERVAL AS DYNAMICAL SYSTEMS,Birkhäuser,Boston,1980

28.L.N.Da Costa,E.N.Knoblock,N.O.Weiss,J.Fluid Mech. 109(1981)25

29.J.C.Antoranz,Ph.D.Dissertation(Madrid-UNED)1982 (unpublished)

30.B.Mandelbrot,FRACTALS,Freeman,San Francisco,1977(new edition is to appear soon).

Bistability and Chaos in NMR Systems

D. Meier, R. Holzner, B. Derighetti, and E. Brun*

Insitute of Physics, University of Zürich
CH-8001 Zürich, Switzerland

1. Introduction

In natural systems paths from disorder to order and from simple to chaotic behavior may show an astonishing universality. Models of nontrivial simplicity are helpful for systematic investigations of these remarkable phenomena. An almost ideal system of this sort are the polarized nuclear spins of a solid in a magnetic field and embedded in a resonant structure. There, nuclear magnetic resonance (NMR) becomes feasible for which sophisticated experimental techniques and adequate theoretical models exist.

Positively polarized NMR systems when driven with an external rf-field, may show saturation properties which are affected by the reaction field due to coherent precession of all the spins in the static field. Under suitable conditions NMR bistability, the analogue of optical bistability (OB), is expected to occur. Thus, stimulated by the work on OB of many researchers [1], in particular by the theoretical one of R.BONIFACIO, L.A.LUGIATO, P.MEYSTRE [2,3,4] and the experimental investigation of K.G.WEYER et al.[5], we have studied the nonlinear response of positively polarized ^{27}Al spins of ruby placed inside the NMR coil of a tuned LC-circuit. A typical result is shown in Fig.1 , where the oscilloscope trace reflects the total rf-field acting on the spins when the external driving field is slowly turned on and off. The hystereses loop together with the switching sections between high-and low-field branches indicate unambigously that NMR bistability is observed.

Negatively polarized NMR systems in uncorrelated spin states may spontaneously create correlations which in turn lead to a radiant transient through self-organi-

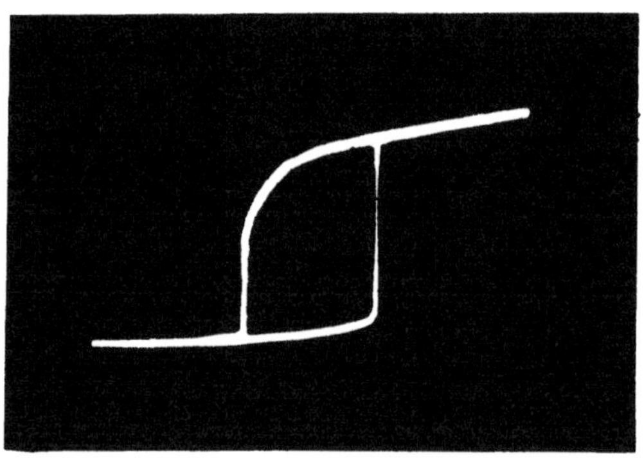

Fig. 1 Experimental evidence of NMR bistability of ^{27}Al in $Al_2O_3:Cr^{3+}$(ruby)

* Talk delivered by E. Brun

zation ending in a laser active steady state. With the solid-state spin-flip ruby NMR laser (*raser*) we have studied systematically the analogy between this superfluorescent laser transition and a second-order phase transition at thermal equilibrium [6,7,8]. If the raser is driven by means of an external rf-field, new phenomena occur which exhibit features such as critical slowing down, spiking, bistable behavior, and nonperiodic chaotic response.

The purpose of this communication is to report on comparisons of extended experimental and theoretical studies of a driven nonlinear NMR system. The theoretical model is based on adapted Bloch equations which stem from our earlier work on the ruby raser. We will discuss the time response after step-switching the driving field. It should be noted that the results which we are going to present, refer the purely absorptive single-mode behavior in the rotating frame approximation. There, driving field and NMR coil are tuned exactly to the center of the resonance line. This way dispersion is excluded and the number of relevant system parameters and of dynamic order parameters is kept low. Hence, tractable nonlinear differential equations and numerical solutions emerge which may be compared with experiments.

2. Experimental aspects

The single ruby crystal ($Al_2O_3:Cr^{3+}$), onto which a coil is wound, is cooled to liquid He temperature and placed in a magnetic field of approximately 1.1 T. A microwave source delivers up to 100 mW power to the paramagnetic Cr^{3+} system if tuned to a selected ESR line at about 30 GHz. Dynamic nuclear polarization (DNP) then causes a nuclear spin polarization, or better, a nuclear magnetization of either positive or negative sign depending on the microwave frequency offset with respect to the center of the ESR line. An external rf-source is connected to the NMR coil where it excites the driving field. An electronic feed-back system, if necessary, provides a controlled phase lock of driving and reaction field. For absorptive response the phase difference must be either 0° or 180°. Then we speak of an aligned or inverted field configuration, respectively. The rf-response is monitored at the tuned coil with a storage oscilloscope or sampled with a transient recorder for numerical analysis. A Q-amplifier may be connected to the LC-circuit in order to obtain high enough quality factors to observe NMR bistability of positively polarized spin systems. Q-values up to 2000 are reached without causing electronic instabilities. To search for chaotic behavior the microwave source is modulated.

3. Adapted Bloch equations

We consider the case where driving field and LC-circuit are properly tuned to the center frequency of the (1/2,-1/2) NMR transition. Since the spin of ^{27}Al is 5/2, the states connected by the magnetic $\Delta m=\pm1$ transition form a fictitious spin-1/2 two-level system. We assume that the corresponding NMR line is homogeneously broadened with an unique dephasing time T_2 leading to an exponential noncooperative free induction decay in fair agreement with experimental facts. Further, we suppose that the DNP pump induces an energy transfer between the nuclear and the electronic Cr^{3+} spin systems [7] which is also exponential having the characteristic pumping time T_e. Thus, the pump may be described formally by a pump magetization M_e to which the longitudinal nuclear magnetization M_z relaxes in the time T_e.

In the rotating (u,v,z)-frame where the static field disappears, the absorptive nuclear spin system is described by two real order parameters M_z and M_v, the longitudinal and transverse magnetization, respectively. M_u, the dispersive component, is discarded. In the low-Q approximation ("bad cavity" case) the reaction field in the rotating frame is

$$B_1^r = -\frac{1}{2}\mu_o\eta Q M_v$$

and can be eliminated in the dynamic order parameter equations. Then the composite system: spins plus radiation field, may be described by the Bloch type equations (SI-units)

$$\frac{dM_v}{dt} = (-\frac{9}{2}\mu_o\eta Q\gamma M_v + 9\gamma B_1^d)M_z - M_v/T_2 \qquad (1)$$

$$\frac{dM_z}{dt} = (\frac{1}{2}\mu_o\eta Q\gamma M_v - \gamma B_1^d)M_v - (M_z - M_e)/T_e, \qquad (2)$$

where B_1^d is the incident driving field as seen in the rotating frame of reference. Typical system parameters with fixed values are the filling factor $\eta \cong 0.5$, $T_2 \cong 30$ µs $T_e \cong 0.1$ s and the gyromagnetic ratio γ. In contrast, M_e, Q and B_1^d are system parameters which are under external control.

4. Steady states, bistability and phase transitions

The total field B_1^t acting on the spins is the vector sum of reaction field $B_1^r \gtrless 0$ and superimposed driving field $B_1^d > 0$. Thus B_t can be either positive or negative. Now, we introduce dimensionless fields in analogy to notations used in OB theory:

$$X = 3\gamma B_1^t \sqrt{T_2 T_e}$$

$$Y = 3\gamma B_1^d \sqrt{T_2 T_e}.$$

The factor 3 is a spin factor appropriate for the (1/2,-1/2)-transition of a spin 5/2. From (1) and (2), we obtain the general steady-state relation

$$Y = X + \frac{pX}{1 + X^2} \quad , \qquad (3)$$

where $p = M_e/M_k$, with $M_k = 2/9\mu_o\eta QT_2\gamma$, is the pump parameter. Solutions of (3) for various p are shown in Fig.2 . Note, that the universal equation (3) has been

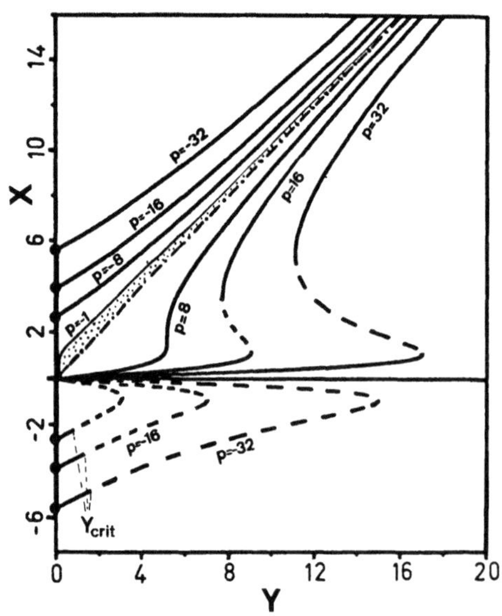

Fig. 2 Steady states of total field X versus driving field Y for positive and negative pump parameters p (Note, Y_{crit} is not in scale)

derived also by BONIFACIO and LUGIATO [9] in the context of optical bistability.

For positive polarization, with $p > 8$, one has the two stable branches of high and low X or of strong and weak saturation, respectively, with an unstable section in between. Here, a first-order phase transition with hysteresis and switching properties results, as it is illustrated in Fig.1 .

For negative polarization, with $p < 1$, we have reported [10] bistable behavior also. This result has caused some controversy since it seems to contradict a general result derived by LUGIATO [11], that a laser with injected signal is not a bistable device and, hence, does not exhibit a first-order phase transition. In other words, for negatively pumped rf-driven NMR systems there exists only one stable branch. In the stable steady-state incident field B_1^d and reaction field B_1^r have to be aligned. In contrast, no stability is possible for steady states with a 180° phase difference between B_1^d and B_1^r. This is due to the lack of phase stability in the (u,v)-plane of a 3-d Bloch system. However, we have found both experimentally and theoretically that steady states with inverted fields can be stabilized for $Y < Y_{crit}$, if the required 180° phase difference is guaranteed by the phase locking device. A conventional stability analysis of the absorptive 2-d Bloch system yields $Y_{crit}=X(Y=0)T_2/(T_2+T_e)$, where X(Y=0) is the corresponding free running raser field. Thus, a phase controlled absorptive laser may have two stable branches which are indicated by the solid lines, for $p < 1$, in Fig.2 . For our ruby raser, with $T_2 \cong 30\mu s$ and $T_e \cong 0.1$ s, Y_{crit} is remarkably small. Driving fields on the stable section of the inverted field branch are many orders of magnitude smaller than the self-induced reaction field. This fact has been well verified experimentally.

With these results in mind one may drive a transition from the inverted field branch to the aligned one simply by increasing Y stepwise above Y_{crit} and disconnecting the phase lock device at an appropriate time (for example at zero output during the switching time). Although this transition is not the analogue of a first-order phase transition in the strict sense of the word (as we wrongly called it in [10])- because it requires the manipulation of the phase locking device - one may nevertheless speak of a pseudo first-order phase transition since many related effects like critical slowing down, hysteresis loop, jump between two stable branches have been observed [12].

5. Transient response

In order to investigate the properties of bistable nuclear spin systems we have performed experiments and numerical calculations along the same lines. The pump magnetization M_e is set to the desired value of either positive or negative sign. Experimentally this is accomplished simply by ajusting the microwave power level and the microwave frequency. Then an initial state is prepared with definite values $M_z(0)$ and $M_v(0)$. At $t = 0$, the driving field Y of specified strength is switched on and the time evolution of the order parameters is determined. In the experiment, the rf-voltage at the coil is recorded which represents the total field X acting on the spins. Subtracting Y from X yields the reaction field and, hence, $M_v(t)$. In contrast, $M_z(t)$ cannot be determined easely. For comparison, (1) and (2) are numerically integrated using comparable system parameters and initial conditions. The response of M_z and M_v is plotted together with the trajectory in the 2-d phase space of the system from which one gains additional insight in the remarkable nonlinear behavior of systems when cooperative effects are dominant.

5.1. Positive pumping

Figure 3 is the real-time display of the output voltage. It shows the evolution of the system towards the steady state on the high X branch of Fig.2 . Note that the

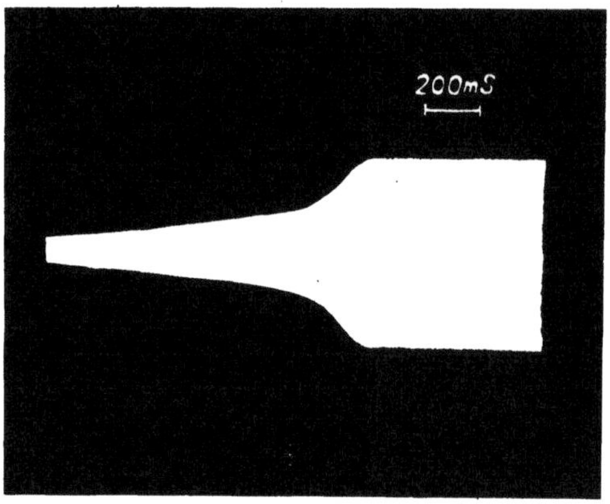

Fig. 3 Time response of rf-voltage for a positively pumped NMR system with p>8

nonexponential transient lasts for a time interval which is almost an order of magnitude longer than the greatest time constant T_e of the model system. With smaller driving fields one may extend the response time to minutes even. This surprising lengthening of the time scale by many orders of magnitude has also been noted in absorptive optical systems where OB has been observed [5]. Stronger driving fields shorten the transient response as shown numerically in Fig.4 . The calculated time plots demonstrate clearly the nonexponential saturation and dephasing behavior with its typical slowing down when cooperative effects come into play at

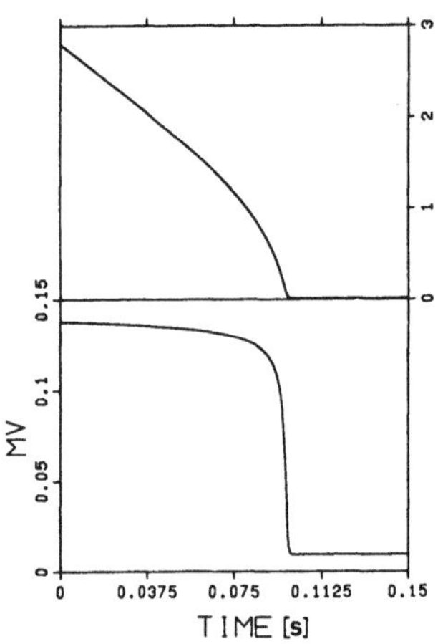

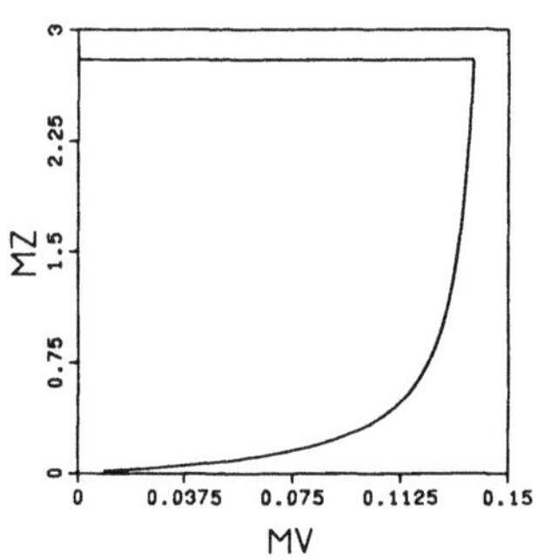

Fig. 4 Computer solution of Eqs.(1) and (2) with the system parameters Q=1000, M_e= 3A/m(p≅2.2), B_1^d=5x10^{-5}T

large values of M_v and M_z. The shape of the trajectory is typical for transients in the bistable region of an NMR system with $T_2 \ll T_e$. Phase space motion starts at specified values $M_z(0)$, $M_v(0)$. In some microseconds (almost horizontal section) a transverse magnetization is reached which changes but slowly in time. The longitudinal magnetization, however, saturates at a nonconstant rate. If M_z drops to low values, the cooperative interaction breaks down and the system approches the stable node with increasing speed. The characteristics of this behavior is illustrated in Fig.5 . Numerically computed, noncrossing lines of flow in phase space are depicted for different initial conditions. The marked points are the two stable fixed points, the upper one on the low, the lower one on the high X branch. The initial value of M_z determines to a large extent the node towards which the point (M_v, M_z) moves along its characteristic route. Slowing down is extreme in the vicinity of the unstable fixed point (not marked) between the two stable ones. Quantitatively, the curved line through the marked points may be considered as the bottom of a deep

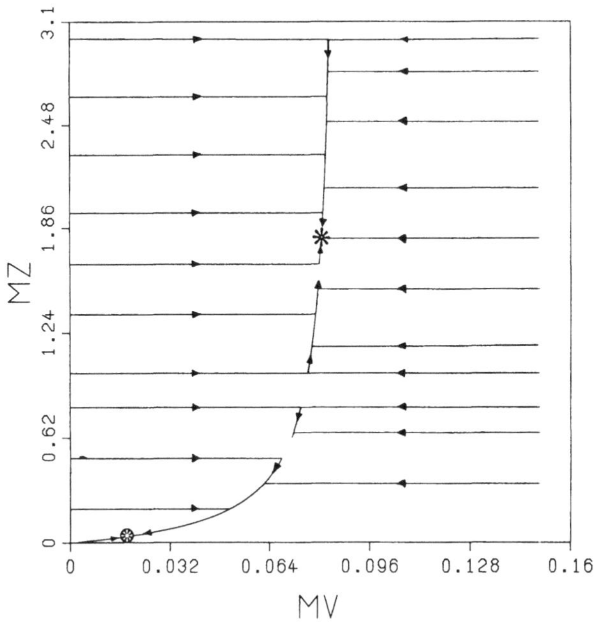

Fig. 5 Lines of flow in phase space for positively pumped absorptive Bloch systems ($T_e << T_e$) for different initial conditions and the system parameters of Fig.4

potential ditch. The stable points locate the two local minima. The section between the two is then a flat saddle with extremely slowed down dynamics. Note the graphic resolution is low such that the individual trajectories within the potential ditch and the sharp bends at the end of the horizontal sections are not resolved.

5.2. Negative pumping

The real-time display of the rf-signal in Fig.6 illustrates the nonlinear response of a negatively pumped NMR system. It starts from a free running raser state with $M_z(0) < 0$, $M_v(0) > 0$. The applied driving field $Y >> Y_{crit}$ induces a short transient towards the stable steady state on the aligned field branch ($X > 0$) of Fig.2 .

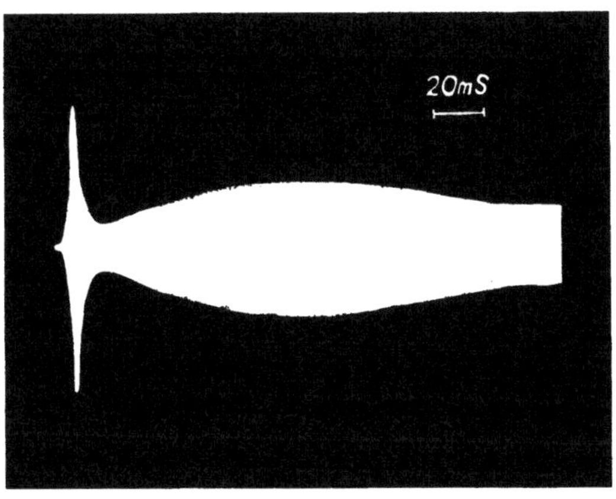

Fig. 6 Time response of rf-voltage for a negatively pumped NMR system with $p \cong -1.1$

The strong swing in the starting phase reflects the action of superfluorescent ordering which is followed by an almost critically damped tail. The damping is controlled by the strength of Y. If Y is increased, an overdamped transient is obtained. If Y is decreased, damping is reduced.

Let us now drive a negatively pumped free raser with a field $Y < Y_{crit}$ in a phase-locked inverted field configuration. A weakly damped transient to the stable steady state on the inverted field branch ($X < 0$) of Fig.2 results. Thus, we have reached the bistable region of the phase controlled absorptive raser. If now the driving field is switched from $Y < Y_{crit}$ to $Y > Y_{crit}$, a transient to the aligned field branch is found when the phase-locking device is switched off. The corresponding transient is presented in Fig.7 and 8.

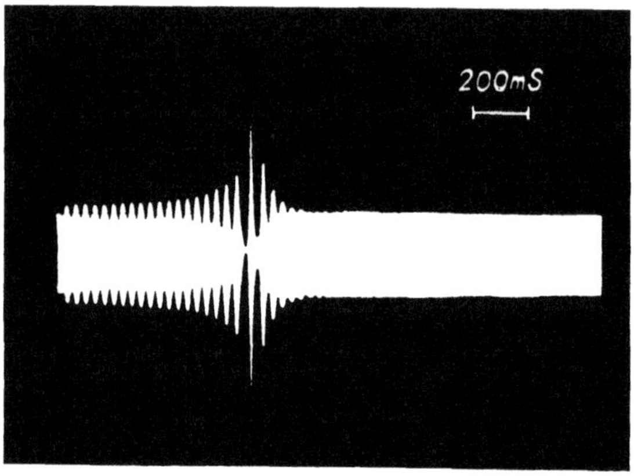

Fig. 7 Raser transient from an inverted to an aligned field configuration after $Y<Y_{crit}$ is increased stepwise to $Y>Y_{crit}$. The phase-locking device is switched off at approx. zero output

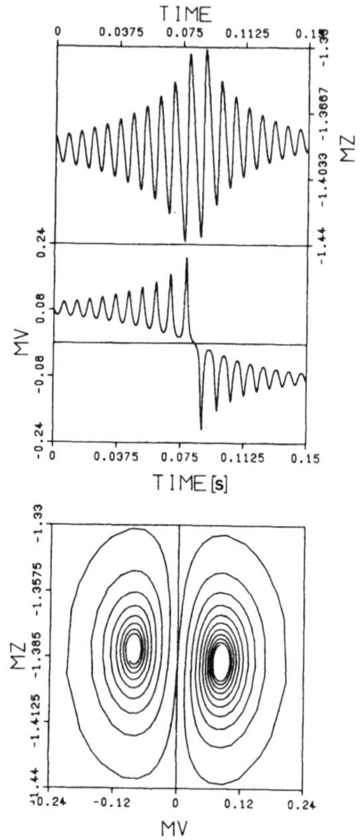

Fig. 8 Computer solution for a pseudo first order phase transition of a negatively pumped NMR system with system parameters Q=100, M_e=-3A/m(p≅-2.2), B_1^d=5x10^{-9}T

Keeping the phases locked such that only inverted fields are possible, would lead to a limit cycle with a spiking output voltage, as we have shown before [8,10,12].

6. On the route to chaos

The remarkable results and suggestions reported by M.FEIGENBAUM [13], J.P.ECKMANN [14] and others [15] with regard to universal pathways from simple to complex behavior in nonlinear systems triggered in our laboratory an extensive search for such possibilities in NMR systems.

The so far discussed system with its monostable and bistable absorptive single mode behavior, has been restricted to a 2-d phase space. Then, the solutions of the nonlinear equations of motion behave regularly in time and one finds only simple pictorial representations for the trajectories in phase space. By increasing its dimension one expects to detect basins of complex behavior. But rather than allowing dispersion or multimode action [16,17,18] where chaotic regions may be obtained, we let an external control parameter vary in time. Herewith we adopt the simpler procedure of phase space extension which has been successful in investigations of subharmonic and chaotic motion of driven nonlinear oscillators [19,20,21], for example.

We assume that the pump magnetization is sinusoidally modulated with frequency Ω, amplitude F, and time average M_e. From (1) and (2), we obtain the dynamic equations

$$\frac{dM_v}{dt} = (-\frac{9}{2}\mu_o\eta Q\gamma M_v + 9\gamma B_1^d)M_z - M_v/T_2, \qquad (1a)$$

$$\frac{dMz}{dt} = (\frac{1}{2}\mu_o\eta Q\gamma M_v - \gamma B_1^d)M_v - [M_z - M_e(1-F\sin\Omega t)]/T_e. \qquad (2a)$$

With the periodic drive we introduce a control parameter F and a natural time unit or natural period $T=2\pi/\Omega$, which we call period-1. The constant rf-drive is maintained and provides a control mechanism for damping. Since we anticipate chaotic behavior in the weakly damped regions of phase space, we choose $M_e<0$ and set $\Omega=840s^{-1}$. The value of Ω is close to the frequency of the rf-driven raser transient towards its focus for F=0, as indicated in Fig.9a .

For a low value of the control parameter, say F=0.3 the system evolves inside a large basin of attraction towards a limit cycle of period-1 as shown in Fig.9b .

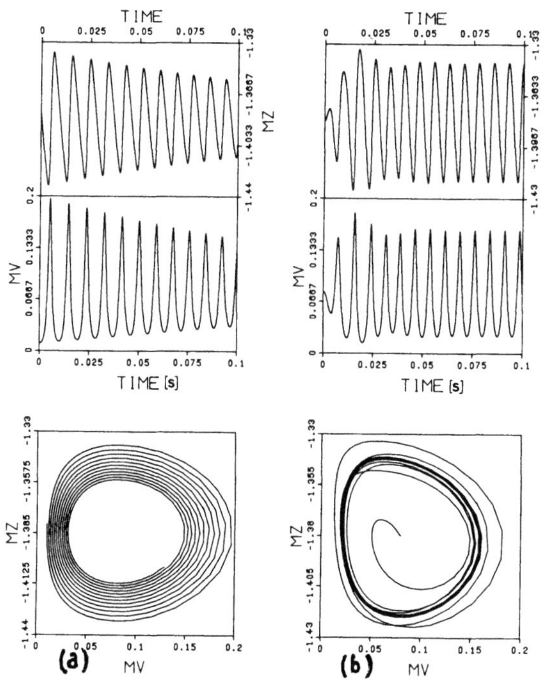

Fig. 9 Computer solution for a negatively pumped NMR system, (a) refers to the weakly damped raser and its evolution towards a stable focus with F=0, (b) refers to the same system and its evolution towards a stable limit cycle with F=0.3

The trajectory of Fig.9b is the projection of the corresponding 3-d phase space orbit onto the (M_z, M_v)-plane.

Increasing the control parameter to a value F_1 leads to a bifurcation which transforms the period-1 attractor into a stable limit cycle of period-2. A further increase of F renders a series of bifurcations at F_n, n=2,3,4,... where attracting limit cycles of the period-2^n are born. The numerical solutions of (1a) and (2a) of Fig.10 illustrate the sequence of these bifurcations. The plotted trajectories refer to a time interval in the stationary regime which is defined by 32 natural

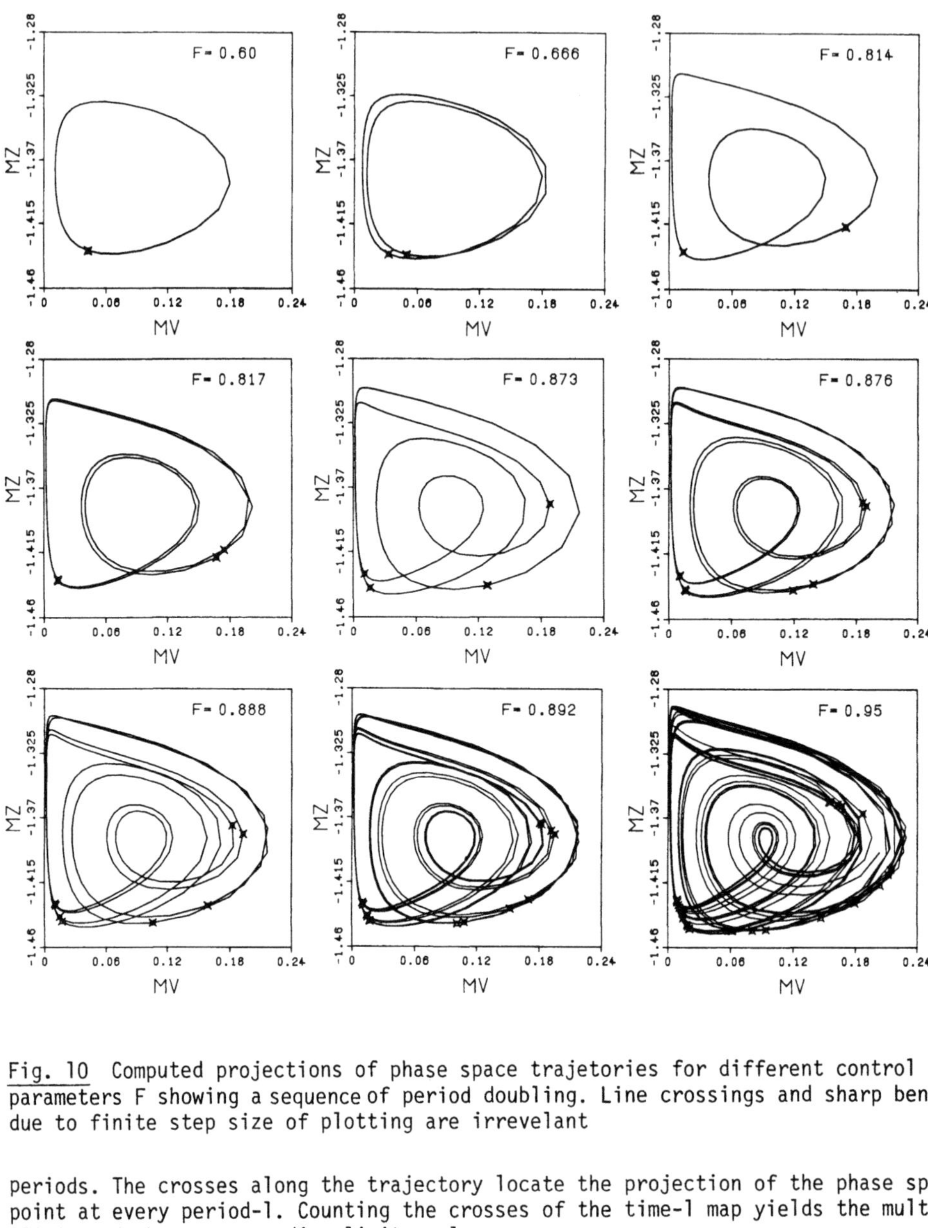

Fig. 10 Computed projections of phase space trajetories for different control parameters F showing a sequence of period doubling. Line crossings and sharp bends due to finite step size of plotting are irrevelant

periods. The crosses along the trajectory locate the projection of the phase space point at every period-1. Counting the crosses of the time-1 map yields the multiplicity of the corresponding limit cycle.

From the numerical analysis we infer that F_n converges to a value $F_\infty \cong 0.8944$, where a complex nonperiodic behavior sets in. For $F=0.95>F_\infty$, the chaotic behavior is shown in Fig.11, where the system has reached a strange attractor since the motion in phase space is sensitive to initial conditions. This is indicated also by the time-1 map of Fig.12. For the bifurcation thresholds we find $F_1=0.66225$, $F_2=0.81665$, $F_3=0.87400$, $F_4=0.88950$, $F_5=0.89327$, $F_6=0.89410$, which, however, must be considered as preliminary values. From these values we may estimate the convergence rate $\delta_n=(F_{n+1}-F_n)/(F_{n+2}-F_{n+1})$ roughly to $\delta_1=2.69$, $\delta_2=3.70$, $\delta_3=4.11$, $\delta_4=4.54$.

The experiment yields results which are qualitatively in agreement with the calculations. But at present, they are to crude to speak of a qualitative experimental verification. However, there is strong evidence that our absorptive NMR system

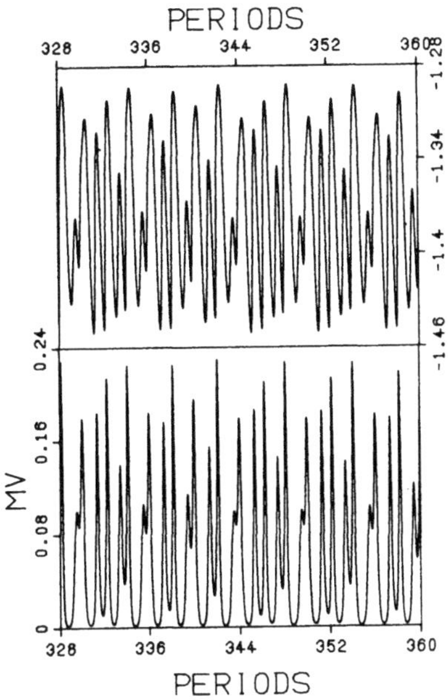

Fig. 11 Computed time plots and the projection of the phase space trajectory in the aperiodic or chaotic regime with F=0.95 .

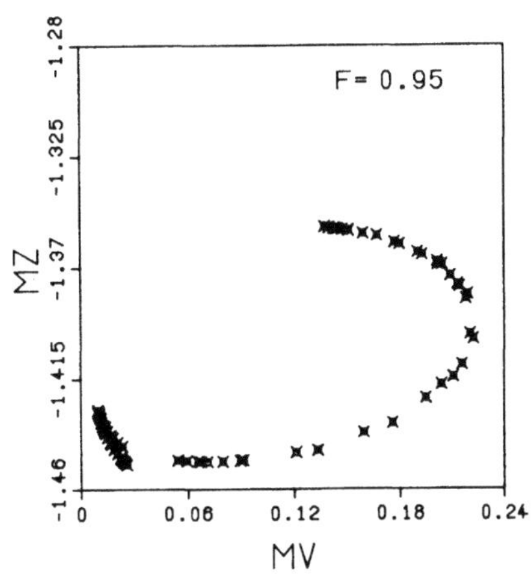

Fig. 12 Computed time-1 map for 80 natural periods with F=0.95

has indeed pathways from simple to chaotic behavior which fits in the universal FEIGENBAUM scenario. High precision work is needed to verify the various universal aspects of this famous route to chaos.

7. Final remarks

The presented material on the nonlinear response of an absorptive NMR system under conditions where bistabile and chaotic regimes are observed is representative for the low-Q case only. There the self-induced reaction field may be eliminated. For a Q of about 100, this approximation is well justified. For Q-values of 1000 and more, the dynamic equation for the resonant structure should be included, in particular when fast changes in the response occur. Furthermore, we would like to remark that a modulated pump is not the sole way to introduce chaos into an absorptive NMR system. It is very likely that the modulation of any system parameters will open up a path from simple to complex behavior.

In concluding we may say that it is rather surprising that a theoretical Bloch-type approach can explain the main features of the experimental response of nonlinear ruby NMR systems. Nuclear spins in solids with strong couplings among themselves and with paramagnetic impurities usally call for a more sophisticated treatment[22].

Acknowledgements

We would like to express our gratitude to Prof. H. HAKEN for his interest in our work and his fruitful suggestions with regard to the laser as a system of possible chaotic behavior. We also want to thank Dr. W. REICHART for his continuous help in setting up a highly flexible on-line computing facility. We also acknowledge the partical support by the Swiss National Science Foundation.

References

1. Optical Bistability, edited by C.M. Bowden et al.
2. R. Bonifacio and L.A. Lugiato, Opt.Comm. 19 (1976) 172
3. R. Bonifacio and P. Meystre, Opt.Comm. 27 (1978) 147
4. R. Bonifacio and P. Meystre, Opt.Comm. 29 (1979) 131
5. K.G. Weyer et al. Opt.Comm. 37 (1981) 426
6. P. Bösiger, E. Brun, and D. Meier, Phys.Rev.Lett. 38(1977) 602
7. P. Bösiger, E. Brun, and D. Meier, Phys.Rev. A18 (1978) 671
8. P. Bösiger, E. Brun, and D. Meier, Phys.Rev. A20 (1979) 1073
9. R. Bonifacio and L.A. Lugiato, Phys.Rev. A18 (1978) 1129
10. P. Bösiger, E. Brun, and D. Meier, in Optical Bistability, ed. C.M. Bowden et al. Plenum Publishing Corporation N.Y.(1981) 173
11. L.A. Lugiato, Lett.Nuovo Cimento 23 (1978) 609
12. P. Bösiger, E. Brun, and D. Meier, in Dynamics of Synergetic Systems, ed. H. Haken, Springer-Verlag Berlin, 1980, 48
13. M.J. Feigenbaum, J.Stat.Phys. 19 (1978) 25
14. J.P. Eckmann, Rev.Mod.Phys. 53 (1981) 643
15. E. Ott, Rev.Mod.Phys. 53 (1981) 655, and references therein
16. H.M. Gibbs, F.A. Hopf, D.L. Kaplan, and R.L. Shoemaker, Phys.Rev.Lett. 46 (1981) 474
17. K. Jkeda, H. Daido, and O. Akimoto, Phys.Rev.Lett. 45 (1980) 709
18. K. Jkeda and O. Akimoto, Phys.Rev.Lett. 48 (1982) 617
19. H. Mahon, E. Brun, M. Luukkala, and W.G. Proctor, Phys.Rev.Lett. 19 (1967) 430
20. Y. Ueda, J.Stat.Phys. 20 (1979) 1817
21. J. Teste, J. Pérez, and C. Jeffries, Phys.Rev. Lett. 48 (1982) 714
22. Nuclear magnetism: order and disorder, A. Abragam and M. Goldmann, Clarendon Press, Oxford, 1982

The Onset of Turbulence in the Wake of an Ion*

Giorgio Careri

Istituto di Fisica, Università di Roma
I-00185 Rome, Italy

1. Introduction

In this paper we shall consider the onset of turbulence in the wake of a charged sphere of microscopic dimensions, later briefly called an "ion". Since the drag of this ion can be measured with high degree of accuracy, this simple physical system can offer the possibility of detecting events in the non-linear region soon after the Stokes' regime. This is the case of ions moving in liquid helium, where experimental data are already available, [1] and where dimensional analysis can be applied because of low polarizability of this fluid. Quite recently, the first flow instabilities occurring in the wake of ions in liquid helium have been reconsidered by myself [2] . On this occasion, I shall extend these considerations to the onset of turbulence in the same physical systems at larger drift velocities.

In order to discuss the onset of turbulence in the wake of an ion, it is necessary to recall some experimental features of similar phenomena displayed by uncharged macroscopic sphere [3] . It is known in this latter case that the formation of the initial wake is found at Reynolds number Re $\sim$ 24, and it is due to a stable vortex ring downstream close to the sphere, of a size somewhat smaller than that of the sphere [4] . As the Reynolds number increases, the fixed vortex ring grows in size and decreases in stability, and at Re $\sim$ 130 its downstream portion begins to oscillate [4] . The oscillation become more severe, until at a critical value of the Reynold number around 500 the vortex ring detaches from the fluid system adhering to the body of the sphere and streams away, and a new ring forms as the unstable one detaches. There is no unanimity about the value of the Re numbers detected by different experimentalists, for instance the last considered critical Reynolds number can range from 200 to 1000 [3] . In the intermediate region, the rythmical and therefore not turbolent component of this cyclic vortex phenomenon is usually described by the Strouhal number Sr = fd/V, where f is the shedding frequency, d the sphere diameter and V the fluid velocity relative to the sphere. In this region Sr depends slightly on the Reynold number, and is close to 0.3 [3] . Recent work at higher Re shows that this shedding occurs in three dimensions [5] . A qualitative similar behaviour is also observed in flow past cylinders, where all these experimental features are much better established than for spheres [6] .

2. Flow instabilities

In order to understand the onset of turbulence in the wake of a charged sphere, it is necessary to consider the flow instabilities soon after the Stokes regime. The nature of these instabilities has been recently investigated [2], and some pertinent features will be recalled in this section.

The above reported behaviour of macroscopic spheres has been detected by photographic techniques [3] , so that the presence of higher harmonics of the shed-

* - Work supported in part by GNSM-CNR grant.

ding frequency may well have escaped observation. On the other hand, modern laboratory methods [7] have shown the presence of harmonics in quasiperiodical flows before the onset of turbulence in several experimental situations. For instance in the rotating fluid three distinct transitions are observed as the Reynolds number is increased, each of which adds a new frequency to the velocity spectrum, and in the first monoperiodic regime the power spectrum was found to consist of the fundamental frequency and of its harmonics [8] . And the presence of harmonics has recently been found in the Benard instability velocity spectrum as well [9] . Therefore one can expect that these harmonics should be observed also as flow instabilities if a suitable detection technique were used, as in the case of ions.

In the sixties, working in liquid helium near 1 K, we found the drift velocity of ions not to increase linearly with increasing field, but to suffer a sharp discontinuity at a reproducible and temperature independent value [10]. Further increasing the field, other discontinuities were found, indicating a periodicity of this phenomenon. Subsequent work by ourselves [11, 12] and others [13] confirmed the existence of these mobility steps in liquid helium and in several simple liquids [14, 15]. At that time although we felt that simple ions in liquid helium II, at periodic values of their drift velocities, fell in new flow patterns characterized by a different interaction with the normal fluid, we have been unable to account satisfactory for this phenomenon, that was colloquially called "the mobility steps" [2] .

Following the study of other flow instabilities, I propose [1] those discontinuities to occur at the harmonics of the shedding mode of the circular vortex ring, in the wake of the moving ion. Thus the presence of the periodical mobility steps parallel the occurrence of harmonics recently observed during the first monoperiodical region in other flow instabilities. The periodical increase in the drag of the moving ion results from the increase of the momentum transferred to the medium, when one harmonic of the shedding mode of the bound circular vortex ring is excited. This fact can be of interest for the recent theory of turbulence, because the simple geometry of the vortex ring bound to the sphere requires 3 degrees of freedom, two of them being degenerate.

In liquid helium, where dimensional analysis can be applied because of the low polarizability of the medium, the shedding modes of the vortex ring must be observed at a drift velocities V_n, where V_n must fulfill the condition

$$n f_1 \frac{d}{V_n} = Sr \qquad n = 1,2,... \tag{1}$$

d being the ion diameter, then we see that the presence of higher harmonics of the shedding mode f_1 must occur at periodical velocities which are integer multiples of the first one

$$V_n = n V_1 \quad . \tag{2}$$

At each new value of the critical drift velocity, the drag on the ion clearly must increase because of the increased dissipation, therefore the mobility $\mu = V/E$ must decrease stepwise by increasing the applied electric field E. This is the expected behaviour of the mobility, and as it appears from the quoted literature, it is perfectly in agreement with the experimental one.

Next, proceeding by dimensional analysis from the known value of the Reynold number of liquid helium I but without adjustable parameters, I have been able to predict values of the critical velocities V_I^{II} for the onset of the shedding mode of liquid helium II in the temperature range 1.5 ÷ 2 K by postulating the existence of a vortex ring in the gas of elementary excitations. The critical velocities computed in this way, are in very good agreement with the experimental data for positive ions. The agreement gets somewhat poorer for the negative ions at progressively lower temperatures, and this is quite understandable because the frequency of the shedding mode can get close to the Fourier components of possible disturbances.

Moreover the negative ion bubble may not remain a sphere in this flow regime, and a velocity dependent ellipsoid diameter could well account for the observed temperature behaviour of this ionic structure.

In the low temperature region, say below 1.45 K, the mobility steps are due to the shedding harmonics of the quantized superfluid vortes rings in the back side of the moving ion. Again by dimensional analysis, from the measured drift velocity V_1^{II} at the first discontinuity one can predict the critical velocity for formation of the quantized vortex ring itself. This predicted critical velocity V_c can be compared with that inferred by extrapolating to ionic dimensions the temperature independent critical velocities detected in films and in narrow channels. Since the velocity V_c for the formation of a vortex ring and the shedding velocity V_1 considered above in macroscopic spheres are in the ratio 24/130, by a similar dimensional argument I have predicted the drift shedding velocity V_1^{II} by identifying it with 130/24 times the appropriate V_c for ions. For matter of presentation, it was more convenient to reverse this argument, and to derive V_c from the measured temperature independent limit of V_1^{II}. As it has been shown in ref.|2| these so evaluated critical velocities for ions are quite consistent with those measured in other geometries, a truly remarkable result because the problem of the superfluid critical velocities is known to be a major problem in low temperature physics. A schematic representation of the above reported behaviour is given in Fig.1. For further details, see Ref.[2] .

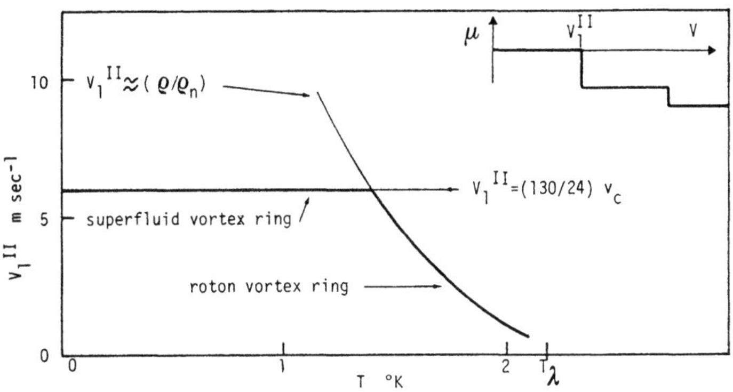

Fig.1 - Schematic representation of the temperature dependence displayed by V_1^{II}, the critical drift velocity where the first discontinuity in the mobility μ of positive ions is observed, as indicated in the insert. Heavy lines are regions where indicated vortex rings are stable in their fundamental shedding mode

4. The onset of Turbulence

In this section we shall consider the onset of turbulence at higher ionic drift velocities. In analogy with the case of macroscopic uncharged spheres[3], we define the onset of turbulence as the end of the periodical shedding of the vortex ring, when this vortex ring become unstable and moves downstream. As remarked in Sec.1, there is not agreement among different experiments about the Reynolds number representative for this event, but a value close to 500$\pm$100 seems to be a good guess [3] . Then proceeding by dimensional analysis, we predict that for an ion the onset of turbulence should occur at a drift velocity (500$\pm$100/130) times the drift velocity for the onset of the shedding fundamental frequency. Thus the identification of flow instabilities helps for detection of both the formation of the vortex ring at lower drift velocities, as reported at the end of previous section for the superfluid vortex ring, and for the onset of turbulence at higher velocities that we are considering in this section.

In practice the identification of the onset of turbulence from mobility data is not easy, because the decrease of mobility due to turbulence can be confused with the mobility drop displayed by the mobility steps. As a matter of facts, inspection of positive ions data near 1 K reported in ref. [10] shows that the onset of turbulence can hardly be seen in one single isothermal run, when a limited velocity range is investigated to reach a clear evidence for the mobility steps. Therefore in the following we shall consider experimental data taken in a wide velocity range during the same isothermal run, and to increase statistical accuracy we shall correlate different sets of such data by proper temperature scaling. Moreover, only positive ions will be considered, because of the intrinsic metastability of mobility steps displayed by negative ions [10].

In order to make more meaningfull the analysis of experimental data, it is convenient to consider the quantity $p_1(v_D) = e\ E/v_D$, which is the average momentum per centimeter transferred to the excitation gas by an ion in motion under the electric field E. This quantity is a friction coefficient that can be analyzed as a sum of contributions from different types of processes, and we will use it reduced by (ϱ/ϱ_n) because the dissipation is essentially increasing with ϱ_n/ϱ in the roton dominated temperature region. This reduced friction coefficient has a simple intuitive meaning, and is a useful quantity to correlate data taken at different temperatures when plotted versus the reduced drift velocity v_D/V_1^{II}.

The drift velocity of ions in liquid helium at high electric fields E has been investigated by our groups in ref. [16] at five temperatures near 0.94 K, and in ref. [17] at 1.41 and 1.50 K. The ϱ_n/ϱ ratio for these temperatures ranges from about $3\cdot10^{-3}$ to 10^{-1}. [18]. Values of V_1^{II} are discussed in ref. [2], and are 5.2 m s^{-1} at temperatures below about 1.42 K, and 4.2 m s^{-1} at 1.5 K. This latter value is somewhat uncertain because it is located in a region where V_1^{II} falls exponentially by increasing temperature. However this uncertaincy, extimated near 0.1 m s^{-1}, cannot affect in an essential way our final conclusions. Reduced values of the friction coefficient computed from these data are plotted in fig. (2) versus the reduced drift velocity.

A glance at fig. 2 shows that even at low velocities friction is always higher than limiting value observed at vanishing low velocities, because of the flow instabilities which are not detectable in this kind of plot. Next, after the third velocity discontinuity, friction increases further on. Since this oc-

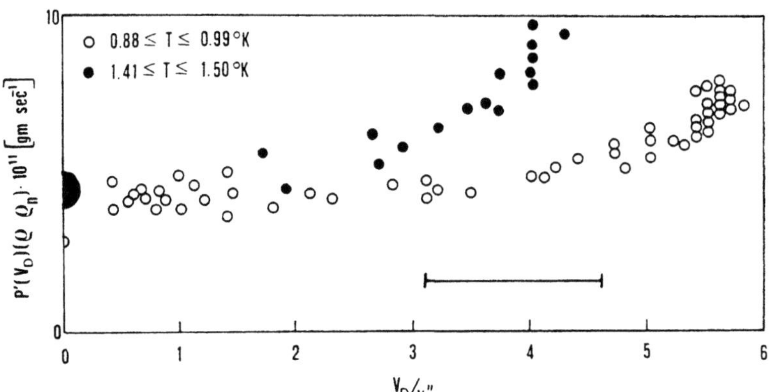

Fig. 2 The friction coefficient $p'(v_D)$ of positive ions in liquid helium II, in reduced units (ϱ/ϱ_n) where ϱ_n is the effective mass density of normal fluid and ϱ the total mass density, plotted versus the reduced drift velocity v_D/V_1^{II}. Computed from the original v_D versus electric field data, reported at low temperatures in Ref. [16], and at high temperatures in Ref. [17]. Values at limiting zero velocities are indicated by half dots for the two temperature ranges considered, and are from Ref. [19]. Horizontal bar indicates order of magnitude of the critical velocity for the onset of turbulence according to dimensional analysis, from data on macroscopic uncharged spheres at room temperature reported in Ref. [3]

curs at a velocity value which is so close to the one predicted above by dimensional analysis from data of macroscopic uncharged spheres, we can safely identify this velocity value as the onset of turbulence. As it is seen in this reduced velocity plot, this value is the same for both the superfluid and the roton vortex rings. At still higher drift velocities, not considered here, friction increases dramatically because a new dissipation process typical of superfluid helium set in, namely the creation of vortex lines by the hot ion [1].

5. Concluding remarks

As we have seen, several dissipative processes are displayed by ions moving in liquid helium and these processes can be discussed by dimensional analysis from the knowledge of similar phenomena displayed by uncharged macroscopic spheres at room temperature. The relevant events which occur in this latter case at progressively higher velocities are: (a) the formation of a stable vortex ring downstream near the sphere, (b) the periodical shedding of this stable vortex ring, and (c) the instability of this vortex ring and its loss in the wake, an event here called the onset of turbulence. In liquid helium, after identification of the critical velocity for (b), I predicted the critical velocity for (a) in good agreement with the experimental data [2] . Here again from (b) I predicted the critical velocity for (c), in good agreement with the available data for positive ions.

I believe that the consideration of flow phenomena past a moving ion is importand because of the theoretical simplicity of such microscopic system and of the accurate experimental data that can become available for this charged body. Moreover, order-disorder phenomena can be best studied in liquid helium, because of the ordered nature of this fluid. Therefore flow phenomena associated with the motion of ions in liquid helium should be considered as important examples of dissipative phenomena displayed by a system driven out of equilibrium. This remark seems appropriate in this meeting devoted to Synergetics.

6. Bibliography

[1] For a review see G. Careri, F. Dupré and P. Mazzoldi in D.F. Brewer (ed) Quantum Fluids, North-Holland, Amsterdam 1966, p.305, and the subsequent discussions.

[2] G. Careri in: P.O. Lowdin (ed) Sanibel Symposium in Quantum Chemistry and Condensed Matter in Honor of Joseph E. Mayer, March 8-13, 1982 (to be published in: Int. J. of Quantum Chemistry)

[3] For a review see: L.R. Torobin and W.H.Gauvin, Can. J. of Chem. Eng. 37, 167 (1959)

[4] S. Taneda, Rep. Res. Inst. Appl. Mech. Japan, IV, 99 (1956)

[5] H.P. Pao and T.W. Kao, The Phys. of Fluids, 20, 187 (1977)

[6] D.J. Tritton, Physical Fluid Dynamics, Van Nostrand Reinhold Co. N.Y. (1977)

[7] H.L. Swinney and J.P. Gollub, Physics Today, August 1978, 4

[8] J.P. Gollub and H.R. Swinney, Phys.Rev.Letters 35, 927 (1975)

[9] M. Dubois and P. Bergé, Phys.Letters 76A, 53 (1980)

[10] G. Careri, S. Cunsolo and P.Mazzoldi, Phys.Rev. Letters 7, 151, (1961) Phys. Rev. 136A, 303 (1964)

[11] G.Careri, S. Cunsolo and M.Vicentini-Missoni, Phys.Rev. 137A, 311 (1964)

[12] L. Bruschi, P.Mazzoldi and M.Santini, Phys.Rev. 167, 203 (1968)

[13] J.A. Cope and P.W.Gribbon, Proceedings Ninth.Conference on Low Temp. Physics, Columbus, J.A.Daunt et al. ed., Plenum, New York, 1964

[14] B.C. Henson, Phys. Rev. 135A, 1002 (1964) Phys. Rev. Letters 24, 1327 (1970)

[15] L. Bruschi, G.Maggi and M. Santini, Phys. Rev.Letters 25, 330 (1970)

[16] G. Careri, S. Cunsolo, P. Mazzoldi and M. Santini, Phys. Rev. Letters 15, 392 (1965)

[17] L. Bruschi, P. Mazzoldi and M. Santini, Phys. Rev. Letters 21, 1738 (1968)

Part VI

Order in Chaos

Diversity and Universality. Spectral Structure of Discrete Time Evolution

S. Grossmann

Fachbereich Physik der Philipps-Universität, Renthof 6
D-3550 Marburg/Lahn, Fed. Rep. of Germany

1. Introduction

Noise is a common phenomenon in systems with many degrees of freedom. Under the influence of noise observables show irregular behavior in time and broad band FOURIER spectra.

Recently interest has focussed on systems with only a few effective degrees of freedom, which also show irregular, quasi-stochastic, nonperiodic time development with quasi-noisy spectra. Among these are fluids near the onset of turbulence (see e.g. [1]), chemical reactions in well stirred continuous flow reactors (see e.g.[2]), RLC circuits with nonlinear elements (see e.g. [3]), etc. In other fields similar phenomena are observed: in ecology, resource management, etc., see e.g. [4].

The time variation of a certain measured amplitude $x(t)$ typically seems to contain a systematic, often periodic component together with an irregular, chaotic one as sketched in Fig.1a. The spectrum clearly separates these contributions. Fig.1b indicates sharp lines together with a broad band background.

The observed spectral pattern depends on the external control parameter of the system, say a. This may be the driving temperature gradient of a Bénard cell, the rate of material exchange in the tank reactor, the applied voltage to the varactor diode, etc. If a is varied one observes regions of rather stable spectral patterns but also characteristic changes.

Figure 2 displays an example, obtained by LIBCHABER and MAURER [5]. They measured the local temperature in a Rayleigh-Bénard cell with a small aspect ratio Γ = length/ 2 × height, Fig.2a. Increasing the temperature gradient $\propto$ Rayleigh number Ra one first observes the laminar state. At Ra_c a stationary convection pattern emerges, which at still larger Ra gets oscillatory. In the range $40.5 \lesssim Ra/Ra_c \lesssim 43$ a state

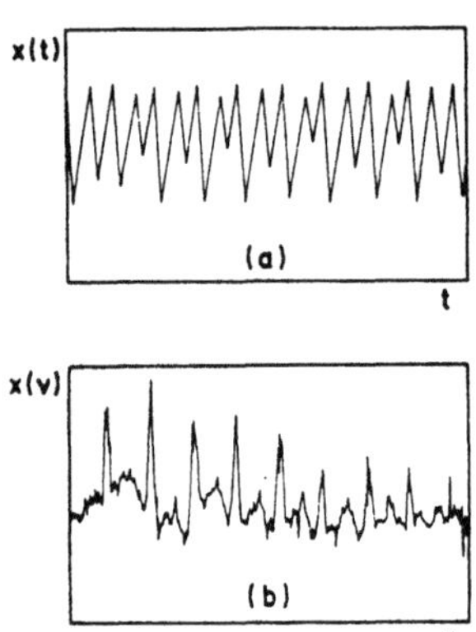

Fig.1 Schematic time development (a) and FOURIER spectrum (b) in a system with periodic chaos

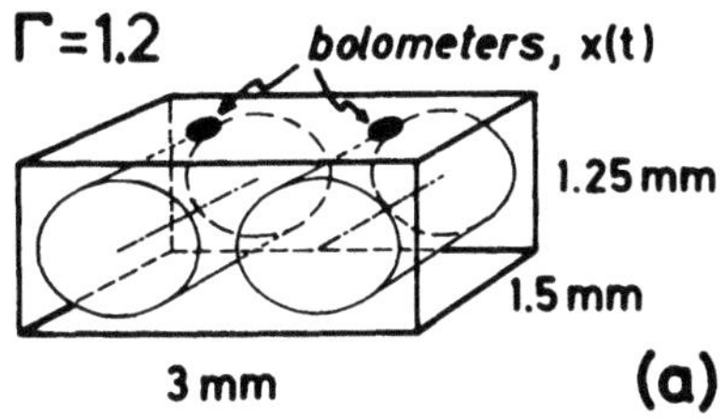

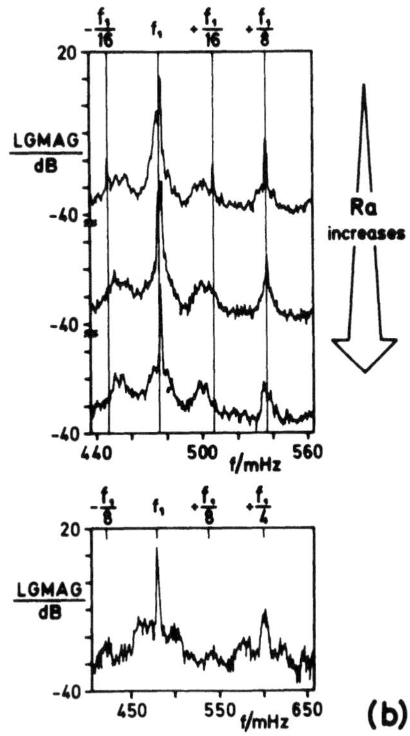

Fig.2 a) RAYLEIGH-BÉNARD cell with only two roll convection pattern of liquid helium [5]; basic frequency $f_1 \cong 0.5\ s^{-1}$
b) Spectra with periodic chaotic features for increasing RAYLEIGH number (LIBCHABER and MAURER): increase of noise, decrease of peaks

with frequencies f_1 and (phase locking a second frequency f_2), $f_1/2$ runs through a period doubling cascade with geometrically decreasing lengths of Ra-intervals in which $f_1/2^n$ together with their harmonics appear.

This pattern seems to be an example of what has first been described in discrete nonlinear dynamics independently by GROSSMANN and THOMAE [6], by FEIGENBAUM [7], and by COULLET and TRESSER [22]. At about $Ra/Ra_c \cong 43$ the bolometer signal displays the critical spectrum that was analyzed by FEIGENBAUM in [8].

Increasing Ra/Ra_c further, beyond 43, the spectral pattern behaves as shown in Fig.2b. One observes an "inverse" cascade. Successively the subharmonics ..., $f_1/16$, $f_1/8$, ... decrease in amplitude and vanish. Simultaneously the noise level increases.

It is this structured transition to the noisy, broad band spectrum observed b e y o n d the critical point near 43 (defined by $\lim_{n\to\infty} f_1/2^n$) which is one main concern of this lecture. It will be discussed in the context of discrete nonlinear dynamics (motivated in sect. 2) in sect.3, in particular the possibility of correlation decay and of well determined periodic together with chaotic behavior. In the final sect.4 I deal with the system's time development if the control parameter a is increased further. Then diffusive motion on a periodic pattern becomes possible.

2. Modelling of Nonlinear Dynamics

The physical systems considered here are described by classical equations of motion. These are partial differential equations (p.d.e.) as for instance the NAVIER-STOKES-equation, or a set of ordinary differential equations (o.d.e.) as the chemical rate equations or, if conservative systems are considered, HAMILTON's equations of motion.

Among the rich and widespread bulk of phenomena controlled by these equations there is a certain subclass showing the permanently time dependent but nonperiodic, quasi-stochastic behavior and the characteristic pattern in the spectra mentioned before. A few modes seem to dominate the macroscopic physical behavior under certain external conditions. For example, the amplitude of the roll pattern for the velocity $x(t)$, for the temperature $y(t)$, together with the heat conduction mode's amplitude $z(t)$ may model the behavior of the fluid in a certain parameter range, LORENZ [9].

$$\begin{aligned} \dot{x} &= -\sigma x + \sigma y \quad , \\ \dot{y} &= -y + rx - xz \quad , \\ \dot{z} &= -(8/3)z + xy \quad . \end{aligned} \tag{1}$$

σ is the PRANDTL number, $r = Ra/Ra_c \propto a$.

The nonlinearity is essential. Therefore further reduction is useful, allowing stronger if not rigorous statements about the properties of the solution. Discretization in time allows to consider even less variables without loosing track of the properties of the system. One typically uses the LORENZ map $\left((n+1)^{st}\right.$ maximum vs n^{th} maximum of $\left.z(t)\right)$, the return map, the POINCARÉ map, etc., and gets a discrete time dynamical law for one variable x_τ, $\tau = 0,1,2,\ldots$

$$x_{\tau+1} = f_a(x_\tau) \quad . \tag{2}$$

The map f_a generates solutions (trajectories) $\{x_\tau(a,x_0)\}_{\tau=0}^{\infty}$. Their properties sometimes reflect corresponding aspects of the physical system. This is the motivation to study in the following sections discrete nonlinear dynamics (2) for various control parameters a.

For the experimentalist the question arises whether apparent random features in a measured time record are caused by thermal (or other) noise or if they are due to quasi-stochastic, deterministic chaos. Then they have to be described by a deterministic law like a map (2). Clearly, in principle a given time series $\{x_\tau\}_{\tau=0}^{t}$ exposes its deterministic character if $x_{\tau+1}$ is plotted vs x_τ, $\tau = 0,1,\ldots,t$, displaying either the underlying map or a noisy scattered cloud of points.

The difficulties are discussed e.g. in [2]. To find an appropriate variable x_τ the measured digitized time record y_t is converted into "phase space" portraits $y_{t+T_1}, y_{t+T_2}, \ldots, y_{t+T_k}$ (RUELLE) and reduced again by return maps, LORENZ maps, etc.. Their features might support the presence of deterministic chaos in the given system.

3. Spectra Generated by the Logistic Parabola

We now consider chaotic solutions of the parabola map

$$x_{\tau+1} = 4a\, x_\tau(1-x_\tau), \quad \tau = 0,1,2,\ldots, \quad x_\tau \in I = [0,1] \quad . \tag{3}$$

For $a = 1$ the trajectories $\{x_\tau(1,x_0)\}_{\tau=0}^{\infty}$ are chaotic in the following sense: i) They are permanently but nonperiodically time dependent. ii) They are exponentially unstable (positive LYAPUNOV exponent) i.e., incomplete knowledge of the initial value x_0 results in an unpredictability of the time development. iii) For almost all x_0 the trajectory fills the whole interval I densely; there is no smaller attractor. iv) There is an infinite set of p-periodic initial points, $p = 1,2,\ldots$. Each p-period is repelling. The whole set has measure zero. v) The system is ergodic and mixing. There exists a unique smooth invariant density, $\rho^* \in L_1$. It can be determined as the solution of the FROBENIUS-PERRON equation

$$\rho^*(x) = H\,\rho^* \equiv \int dy\, \delta(f_a(y) - x)\rho^*(y) \quad . \tag{4}$$

Since we are interested in understanding spectra, we now introduce the FOURIER transform.

$$\tilde{x}_{\nu,N}(a) = N^{-1} \sum_{\tau=0}^{N-1} \delta x_{\tau,N}(a) \exp\left(i \frac{2\pi}{N} \nu\tau\right) \quad . \tag{5}$$

Here $\delta x_{\tau,N} = x_{\tau,N} - \langle x \rangle$ denotes the "N-truncated" solution: $x_{\tau,N} = x_\tau$ for $0 \leqq \tau \leqq N-1$, $x_{\tau+mN,N} = x_{\tau,N}$ for all integer $m(\neq 0)$. $\langle ... \rangle$ is the time or ensemble average.

The spectral power $S_{\nu,N}$ of the trajectory is identical to the FOURIER transform of the N-truncated time correlation function $c_{\tau,N}$, which tends to $c_\tau = \langle \delta x \, \delta x_\tau \rangle$ for $N \to \infty$.

$$S_{\nu,N}(a) = \langle |\tilde{x}_{\nu,N}(a)|^2 \rangle = S_{\nu+mN,N} = S_{-\nu,N} = S_{N-\nu,N} \quad . \tag{6}$$

Thus the frequency ν/N may be restricted to $0 \leqq \nu/N \leqq 0.5$.

Now we can formulate the most interesting property (vi) of the trajectories at $a = 1$: their power spectrum is purely white [6] . i.e., the time correlation function $c_\tau = c_0 \, \delta_{\tau,0}$ immediately decays. It is $c_0 = \langle (\delta x)^2 \rangle = 1/8$ for the map (3). The random character of the trajectories for a.a. x_0 manifests itself in a total decorrelation of successive fluctuations.

$$c_\tau = \lim_{T\to\infty} \frac{1}{T} \sum_{t=0}^{T-1} \delta x_t \, \delta x_{t+\tau} = 0 \ , \quad \tau > 0 \quad .$$

The same holds true for instance for the hat-map $f(x) = 1-2|x - 0.5|$. However, if the top of the hat is shifted to the right, $x_m \to \alpha > 0.5$ the correlation does not show instantaneous but monotonous exponential decay, while for $\alpha < 0.5$ one observes oscillatory exponential decay, Fig.3. The decay time is $\tau_c = - 1/\ln|2\alpha - 1|$.

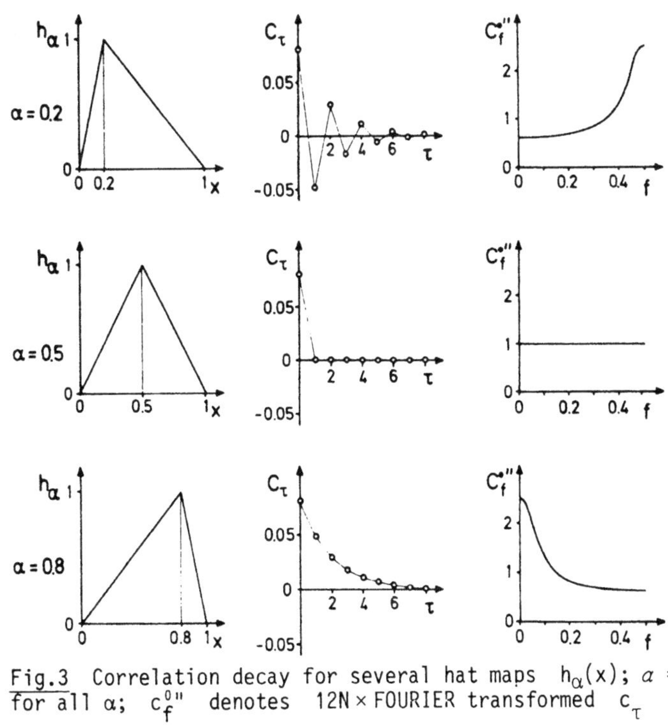

Fig.3 Correlation decay for several hat maps $h_\alpha(x)$; $a = 1$, $\rho^* = 1$, $c_{\tau=0} = 1/12$ for all α; $c_f^{0''}$ denotes $12N \times$ FOURIER transformed c_τ

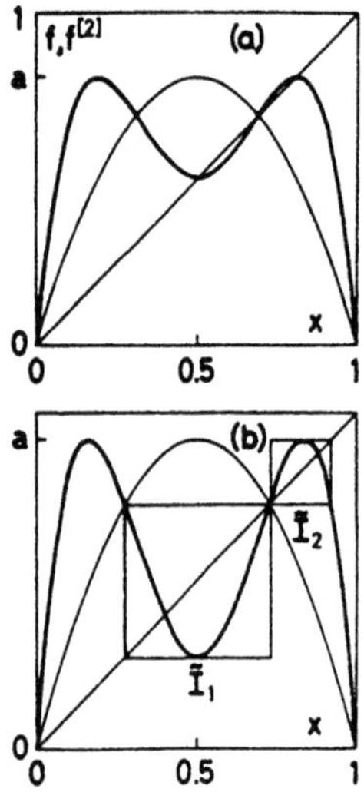

Fig.4 Iterated map $f_a^{[2]}$ together with f_a (thin)
a) Parameter a = 0.809 ..., stable period 2
b) Parameter a = 0.919 ..., period-2 chaos

Thus different broad band spectra may be obtained in discrete nonlinear dynamics. The common feature is correlation decay, the trade-mark of chaos.

Are there other values of a with broad band spectra ? The key is the 2nd iterate $f^{[2]}(x) = f(f(x))$, see Fig.4. For $a = 1$ it has two maxima of height 1 and one minimum $f^{[2]}(0.5) = 0$. If a is decreased, the maxima shift downwards, the minimum upwards. For $\tilde{a}_1 = 0.919\,643$ ... the medium part of $f^{[2]}$ fills the subinterval $\tilde{I}_1$ similarly as f did with [0,1] for $a = 1$. One realizes that $\tilde{I}_1$(or the other subinterval $\tilde{I}_2$) are attractors of $f^{[2]}$. Once the trajectory is captured it never leaves $\tilde{I}_1$ (or $\tilde{I}_2$) . W i t h i n this interval it shows erratic, non-periodic motion. This finding can be made mathematically rigorous: Whenever the maximum (or the minimum) is finally mapped on an unstable fixed point, the map is ergodic with a $\rho^* \in L_1$ (MISIUREWICZ [10]; one hump map is assumed and negative SCHWARZIAN derivative; for mathematical aspects, which are only poorely mentioned here, see [11] - [13].)

The trajectory of the f-map itself is permanently hopping between $\tilde{I}_1$ and $\tilde{I}_2$ with period 2 but has random position within each subinterval $\tilde{I}_j$. The spectrum thus has a sharp peak at $\nu/N = 1/2$ together with broad band noise, Fig.5.

This periodic chaos, described first in [6], is a counterpart of the stable period 2 for smaller a, see Fig.4a, where two fixed points are stable, the third one (equal

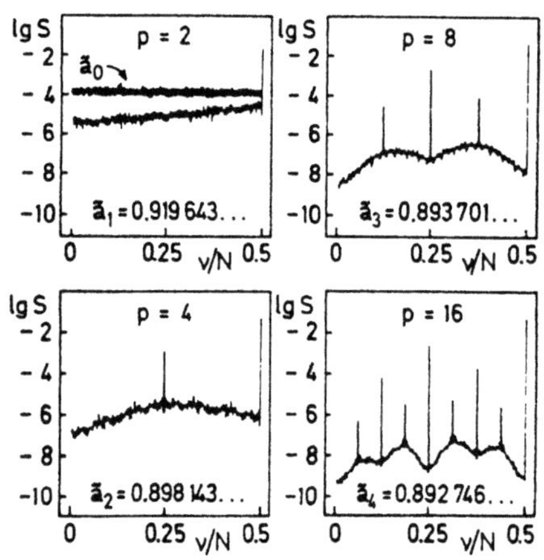

Fig.5 Spectra of periodic chaos

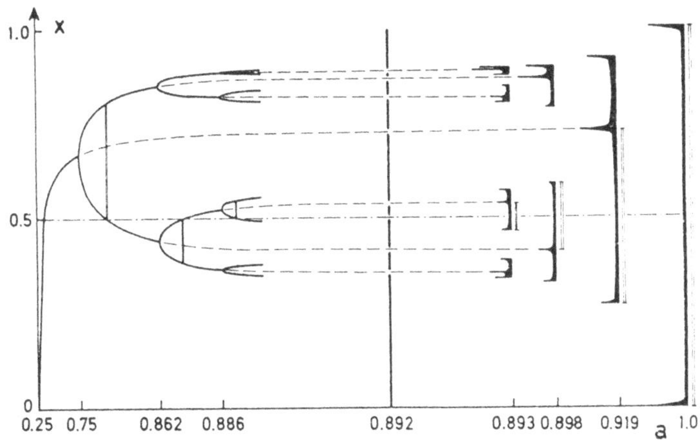

Fig.6 Bifurcation diagram with period doubling cascade and inverse cascade

to the unstable fixed point of f) is not. But while the stable period 2 evidently appears in a whole a-interval, the periodic chaos is observed in its pure form just for $\tilde{a}_1$. If a is a bit larger, the minimum of $f^{[2]}$ exceeds $\tilde{I}_1(a)$, if it is smaller, it does not touch the lower boundary of the box. The former situation leads to occasional irregular jumps of the $f^{[2]}$-trajectory between the boxes, the pure period-2 is destroyed, the bands in $\tilde{I}_1$ and $\tilde{I}_2$ overlap, the spectral peak broadens [14]. In the latter situation the bands separate. The attractor has a gap between $\tilde{I}_1(a)$ and $\tilde{I}_2(a)$. So $\tilde{a}_1$ can also be described as a band merging point.

States of periodic chaos with $p = 2^n$ are obtained by considering the 2nd iterate of $f^{[2]}$, i.e. $f^{[2^2]}$, and $f^{[2^n]}$ in general. In extending the ideas just described one gets a well defined sequence ... $\tilde{a}_n < \tilde{a}_{n-1} < \cdots < \tilde{a}_1 < \tilde{a}_0 = 1$ of 2^n-periodic chaos (see [6]). Slightly below each $\tilde{a}_n$ band merging happens (from $2^{n-1} \to 2^n$ bands), slightly above $\tilde{a}_n$ those bands overlap. As reported (GROSSMANN and THOMAE [6]) the intervals $\tilde{a}_n - \tilde{a}_{n+1}$ show geometrical degression with the same reduction factor $\delta = 4.669$ ... as the period doubling bifurcation cascade for increasing (smaller) a. The band merging points $\tilde{a}_n$ converge from above to the same limit: $\lim \tilde{a}_n = a_\infty = \lim a_n$ (= 0.892 ...). Fig.6 summarizes all this. (Note the nonlinear abscissa $\sqrt[5]{\tanh(4a - 4a_\infty)}$) .

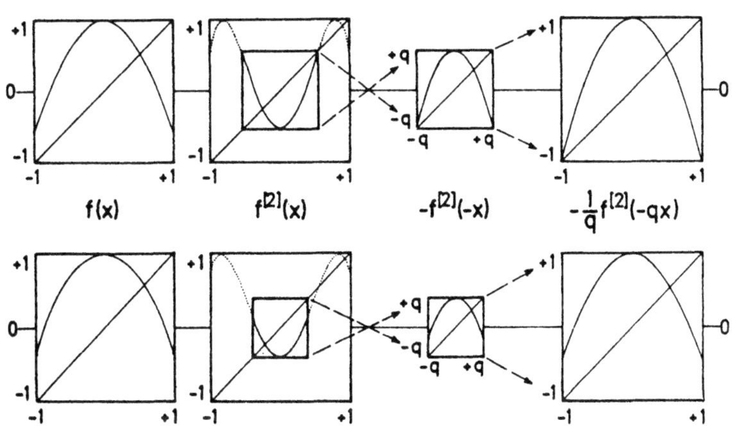

Fig.7 Renormalization group transformation T applied to $f_\mu(x) = 1 - \mu x^2$, conjugate to (3). a) Map with period-2 chaos at $\tilde{\mu}_1 = 1.543$ ... is transformed to $\tilde{\mu}_0 = 2$. b) $\mu = \mu_\infty$, parabolic approximation of fixed point under T

The spectra at the $\tilde{a}_n$ are shown in Fig.5. The peaks reflect the periodic gross behavior of a.a. trajectories for $\tilde{a}_n$, the noisy background arises from the random position of $x_\tau(\tilde{a}_n)$ within each of the successively visited sub-boxes.

There is structure in the peak heights as well as order in the noise level. To understand both we consider the renormalization group transformation (RG-T), introduced by FEIGENBAUM, COLLET and ECKMANN. Fig.7 displays $Tf = -(1/q)\, f^{[2]}(-qx)$. In the upper part $a = \tilde{a}_1$ is mapped by T on $a = \tilde{a}_0 \equiv 1$. One realizes that the inverse cascade $\tilde{a}_n$ of states with periodic chaos is generated by T^{-n} applied to a map with the property $f^{[3]}(1/2) = f^{[4]}(1/2)$ (viz. $f_{\tilde{a}_1}$). Asymptotically the rescaling factor q is $|\alpha|^{-1} = 2.502\ldots^{-1} = 0.399\ldots$ (FEIGENBAUM [7]). Two sequences of corresponding amplitudes which are successively rescaled by -0.399 are indicated in Fig.6 by double-lines. α controls the rescaling of the period doubling cascade of superstable states $a_n \to a_\infty$ but also the corresponding inverse cascade of band merging states $a_\infty \leftarrow \tilde{a}_n$.

The latter fact explains the properties of the spectra in Fig.5. I will describe these qualitatively (based on a derivation in [15]). Fig.6 displays that the mean position of a band, once it exists, does not change with n asymptotically. That is reflected in the invariability of the peak height in the spectra with $p = 2^n \to \infty$. - The band splitting from $n \to n+1$ concerns the n e w subharmonic's amplitude $S_{\nu/N}$ for $\nu/N = (\nu_0/N)\, 2^{-n}$. This evidently shrinks geometrically and the exponent is determined by the scaling factor α

$$S_n \propto 2^{-n\tilde{\mu}} \quad , \quad \tilde{\mu} = 2\, \ell d\, 2\alpha^2/(|\alpha| - 1). \tag{7}$$

The numerical value is $\tilde{\mu} = 6.12$, corresponding to a decrease of the spectral power of successive subharmonics, S_{n+1}/S_n, by 18.4 dB. - The noisy background finally is caused by the random distribution w i t h i n the bands. So its amplitude reflects the widths of the bands in Fig.6. These not only shrink by α but also are duplicated. So the mean noise level is geometrically reduced.

$$S_{noise,n+1}/S_{noise,n} = \beta^{-2} \quad , \qquad \beta^{-2} = \left(\alpha^{-2} + (\alpha^{-2})^2\right)/2 \, . \tag{8}$$

The numerical value is $\beta = 3.29$. This corresponds to a decrease in mean noise level of 10.3 dB along the inverse cascade $\tilde{a}_n$ down towards a_∞. One verifies this in Fig.5, starting from the (technical) level 1.2×10^{-4} for the noise in the purely chaotic state at $\tilde{a}_0 = 1$.

With i n c r e a s i n g Ra a noise i n c r e a s e in that order of magnitude is also observed in the measurements, cf. Fig.2b.

There is, of course, much more detailed structure in the spectra. This also can be interpreted quantitatively [15],[17], by decomposing the phase into its systematic part (periodic box hopping) and a normalized chaotic part $x_\tau^{cha} \in [0,1]$.

$$x_\tau(\tilde{a}_n) = \check{x}_\tau + \ell_\tau\, x_\tau^{cha} \quad , \qquad \tau = 0,1,2,\ldots \quad . \tag{9a}$$

$\check{x}_\tau$ denotes the box corners (unstable fixed points), 2^n-periodic as the box lengths ℓ_τ.

$$\delta\, x_\tau(\tilde{a}_n) = \delta(\check{x}_\tau + 0.5\, \ell_\tau) + \ell_\tau\, \delta\, x_\tau^{cha} \quad . \tag{9b}$$

The correlation function is decomposed into the purely periodic correlation function of the box centers $\check{x}_\tau + 0.5\, \ell_\tau$ and the time dilated pure chaos correlation function with the periodic box length correlation as an amplitude.

$$c_\tau = c_\tau^{cent} + \langle \ell \ell_\tau \rangle\, c_\tau^{cha} \quad . \tag{10}$$

It is $c_\tau^{cha} = 0.125\,(1 - \tau/2^n)$ for $0 \leq \tau \leq 2^n$, and $= 0$ for $\tau > 2^n$. If $\tilde{a}_n \to a_\infty$ the box lengths shrink to zero. Then the box center correlation

$$c_\tau^{cent} = \langle \delta(\check{x} + 0.5\,\ell)\ \delta(\check{x}_\tau + 0.5\,\ell_\tau) \rangle \quad (11)$$

alone survives and determines the critical spectrum. - The FOURIER transform of (10) coincides almost perfectly with the spectra shown in Fig.5.

Similar hierarchies as shown in Fig.6, each consisting of an increasing cascade of *intervals* with stable periods $m\cdot 2^n$ (m integer, fixed) followed by a series of *points* with $m\cdot 2^n$- periodic chaotic states (forming an inverse cascade) are found in the intervals between the $\tilde{a}_n$, etc. The structure of these infinitely many, infinitely nested hierarchies has been studied by GEISEL and NIERWETBERG [18]. They all have $a < 1$.

4. Deterministic Diffusion

What happens if a is increased beyond 1 ? For one-hump maps like the parabola one finds $x_\tau \to -\infty$, since the phase point can eventually leave the unit interval. But if a periodic repetition of a standard map in the unit interval defines the dynamics, the emigrating x_τ may have an interesting fate. Two examples of periodic maps are shown in Figs.8 and 9.

For the piecewise linear map a typical trajectory is indicated. The phase point moves randomly within a box until it hits one of the intervals I_δ, length δ, from which it is mapped to the neighboring box. There the game is repeated, etc. Thus we get diffusive motion of the phase X_τ. Because of the symmetry of $F(X)$, there is no mean drift. In general there is a drift with the velocity

$$v = \lim_{t\to\infty} \frac{1}{t} \sum_{\tau=0}^{t-1} (X_{\tau+1} - X_\tau) \quad (12)$$

together with diffusion (for not too small t)

$$\langle (X_t - \langle X_t \rangle)^2 \rangle = 2\,Dt \quad . \quad (13)$$

For a given map both transport coefficients depend on a: $v(a)$, $D(a)$. To calculate them [19] the idea is to decompose the phase into two random terms.

$$X_\tau = N_\tau + x_\tau \quad , \qquad 0 \leq x_\tau < 1, \quad \text{all } \tau \quad . \quad (14)$$

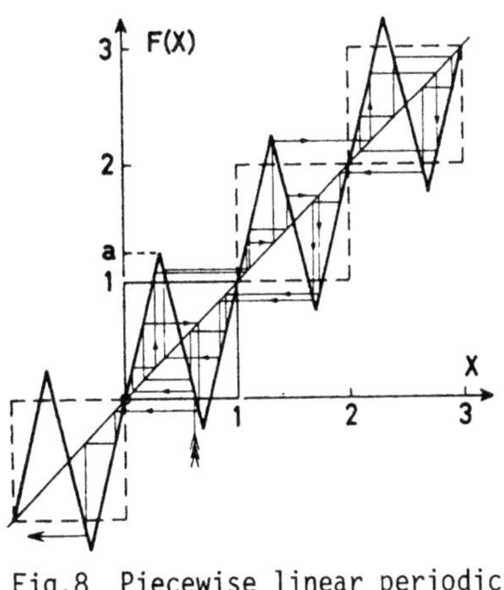

Fig.8 Piecewise linear periodic map, diffusive character of trajectories, $a = 1.25$, four unit cells

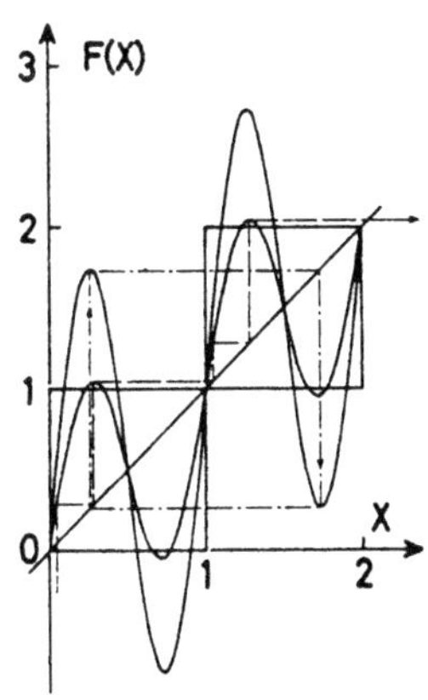

Fig.9 Two unit cells of sinusoidal map $F(X) = X + \mu \sin(2\pi X)$ for $\mu = 0.782\ \ldots$ ($a = 1.048\ \ldots$) with runnings modes and for $\mu = 1.474\ \ldots$ ($a = 1.732\ \ldots$) with (superstable) periodic, localized mode

The integer $N_\tau(x_o)$ denotes the actual box, the fractional part $x_\tau(x_o)$ the position within this box. Thus the dynamical law $X_{\tau+1} = F_a(X_\tau)$ is decomposed into

$$N_{\tau+1} = N_\tau + \Delta(x_\tau) \ , \qquad x_{\tau+1} = g(x_\tau) \ . \tag{15}$$

$\Delta(x_\tau)$ is integer and describes the magnitude of box-to-box jumps. The reduced map $0 \leq g(x) < 1$ determines the statistics of the trajectories. Its properties can be discussed on the unit interval as was done for $f(x)$ in sect.3. With its invariant density $\rho^*(x;a)$ one can determine the transport coefficients [19]

$$v = \langle\Delta(x)\rangle \ , \qquad 2D = \lim_{t\to\infty} \frac{1}{t} \sum_{\tau=o}^{t-1} \sum_{\lambda=o}^{t-1} \langle\delta\Delta(x_\tau)\ \delta\Delta(x_\tau)\rangle \ . \tag{16}$$

$2D \cong \langle(\delta\Delta)^2\rangle$, if the jump function Δ has short memory. On a gross scale D roughly increases $\propto a^2$. It shows critical behavior at all integer a, since here a new "channel" opens, namely, hopping to a box $a - 1$ apart. We found different types of critical behavior [20]. Their origin can be explained as follows. D is obtained as

$$2D = \delta \cdot \rho^*(x \in I_\delta) \ . \tag{17}$$

δ is the length of the interval I_δ leading to a jump. If F has a maximum of order z one gets $\delta \propto (a - 1)^{1/z}$. This critical exponent has been found also under the influence of noise by GEISEL and NIERWETBERG [21]. In addition, logarithmic or other corrections may contribute if $\rho^*(x \in I_\delta)$ gets singular for $a \to 1$.

All trajectories of the dynamical system in Fig.8 are unstable, since $|F'(X)|>1$ i.e. for all $a > 0.5$. If $|F'(X)|<1$ is possible, new phenomena show up (Fig.9). There are stable periodic attractors in the reduced g-map, which lead to regular X_τ-trajectories. Examples are indicated in Fig.9. For certain a-intervals there is localized motion stable and attracting; X_τ is periodically hopping forwards and backwards between neighboring boxes. In other a-intervals one finds stable running modes, breaking the dynamic symmetry of the map. Each second step the phase hops in the same direction, $v = 1/2$ or $-1/2$.

If a is slightly increased the whole hierarchy as discussed in sect.3 appears in the g-map. That leads to localized or running modes with superimposed small scale periodic, chaotic, or periodic-chaotic components.

Figure 10 summarizes on a linear scale the basic hierarchy of the parabola for $0 \leq a \leq 1$ and the bands which contain stable period 1 or 2 cycles for the sinusoidal map in the interval $1 \leq a \leq 2$. No diffusion occurs within those bands. Their internal

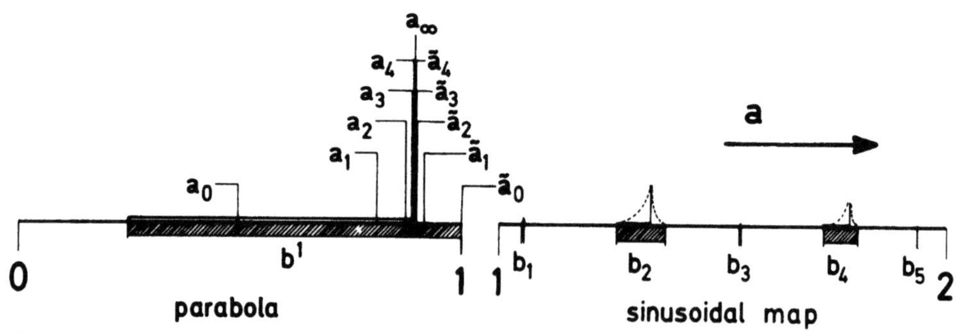

Fig.10 L.h.s.: basic hierarchy of one-hump map with second order maximum, period doubling cascade a_n and inverse periodic-chaotic cascade $\tilde{a}_n$ indicated. R.h.s.: regular bands of sinusoidal periodic map containing period 1 and/or 2

structure is similar to that of the one-hump map on the l.h.s. There is, of course, an infinity of other bands for $a > 1$, belonging to higher basic stable periods m of g(x) . In between one has to look for diffusion

I have described aspects of the rich structure of deterministic chaos. It occurs as irregular behavior in time as well as in space. The single trajectories may be irregular, unpredictable. Other properties as for instance the spectra have clear structure. The dependence on the external control parameter a near thresholds shows universal features for whole classes of maps.

Critical assistance by Stefan THOMAE is gratefully acknowledged.

References

1. Chaos and Order in Nature, Ed. H.Haken, Proc. Elmau Symposium April 27 - May 2, 1981, Springer: Berlin etc., 1981
Synergetics, Proc. Elmau Symposium May 2-7, 1977, Ed. H. Haken, Springer: Berlin, 1977
2. J.C. Roux, J.S. Turner, W.D. McCormick, H.L. Swinney in Proc. Conf. at Los Alamos,March 2-6, 1981, Ed. A.R. Bishop, North-Holland: Amsterdam, 1981
3. P.S. Linsay, Phys. Rev. Lett. 47, 1349 (1981)
4. R.M. May in: Les Houches Summer School on Chaotic Behavior of Deterministic Systems, July 1981
5. A. Libchaber, J. Maurer, J. de Physique C3, 41, 51 (1980); J. de Physique Lett. 40, 419 (1979)
A. Libchaber, J. Maurer, in Nonlinear Phenomena at Phase Transitions and Instabilities, Proc. Geilo-Conf., Ed. T. Riste, Plenum Publ. Comp.: New York, 1982
6. S. Grossmann, S. Thomae, Z. Naturforsch. 32a, 1353 (1977)
7. M.J. Feigenbaum, J. Stat. Phys. 19, 25 (1978)
8. M.J. Feigenbaum, Phys. Lett. 74A, 375 (1979)
9. E.N. Lorenz, J. Atmos. Sci. 20, 130 (1963)
10. M. Misiurewicz, Absolutely continuous measures for certain maps of an interval, Publ. Math. IHES (1980)
11. I. Gumowski, C. Mira, Recurrences and Discrete Dynamic Systems, Springer: Berlin, etc., 1980
12. P. Collet, J.-P. Eckmann, Iterated Maps on the Interval as Dynamical Systems, Birkhäuser: Basel, 1980
13. G. Targonski, Topics in Iteration Theory, Vandenhoeck and Ruprecht: Göttingen, etc., 1981
14. S.J. Shenker, L.P. Kadanoff, J. Phys. A: Math. Gen. 14, L23 (1981)
15. S. Thomae, S. Grossmann, Phys. Lett. 83A, 181 (1981)
16. S. Thomae, S. Grossmann, J. Stat. Phys. 26, 485 (1981)
17. A.N. Wolf, Thesis, Univ. of Texas, Austin, Tx, Dec. 1980
18. T. Geisel, J. Nierwetberg, Phys. Rev. Lett. 47, 975 (1981)
19. S. Grossmann, H. Fujisaka, Phys. Rev. A, 1982 (in press)
20. H. Fujisaka, S. Grossmann, to be published
21. T. Geisel, J. Nierwetberg, Phys. Rev. Lett., 48, 7 (1982)
22. P. Coullet, C. Tresser, J. de Physique 39, Colloque C5-25 (1978)

Onset of Chaos in Fluid Dynamics

Marzio Giglio, Sergio Musazzi, and Umberto Perini

CISE S.p.A., P.O.B. 12081
I-20100 Milano, Italy

1.1 Introduction

Forced nonlinear systems exhibit deterministic behaviour when the applied stress is small enough. Let us consider a driven anharmonic oscillation with an x^3 restoring force. If the driving force is small, the motion is almost sinusoidal. The spectrum is composed of a sharp peak at the driving frequency and, eventually, smaller peaks at the higher harmonics. As the force is increased, the motion becomes more complicated and additional sharp peaks are introduced in the spectrum. One of course might wonder whether by making the driving force arbitrarily large, the spectrum will continue to be in the form of instrumentally narrow peaks. The answer is no, and this holds true for the simple case we are considering as well as for a large variety of more complex nonlinear systems. Above a given threshold the spectrum will show a continuum in between the remnants of the sharp peaks and one says that the system has reached a "chaotic" state.

The route to chaos is non-unique. Computer simulations and experiments have shown that the chaotic state can be attained through a variety of ways and sometimes the same physical system can follow different routes in different experimental runs. Among these routes there is one which occupies a special place, since it has been conjectured |1,2,3| to be endowed of universal character: the route through a sequence of period doubling bifurcations. These lecture notes are mainly concerned with the description of an experiment on a fluidodynamic system which exhibits this type of behaviour.

1.2 The Period Doubling Bifurcation Route

We will briefly summarize some of the results on the transition to chaotic behaviour via a sequence of period doubling bifurcations. It must be stressed that initially the theoretical analysis due to Feigenbaum was not explicitely connected with the transition to chaos, but it was related to some peculiar properties of the so called "return maps". Let us consider the discrete iteration scheme

$$x'_{n+1} = f(r;\ x'_n) \tag{1}$$

where $f(\lambda;x)$ is a continuous function, possessing a quadratic maximum. Given a starting seed, we can iterate (1) and obtain a sequence of values $x'_0, x'_1, \ldots, x'_n, \ldots$. Let us take for $f(\lambda;x)$ the function

$$f(\lambda;x) = 4\ \lambda\ x(1-x) \tag{2}$$

and let us see what happens to the sequence $x'_0, x'_1, \ldots, x'_n, \ldots$ as λ is increased. This is shown pictorially in Fig.1. Let us consider the first inset. We start with x'_0, and find the value $f(\lambda;x'_0)$ and this value is now taken as the new abscissa x'_1. Graphically, this can be obtained by finding the value $f(\lambda;x'_0)$ and running horizontally until intercepting the line y=x. The interception point is x'_1.

The whole sequence can thus be generated by repeating this graphic procedure. In the first inset $\lambda=0.7$, and the sequence accumulates to the fixed point X_0. That is, for n sufficiently large, all the points fall arbitrarily close to the fixed point X_0.

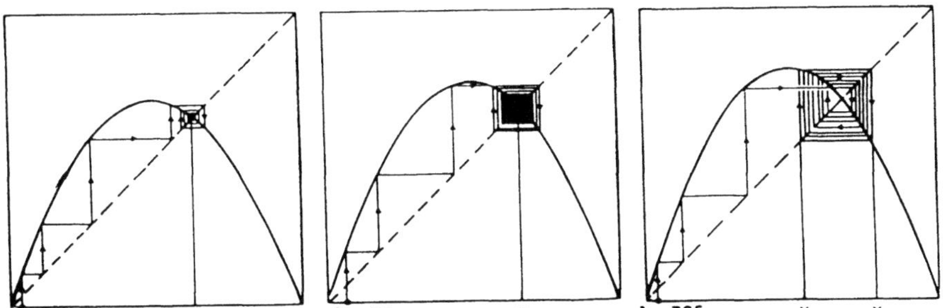

Fig.1 Iteration maps for different values of the stress parameter λ

In the second inset λ is 0.75. We find a situation similar to that of the first inset, but now the graphical construction spirals toward the fixed point more slowly, and hence the sequence accumulates more slowly. Further increase ($\lambda=0.785$, third inset) produces a new phenomenon. The graphical construction now spirals outwards until it collapses to a rectangular loop. For n sufficiently large the sequence points keep jumping between the two extremes X_1 and X_2 of the horizontal side of the loop. One says that the system has gone through a first "period doubling" bifurcation. Further increase of λ produces additional splittings, and the accumulation points become four,eight, sixteen and so on. The first important result due to Feigenbaum is that the values $\lambda'_1, \lambda'_2, \ldots, \lambda'_n$ at which the number of accumulation points increases by a factor of 2 are arranged as a geometric sequence, characterized by a universal number $\delta = 4.669 \ldots$, irrespective of the peculiar form of $f(\lambda;x)$, provided that the maximum has a quadratic shape. That is

$$\lim \frac{\lambda_{n+1} - \lambda_n}{\lambda_{n+2} - \lambda_{n+1}} = \delta \quad . \tag{3}$$

One might ask at this stage what all this has to do with the transition to chaos of a real system. To establish a connection one could think as follows. Let us consider a system exhibiting periodic motion with period T. If one performs a series of instantaneous measurements at times spaced by a period T, all the measurements will be identical, and we are in the situation depicted in the first two insets of Fig.1. If the system goes through a first period doubling bifurcation, then two subsequent readings will be different, but they will reproduce themselves after a period 2T, and we are in the situation of the third inset .

The Feigenbaum theory also provides a second universal number, μ, related to some regular features of the spectrum of any dynamic variable of the system. After each bifurcation a new subharmonic (and its odd multiples) is added to the spectrum. The amplitudes of all these components are at first very small but as λ increases and approaches the next bifurcation they grow and saturate at a value which remains appreciably constant. If we call S(i) the (average) amplitude of the spectral components of frequency $f_1/2^i$ and its odd multiples, then

$$\lim \frac{S(i)}{S(i+1)} = \mu \tag{4}$$

where $\mu = 6.574 \ldots$ (we call f_1 the fundamental frequency of the system).

1.3 Stationary and the Dependent Rayleigh-Benard Instability

We will briefly cover some of the phenomenological features of the Rayleigh-Benard instability |4 |. The physical system is a horizontal fluid layer of thickness a confined between two rigid highly conducting plates. When a destabilizing temperature difference ΔT is applied to the plates (the lower plate is hotter) one could guess that convection should immediately appear, even for arbitrarily small temperature differences. This is not the case since indeed the local fluid velocity remains zero until a critical temperature difference is exceeded. The reason for this is that buoyancy forces must become large enough to prevail over two hindering mechanisms, that is viscosity (which makes life difficult for the motion of a heated volume) and heat diffusion (which tends to destroy spatial temperature differences and therefore buoyancy forces). The threshold is expressed in terms of an adimensional number, the Rayleigh number R

$$R = \frac{g\,\alpha\,a^3\,\Delta T}{\chi\,\nu} , \tag{5}$$

which at threshold is R_c=1708 (here α is the volume expansion coefficient, ν the viscosity, χ the thermal diffusivity and g the gravity acceleration).

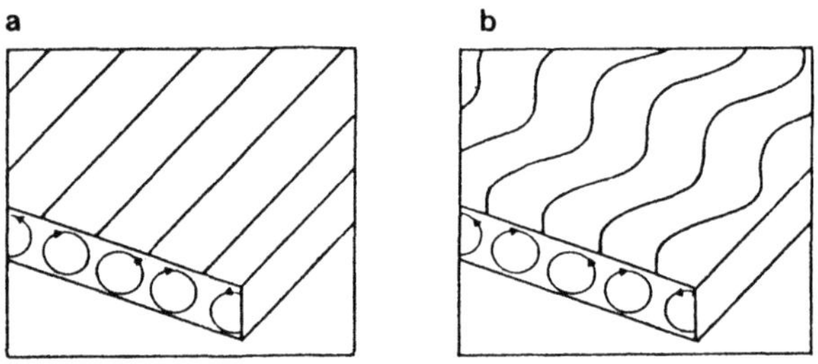

Fig.2 Planform of the time independent Rayleigh Benard instability (a), and of the oscillatory instability (b) which sets in in low Prandtl number fluids for $R/R \gg 1$

Above threshold convection sets in with a simple spatial structure in the form of cylindrical rolls (Fig.2). Both fluid velocity and fluid temperature become space dependent and the wavelength of the structure is close to twice the height of the fluid layer. The amplitude of the velocity and temperature mode grow with $R-R_c$. We are not interested in this first phase of the instability, since (for a given R value of$(R-R_c)$ the system is stationary. Time dependent behaviour is usually observed only well above the threshold for connection. The description of what happens when the time dependent regime is attained is rather complex, since a variety of cases can arise depending on the Prandtl number $P = \nu/\chi$. This matter has been extensively studied by Busse |5|. We will simply mention here that at least for low Prandtl numbers ($P<0.5$) the situation is rather simple since the onset of time dependent behaviour is brought about by a sinusoidal motion of the roll structure (see Fig.2). It is therefore not fortuitous that low Prandtl number convective systems were the first to be studied in connection with the Feigenbaum route to chaos. Libchaber and Maurer |6,7| in a beautiful set of experiments observed the dynamic behaviour characteristic of the period doubling route to chaos. The measurements were performed on a liquid Helium system. Two tiny bolometers inserted in the top plate were used to probe the fluid temperature close to the boundary. The spectra obtained from the time evolution of the bolometers output were in remarkable agreement with the theoretical calculation. Also, by analyzing data obtained at different values of the temperature difference, they were also able to assess the rapid convergence of the bifurcation point sequence.

2.1 An Experiment on Intermediate Prandtl Number Rayleigh-Benard Instability. The Experimental Setup and Measuring Technique

We will discuss an experiment performed on a Rayleigh-Benard instability in water |8|, at an average temperature T 36, Prandtl number ∿ 5. In this section we describe the cell assembly, the optical technique and measurement procedures.

The diagram of the cell assembly is shown in Fig.3. The inner of the cell is as follows: height 7.9 mm, width 25.0 mm, length 15.0 mm. The lateral confinement of the fluid is achieved with four optical glass plates, 5 mm thick glued together. The height of the glass plates is 7.9 mm, top and bottom confining plates are made of aluminum alloy, and they are glued against the flat bases of the optical windows. This design insures good uniformity of the temperature gradient across the boundaries. Top and bottom plates are temperature controlled by means of two Peltier heat pumps and an electronic servo. The heat sinks for the Peltier pumps are two massive channelled blocks whose temperature is maintained constant to within 50 mdeg by flowing temperature controlled fluid.

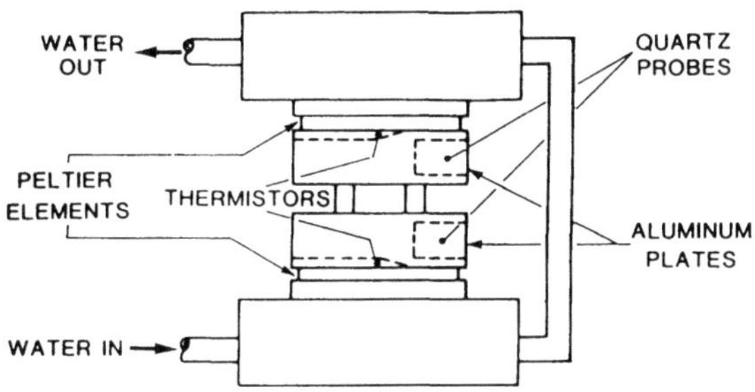

Fig.3 Convection cell and temperature control assembly

The electronic servo, which controls the current through the Peltier elements maintains the temperature difference across the fluid slab with a stability of the order of one millidegree. This value should be compared with the temperature difference at which chaos is observed, approximately 7°C. High resolution in the stress parameter is essential in order to be able to observe at least a few bifurcation points (the convergence rate of the Feigenbaum sequence is high, and bifurcation points crowd together very rapidly).

The physical quantities measured in our experiment are average temperature gradients inside the fluid. The technique is a laser beam deflection technique (see Fig.4). A laser beam is gently focused inside the sample and on emerging from the cell is deflected by vertical and horizontal angles $\Delta\theta_x$, $\Delta\theta_y$

$$\begin{aligned} \Delta\theta_x &= \ell\,(dn/dT)(dT/dx) \text{ average} \\ \Delta\theta_y &= \ell\,(dn/dT)(dT/dy) \text{ average} \end{aligned} \tag{6}$$

where ℓ is the length of the sample. The two deflection angles are measured by means of a beam position sensor, located one meter away from the cell, which gives two electrical outputs proportional to the displacements of the laser beam centroid from a fixed reference point. It should be stressed that the beam diameter on the sensor is a few millimeters but the actual resolution of the beam centroid is a few microns. Since the laser beam is spatially coherent, its angular spread (and beam diameter on a screen at a given distance) represent the diffraction limit. Thus the position sensor allows us to perform measurements with a resolution 10^3 smaller than the classical resolution limit. The accuracy of one microradiant we achieve should be compared with the amplitude of the angular excursions typically encountered, which is of the order of a few milliradians.

The two signals out from the sensor can be utilized in two ways. They can be fed to a Fast Fourier Transform analyzer for spectral analysis, or alternatively they can be plotted one against the other on an XY display (storage oscilloscope

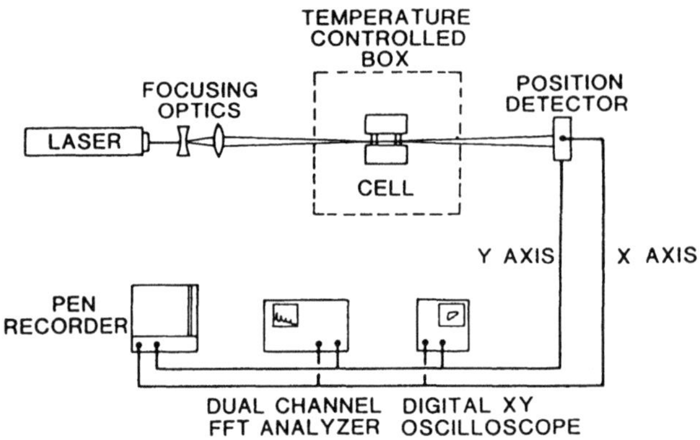

Fig.4 Experimental setup

or XY pen recorder). By so doing one obtains a graphycal representation of the "orbits" described by the temperature gradient. These orbits are the visualization of the actual motion of the beam centroid (when watched by eye the motion of the whole beam on the sensor is barely perceptible). This second method of analysis, although qualitative in nature, proved to be very useful in understanding some dynamic features that would have gone undetected otherwise.

The data have been taken for different values of ΔT, waiting at each step for the complete attainment of truly steady state behaviour. Prior to a series of measurements the system was prepared according to the procedure described below.

2.2 The Quenching Technique

Preliminary runs were obtained by gradually increasing in small steps the temperature difference. By operating in this way we noticed that the behaviour was somewhat erratic. For sure it refused to follow the Feigenbaum route. In Fig.5 we report a spectrum obtained under these conditions, slightly above the onset for the oscillations. It consists of a peak at higher frequencies, a low frequency component (probably incommensurate), and a few combination frequencies. Also, the peaks did not seem to be instrumentally sharp, although this might have been related to some experimental difficulties encountered during the early runs. We discovered however that by applying a sudden and large temperature difference (larger than necessary to attain chaotic behaviour), while the system was slowly evolving the orbits showed a more regular behaviour and spectral analysis indicated that frequency halving was indeed occurring. By rapidly reducing the temperature to a value below chaos, the situation was frozen and the attained dynamic state typical of the Feigenbaum sequence. Much to our surprise, by subsequent changes in ΔT the system remained on the period doubling bifurcation route to chaos.

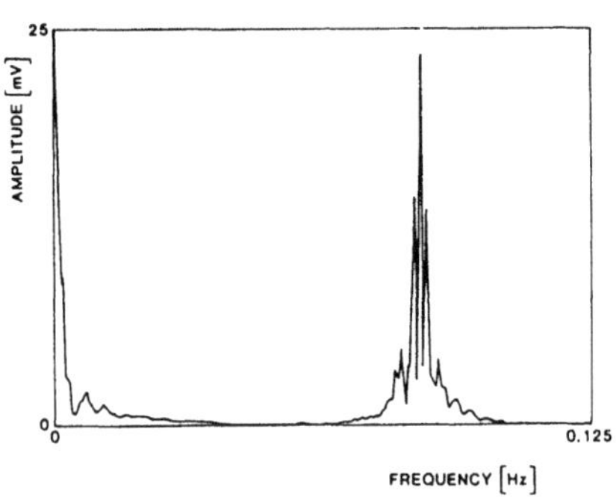

Fig.5 Typical spectrum obtained in a dynamic state attained by gradual increase of the temperature difference

2.3 Experimental Results

We report in Fig.6 a sequence of orbits at different values of R/R_c. One can notice a sequential splitting of the orbits leading to the generation of $f_1/8$. The signals are very stable and all the orbits shown in the figure have been retraced at least fifteen times. Also, orbits obtained at the same R/R_c at a distance of a few days are virtually superimposable. It must be stressed however that orbits can appear also in a rather different fashion. When the temperature difference

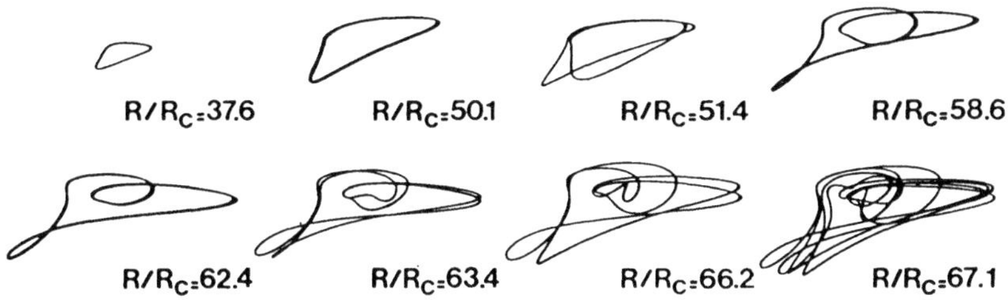

Fig.6 Temperature gradient orbits at different values of R/R_c. The orbits represent the actual motion of the beam centroid on the position sensor

barely exceeds a bifurcation value, the orbits split into two closely lying replicas that eventually become more separated and distorted as the temperature difference is further increased. By recording the orbit traces over extended period of time, we notice that the separation of the newly split orbits did not remain constant. Actually, the orbits executed a very slow oscillatory motion passing back and forth through each other. This oscillatory motion occurs at an incommensurate frequency with respect to f_1. The effect is quite noticeable after the bifurcation leading to $f_1/8$ and $f_1/16$. We show in Fig.7 an orbit in this mode, obtained at $R/R_c = 67.0$. Notice that this orbit falls in between the last two stable orbits shown in Fig.6, obtained for $R/R = 66.2$ and $R/R_c = 67.1$. So, at 67.1 parasitic

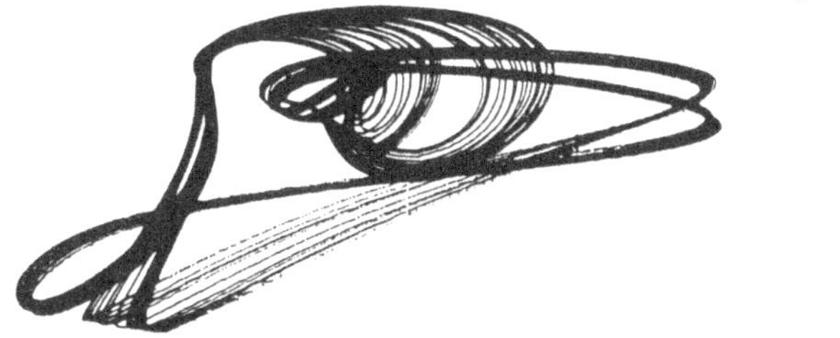

Fig.7 Typical orbit observed in the parasitic oscillatory mode

oscillations die away. They reappear at the bifurcation which generates the $f_1/16$ component, and from that moment on they never disappear.

The considerations made above are essential in order to understand some features of the spectra shown in Fig.8. The spectra refer to the signals of the horizontal temperature gradient recorder after the $\lambda_0, \lambda_1, \lambda_2, \lambda_3$ and λ_4 bifurcations. The position of the fundamental frequency f_1 is indicated in the insets. At $R/R_c = 62.6$ the $f_1/4$ is already present, and all the frequency components are in the form of sharp peaks. At $R/R_c = 66.2$ the emerging $f_1/8$ appears in the form of a finely divided doublet, with separation close to $f_1/38$. Notice that all the other features are sharp, as expected as a consequence of the orbit oscillatory behaviour (orbit oscillations introduce an almost hundred percent modulation on the emerging subharmonic and its odd multiples). At $R/R_c = 67.4$ the emerging subharmonic $f_1/16$ is in reality an even more widely spaced doublet with separation close to $f_1/19$ (twice that of the previous bifurcations). At this stage the splitting is barely larger than the frequency of the new subharmonic.

Let us now come to the estimation of the Feigenbaum universal number μ. Unfortunately, the interpolation and averaging procedure necessary to construct S(i) according to the original Feigenbaum scheme is fairly complex and difficult to

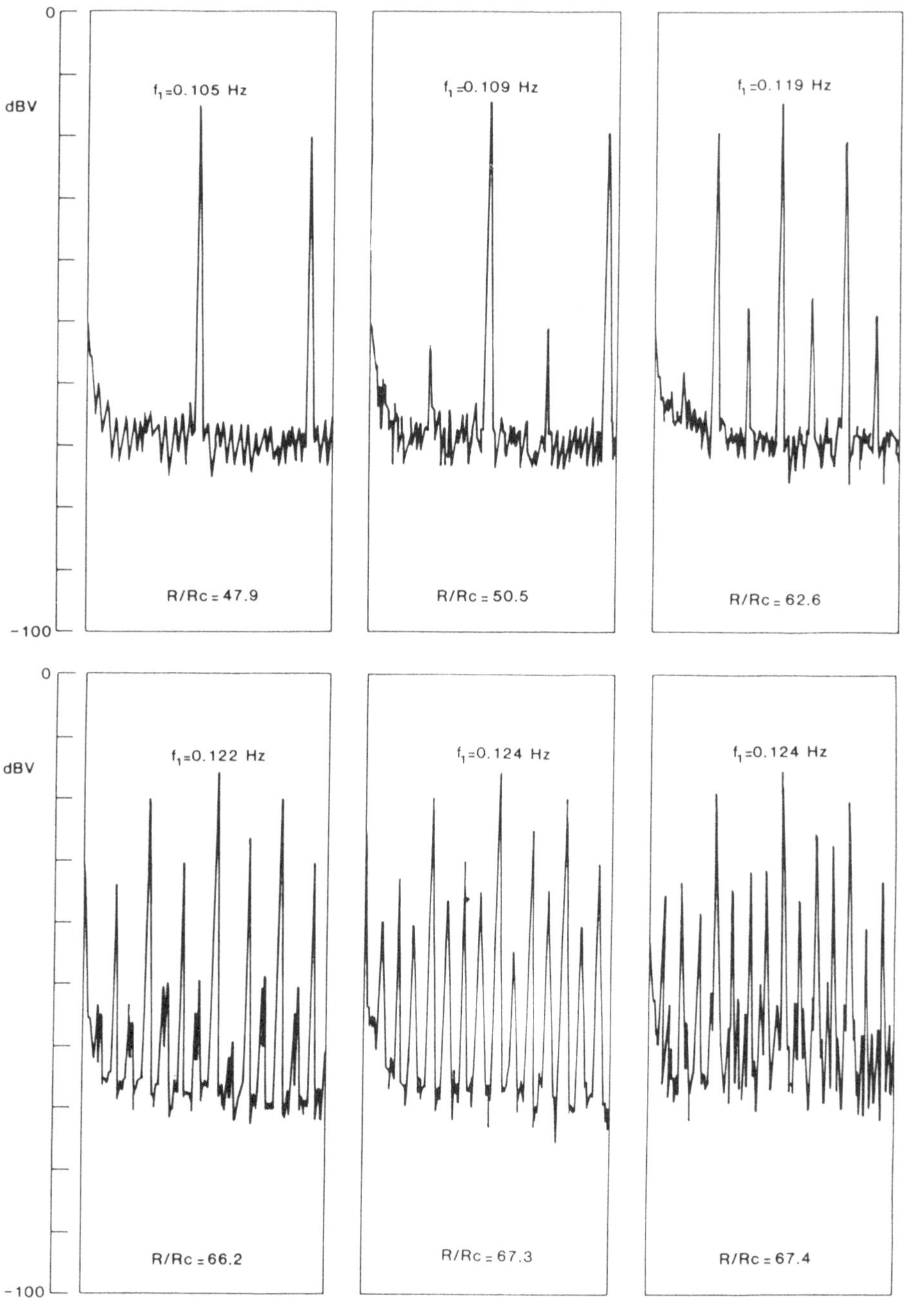

Fig.8 Spectra of the horizontal temperature gradient for different values of R/R_c

use in analyzing our data. It is best applicable when a large number of bifurcations has occurred.) We have, therefore, taken for S(i) the geometric average of the odd multiples of the 2^ith subharmonic, and we define $\mu_{n,i}$ the ratio S(i)/S(i+1) evaluated immediately after the λ_n bifurcations |9|. If the average is taken up to $2f_1$, we obtain $\mu_{3,1} = 4.1$, $\mu_{4,1} = 3.8$, $\mu_{4,2} = 3{,}8$. An average up to $4f_1$ yields $\mu_{3,1} = 4.0$, $\mu_{4,1} = 4.2$, $\mu_{4,2} = 3.6$. These numbers are appreciably lower than the value reported in the introduction but in slightly better agreement with the value μ 5.0 estimated by Feigenbaum |10| when one takes for S(i) the geometric average. We can also compare our results with the prediction $\mu = 4.58$ put forward by Nauenberg and Rudnick |11| who take for S(i) the r.m.s. integrated spectrum over all odd subharmonic multiples. When analyzed in this way, our data give $\mu_{3,1} = 3.3$, $\mu_{4,1} = 3.0$, $\mu_{4,2} = 4.0$ (average up 4 f_1). Experimental results seem invariably smaller than the theoretical predictions.

Since the location of the first four bifurcation is known, we can calculate the first three values of $\delta_n = (\lambda_{n+1} - \lambda_n)/(\lambda_{n+2} - \lambda_{n+1})$ sequence. They are $\delta_0 = 1.35$, $\delta_1 = 3.16$, $\delta_2 = 3.53$.

Estimates for δ_n can also be obtained by presenting the data in a different way. From the location of the bifurcations we can estimate R_{chaos}. We report in Fig.9 the location of the bifurcation points as a function of $\varepsilon = (R_{chaos}-R)/R_{chaos}$.

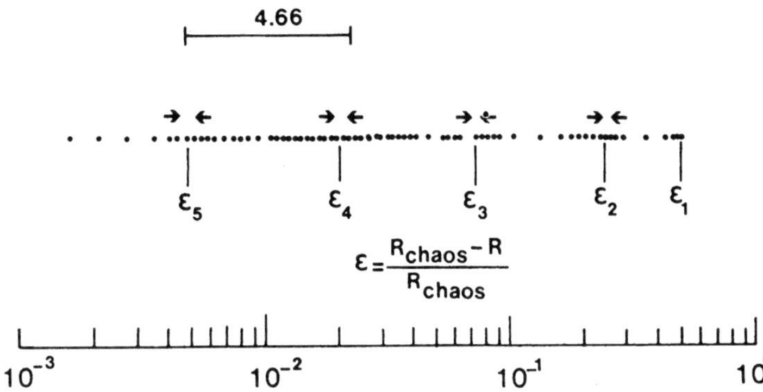

Fig.9 Position of the bifurcation points as a function of the parameter $\varepsilon = (R_{chaos}-R)/R_{chaos}$. The axis is logarithmic and dots represent the values at which the observations were made. The theoretical Feigenbaum value is shown above

The location of the bifurcations is indicated by the vertical bars, and arrows represent the uncertainty in the location. The axis is logarithmic and therefore the bifurcations should approach a constant length (this is a consequence of the fact that the λ_n are described by a geometric sequence). In Fig.9 we also report the length of the Feigenbaum ratio (F.R.) for comparison. The actual values thus determined are $\delta_0 = 2$, $\delta_1 = 3.3$, $\delta_2 = 3.6$, $\delta_3 = 4.3$ and typical error bars can be estimated from the figure.

Beyond the last bifurcation we have indications that the system is deviating from the Feigenbaum picture. We are inclined to think that the crossover between the last subharmonic frequency and orbit oscillation frequency is heralding the premature termination of the sequence.

This work has been supported by CNR/CISE contract n.81.00938.02.

References

1. M.J.Feigenbaum, J.Stat.Phys.19, 25 (1978).
2. M.J.Feigenbaum, Phys.Lett.74A, 375 (1979).
3. M.J.Feigenbaum, Commun.Math.Phys.77, 65 (1980).
4. S.Chandrasekhar, Hydrodynamic and Hydromagnetic Stability, Clarendon Press, Oxford (1961).
5. F.H.Busse, Rep. Progr.Physics 41, 1929 (1978).
6. J.Maurer and A.Libchaber, J.Phys.(Paris) Lett.41, L515 (1980).
7. A.Libchaber and J.Maurer, J.Phys (Paris) Coll.C 3 41, C 3 51 (1980).

8. M.Giglio, S.Musazzi and U.Perini, Phys.Rev.Lett.47,243 (1981).
9. The values for $\mu_{4,1}$ and $\mu_{4,2}$ have been calculated from the spectrum before the last shown in Fig.8, at R/R_c = 67.3. At this stage the $f_1/16$ components are barely observable, and in the form of doublets approximately $f_1/19$ apart. As R/R_c is raised (see the last spectrum at 67.4) the doublets persist and increase in amplitude, never coalescing to a singlet. This is connected with the fact that parasitic oscillations never disappear. From R/R_c = 67.4 we abandon the Feigenbaum route. This is also evidenced by the fact that μ values obtained from spectra taken at R/R_c = 67.4 or higher give totally erratic values.
10. M.J.Feigenbaum, private communications.
11. M.Nauenberg and J.Rudnick, Phys.Rev.B, 24 (1981).

Transition to Chaos for Maps with Positive Schwarzian Derivative

G. Mayer-Kress, H. Haken

1. Institut für Theoretische Physik, Universität Stuttgart
Pfaffenwaldring 57/4
D-7000 Stuttgart 80, Fed. Rep. of Germany

1. Introduction

One-dimensional maps have proved to be valuable models for studying the transition to (weakly) turbulent behavior [1],[2]. For a large class of functions on the interval a detailed theory has been developed. Certain characteristics on the route to chaos are universal in the sense that they are independent on many details of a given family of functions [3],[4]. As it is well known from phase transitions, this universality is restricted to the asymptotic regime close to the transiton point. In the non-asymptotic regime, however certain properties of the concrete system, such as its Schwarzian derivative, are quite decicive for the kind of bifurcations which can be observed.

2. Smooth perturbation of the logistic map

The logistic sytem is given by a one parameter family of quadratic maps:

$$f_r : I \to I \ , \ x \mapsto 4rx(1-x) \quad , \qquad (1)$$

where $I = [0,1]$ is the unit interval and r acts as bifurcation-parameter. (See e.g. [1] for a review). We want to inspect the role of the Schwarzian derivative for the bifurcation behavior of convex maps. Thus we construct a two-parameter family $f_{r,b}$ of smooth perturbations of the logistic system $f_r = f_{r,0}$. We require that the symmetries as well as the quadratic maximum of f_r are preserved. This leads us to a polynomial of degree six, which is given by:

$$f_{r,b}(x) := a_{r,b}x(1-x)(1+bx(1-3x+2(2-x)x^2)) \quad , \qquad (2)$$

where $a_{r,b} = \frac{4r}{1+b/8}$. In fig.1 the graph of $f_{r,b}$ is plotted for r = 0.9 and different values of b. As we can see directly, b acts as a smooth perturbation parameter, which determines the deviation from the quadratic map $f_r = f_{r,0}$. For $b \in [-5,0]$ the function $f_{r,b}$ is convex. The parameter b determines the critical value r* at which the fixed point x* becomes unstable. In fig. 1 we can also see that for a given r the stability of the fixed point x* increases as the parabula is more and more perturbed. By varying b we can get two coexisting attractors: the fixed-point x* and a second attracting orbit which can be periodic of period 2n, $n \in \mathbb{N}$ or chaotic of semi-period 2n in the sense of Lorenz ([7]).

3. Bifurcation sequence for positive Schwarzian derivative.

The Schwarzian derivative Sf of a C^3-function f is defined by (cf. [5],[6]):

$$Sf := \frac{f'''}{f'} - \frac{3}{2}\left(\frac{f''}{f'}\right)^2 \quad . \qquad (3)$$

If Sf < 0 everywhere, then it is guaranteed that at most one periodic attractor

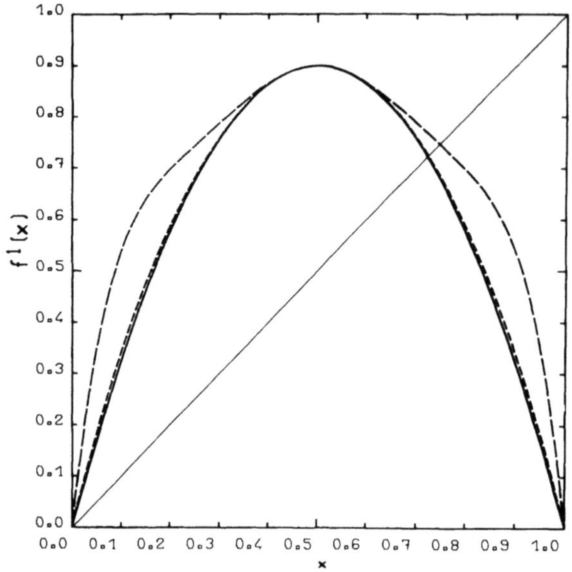

Fig.1: Graph of the function $f_{r,b}$, where r = 0.9 and:

b = 0 (solid line)
b = -1 (dotted line)
b = -4.95 (broken line)

Already for b=-1 the condition Sf<0 is no longer satisfied. In the last case the slope of the function at the fixed point x* is smaller than one, indicating that x* is still attracting

exists. In the other case an orbit of period 2n can be created (via a saddle-node bifurcation), although there still exists a period-n-attractor. We numerically examined for which periods n this kind of behavior occurs. For each value of b we first checked whether $Sf_{r*,b}(x^*) > 0$, which would imply the simultaneus stability of the fixed point x* and a period 2 orbit. For higher iterates $f^n_{r,b}$ we have to take into account that now $Sf^n_{r,b}$ depends on the entire periodic orbit. To see this we notice that the chain rule for the Schwarzian derivative can be written as:

$$S(f\circ g) = \left(\frac{dg}{dx}\right)^2 S(f)\circ g + S(g) \quad , \qquad (4)$$

where f,g are some C^3-functions and where we have put brackets for the sake of clarity. Now we can replace the function g by f^{n-1} in order to get the Schwarzian of f^n which reads:

$$S(f^n) = \sum_{j=0}^{n-1} \left(\frac{df^j}{dx}\right)^2 S(f)\circ f^j \quad . \qquad (5)$$

Thus the bifurcation behavior of a period n orbit will depend on the Schwarzian derivative of f at each point of the cycle.

4. Lyapunov characteristic exponents

The bifurcation-behavior of the system can be studied by evaluating the Lyapunov exponents as a function of the parameter r (see e.g. [8]). For the quadratic map the upper bound of the Lyapunov-exponent is given by the topological entropy, which is non-decreasing in that case (see e.g.[9],[10]). The topological entropy can be evaluated with the help of the kneading determinant introduced by Milnor and Thursten [11]. Numerical calculations by J.P.Crutchfield indicate that this method can also be applied to the system (2) considered here. It turns out that also for $f_{r,b}$ the topological entropy is a monotone function of the bifurcation parameter r [12]. If we have different attractors coexisting, then we also get different values for the Lyapunov-exponent depending on whether the initial point was in the basin of x* or in the basin associated with the critical point x_c. If we start at x_c the envelope of the Lyapunov exponents as a function of r appears to develop a local minimum in the chaotic regime, if the parameter b is decreased. This minimum can become negative at the parameter r_d ($r_d \cong 0.973$ in fig.2), indicating that the chaotic two-band-attractor has been destroyed before the two bands can

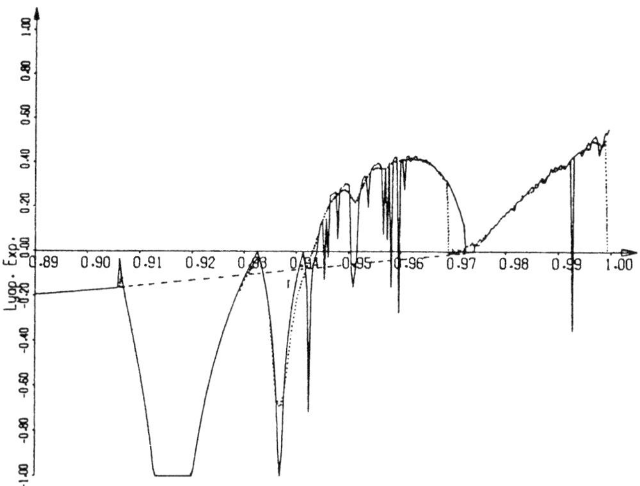

Fig.2: Lyapunov exponents versus bifurcation parameter r for b=-4.95. (see text)

merge like in the logistic system. Here as well as in the cases discussed in [13],[14] the system can slowly "diffuse" out of the invariant sub-intervals of f^2 and asymptotically approach x^*. If the diffusion is very slow and x^* not very stable (i.e. $Df(x^*) \cong -1$) we have some kind of metastable chaos or "pre-turbulent regime" as it was described by Kaplan and Yorke [15] for the Lorenz-attractor and by Shaw [8] for cusp-maps.

5. Type-III-intermittency

For parameters $x \in [r_d, r^*]$ the fixed point x^* is globally stable. At $r = r^*$, the fixed point looses its stability in a sub-critical flip bifurcation. According to Pomeau and Manneville [16] this direct transition from a fixed point to a chaotic attractor can be interpreted as type-III-intermittency. For the case that trajectories are uniformly reinjected into a neighborhood of the unstable fixed point they predict that the Lyapunov exponent $\lambda(r)$ grows like $\sqrt{r-r^*}$. Due to the smooth maximum of our function, the reinjection-density is not uniform, which might be the reason why we find an almost linear scaling behavior of $\lambda(r)$ (cf. fig.2 for $r > 0.974$).

6. External noise

We now consider "noisy" maps on the interval, i.e. systems of the form:

$$\tilde{f}_r(x_n) := f_r(x_n) + \sigma \xi_n \qquad (6)$$

where $(\xi_n)_{n\in N}$ is a sequence of equally distributed "random numbers" of mean zero and standard deviation one. In the more general case of higher dimensional systems with arbitrary noise the stochastic equation of the Chapman Kolmogorov type has been derived [17],[18]. For systems which possess a periodic attractor and are close to a saddle-node bifurcation, a transtion to intermittent chaos can be induced by small amounts of external noise [19], [20],[21]. This transition is universal as could be shown in [22],[23], [24]. For an ordered system which is close to a bifurcation to a chaotic attractor one would expect that additional stochastic forces can drive it into that chaotic state. In the model considered here this happens to the periodic states with period $\neq 2^n$ in the same way as it is described in [19],[20] for the logistic case. For the functions $f_{r,b}$ in (2) however, we can also have the opposite transition: The chaotic attractor can be driven into an "ordered" state by external random fluctuations. Here we identify the "ordered" state by its negative Lyapunov exponent, which roughly means that fluctuations which are small enough are damped (cf. e.g. [8]). Both effects are shown in fig. 2 where we have plotted the Lyapunov exponents of (2) versus the bifurcation parameter r for a fixed value of b=-4.95. The solid line corresponds to the attractor which is generated by the iterates of the maximum. The broken line belongs to the fixed point attractor x*. The dotted line demonstrates how the solid curve is changed by adding external fluctuations of standard deviation σ=0.0005 (cf. eq. (6)). What we see is that all periodic windows in the chaotic regime (r>0.944...) have disappeared (noise-induced chaos). Close to r=0.97 < r_d the noisy system only has negative Lyapunov exponents indicating a noise induced transition from chaos to order.

We are very grateful to J.P.Crutchfield for many important comments and helpful discussions and also for informing us about his unpublished results concerning eq. (2). Thanks to H.Ohno for many valuable improvements in our computer systems.

References

[1] P.Collet,J.-P.Eckmann,"Iterated maps on the interval as dynamical systems",(Birkhäuser,Boston,1980)

[2] J.-P.Eckmann,Rev.Mod.Phys.,53,643,(1981)

[3] M.J.Feigenbaum,J.Stat.Phys.,19,669,(1978)

[4] P.Collet,J.-P.Eckmann,O.Lanford,Commun.Math.Phys.,76,211,(1980)

[5] D.Singer,SIAM J.Appl.Math.,35,260,(1978)

[6] M.Misiurewicz, see ref.[5]

[7] E.N.Lorenz,in:Proc.1979 Conf. on Nonlin. Dyn.,ed.R.H.G.Hellemann, Ann.N.Y.Acad.Sci.

[8] R.Shaw,Z.Naturforsch.,36A,80,(1981)

[9] J.P.Crutchfield,N.H.Packard,"Symbolic Dynamics of One Dimensional Maps",Int.J.Theoret.Phys.,to appear

[10] P.Collet,J.P.Crutchfield,J.-P.Eckmann,"On computing the topological entropy of maps",Preprint,1982

[11] J.Milnor,P.Thurston,Preprint Princeton 1977

[12] J.P.Crutchfield,private communication

[13] Th.Geisel,J.Nierwetberg,Phys.Rev.Lett.,48,7,(1982)

[14] S.Grossmann,H.Fujisaka,"Diffusion in Discrete Non-Linear Dynamical Systems",Preprint Marburg 1982

[15] J.L.Kaplan,J.A.Yorke,Commun.Math.Phys.67,93,(1979)

[16] Y.Pomeau,P.Manneville,Commun.Math.Phys.,77,189,(1980)

[17] H.Haken,G.Mayer-Kress,Phys.Lett.,84A,159,(1981)

[18] H.Haken,G.Mayer-Kress,Z.Physik,43,185,(1981)

[19] G.Mayer-Kress,H.Haken,J.Stat.Phys.,26,149,(1981)

[20] J.P.Crutchfield,J.D.Farmer,B.A.Huberman,Phys.Rep.,to appear

[21] G.Mayer-Kress,H.Haken,Phys.Lett.,82A,151,(1981)

[22] J.-P.Eckmann,L.Thomas,P.Wittwer,J.Phys.A,14,3153,(1981)

[23] J.E.Hirsch,B.A.Hubermann,D.J.Scalapino,Phys.Rev.A,25,519,(1982)

[24] J.E.Hirsch,M.Nauenberg,D.J.Scalapino,Phys.Lett.,87A,391,(1981)

Scaling Properties of Discrete Dynamical Systems

T. Geisel and J. Nierwetberg

Institut für Theoretische Physik der Universität Regensburg
D-8400 Regensburg, Fed. Rep. of Germany

Abstract

We report on universal scaling properties for the onset of chaos in 1d discrete dynamical systems. For period doubling systems we show that the fine structure of the chaotic region is governed by bifurcation rates γ_k, which are determined and which converge to a universal constant $\gamma = 2.94805...$ In certain discrete systems a self-generated diffusion is observed which has critical properties in analogy to phase transitions. The diffusion coefficient is the order parameter with a universal critical exponent. For the presence of external noise a universal scaling function is shown to exist and is calculated analytically.

1. Introduction

Chaotic behavior in deterministic systems usually occurs through a transition from an orderly state when an external parameter is changed. In studies of these systems particular attention has been devoted to the question by which route the chaotic state is approached [1]. Thereby one understands the intermediate states which occur when the parameter is changed. More recently the question arose whether there are universal properties at the transition to chaotic behavior, e.g. are there critical exponents like in the theory of phase transitions which are characteristic for entire classes of models and which do not depend on details of the models? Such universal properties were found for the period-doubling route to chaos [2-4], the onset of intermittency [5] and the onset of self-generated diffusion [6]. While the scaling properties and critical exponents are rather complex in the first case, they are much simpler in the latter two cases.

For the period-doubling route the period of a motion successively doubles when an external parameter is varied until a period 2^∞ is reached, i.e. until the motion is aperiodic. The critical parameter values at which these period-doubling bifurcations occur converge geometrically at a rate $\delta = 4.66920...$ [2-4], where δ is a universal constant. The period 2^∞ marks the onset of a chaotic regime, which as a function of the parameter has a very complex fine structure. The period-doubling route has been found in a large variety of physical systems including driven anharmonic oscillators [7] and Rayleigh-Bénard fluids [8].

This paper reports on universal scaling properties for the chaotic regime of period-doubling systems and for the onset of diffusion. Section 2 briefly reviews some properties of discrete dynamical systems and period-doubling cascades and then investigates the fine structure of the chaotic region.. Within this region there is an infinity of periodic regimes, which set in through so-called tangent bifurcations. We study their bifurcation rates, which are different from the period-doubling bifurcation rate δ. These rates are calculated in general and it is shown that they converge to a new universal constant $\gamma = 2.94805...$ This constant quantitatively governs the fine structure of the chaotic region close to its onset [9].

In Section 3 we report the observation of a self-generated diffusive motion in iterative one-dimensional maps [6]. This motion does not depend on the existence of external random forces (like for Brownian motion) and therefore can be purely deterministic. We then study the critical behavior at the onset of diffusion. The diffusion coefficient D plays the role of an order parameter. Its critical exponent is 1/z where z characterizes the map close to its maximum and distinguishes different universality classes. We also study the influence of external noise, which in most physical situations cannot be totally eliminated. It turns out that also the dependence on the external noise has universal properties expressed by a critical exponent. For the dependence of D on both the external control parameter and the external noise we show the existence of a universal scaling function and derive an analytic expression. This is in close analogy to (magnetic) phase transitions. We expect our results to be relevant for physical systems which include dissipation. Due to the contraction of phase space volumes the critical properties of dissipative systems appear to be representable in one-dimensional maps. Self-generated diffusion in dissipative systems has been observed for driven JOSEPHSON junctions [10,11] and as phase diffusion in the LORENZ and RÖSSLER models [12].

2. Chaotic Regime of Period-Doubling Systems

The universal properties mentioned in the introduction may easily be studied for discrete dynamical systems of the form

$$\underline{x}_{t+1} = \underline{f}\,(\underline{x}_t,\mu), \tag{2.1}$$

where t is a discrete time and μ an external parameter. The orbits are time series $x_0, x_1, x_2, \ldots$ which are generated by repeated application of $\underline{f}$ on the initial state $\underline{x}_0$. It is always possible to derive an equation (2.1), e.g. from a system of differential equations introducing the discrete-time-map or instead the Poincaré-return-map [13]. The iterated maps reflect many of the dynamical properties of the original continuous dynamical system; in particular the universal features of discrete and continuous dynamical systems are identical. Even the one-dimensional iterative maps preserve the universal properties of higher dimensional dynamical systems [14].

In the present paper we study such one-dimensional iterated maps, i.e. nonlinear dynamical systems of the following type:

$$x_{t+1} = f(x_t,\mu) \tag{2.2}$$

Since we are interested in universal properties of these systems, we will study classes of maps f rather than specific mappings. The class of maps which we examine in this section in more detail is characterized by the fact, that f is a map of the interval into itself which has a single parabolic maximum point at $x=x_c$. The point x_c is usually called the critical point of f. The paradigmatic example for a dynamical system governed by a mapping f of this class is the logistic equation

$$x_{t+1} = \mu(x_t - x_t^2), \tag{2.3}$$

to which we refer, whenever we need to be specific. We will only mention briefly some of the most important dynamical features of these systems. A reader not familiar with these facts may refer, e.g. to the review article by MAY [15].

Figure 2.1 shows the typical asymptotic orbits x^* of the logistic equation for values of the parameter μ between μ = 3.0 and μ = 4.0. Starting from a locally stable fixed point

$$x_{t+1} = f(x_t,\mu) = x_t \tag{2.4}$$

the system undergoes a period-doubling bifurcation at $\mu = \mu_1 = 3.0$, where the fixed point gets unstable and a stable two-point-cycle appears. The system then alternates between two states. The period of motion successively doubles for parameter values $\mu_k (k=1,2,3\ldots)$ where an initially stable 2^{k-1}-point-cycle looses its stability and bifurcates to give rise to a new stable 2^k-point-cycle. Equivalently one

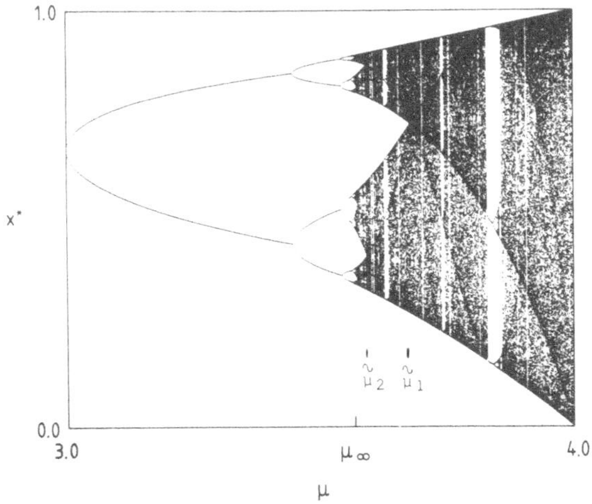

Fig.2.1 Asymptotic orbits $\bar{x}^*$ as a function of the control parameter μ in a computer experiment for the logistic model

might think of 2^{k-1} fixed points of the 2^k-fold iterate

$$x_{t+2^k} = f(f\ldots(f(x_t,\mu))) = f^{2^k}(x_t,\mu) = x_t \tag{2.5}$$

becoming unstable and splitting into two stable fixed points. The basic mechanism of these period doubling bifurcations is sketched in Fig. 2.2, which shows the splitting process for the fixed point of f^{2^k} nearest to $x=x_c$.

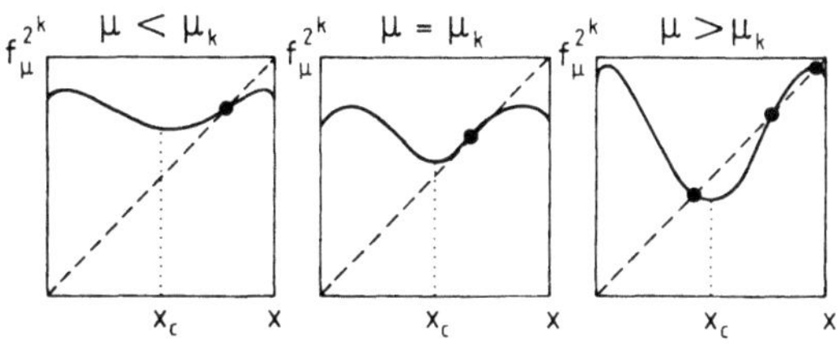

Fig.2.2 Period-doubling bifurcation for a section of the 2^k-fold iterated map

The parameter sequence μ_k converges geometrically towards a limit μ_∞ at a rate $\delta = 4.6692\ldots$

$$\lim_{k\to\infty} \frac{\mu_k-\mu_{k-1}}{\mu_{k+1}-\mu_k} = \delta \tag{2.6}$$

or equivalently

$$\mu_\infty-\mu_k = A\ \delta^{-k} \quad (k\to\infty) \tag{2.7}$$

where A is a constant of proportionality. This relation was first found numerically in the logistic map by GROSSMANN and THOMAE [4]. FEIGENBAUM [2] and independently COULLET and TRESSER [3] showed that the rate of convergence δ for the sequence of bifurcation parameters μ_k is identical for the entire class of dynamical systems characterized by a map f with a single parabolic maximum point. Therefore these systems form a universality class and δ is a universal constant.

The period doubling process and its quantitative properties (2.6), (2.7) can be understood in terms of a renormalization scheme [2,13] using the fact that it is possible to rescale the 2^k-fold iterate f^{2^k} by a factor of α^k to give a mapping which looks very similar to f itself and belongs to the universality class. FEIGENBAUM showed [2] that the scaling factor α is also a universal number, which has the value $\alpha = -2.5029\ldots$

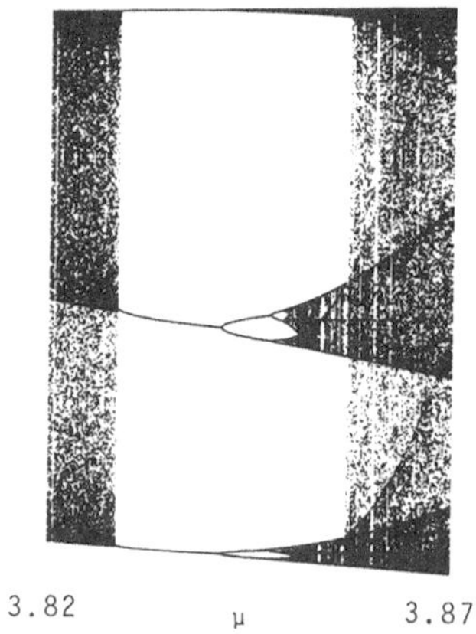

Fig. 2.3 Magnification of Fig. 2.1 for $3.82<\mu<3.87$

For $\mu>\mu_\infty$ the dynamical system (2.2) may behave chaotically; this means that a typical orbit is aperiodic and initially neighboring orbits will diverge exponentially with time. In Fig. 2.1 chaotic orbits x^* densely fill entire subintervals which are often called chaotic bands. Fig. 2.1 was generated by computing 900 iterates of the critical point $x_c = 0.5$ for each of 500 parameter increments between $\mu = 3.0$ and $\mu = 4.0$. For each of the chosen parameter values the orbit for $t = 501$ to $t = 900$ was plotted. It can easily be seen from Fig. 2.1 that there exist parameter intervals where the orbits alternate between 2^k chaotic bands. E.g. between a parameter value $\mu=\tilde{\mu}_1$ and $\mu=\tilde{\mu}_0 = 4.0$ the orbits stay in a single interval. Below $\mu=\tilde{\mu}_1$ this chaotic band splits off into two bands which are alternately visited by the orbits. More generally one finds an entire sequence of parameter values $\tilde{\mu}_k$ $(k=1,2,3,...)$ where 2^k chaotic bands merge pairwise into 2^{k-1} bands. These parameters $\tilde{\mu}_k$ obey a relation similar to (2.7)

$$\tilde{\mu}_k-\mu_\infty = \tilde{A}\,\delta^{-k} \quad (\tilde{A} = \text{const.},\ k\to\infty) \tag{2.8}$$

with the same rate of convergence $\delta = 4.669...$ [4]. Between $\mu = 3.82$ and $\mu = 3.87$ one observes a stable orbit of period three. A magnification of this region in Fig. 2.3 clearly shows that this three-point-cycle is followed by a period-doubling cascade and chaotic bands. Again the bifurcation points and band mergings converge to a common limit at a rate δ.

Looking very carefully at the chaotic region one would find an infinity of such periodic windows, where some fundamental orbit of period p is followed by a cascade of period-doubling bifurcations to periods $p\cdot 2^k$ and beyond the point of accumulation by a sequence of band mergings. In fact it can rigorously be shown that the set of parameter values δ where the dynamical system typically behaves chaotically has positive Lebesgue measure but contains no intervals [13]. In between there are these narrow periodic windows.

The fundamental periodic orbits which give rise to a doubling cascade as, e.g. period 3 in Fig. 2.3 arise from a process called tangent bifurcation. Its mechanism is illustrated in Fig. 2.4. It shows the p-fold iterate f^p of f which has 2^p-1 extrema; for a parameter value $\mu=\mu_t$ it happens that p of these extrema cross the bisector simultaneously giving rise to 2p new fixed points of f^p. Fig. 2.4 shows this bifurcation for the extremum point at $x=x_c$. One clearly sees that two new fixed points of f^p are born one stable and the other one unstable. The 2p fixed points form one stable and one unstable p-point-cycle. We asked, how to find an arbitrarily chosen period on the μ-axis of a bifurcation diagram like Fig. 2.1 [9]. In particular we were interested in where the fundamental stable orbits lie and where their points of accumulation are.

Let us first study a simple case: Fig. 2.5 shows the q-fold iterate of the upper band edge $f^q(x_m,\mu)$ in the one-band-region. Wherever $f^q(x_m,\mu)$ touches x_m,

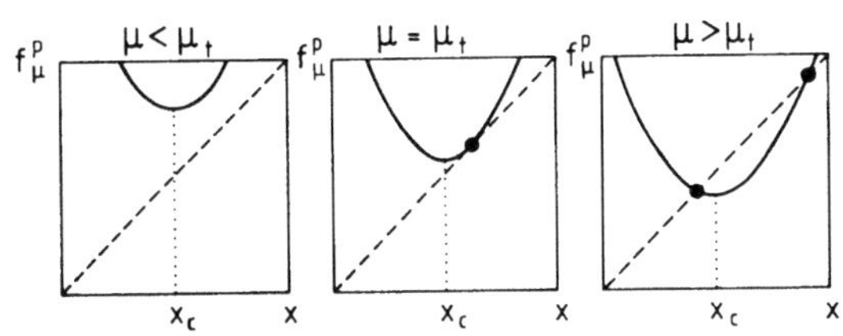

Fig. 2.4 Tangent bifurcation for a section of the p-fold iterated map

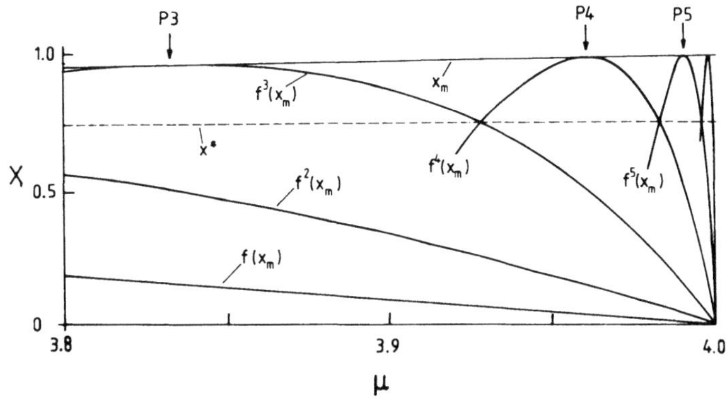

Fig.2.5 Band maximum x_m and its iterates as a function of μ. P3, P4, P5 denote superstable fundamental periods

there is obviously a period-q-cycle. In this situation the orbit has maximum stability and is called superstable. In Fig. 2.5 the corresponding points are denoted by P3, P4, P5,... It can be seen that there is a sequence of parameter values corresponding to a series of superstable orbits of period q = 3,4,5,6,... which converges towards the limit $\mu=\tilde{\mu}_0 = 4.0$. More generally it can be shown that there exist sequences of superstable fundamental periodic orbits of period $p = q\cdot 2^k$ corresponding to sequences of parameters $\mu_{q,k}$ in the 2^k-band-region which converge towards the limit $\tilde{\mu}_k$. The distance from the accumulation point shrinks according to a relation similar to that of FEIGENBAUM (2.7) with a rate γ_k [9]

$$\tilde{\mu}_k-\mu_{q,k} = C_k\,\gamma_k^{-q} \quad (q\to\infty) \quad . \tag{2.9}$$

Furthermore we found that γ_k converges towards a limit $\gamma = 2.94805...$ which is a universal constand for the entire universality class. For the constant of proportionality we obtained a scaling law

$$C_k = C\,\delta^{-k} \quad (k\to\infty)$$

where $\delta = 4.6692...$ Finally we arrived at a relation

$$\tilde{\mu}_k-\mu_{q,k} = C\,\delta^{-k}\,\gamma^{-q} \quad (k\to\infty,\ q\to\infty) \tag{2.10}$$

which is our main result in this context. Using (2.8) we can rewrite this as follows:

$$\mu_{q,k}-\mu_\infty = (\tilde{A}-C\,\gamma^{-q})\,\delta^{-k} \quad (k\to\infty,\ q\to\infty) \quad . \tag{2.11}$$

This is a two-fold scaling law: the larger scale corresponding to the band mergings is governed by δ whereas the smaller one within the 2^k-band-region is governed by γ. For fixed q (2.11) describes a period doubling of the fundamental periodic orbits on the larger parameter scale, whereas for fixed k the period is increased linearly within the 2^k-band region.

There are also other parameter sequences within a 2^k-band-region which have superstable orbits of periods $(2q-1)\,2^k$ converging towards $\tilde{\mu}_{k+1}$ at the same rate γ for large k. Moreover one finds series of parameter values where the dynamical system behaves chaotically and its dynamics can be characterized in terms of an invariant distribution [4,13]. These sequences also converge monotonically towards the band merging points exhibiting the same scaling property governed by γ.

Figure 2.6 shows the result of a numerical test of (2.10); we have plotted $\ln(\tilde{\mu}_k-\mu_{q,k})$ versus q for different values of k. According to (2.10) for given k the data points lie asymptotically on a straight line; for large k the lines are parallel with a common slope $-\ln\gamma$ and vertical spacing $\ln\delta$.

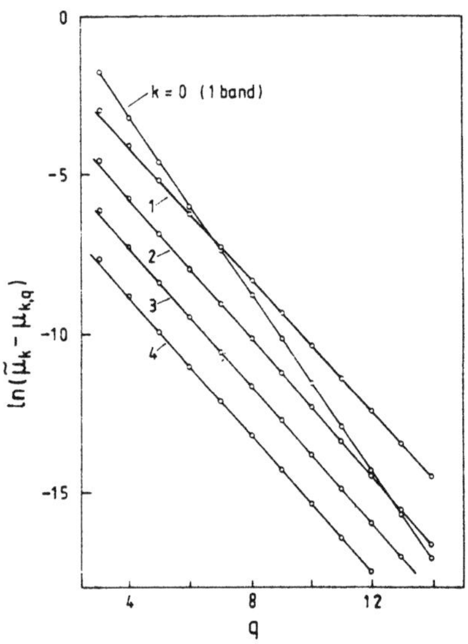

Fig.2.6 Numerical test of Eq. (2.10) for superstable fundamental periods $q\cdot 2^k$ for different numbers of bands 2^k. The slope of the lines approaches $-\ln\gamma$, their vertical spacing approaches $\ln\delta$

It can be shown, that the rate of convergence γ_k of the parameters $\mu_{q,k}$ within the 2^k-band-region is determined by the expression [9]

$$\gamma_k = \frac{d}{dx} f^{2^k}(x,\mu)\Big|_{x^*_{k-1},\tilde{\mu}_k} , \qquad (2.12)$$

where x^*_{k-1} is a point on the unstable 2^{k-1}-point-cycle which became unstable for $\mu=\mu_k<\mu_\infty$. Given the parameter value $\tilde{\mu}_k$ of the band merging point (which we determined numerically) it is possible to calculate the value of γ_k from (2.12). They are in good agreement with results of various computer experiments [9].

In order to show that $\gamma = \lim_{k\to\infty}\gamma_k$ is a universal number for the entire universality class of dynamical systems one can introduce a mapping G which is topologically conjugate to f

$$G(x,\mu) = \alpha^k f^{2^k}(\alpha^{-k}x,\mu) \qquad (2.13)$$

where we have assumed f to be symmetric with respect to the origin x=0. One can substitute G in (2.12) instead of f^{2^k} without changing the value of γ_k. In the limit $k\to\infty$ and $\mu\to\mu_\infty$ G becomes a universal function [2,13] and therefore γ becomes a universal constant. The numerically exact value is $\gamma = 2.94805...$

3. Onset of Diffusion

In this section we study the onset of self-generated diffusion processes for one-dimensional discrete dynamical systems and show the existence of universal scaling properties for this phenomenon. Let us examine the following one-dimensional dynamical system:

$$x_{t+1} = f(x_t,\mu) = x_t - \mu \sin(2\pi x_t) \quad . \tag{3.1}$$

Figure 3.1 shows f for different values of μ in the interval [-1/2, 1/2]. Below a critical parameter value $\mu=\mu_c = 0.73264...$ an orbit starting in this interval cannot leave it. If the parameter μ is increased beyond μ_c a diffusive motion of the system starts [6]. Fig. 3.2 shows the result of a computer experiment where we computed the mean-square displacements $\langle(x_t-x_0)^2\rangle$ as a function of time t for different values of the parameter μ. The corresponding curves are nearly straight lines as one expects for diffusive motion and their slope is given by 2D where D is the diffusion coefficient. For $\mu<\mu_c$ D vanishes because the orbits are not able to spread out along the x-axis. It should be emphasized that the diffusion process described here is generated by a purely deterministic system, as there are no random external forces. To answer the question how the diffusive motion of the system is influenced by external fluctuations one has to add a noise term on the right-hand side of (3.1).

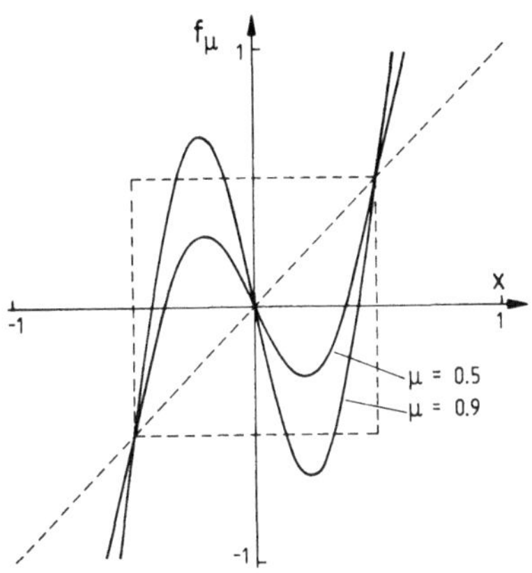

Fig.3.1 Eq. (3.1) for 2 parameter values μ

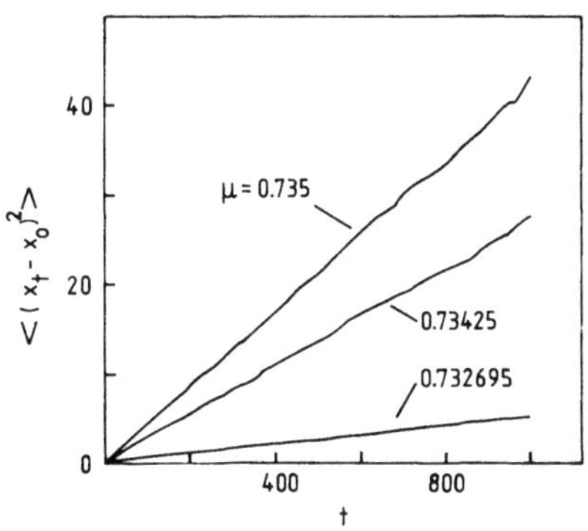

Fig.3.2 Mean-square displacement as a function of time for Eq. (3.1)

To explain the observed dynamical phenomena theoretically we therefore studied universality classes of systems

$$x_{t+1} = f(x_t,\mu) + \sigma\, \xi_t \tag{3.2}$$

where $\{\xi_t\}$ is a random number sequence with standard deviation 1 and zero mean. For the distribution $v(\xi)$ of the random numbers we assume a GAUSSIAN form. The parameter σ then of course measures the average strength of the external fluctuations. For the mapping f we assume the following properties: f is an odd function

$$f(-x) = -f(x); \tag{3.3}$$

f(x)-x is periodic with period 1

$$f(x+n) = n+f(x) \quad (n \text{ integer}) \tag{3.4}$$

and f has exactly one relative maximum point per period at x_c+n with $-1/2<x_c<0$. In the vicinity of x_c f can be written as

$$f(x,\mu) = a(\mu)-b(\mu)|x-x_c|^z \quad . \tag{3.5}$$

Different exponents $z>0$ characterize the different universality classes. a and b are coefficients depending on the parameter μ. Only in the presence of external noise we require an additional property

$$|\tfrac{1}{2} -f(x,\mu)| << 1 \Rightarrow |x-x_c|<<1 \quad . \tag{3.6}$$

Numerical results suggest that the latter condition might be dispensable. We study the critical behavior in the dynamics for these universality classes at the onset of diffusive motion. The theory can be carried out for the purely deterministic case (σ=0). For the sake of conciseness, however, we immediately describe the more general case including small external fluctuations (σ<<1). From the physical point of view dynamical systems are always more or less influenced by external noise. Moreover the external fluctuations lead to interesting universal scaling properties of the dynamical systems belonging to a given universality class. The results are valid on the set of parameters μ for which no stable periodic or running period solutions exist.

We introduce unit cells centered at x=l and calculate the conditional probability $\rho_t(x)dx$ to find a value of x at time t between x and x+dx, if the initial value x_0 was in the 0th cell. The following equation holds

$$\rho_{t+1}(y) = \int_{-\infty}^{\infty}\int_{-\infty}^{\infty} \rho_t(x)\ v(\xi)\ \delta(y-f(x,\mu)-\sigma\xi)\ dxd\xi \quad . \tag{3.7}$$

Eq. (3.7) describes the conservation of probability for the step from t to t+1; the probability to find the value y at time t+1 is equal to the sum of the probabilities that at time t the system had values x and ξ such that $y = f(x,\mu) + \sigma\xi$. From (3.7) one can derive a CHAPMAN-KOLMOGOROV-equation as HAKEN and MAYER-KRESS have shown [16,17]. Here instead we carry out some integrations to derive a master equation. To achieve this we introduce the probability for a transition from cell 0 to cell l in a time t

$$p_t(l) = \int_{l-1/2}^{l+1/2} \rho_t(x)\ dx \quad . \tag{3.8}$$

Carrying out the integration of (3.7) and neglecting terms of order $\sigma\cdot\exp(-1/2\sigma^2)$ leads to [6]

$$\begin{aligned} p_{t+1}(l)-p_t(l) = &-p_t(l)\cdot\frac{1}{2}\int_{l-1/2}^{l+1/2} q(x)\{\mathrm{erfc}\,[-\tfrac{r(x)}{\sqrt{2}}]+ \mathrm{erfc}\,[\tfrac{s(x)}{\sqrt{2}}]\}dx \\ &+p_t(l+1)\cdot\frac{1}{2}\int_{l+1/2}^{l+3/2} q(x)\ \mathrm{erfc}\,[\tfrac{-s(x)}{\sqrt{2}}]dx \\ &+p_t(l-1)\cdot\frac{1}{2}\int_{l-3/2}^{l-1/2} q(x)\ \mathrm{erfc}\,[\tfrac{r(x)}{\sqrt{2}}]dx \ , \end{aligned} \tag{3.9}$$

where

$$r(x) = \frac{l-1/2-f(x,\mu)}{\sigma} \tag{3.10}$$

$$s(x) = \frac{l+1/2-f(x,\mu)}{\sigma} \tag{3.11}$$

$$q(x) = \rho_t(x) \Big/ \int_{l-1/2}^{l+1/2} \rho_t(x')dx' \quad . \tag{3.12}$$

Here erfc denotes the complementary error-function. Eq. (3.9) is a discrete analogue of a master equation; the first term of the right hand side of (3.9) gives the flow out of the lth unit cell whereas the second and third term characterize the flow into the lth cell. The transition rates are determined by that part of f which maps out of a given unit cell. In Fig. 3.1 this part lies outside the dashed square for the case $\mu=0.9$.

The master equation (3.9) can be solved for $p_t(l)$ and hence the statistical properties for long times can be calculated explicitly. E.g. the diffusion constant D is given by [6]

$$D = \frac{1}{2} \int_{-1/2}^{1/2} q(x) \operatorname{erfc} \left[\frac{1/2-f(x,\mu)}{\sqrt{2}\,\sigma}\right] dx. \tag{3.13}$$

From this equation we calculate the critical behavior for the deterministic case ($\sigma=0$) inside the critical region

$$D = 2\, q(x_c) \left[\frac{da/d\mu}{b}\right]^{1/z} (\mu-\mu_c)^{1/z} + O(\Delta\mu^{3/z}) \tag{3.14}$$

Therefore D grows according to a critical law with a universal critical exponent 1/z. More generally inside the critical region $|\Delta\mu| = |\mu-\mu_c| \ll 1$ and for small fluctuations $\sigma \ll 1$ we obtain

$$D = \sigma^{1/z}\, d\left(\frac{\Delta\mu}{\sigma}\right) \tag{3.15}$$

where

$$d = \frac{q(x_c)}{z} \left(\frac{\sqrt{2}}{b}\right)^{1/z} \int_{-\frac{a'}{\sqrt{2}}\frac{\Delta\mu}{\sigma}}^{\infty} \operatorname{erfc}(u) \left[u+\frac{a'}{\sqrt{2}}\frac{\Delta\mu}{\sigma}\right]^{\frac{1}{z}-1} du \tag{3.16}$$

with $a' = \frac{da}{d\mu}\Big|_{\mu_c}$.

This is our most general result: d is a scaling function since it only depends on $\Delta\mu/\sigma$ and therefore remains invariant when $\Delta\mu$ and σ are scaled simultaneously; moreover d is a universal function as it depends only on the exponent z (apart from nonuniversal prefactors as usually). The described situation is analogous to that known, e.g. for magnetic phase transitions. D plays the role of the order parameter (the magnetization for the magnetic phase transition) and the external fluctuations act like an external magnetic field; the parameter μ is then the analogue of the temperature. Substituting $\mu=\mu_c$ in (3.15) we obtain the critical law for the external fluctuations

$$D = d(0)\, \sigma^{1/z} \quad . \tag{3.17}$$

The universal scaling function describes the μ- and σ-dependence of the diffusive motion inside the critical region for any dynamical system belonging to the universality classes (3.3-6). Eq. (3.16) is an anlytic expression for d which can be computed easily. In order to illustrate our predictions and to test the quality of the analytic expression for d we carried out the following computer experiment. For the mapping

$$f(x,\mu) = \mu\, 3^{3/2}\, (2x^3-x/2) \quad (-1/2 \leqslant x < 1/2) \tag{3.18}$$

we measured the diffusion constant D for three different noise levels σ and 100 values of $\Delta\mu/\sigma$ between -1 and +1. When D is scaled to $D\,\sigma^{-1/z}$ and $\Delta\mu$ to $\Delta\mu/\sigma$ the theory predicts that the data points should lie on a single curve which describes the scaling function $d(\Delta\mu/\sigma)$. Fig. 3.3 shows the result of this computer experiment. According to the predictions the data for the different noise levels form a single curve, which agrees well with the analytic expression for d shown by the solid line in Fig. 3.3. Note that this agreement is achieved without any adjustable parameter.

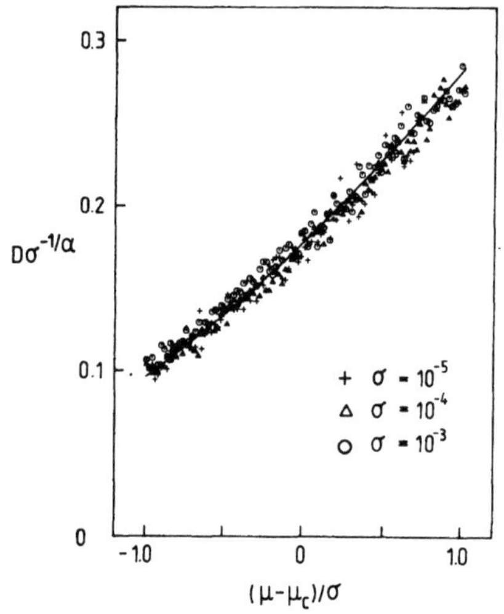

Fig.3.3 Measurement of the diffusion coefficient D in a computer experiment and comparison with theory

GROSSMANN and FUJISAKA [18] have studied the dynamical properties of such systems for the deterministic case far from the critical region. Besides deterministic self-generated diffusion they also investigate other dynamical features like drifting orbits.

A somewhat different type of diffusive processes has been observed by FARMER et al. [12]: They studied deterministic self-generated phase diffusion for the return-mappings of continuous dynamical systems,e.g. the LORENZ and RÖSSLER model.

1. P.C. Martin, J. de Physique Colloque 37, C1-57 (1976)
2. M.J. Feigenbaum, J. Stat. Phys. 19, 25 (1978) and J. Stat. Phys. 21, 669 (1979)
3. P. Coullet, C. Tresser, J. de Physique Colloque 39, C5-25 (1978)
4. S. Grossmann, S. Thomae, Z. Naturforsch. 32a, 1353 (1977)
5. P. Manneville, Y. Pomeau, Phys. Lett. 75A, 1 (1979) and Physics 1D, 219 (1980)
6. T. Geisel, J. Nierwetberg, Phys. Rev. Lett. 48, 7 (1982)
7. B.A. Huberman, J.P. Crutchfield, Phys. Rev. Lett. 43, 1743
8. A. Libchaber, J. Maurer, in Nonlinear Effects in Phase Transitions and Instabilities, T. Riste (ed.) (1981)
9. T. Geisel, J. Nierwetberg, Phys. Rev. Lett. 47, 975 (1981)
10. B.A. Huberman, J.P. Crutchfield, N.H. Packard, Appl. Phys. Lett. 37, 750 (1980)
11. T. Geisel, A. Reithmayer, to be published
12. J.D. Farmer, J.P. Crutchfield, H. Froehling, N.H. Packard, R.S. Shaw, Ann. N.Y. Acad. Sci. 357, 453 (1980)
13. P. Collet, J.P. Eckmann, Iterated maps on the interval as dynamical systems, Birkhäuser, Boston (1980)
14. V. Franceschini, J. Stat. Phys. 22, 397 (1980)
15. R.M. May, Nature 261, 459 (1976)
16. H. Haken, G. Mayer-Kress, Phys. Lett. 84A, 159 (1981)
17. H. Haken, G. Mayer-Kress, Z. Phys. B43, 185 (1981)
18. S. Grossmann, H. Fujisaka, preprint

Phase Transitions in the Homoclinic Regime of Area Preserving Diffeomorphisms

Heinz-Otto Peitgen*

Forschungsschwerpunkt "Dynamische Systeme", Universität Bremen
D-2800 Bremen 33, Fed. Rep. of Germany

We introduce the *scenario of homoclinic bifurcation* for one-parameter families of area-preserving diffeomorphisms. For specially selected models we give some evidence of its occurrence. There we show the existence of a whole sequence of such phase transitions and discuss its asymptotic ratio. We indicate how these *homoclinic phase transitions* govern the *asymptotic fate of periodic orbits*.

1. Introduction

After the most beautiful successes in understanding the dynamics of one-dimensional mappings (see for example [4,5,6,9,10]) it has recently become of interest and quite popular to study dissipative and conservative mappings T of the plane. This step is certainly not only a step of natural generalization but also motivated by the view that the phase portrait of T may be interpreted as the surface of section of a system of two degrees of freedom (Poincaré-map). Typically, one has found that the dynamics and universal properties of important classes of one-parameter families of one-dimensional mappings can be well understood from its *period-doubling mechanism (s)* [4,5,6,9]. Thus, one has tried to find and understand such mechanisms also for mappings of the plane. There seems to be, however, a significant difference between the one- and two-dimensional situation:

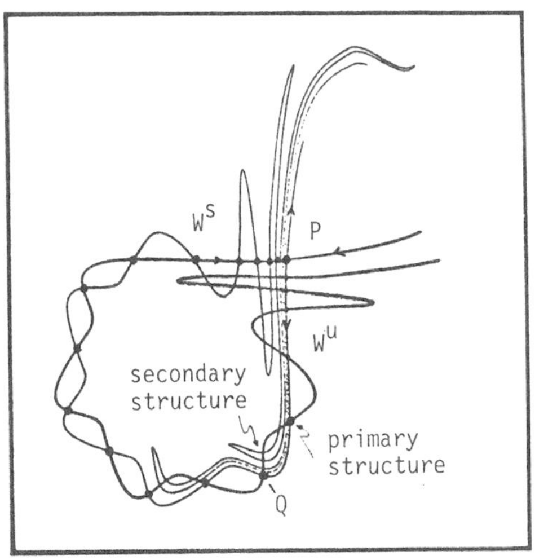

Fig.1 Homoclinic structure, P hyperbolic and Q transverse homoclinic point

* Supported by "Stiftung Volkswagenwerk"

There one has a natural *mother-orbit*, such that if one understands its period doubling mechanism, then one understands essentially all features of the dynamics of the mapping. Here, if one considers a one-parameter family $T = T(\mu)$ of diffeomorphisms of the plane $\mathbb{R}^2$, one does not have a natural mother-orbit in the sense that one can reduce the global features of the dynamics given by T to an understanding of the fate of a single orbit as μ varies. The reason is that typically (in contrast to the one-dimensional situation) here one has infinitely many periodic orbits of $T(\mu)$ (→Kolmogoroff-Arnold-Moser Theorem [13])for every μ and it is not clear at all whether it suffices to understand the family tree of a single one as μ varies.

Instead, it seems to be more adequate to divide these infinitely many periodic orbits into certain classes and discuss their fate as μ varies. The question is then to describe these classes. To address this problem we have to be a little more restrictive. In the following we always assume that T is an area-preserving diffeomorphism with a *homoclinic structure* (see Fig. 1), i.e. $T(P) = P$ is a hyperbolic fixed point and the stable manifold $W^s(P)$ of P (see [2,13,19]) intersects the unstable manifold $W^u(P)$ transversally in Q. We want to distinguish three types of intersections of $W^s(P)$ and $W^u(P)$:

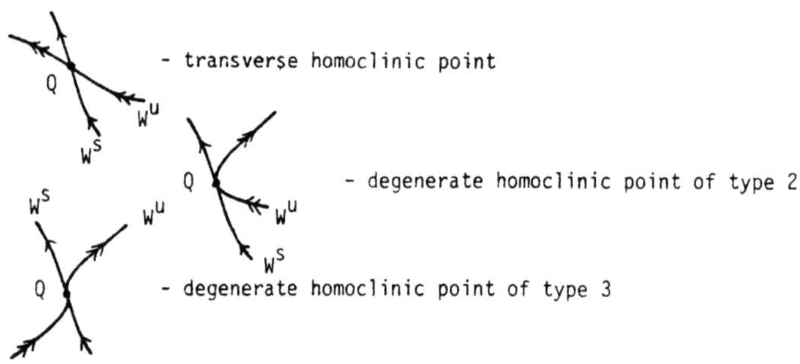

Now let Q be a transverse homoclinic point. A celebrated result due to G.D. BIRKHOFF [2] and S. SMALE [18] implies that Q is the limit of periodic points of T, i.e. there exists a sequence $\{E_n\}_{n \in \mathbb{N}}$ such that

$$\begin{cases} E_n \to Q \quad \text{as} \quad n \to \infty \\ E_n \quad \text{is a periodic point of} \quad T \quad \text{of periodic} \quad p_n \\ p_n \to \infty \quad \text{as} \quad n \to \infty \quad . \end{cases} \tag{1.1}$$

In view of this a natural candidate for the study of the *asymptotic fate* or the *selection of a class* of periodic points would be the investigation of $Q = Q(\mu)$ as μ varies. In doing so it seems, however, that we have substituted a hard problem by an even harder problem, namely the study of the fate of homoclinic points as μ varies. Indeed, at first glance this question appears to be untouchable, because even the plain question of existence of homoclinic points is remarkably difficult and, moreover, if one has one transverse homoclinic point, then one has in fact infinitely many [13,19] (see Fig. 1). In this situation it appears to be natural to look for distinguishable features of homoclinic points. Such turn out to be easy to find, if we assume that T has symmetries:

$$T = R \circ S \quad \text{and} \quad R^2 = \mathrm{Id} = S^2 \quad . \tag{1.2}$$

Then it will be possible to distinguish

- *mother* - and *daughter-homoclinic points* and

- *a primary* and *secondary homoclinic structure* .

We will then study these as μ varies and will observe that there exist critical parameter values μ_k, such that if μ passes through μ_k, then a mother-homoclinic point *bifurcates* into several daughter-homoclinic points and this mechanism initiates a period-doubling bifurcation of the "class" of periodic points given by (1.1). In view of M.J. FEIGENBAUM's celebrated work it is then natural to expect and to study universal properties of $\{\mu_k\}$ and we will give first results for a particular class of diffeomorphisms.

2. Choice of a suitable model

Besides the motivation given in section 1 we note a completely different one. In earlier studies [17,18] the surprising fact was observed that very popular numerical approximation schemes for nonlinear elliptic boundary value problems

$$\begin{cases} \Delta u + \lambda f(u) = 0 & \text{in } \Omega \subset \mathbb{R}^N \\ B(u) = 0 & \text{on } \partial\Omega\ ,\ \lambda \in \mathbb{R} \end{cases} \tag{2.1}$$

such as the *finite difference approximation*, may lead to *spurious solutions*. These are numerical solutions, which by no means approximate a solution of (2.1). The question arises why and how spurious solutions are generated, and whether one can characterize them in order to avoid them in adequately chosen schemes. The relation of (2.1) to its approximation schemes seems to be comparable with the striking differences between *integrable* and *non-integrable* Hamiltonian systems (see [1,11, 13]).

To simplify, we choose $N = 1$ and approximate the differential equation in (2.1) by the implicit Euler-method, or equivalently by the second-order difference operator. This yields the difference equation

$$u_{n+1} = 2u_n - u_{n-1} - \lambda h^2 f(u_n) \tag{2.2}$$

where $h > 0$ is the meshsize of the discretization. Equation (2.2) induces the map $T\colon \mathbb{R}^2 \to \mathbb{R}^2$

$$\begin{pmatrix} u \\ v \end{pmatrix} \mapsto \begin{pmatrix} 2u - v - \mu f(u) \\ u \end{pmatrix} \tag{2.3}$$

with $\mu = \lambda h^2$. Now let Φ^t denote the *phase flow* associated with the differential equation (2.1) (N=1)

$$u_{tt} + \lambda f(u) = 0 \tag{2.4}$$

and let $\chi\colon \mathbb{R}^2 \to \mathbb{R}^2$ be the involution

$$\chi(u, u_t) = (u, -u_t)$$

then it is not hard to see that

$$\Phi^t \circ \chi(z) = \chi \circ \Phi^{-t}(z)\ , \quad z \in \mathbb{R}^2\ , \qquad t \in \mathbb{R} \tag{2.5}$$

and hence,

$$(\Phi^t \circ \chi)^2 = \mathrm{Id}\ , \quad \text{for all} \quad t \in \mathbb{R}\ . \tag{2.6}$$

The question arises, whether T, which actually can be regarded as a time-discrete approximation to the time-continuous flow Φ^t, has similar symmetries. Let $S\colon \mathbb{R}^2 \to \mathbb{R}^2$ be the involution

$$S(u,v) = (v,u) \tag{2.7}$$

then it is an easy calculation to show that

$$(T \circ S)^2 = \mathrm{Id}\ . \tag{2.8}$$

Thus, $T^{-1} = S\circ T\circ S$ and we conclude that for any C^1 function f we have that T is a diffeomorphism. By induction it then follows that (compare with (2.6))

$$(T^n\circ S)^2 = Id \;,\quad n \in \mathbb{Z} \tag{2.9}$$

and one shows that $\det(T'(z)) = +1$ for all $z \in \mathbb{R}^2$, and therefore $T = T(\mu)$ is a one-parameter familiy of area-preserving diffeomorphisms which carries a basic symmetry (2.9) inherited from (2.6) . We note that already G.D. BIRKHOFF [3] and in his spirit R. de VOGELAERE [21] and J.M. GREENE [7] have made an essential use of such symmetries in the study of periodic orbits.

We introduce the notation $(n \in \mathbb{Z})$:

$$\begin{cases} R_n = T^n\circ S \\ \mathcal{R}_n = \{z \in \mathbb{R}^2 : R_n(z) = z\} \\ \mathcal{R}_{n,m} = \mathcal{R}_n \cap \mathcal{R}_m \\ \mathcal{P}_n = \{z \in \mathbb{R}^2 : T^n(z) = z\} \quad (= \mathcal{P}_{-n}) \end{cases} \tag{2.10}$$

It is not hard to see from the definitions that

$$\mathcal{R}_{2n} = T^n\,\mathcal{R}_0 \;,\; \mathcal{R}_{2n+1} = T^n\mathcal{R}_1 \;,\; \mathcal{R}_{n,m} \subset \mathcal{P}_{n-m} \tag{2.11}$$

Motivated by the investigations in [16,17] concerning (2.1) we now specify the nonlinearity f :

$$f(s) = \begin{cases} s &, \text{ for } s \le 0 \\ g(s) &, \text{ for } 0 \le s \le s_4 \\ s-s_4 &, \text{ for } s \ge s_4 \end{cases} \tag{2.12}$$

where g is a C^∞ function with precisely 4 simple positive zeros at $0 < s_1 < s_2 < s_3 < s_4$ and $g(0) = 0$ and g is such that f is also C^∞ . For the study of the phase plane of (2.4) we have the three important cases (see Fig.2):

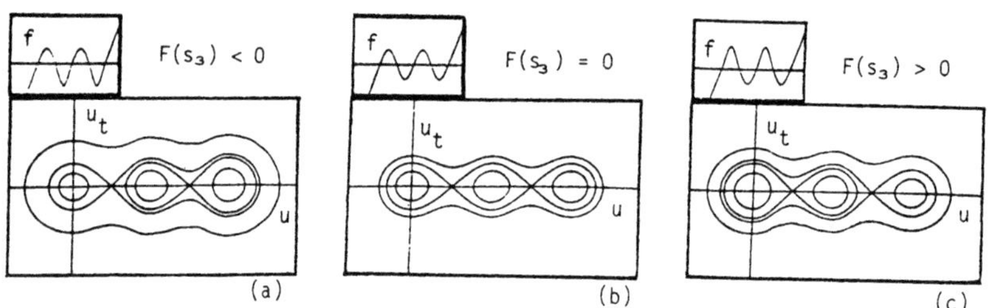

Fig.2

Here $F(s) = \int_{s_1}^{s} f(r)dr$. Obviously, (2.4) is not structurally stable if one chooses f as in Fig. 2 (b) and the question arises, how the discrete model reacts to a change from (b) into (a) or (c). This is pursued in another paper. We present some experimental computer plots of the time-discrete phase portrait of T in Fig. 3 .

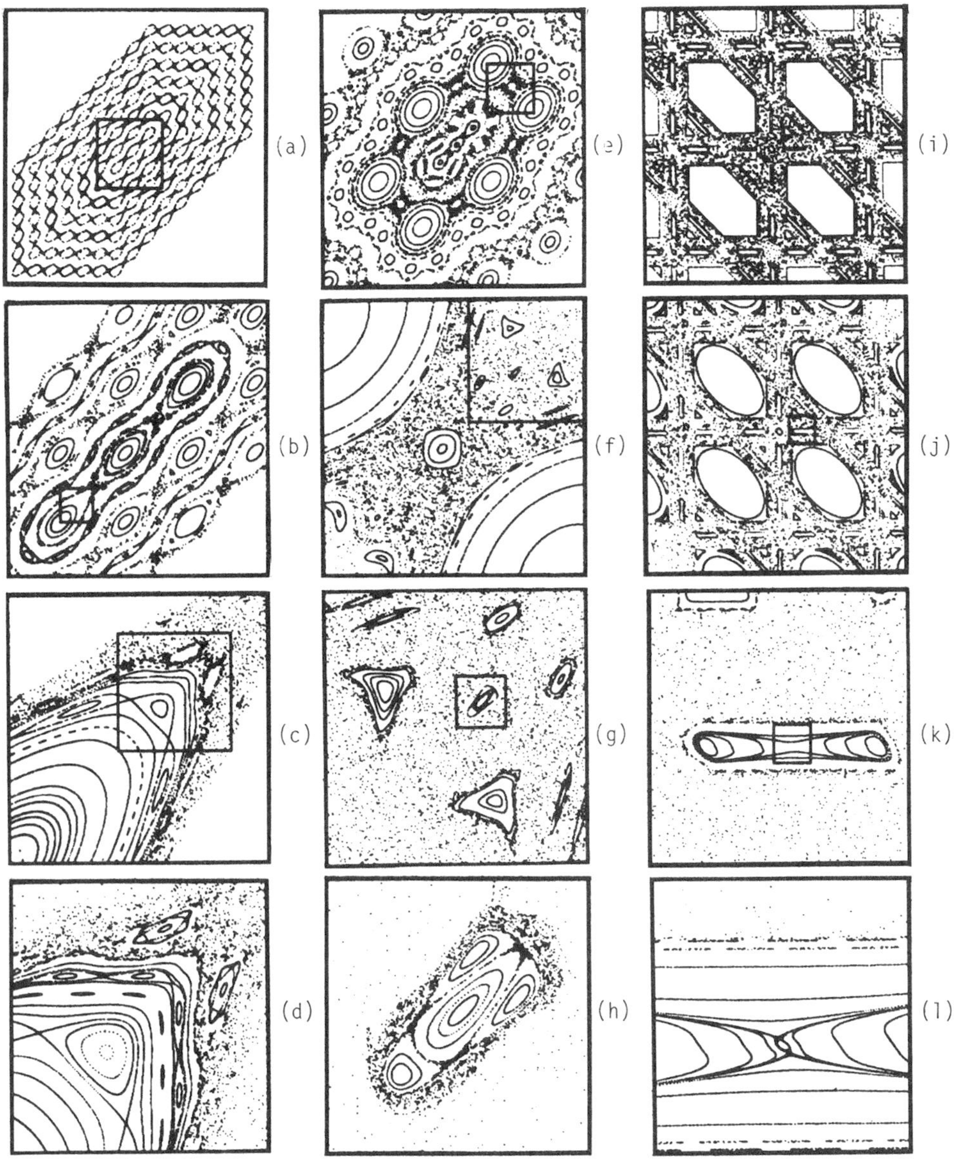

Fig.3 Phaseportraits of T; f as in Fig.2(b), g(s) = sin(s) ; one observes all typical properties of surfaces of section of non-integrable systems

Figures 3(a), (e), (i) and (j) show the window

$$W = \{(x,y) \in \mathbb{R}^2 : -45 \le x \le 55 \ , \ -45 \le y \le 55\}$$

All other figures are magnifications as indicated by the inserted square. In Figures 3(a), (b), (c), (d) $\mu = 1.0$ and in (e), (f), (g), (h) $\mu = 1.41$. In Figure (i) $\mu = 3$ and the hexagons are regions in which $T^{12} = \mathrm{Id}$. In Figures (j), (k), (l) $\mu = 3.001$.

For the remaining part we restrict to a discussion of the homoclinic orbit of (2.4) given by the rest point $(s_1, 0)$, i.e. we now study for $P = (s_1, s_1)$ the stable and unstable manifolds $W^s(P)$ and $W^u(P)$. Due to the erratic dynamics in Fig. 3 we expect, of course, that we have transverse homoclinic points (and in another paper we will show how these homoclinic structures yield spurious solutions for (2.1)). In view of *homoclinic bifurcation* Fig. 4 is a first introductory experiment.

Fig. 4(a) $\mu = 1.1$, transverse mother - homoclinic point

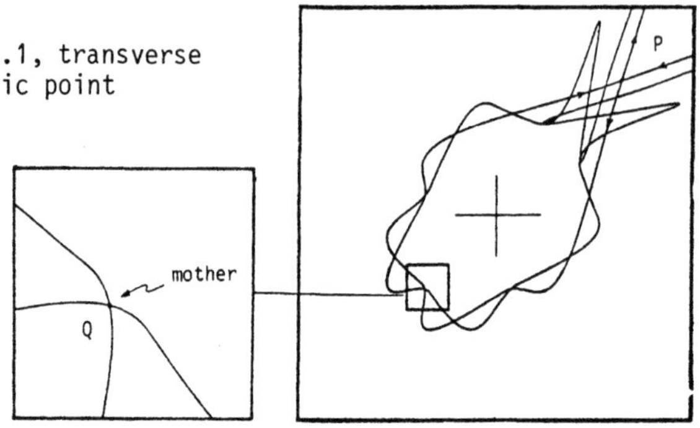

Fig. 4(b) $\mu = 1.037$, degenerate mother - homoclinic point

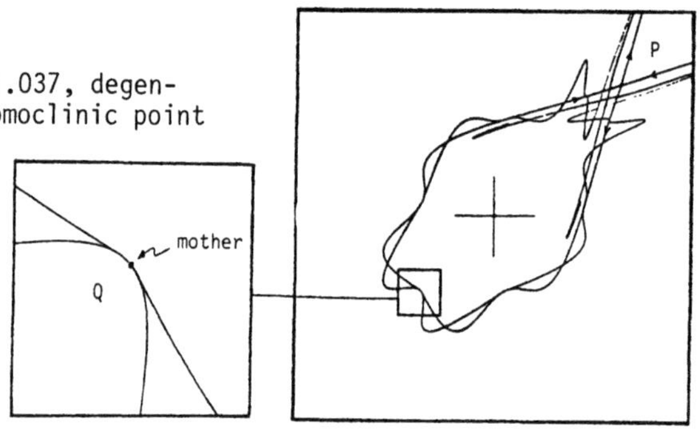

Fig. 4(c) $\mu = 1.0$, transverse mother - and two transverse daughter - homoclinic points

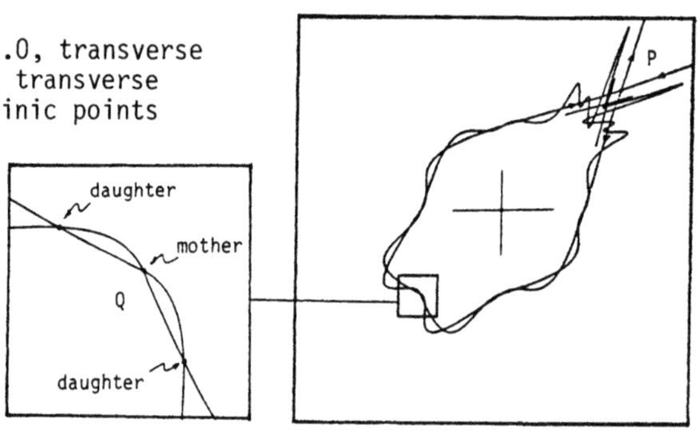

We see that changing μ from $\mu_* + \delta$ to μ_* and then to $\mu_* - \delta$ we follow a family of homoclinic points $Q = Q(\mu)$ which is transverse for $\mu \neq \mu_*$ and degenerate of type 3 for $\mu = \mu_* \approx 1.037$. Here f is chosen as in Fig. 2(c).
Figure 5 shows another homoclinic bifurcation for f as in Fig. 2(b), however, for a different parameter μ .

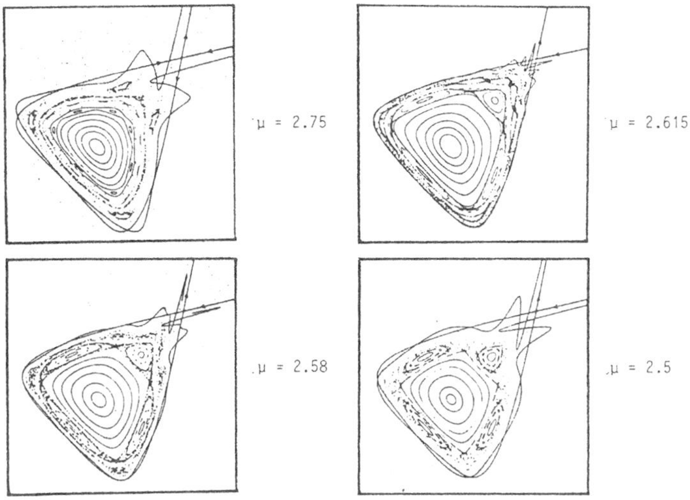

Fig. 5 Damping at a homoclinic bifurcation

We have bifurcation at $\mu = \mu_* \approx 2.58$ and observe that the homoclinic structure first undergoes a *damping* as we decrease the strength of the nonlinearity starting from $\mu = 2.75$ and then, surprisingly, we observe an *amplification* of the homoclinic structure again, as we further decrease the strength of f. In a sense, the stable elliptic orbits around $E = (0,0)$ behave complementary, i.e. the region of stability increases and then decreases in the neighborhood of $\mu = \mu_*$ as μ is decreased. This exiting mechanism was observed in all experiments. Thus, there seems to be a very far going *interaction between the phase transitions* of the homoclinic regime and the elliptic regime. This is pursued in [16] . To make these effects more visible we have (after elaborate experimentation) the plots in Fig.6, which show the window

$$W = \{(x,y) \in \mathbb{R}^2 : -1.2 \leq x \leq 0.5 \ , \ -1.2 \leq y \leq 0.5\}$$

Fig.6 Phase transition in the elliptic regime, (a) $\mu = 0.37$, (b) $\mu = 0.3819 \approx \mu_*$, (c) $\mu = 0.39$

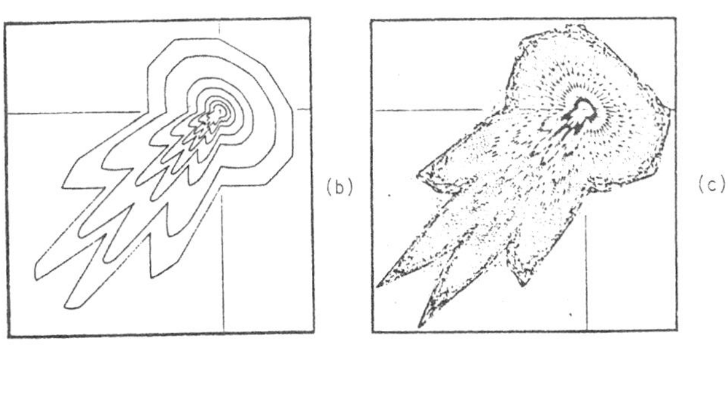

around the fixed point (0,0) for f as in (4.2) with $\varepsilon = 0.4$. For that model of T one has a homoclinic bifurcation at precisely (see section 4) $\mu = \mu_* = {}^1/_2\,(3-\sqrt{5}\,)$, which is the square-root of the *golden mean*.
Figures (a) and (b) show seven "quasi-elliptic" orbits each, whereas (c) shows one orbit obtained by 40 000 iterations of T subject to a single initial value.

3. Homoclinic bifurcation

We will now attempt to give a more rigorous description by exploiting the symmetries (1.2). Thus, we assume that we have one-parameter families

$$T = T(\mu)\ ,\quad R = R(\mu)\ ,\quad S = S(\mu)$$

which $R^2 = Id = S^2$ and $T = R \circ S$ for all μ. For the sake of simplicity we assume also that

$$\begin{cases} T(P) = P \text{ is a hyperbolic fixed point for all } \mu\ , \\ T(E) = E \text{ is an elliptic fixed point for all } \mu\ , \\ R_o \text{ is homeomorphic to a line, and that} \\ R_2 \cap R_o = \{P,E\}\ . \end{cases}$$

Now we choose an orientation of R_o by choosing as a *positive direction* the direction from P to E. On R_{2n} we take the orientations induced by T. Now following R_o and R_2 in positive direction starting in E we describe the boundary of a cone-like region with corner at E, which we call the *basic cone* C *of* T (see Fig. 7). Due to (2.11) it suffices to analyze the homoclinic structure in C now. In C we want to distinguish a *primary* and *secondary homoclinic structure*: Take natural orientations on $W^u(P)$ (resp. $W^s(P)$) subject to T (resp. T^{-1}). Then define arcs A^u (resp. A^s) on $W^u(P)$ (resp. $W^s(P)$) by: Let A^u be the arc from A to C and A^s be the arc from C to A, where A is the point of first intersection of $W^u(P)$ with R_o and C is the point of first intersection of $W^s(P)$ with R_2. We assume $T(A) = C$. Then the primary structure is given by $A^s \cap A^u$, and the secondary structure is given by further intersections of $W^s(P)$ with A^u, for example, which exist, since T is area-preserving [13].

We now define *homoclinic bifurcation*: We suppose that we have a critical parameter μ_* such that for all $\varepsilon > 0$ and ε small:

$$\begin{cases} \mu = \mu_* + \varepsilon : A^s \cap A^u = \{A,B,C\}\ , \text{ and } A,B,C \text{ are transverse homoclinic points, and } A \in R_o\ ,\ B \in R_1\ ,\ C \in R_2\ . \\ \mu = \mu_* \quad : A^s \cap A^u = \{A,B,C\}\ , \text{ and } A,C \text{ are degenerate of type 3 homoclinic points and } B \text{ is a transverse homoclinic point, and } A \in R_o\ , B \in R_1\ ,\ C \in R_2\ . \\ \mu = \mu_* - \varepsilon : A^s \cap A^u = \{A,A_1,B,C,C_1\} \text{ and } A,A_1,B,C_1,C \text{ are transverse homoclinic points, and } A \in R_o\ ,\ B \in R_1\ ,\ C \in R_2\ . \end{cases}$$

Of course, all objects A^s, A^u, A,B,C,A_1,C_1,R_o,R_1 and R_2 depend on μ. If the above configuration is given, then we call

$$\mu_* \textit{ a point of homoclinic bifurcation at } R_o\ . \tag{3.1}$$

The definition for R_1 is strictly analogous. Figure 7 gives a picture for (3.1).

If one has a bifurcation at R_o then this phenomenon will propagate along $W^s(P)$ and $W^u(P)$ by iteration of T due to (2.11). Also we note that $A_1 = S(A_2)$, i.e. the *bifurcating objects* are *symmetry-related*, which is familar from classical bifurcation theory. Typically, as μ varies, the mother-homoclinic points $A(\mu)$, $B(\mu)$, $C(\mu)$ will be permanent, whereas the daughter-homoclinic points C_1, A_2 may be cancelled again due to a bifurcation at R_1, for example. For various models of T we have observed the following *cycle* as μ varies (see section 4, Fig.12).

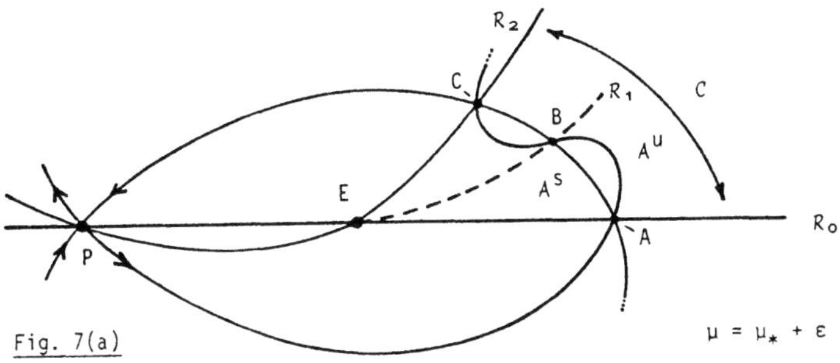

Fig. 7(a)

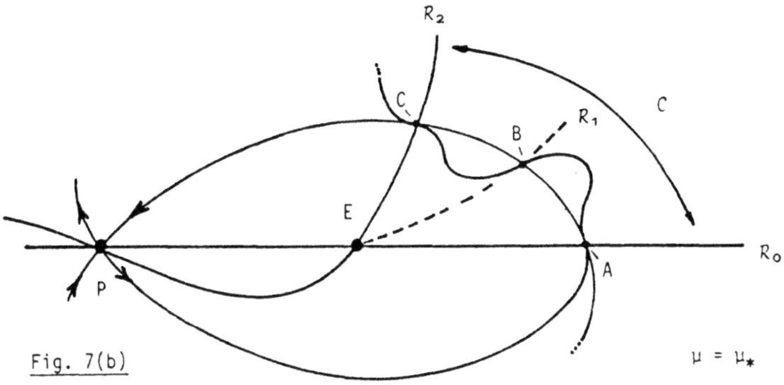

Fig. 7(b)

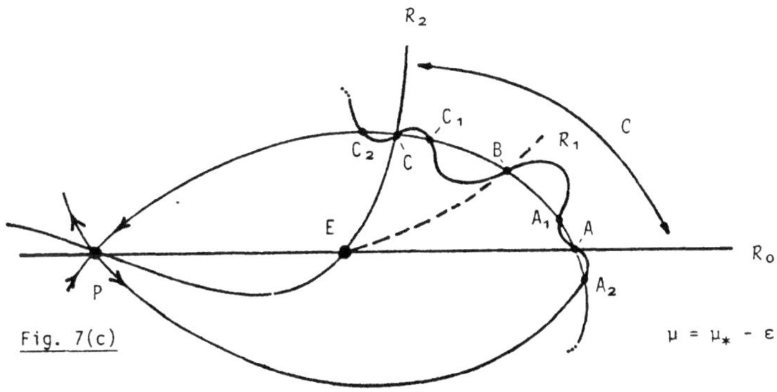

Fig. 7(c)

CREATION-DESTRUCTION-CYCLE

(a) bifurcation at R_o , creation of daughters
(b) bifurcation at R_1 , absorbtion of daughters (a)
(c) bifurcation at R_1 , creation of daughters
(d) bifurcation at R_o , absorbtion of daughters (c)
(a)
.
.
.

Additionally, as μ varies between configuration (a) and (b) (resp. (c) and (d)) daughters exist, whereas when μ varies between configurations (b) and (c) (resp. (d) and (a)) no daughters exist.

4. A special model with homoclinic bifurcation

Here we want to give a specific model for T for which we actually can prove the existence of homoclinic bifurcation and the above creation-destruction-cycle. The model is generated by the following nonlinearity (see Fig. 8).

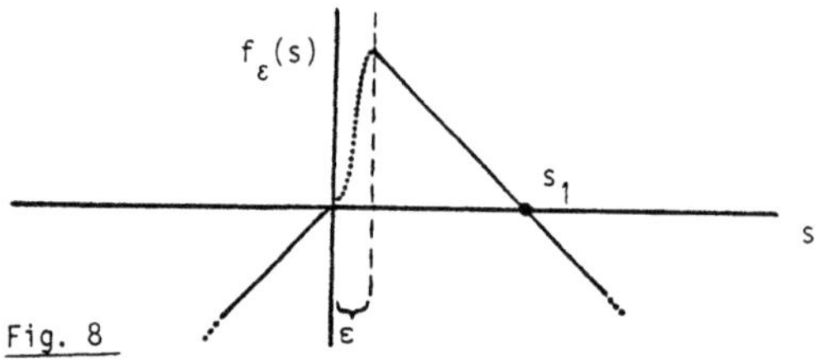

Fig. 8

More precisely, we choose $\varepsilon > 0$, $s_1 > 0$ and let

$$f_\varepsilon(s) = \begin{cases} s & , \; s \le 0 \\ s_1 - s & , \; s \ge \varepsilon \\ \Phi_\varepsilon(s) & , \; 0 \le s \le \varepsilon \end{cases} \tag{4.1}$$

where Φ_ε is a C^∞-function which makes also f_ε a C^∞ function and $f_\varepsilon(s) > 0$ for $0 < s < s_1$. It will be useful to study also a piecewise linear (PL) version of f_ε :

$$f_\varepsilon^{PL}(s) = \begin{cases} s & , \; s \le 0 \\ s_1 - s & , \; s \ge \varepsilon \\ m_\varepsilon s & , \; 0 \le s \le \varepsilon \end{cases} \tag{4.2}$$

with $m_\varepsilon = (s_1 - \varepsilon)\varepsilon^{-1}$. Our first construction is of fundamental importance and gives an elementary proof of existence of transverse homoclinic points for T modelled with f_ε or f_ε^{PL} according to (2.3) . As an immediate consequence of the definitions we obtain

$$\begin{aligned} R_n(W^s(P)) &= W^u(P) \\ R_n(W^u(P)) &= W^s(P) \end{aligned} \tag{4.3}$$

for all $n \in \mathbb{Z}$. We also note that

$$\begin{aligned} R_0 &= \{(u,v) : \quad u = v\} \\ R_1 &= \{(u,v) : \quad u = v - \tfrac{1}{2}\,\mu f(v)\} \end{aligned} \tag{4.4}$$

Geometrically one can interpret the action of $S = R_0$ as the reflection at the line R_0 and the action of $TS = R_1$ as the reflection at the curve R_1 along the line of constant v.

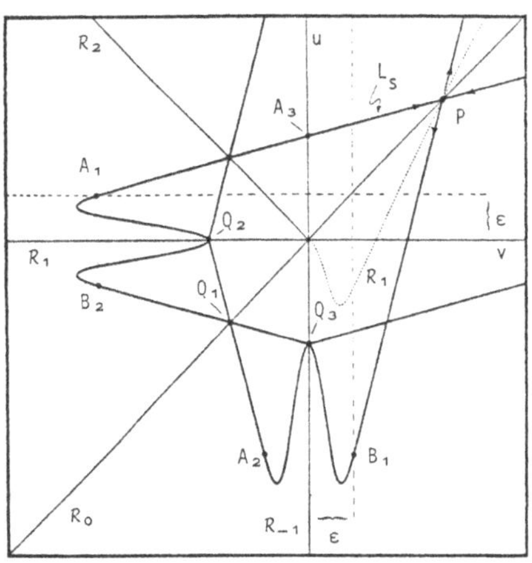

Fig. 9 Geometric construction of transverse homoclinic points Q_1, Q_2, Q_3 with $f = f_\varepsilon$, $\varepsilon = 1$ and $\mu = 2$

In particular for $\mu = 2$ we have that $R_1^- = \{(u, v) \in R_1 : v \le 0\}$ is the negative v-axis V^- and this makes a construction very easy: Let $\varepsilon > 0$ be sufficiently small. Let L^s be the line through $P = (s_1, s_1)$ which has the direction of the stable eigenvector of $T'(P)$. Since T is an affine linear map for all (u,v) with $u \ge \varepsilon$ we have that the line segment $[A_1, P]$ (see Fig. 9) of L^s is a piece of $W^s(P)$ and therefore due to (4.3) $R_0[A_1, P]$ is a piece of $W^u(P)$. Using (4.3) again we also have that $R_1[A_1, A_3] = [B_2, Q_3]$ is a line segment and on $W^u(P)$. Finally, $R_0[B_2, Q_3] = [A_2, Q_2]$ is also a line segment and on $W^s(P)$. It is elementary to show that the point of intersection Q_1 is in fact transverse. Thus, we have proved the existence of a transverse homoclinic point on R_0. Continuing this construction one obtains transverse homoclinic points $Q_2 \in R_1$ and $Q_3 \in R_{-1}$. Observe that the above construction is independent of Φ_ε and only depends on the linear part of f_ε and ε, where $\varepsilon > 0$ has to be so small that the segment $[A_1, P]$ advances into the second quadrant of $\mathbb{R}^2$.
Here the basic cone together with the primary structure is given in Fig. 10 ((a) : f_ε with $\varepsilon = 1$, (b) : f_ε^{PL} with $\varepsilon = 1$) :

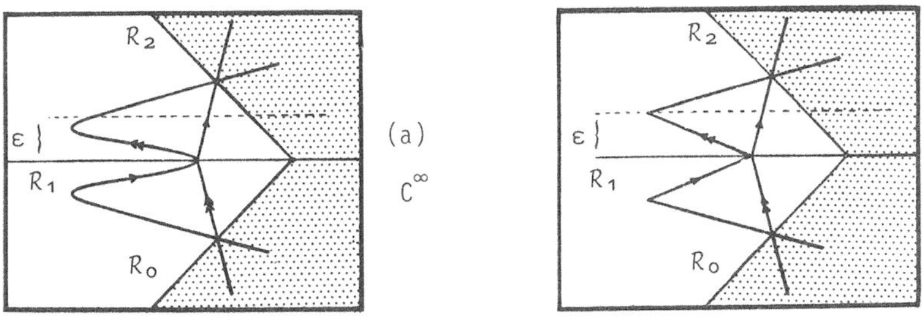

Fig. 10 Basic cones and primary homoclinic structure

Since the segments of $W^s(P)$ and $W^u(P)$, which define Q_1 are explicitly constructable for μ in a neighborhood of 2 we can now obtain a "first" explicit homoclinic bifurcation by simply asking for $Q_1 = Q_1(\mu)$ to become degenerate. This leads to an algebraic equation in μ and one of its roots determines the bifurcation. One computes easily that

$$\mu_{-1} = \tfrac{1}{4}(7+\sqrt{17}) \approx 2.7808$$

is a bifurcation at R_0. In a similar way one computes a "second" bifurcation at R_1 for

$$\mu_0 = \tfrac{1}{2}(2+\sqrt{2}) \approx 1.7071 \quad .$$

In Fig. 11 we show the bifurcation at R_0 for $\mu = \mu_{-1}$.

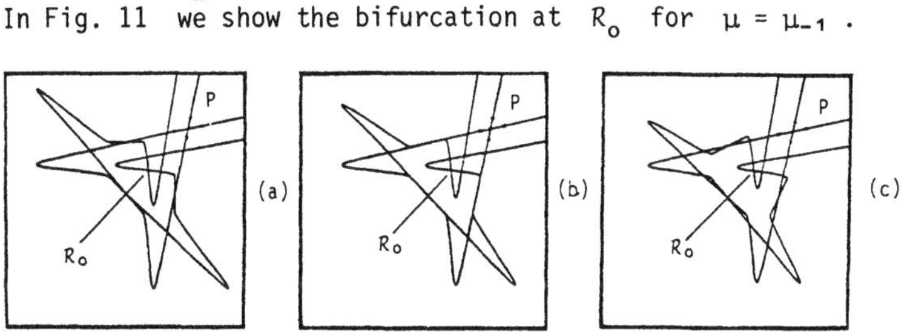

Fig. 11 Homoclinic bifurcation at R_0, $f = f_\varepsilon$ with $\varepsilon = 1$, (a) $\mu = 2.9$, (b) $\mu = 2.7808$, (c) $\mu = 2.65$

Naturally, one tries to find further homoclinic bifurcations. It turns out, however, that these depend on Φ_ε in a nontrivial way and therefore we pass to an easier model given by (4.2). Then $W^s(P)$ and $W^u(P)$ are piecewise linear one-dimensional manifolds, which can be constructed globally. This allows us to discover that the bifurcations follow a *general mechanism* for the PL-model, which we describe next. Let $R_o^- = \{(u,v) \in R_o : v \leq 0\}$ and recall that $T = T(\mu)$ and $R_1 = R_1(\mu)$. We define for any $n \in \mathbb{N}$:

$$\begin{cases} \mu_{2n} & \text{to be the parameter for which } T^n(R_1^-) = V^- \\ \mu_{2n-1} & \text{to be the parameter for which } T^n(R_o^-) = V^- \ , \end{cases} \tag{4.5}$$

V^- denotes the negative v-axis in $\mathbb{R}^2$. These values of μ are independent of $\varepsilon > 0$ and we have the following result:

<u>THEOREM</u> (PL - Model)

Let $T = T(\varepsilon,\mu)$ be the two-parameter family of homeomorphisms modelled subject to (4.2) according to (2.3). Then we have:

(1) Conditions (4.5) determine polynomial equations in μ, such that the critical parameters μ_k , for which T satisfies (4.5) are independent of ε and are uniquely determined roots of these equations with

$\ldots > \mu_{2n-1} > \mu_{2n} > \mu_{2n+1} > \ldots$ and $\mu_k \to 0$ as $k \to \infty$ (see (5.5)).
For example, one computes that $\mu_1 = 1$, $\mu_2 = 2 - \sqrt{2} \approx 0.5858\ldots$,

$\mu_3 = \tfrac{1}{2}(3 - \sqrt{5}) \approx 0.3819\ldots$ (square-root of golden mean),

$\mu_4 = 2 - \sqrt{3} \approx 0.2679\ldots$, $\mu_6 = 2 - 2\sqrt{\tfrac{1}{2} + \tfrac{1}{8}\sqrt{8}} \approx 0.1522\ldots$,

$\mu_8 = 2 - 2\sqrt{\tfrac{5}{8} + \tfrac{1}{8}\sqrt{5}} \approx 0.0978\ldots$.

(2) Let $\varepsilon_k = 2\sqrt{\mu_k(4+\mu_k)^{-1}}$. Then if $\varepsilon < \varepsilon_k$ one has homoclinic bifurcation in $\mu_1,\ldots,\mu_k$ at

R_0 , if $k = 2n-1$
R_1 , if $k = 2n$.

(3) There exists a further sequence $\{\nu_k\}_{k\in\mathbb{N}}$ with

$\ldots > \nu_{2n-1} > \mu_{2n-1} > \nu_{2n} > \mu_{2n} > \ldots$ and $\nu_k = \nu_k(\varepsilon)$ and $\nu_k(\varepsilon) \to \mu_k$ as $\varepsilon \to 0$. Moreover, if $\varepsilon < \varepsilon_k$ one has homoclinic bifurcation in $\nu_1,\ldots,\nu_k$ at

R_0 , if $k = 2n-1$
R_1 , if $k = 2n$.

(4) If $\mu \in (\mu_k , \nu_k)$ and ε is fixed then all homoclinic points of the primary homoclinic structure in the basic cone C are on $R_0 \cup R_1 \cup R_2$, i.e. there exist no *homoclinic daughters*. If $\mu \in (\nu_{k+1} , \mu_k)$ and ε is fixed then there exist *homoclinic daughters*, and one has a complete *creation - destruction - cycle* as μ varies between μ_{2n-1} and ν_{2n+1} (see Fig.12).

The proof is rather long and technical and will be published elsewhere. It was supported and found after extensive computer experiments. The question arises, whether the above mechanism is an artefact of the special PL - model. Choosing the C^∞- model f_ε subject to (4.1) according to (2.3) one can show that all conclusions of the above theorem remain valid, except that then the μ_k and ν_k are functions of Φ_ε .

Experimentally we have also found *creation-destruction-cycles* for the C^∞-model (see Fig. 12) . Observe that the experimentally found ν_k^∞ and μ_k^∞ in Fig. 12 are reasonably approximated by the ν_k and μ_k as given in the Theorem for the PL-model. We also have observed homoclinic bifurcation for different area-preserving diffeomorphisms [15] . There we also found the remarkable degeneracy $W^s(P) = W^u(P)$ (see Fig. 15,17).

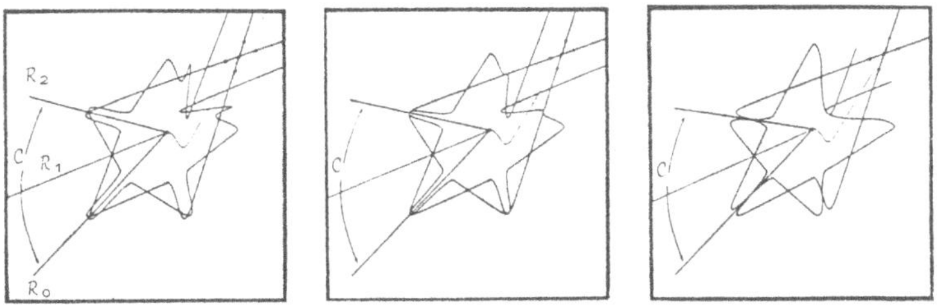

(a) $\mu = 1.25 > \nu_1$ (b) $\mu = 1.215 \approx \nu_1$ (c) $\nu_1 > \mu = 1.15 > \mu_1$

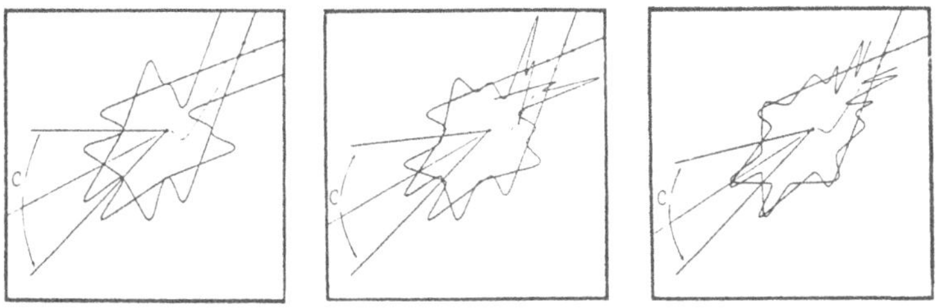

(d) $\mu = 1.0 \approx \mu_1$ (e) $\mu_1 > \mu = 0.9 > \nu_2$ (f) $\mu_1 > \mu = 0.775 > \nu_2$

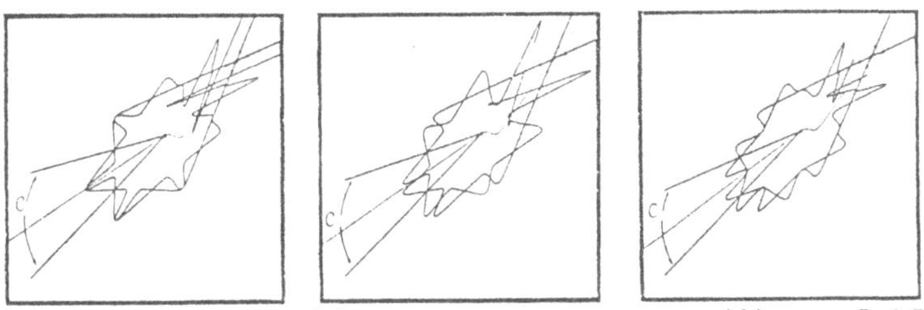

(g) $\mu = 0.74 \approx \nu_2$ (h) $\nu_2 > \mu = 0.68 > \mu_2$ (i) $\mu = 0.595 \approx \mu_2$

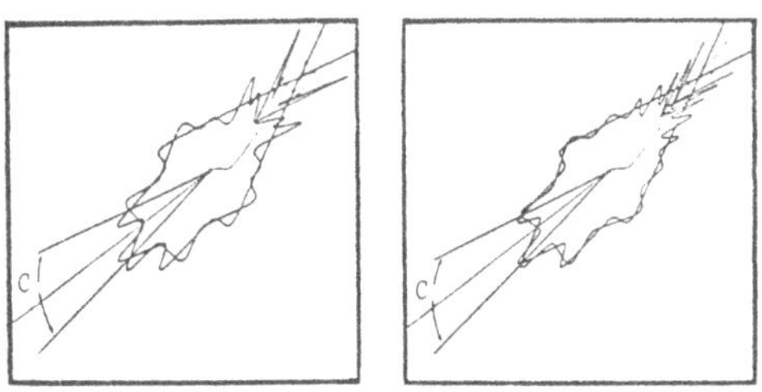

Fig. 12 Creation - Destruction - Cycle for $f = f_\varepsilon$ with $\varepsilon = 1$, with bifurcations in (b),(d), (g) and (i)

(j) $\mu_2 > \mu = 0.56 > \nu_3$ (k) $\mu_2 > \mu = 0.52 > \nu_3$

Observe, that the primary structures in (a) and (k) are the same up to a rescaling of the basic cone C .

5. Asymptotic ratios of homoclinic bifurcations

In the spirit of the celebrated results of M.J. FEIGENBAUM [6] we briefly sketch a few first results on

$$\delta_k = \frac{\mu_k - \mu_{k-1}}{\mu_{k+1} - \mu_k} , \tag{5.1}$$

where μ_k is given according to (4.5) . We can prove that

$$\lim_{k\to\infty} \delta_k = \delta \text{ exists and that } \delta = 1 .$$

To give a short argument for this, let $Q \in V^-$ be the bifurcating homoclinic point for $\mu = \mu_k$ (see Fig. 12 (d)). Then $-Q$ is a point on the positive v-axis and one can prove that

$$T^{k+2}(-Q) = Q . \tag{5.2}$$

Indeed, for all (u,v) with $u \le 0$ one has that T acts by the linear transformation

$$L = \begin{pmatrix} 2-\mu & -1 \\ 1 & 0 \end{pmatrix} \tag{5.3}$$

and this implies that

$$L^{m_k}(-Q) = - Q \tag{5.4}$$

for $m_k = 2k+4$. Hence, μ_k is the value for which L has eigenvalues which are m_k-th roots of unity. Since L has the eigenvalues

$$\lambda_{1,2} = \tfrac{1}{2}(2-\mu \pm \sqrt{\mu^2 - 4\mu})$$

this implies that

$$\mu_k = 2 - 2\cos(2\pi/(2k+4)) = 4\sin^2(\pi/(2k+4)) \tag{5.5}$$

which gives an alternative method to compute the μ_k and which allows to characterize δ by expanding $\cos(\cdot)$.

We remark that for the C^∞-model based on (4.1) the critical values μ_k according to (5.5) are precisely the values for which periodic orbits of period $2k+4$ bifurcate from the elliptic fixed point $E = (0,0)$ (see [12]) , which undergoes itself a period-doubling bifurcation at $\mu = 4$ into a hyperbolic fixed point.

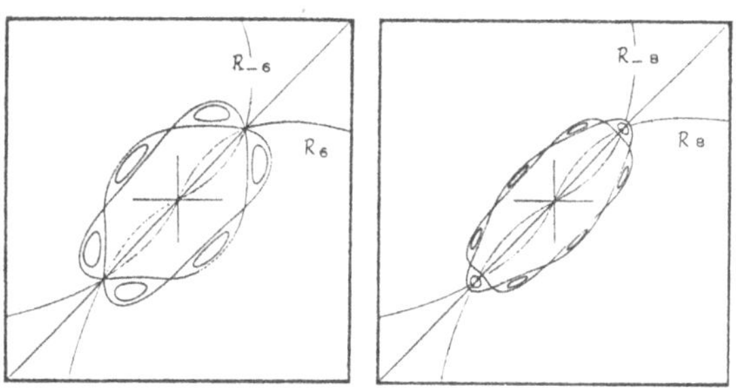

Fig. 13
Bifurcation of periodic orbits from $E = (0,0)$ for $f = f_\varepsilon$, $\varepsilon = 1$.
Left: $k = 1$,
Right: $k = 2$

6. Concluding remarks

As we know already, transverse homoclinic points are approximated by periodic points (1.1) . Thus, we may expect that periodic orbits inherit a bifurcation mechanism from the homoclinic bifurcation in an asymptotic sense. This is indeed the case, as is demonstrated in [16] . Here we give just one experiment in Fig. 14.

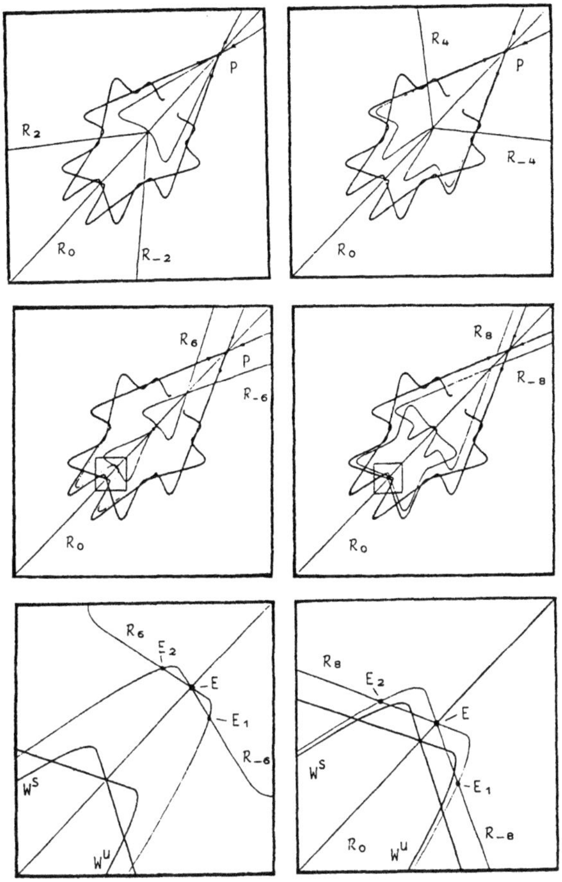

Fig. 14

Asymptotic fate of periodic orbits near a homoclinic bifurcation

Figure 14 shows the stable and unstable manifolds for $\mu < \mu_k$ (μ=0.9) ($f=f_\varepsilon$, ε=1) after a homoclinic bifurcation has taken place together with R_{2n}, $n=\pm1$, ±2, ±3, ±4. The remarkable observation is that as $n \to \pm\infty$ the R_{2n} *mimic* the homoclinic bifurcation for $n > n_k$ (here $n_k = \pm3$) to initiate a period doubling bifurcation for a periodic point $E \in R_0 \cap R_{2n} \setminus \{0,0\}$ into $E_1, E_2 \in R_{-2n} \cap R_{2n}$. Recalling from section 3 that we have mother- and daughter-homoclinic points we find here their corresponding mother- and daughter-periodic points and observe that the mother-periodic points are all on R_0, which explains experimental guesses in [10, p.113]. Thus, asymptotically (in the sense of large period) periodic orbits have the same *fate* as *their* homoclinic points, including the creation-destruction-cycle of section 3 (see Fig. 12), and this is elaborated in [16] and seems to be in the spirit of [2].

The coincidence of homoclinic bifurcation and bifurcation of periodic orbits from $E = (0,0)$ in the PL-model according to (5.5) is clearly an artefact of the model and may give an explanation of Fig. 6. In general these two bifurcation mechanisms will be uncorrelated.

There is also a possibility to explicitly characterize the ν_k in section 4, but this is much more complicated and we omit it here.

In view of the theorem for the C^∞-model it appears that one should be able to describe universality classes of f's for which the asymptotic ratios are characterizing.

Similar to the construction in Fig. 9 one can also give explicit constructions for heteroclinic points being present in Fig. 2(b).

Naturally one may ask whether homoclinic bifurcation is typical for all area preserving diffeomorphisms. To settle this question we restrict to diffeomorphisms of type (2.3). If there were a nonlinearity $\bar{f}$ such that the one-parameter family T subject to $\bar{f}$ had no homoclinic bifurcation, then one should find another interesting phenomenon: Let f be a nonlinearity, which yields homoclinic bifurcation. Then consider the family $h_\varepsilon(s) = \varepsilon\,\bar{f}(s) + (1-\varepsilon)f(s)$ and the two-parameter family of diffeomorphisms

$$T = T(\varepsilon,\mu)$$

subject to h_ε (according to (2.3)). Now there should be a critical value ε^* which separates those h_ε $(\varepsilon < \varepsilon^*)$ which yield homoclinic bifurcation from those h_ε $(\varepsilon > \varepsilon^*)$ which do not yield homoclinic bifurcation and this nonlinearity h_{ε^*} should be of particular interest. Indeed, we have found an example for h_{ε^*}. Let

$$h_\varepsilon(s) = f_\varepsilon^{PL}(s)$$

according to (4.2). Then $\varepsilon^* = s_1/2$. Fig. 15 shows W^s and W^u for $s_1 = 2$ and $\varepsilon = 1$. One can find a sequence $\{\bar{\mu}_k\}_{k\in\mathbb{N}}$ with $\bar{\mu}_k \to 0$ such that if $\varepsilon = 1$ and $\mu = \bar{\mu}_k$ then

$$W^s(P) = W^u(P)$$

for $P = (s_1,s_1)$ and this characterizes h_{ε^*}. These $\bar{\mu}_k$ are roots of algebraic equations obtained in the following way: Let A be the point of intersection of $W^s(P)$ with the line $u \equiv 1 = \varepsilon$. Then $\bar{\mu}_k$ is the parameter-value for which

$$T^{-k}(A) \in \mathcal{R}_0 \ .$$

For example one computes that

$$\bar{\mu}_1 = 1 + \tfrac{1}{2}\sqrt{2} \ .$$

In Fig. 15(a) we have $\mu = 1.8$, in (b) $\mu = \bar{\mu}_1$ and in (c) we have $\mu = 1.6$. In Fig. 16 we have again $\mu = 1.8$ and show the elliptic and stochastic dynamics. Fig. 17 shows the elliptic and stochastic dynamics for $\mu = \bar{\mu}_1$. Due to the fact that $W^s = W^u$ we observe a stochastic regime which is bounded by $W^s = W^u$. Another peculiarity is that here P is the limit of elliptic periodic points, see Fig. 17(b). Details will appear in [16].

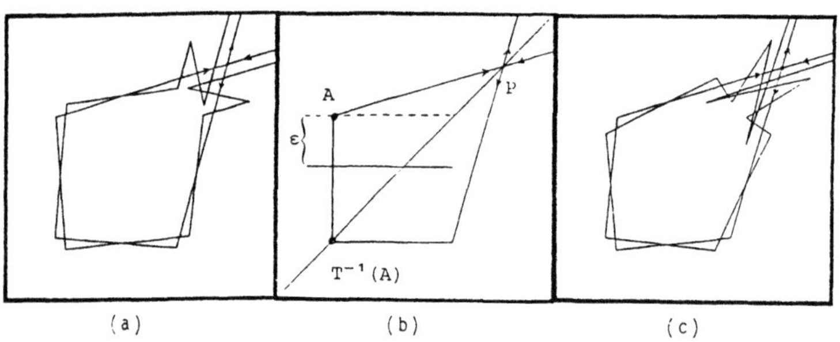

Fig. 15

In all computer plots we have $s_1 = \pi$, except for Fig. 15,16 and 17, where $s_1 = 2$.

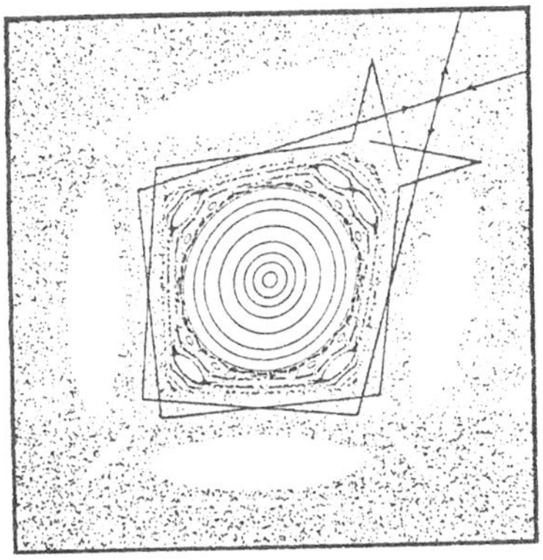

Fig. 16

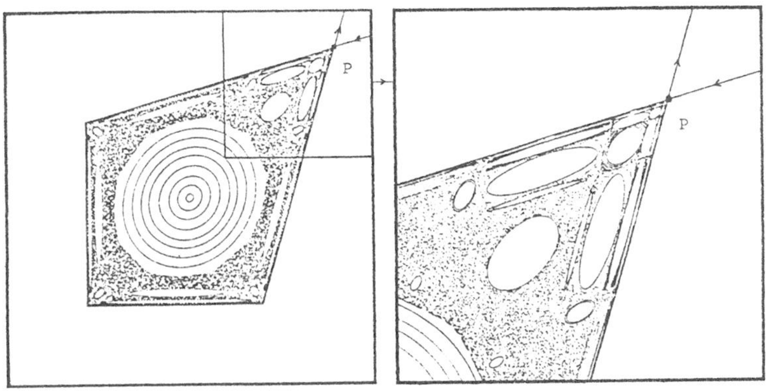

Fig. 17

Acknowledgements
This research was initiated by a very stimulating meeting on *Synergetics* in Elmau in 1981, which was organized by H. Haken, and by a hint concerning spurious solutions for (2.1) given by J. Moser on the occasion of a colloquium-lecture of the author in Zürich in 1981. All experiments were done by the author on a NORD 100 computer at the University Bremen. The experiments were made possible by a very elegant and most helpful interactive graphics-software developed by H. Jürgens, which is designed for experimental studies of diffeomorphisms of the plane. Finally, I acknowledge with pleasure the contributions of my colleague P.H. Richter, which he made in numerous discussions.

References

1. M.V. Berry, Regular and irregular motion, in: *Topics in Nonlinear Dynamics*, S. Jorna, ed., Am. Inst. Phys. Conf. Proc. (A.I.P., New York) 46, 16-120 (1978)

2. G.D. Birkhoff, On the periodic motions of dynamical systems, Acta Math. 50, 359-379 (1927)

3. G.D. Birkhoff, A new criterion of stability, Atti Congr. Intern. d. Matem. Bologna 5, 5-13 (1928)

4. P. Collet, J.P. Eckmann and O.E. Lanford III, Universal properties of maps of an interval, Comm. Math. Phys. 76, 211-254 (1980)

5. P. Collet and J.P. Eckmann, *Iterated Maps on the Interval as Dynamical Systems*, Progress in Physics, Vol. 1, Birkhäuser-Verlag, Basel and Boston (1980)

6. M.J. Feigenbaum, The universal metric properties of nonlinear transformations, J. Stat. Phys. 21, 669-706 (1979)

7. J.M.Greene, A method for determining a stochastic transition, J. Math. Phys. 20, 1183-1201 (1979)

8. J.M. Greene, R.S. Mac Kay, F. Vivaldi and M.J. Feigenbaum, Universal behaviour in families of area-preserving maps, Physica 3D, 468-486 (1981)

9. S. Grossmann and S. Thomae, Invariant distributions and stationary correlation functions, Z. Naturforsch. 32, 1353-1363 (1977)

10. I. Gumovski and C. Mira, *Recurrences and Discrete Dynamic Systems*, Springer Lecture Notes in Math., Springer-Verlag, Berlin, Heidelberg, New York, vol. 809 (1980)

11. R.H.G. Helleman, Self-generated chaotic behaviour in nonlinear mechanics, in: *Fundamental Problems in Statistical Mechanics V*, E.G.D. Cohen, ed., North-Holland Publishing Company, pp. 165-233 (1980)

12. K.R. Meyer, Generic bifurcation of periodic points, Trans. Amer. Math. Soc. 149, 95-107 (1970)

13. J. Moser, *Stable and Random Motions in Dynamical Systems*, Ann. of Math. Studies 77, Princeton Univ. Press, (1973)

14. S.E. Newhouse, Lectures on dynamical systems, in: *Dynamical Systems, C.I.M.E. Lectures*, Bressanone, Italy, June 1978, Progress in Mathematics, vol. 8, Birkhäuser-Verlag, Basel and Boston, pp. 1-114, (1980)

15. R. Nussbaum and H.O. Peitgen, Special and spurious periodic solutions of $\dot{x}(t) = -\alpha f(x(t-1))$, (to appear)

16. H.O. Peitgen and P.H. Richter, The asymptotic fate of periodic points of area-preserving diffeomorphisms, (to appear)

17. H.O. Peitgen and K. Schmitt, Positive and spurious solutions of nonlinear eigenvalue problems, in: *Numerical Solution of Nonlinear Equations*, Springer Lecture Notes in Math., Springer-Verlag, Berlin, Heidelberg, New York, vol. 878, pp. 275-324 (1981)

18. H.O. Peitgen, D. Saupe and K. Schmitt, Nonlinear elliptic boundary value problems versus their finite difference approximations: numerically irrelevant solutions, J. reine angew. Math. 322, 74-117 (1981)

19. S. Smale, Differentiable dynamical systems, Bull. Amer. Math. Soc. 73, 747-817 (1967)

20. M. Yamaguti and S. Ushiki, Chaos in numerical analysis of ordinary differential equations, Physica 3D, 618-626 (1981)

21. R. de Vogelaere, On the structure of symmetric periodic solutions of conservative systems, with applications, in: *Contributions to the Theory of Nonlinear Oscillations*, vol. 4, S. Lefschetz, ed., Princeton Univ. Press (1968)

Noise Scaling of Symbolic Dynamics Entropies

James P. Crutchfield and Norman H. Packard

Physics Board of Studies, University of California
Santa Cruz, California 95064, USA

1. Introduction

An increasing body of experimental evidence supports the belief that random behavior observed in a wide variety of physical systems is due to underlying deterministic dynamics on a low-dimensional chaotic attractor. The behavior exhibited by a chaotic attractor is predictable on short time scales and unpredictable (random) on long time scales. The unpredictability, and so the attractor's degree of chaos, is effectively measured by the entropy. Symbolic dynamics is the application of information theory to dynamical systems. It provides experimentally applicable techniques to compute the entropy, and also makes precise the difficulty of constructing predictive models of chaotic behavior. Furthermore, symbolic dynamics offers methods to distinguish the features of different kinds of randomness that may be simultaneously present in any data set: chaotic dynamics, noise in the measurement process, and fluctuations in the environment.

In this paper, we first review the development of symbolic dynamics given in [1]. In the later sections, we report new results on a scaling theory of symbolic dynamics in the presence of fluctuations. We conclude with a brief discussion of the experimental application of these ideas.

2. Dynamics of Measurement

When observing some physical system with a measuring instrument, every time we make a measurement we find that our measured quantity takes one of a finite number of possible values. We will label each of these possible measured values with a symbol $s \in \{1, \ldots q\} \triangleq S$. All possible sequences of measurements (equally spaced in time, we shall imagine) can then be represented by symbols on a lattice, $S^Z = \Sigma$, where Z is the integers. If we imagine a sequence of measurements beginning at some time and continuing indefinitely into the future, Z would be replaced by the non-negative integers. A state of this system corresponds to a particular sequence, or configuration of symbols on the lattice, $\underline{s} = (s_0, s_1, \ldots)$. Σ may be considered as the state space of this symbolic dynamical system, with the temporal evolution of the state given by a shift σ of all the symbols: $(\sigma \underline{s})_i = s_{i+1}$. Σ has various names in various fields; in the theory of communication, for instance, it is called signal space: the space of all possible messages.

The properties of the sequences of symbols obtained from a series of observations will inevitably mirror properties of the system being observed. If the system is executing some sort of periodic motion, for example, the symbol sequences will also be periodic. We will, however, be interested in more complicated behavior, namely random, chaotic behavior. Information theory, invented by SHANNON [2] in the field of communication theory, provides a framework to make precise and to quantify the notion of randomness. KOLMOGOROV [3] first used SHANNON's ideas in the field of dynamical systems, and SHAW [4] began the application of information theory to randomness observed in physical systems, identifying the measurement process with SHANNON's communication through a channel.

Our development of symbolic dynamics is designed to serve two purposes: (i) to augment the existing data analysis techniques to detect and characterize low-dimensional deterministic randomness from experimental data [5] and (ii) to explore the relationship between "typical" chaotic attractors that are seen in the simulation of various low-dimensional models, and the systems that have a fairly complete rigorous characterization (e.g. Axiom-A dynamical systems). In the following we will review the concepts introduced by SHANNON to describe random behavior, with special attention to the distinction between randomness produced by deterministic processes and that produced by nondeterministic processes.

Before discussing the quantification of randomness, we will point out a few more or less technical features and assumptions regarding the symbolic dynamics lattice. The lattice has an intuitive notion of distance between different sequences: two sequences are "close" if they match for a long time. We can measure the distance between two sequences by

$$d(\bar{s},\bar{s}') = \sum_{i=0}^{\infty} \frac{|s_i - s_i'|}{2^i} . \qquad (1)$$

This distance function also generates a topology for the lattice, and we will sometimes call the open sets (the set of all sequences that match for n symbols)

$$s^n = (s_0^n, \ldots, s_{n-1}^n) = \{\bar{s} \mid s_0 = s_0^n, \ldots, s_{n-1} = s_{n-1}^n\}$$

n-cylinders.

Another attribute the lattice must have is some notion of the likelihood of observing different sequences. Mathematically this means we must have a measure u on Σ. We will assume this measure to be invariant (under the shift) and ergodic over the set of all observed sequences. We will also assume an "ergodic hypothesis", i.e. that time averages of any bounded measurable function on Σ are equal to "ensemble averages" using the measure u. In particular, if we consider the characteristic function on a given n-cylinder s^n, ergodicity implies that the frequency with which s^n occurs after a long time of observation is given by $u(s^n)$. This enables the computation of averages over symbol sequences by using frequency histograms to approximate u.

In making the observations that form a symbol sequence, it may turn out that interdependencies of the measurements exclude certain sequences from being observed. In this case the set of observed sequences Σ_0 is a subset of the set of all possible sequences Σ, and (Σ_0,σ) is sometimes called a subshift. The first measure of randomness is obtained from counting the number of sequences of length n observed, then measuring the asymptotic growth rate of this number. Defining N(n) as the number of observed sequences of length n, we have

$$h = \lim_{n\to\infty} \frac{\log(N(n))}{n} . \qquad (2)$$

If the growth rate is exponential, then $h > 0$ and the system is random. SHANNON called h the channel capacity; h is also the topological entropy [6] of (Σ,σ) considered as a dynamical system with the topology mentioned above. Note that if all sequences occur for all n, the topological entropy is log(q).

The second, more refined notion of randomness takes into account not only whether or not a given sequence occurs, but also how likely its occurrence is. SHANNON gives us a convincing argument that a good measure of the randomness of an event qualitatively corresponds to the "surprise" of an observer observing the event, and is given quantitatively by something he called entropy:

entropy (event) = -log probability(event) .

SHANNON then defines the average randomness to be the average entropy per event, where the average is taken over all observed events.

$$H(\text{events}) = - \sum_{\text{events}} P(\text{event}) \log P(\text{event}) .$$

For the case of symbolic dynamics, an event corresponds to a particular sequence of n measurements yielding one out of the N(n) possibilities, so the n symbol entropy H(n) may be written as

$$H(n) = - \sum_{\{s^n\}} u(s^n) \log u(s^n) . \tag{3}$$

The metric entropy of (Σ,σ,u) is then defined as the asymptotic value of the n symbol entropy per unit symbol:

$$h_u = \lim_{n\to\infty} \frac{H(n)}{n} . \tag{4}$$

Comparing this with (2), we see that the metric entropy is also a measure of the growth rate of observed sequences, weighting each sequence with its relative probability.

An interesting aspect of the topological entropy h and the metric entropy h_u is that they not only specify the chaotic properties of the lattice of observations Σ_o, but they also specify two different notions of the dimension of the space Σ_o. Heuristically, the fractal dimension [7] of a space is the growth rate of the number of open sets needed to cover the space as the diameter of the cover is decreased. The open sets of Σ_o are n-cylinders, so the fractal dimension D_f of Σ_o is exactly the topological entropy h of (Σ_o,σ). Another dimensional quantity that describes Σ_o not only counts the growth rate of the number of sets required to cover Σ_o, but weights them with their relative probability. FARMER [8] coined the term information dimension for this dimension. As in the definition of metric entropy, weighting the count of the open sets with their relative probability is accomplished by replacing log(N(n)) in the expression for D_f with H(n). Thus, the information dimension D_I of Σ_o is given by $D_I = h_u$.

Another interesting interpretation of the metric entropy is as the growth rate of the average algorithmic complexity $A(s^n)$ of n-cylinders. By algorithmic complexity we mean the length of the shortest algorithm required to reproduce the n-cylinder. We may use algorithmic information theory to formalize the modeling an unpredictable, chaotic system. We consider an observer who makes a sequence of measurements $(s_0, s_1, \ldots)$ on a physical system with some instrument whose output is one of finitely many symbols.. In this context, we may define a predictive model as an finite algorithm A which would produce the string $s^n = (s_0, \ldots , s_n)$ for any n. As a simple example, we see that if the system is executing periodic motion, the symbol sequence of successive measurements will also be periodic, so that a simple program could predict which symbol would be observed at any time in the future. In this case, $A(s^n)/n \longrightarrow 0$, and a predictive algorithm exists. However, the algorithmic complexity $A(s^n)$ of a typical series s^n of n observations of a random, or a chaotic, dynamical system f grows like n. That is, $A(s^n)/n \longrightarrow A(f) > 0$. This is then a concise statement of the inability of the observer to construct a predictive model, since there is always some n for which $A(s^n)$ is larger than the size of any proposed predictive model A. This line of thought is developed more fully in [1]; also see [9].

3. Computation of the Entropies

We will now present a few useful features of the topological entropy h and the metric entropy h_u [2]. We will use binary logarithms throughout the following. It is easy to see that $H(n) \leqq \log(N(n))$, with equality if all the s^n are equally probable. This implies the inequality $h_u \leqq h$. The asymptotic slope H(n)/n is approximated even better by

$$h_u = \lim_{n\to\infty} h_u(n) \ , \text{ where } \ h_u(n) = H(n) - H(n-1) \ . \qquad (5)$$

Eq. (5) can be used to compute the metric entropy, given the $u(s^n)$, which can be accumulated with frequency histograms. To be more specific, given I observations of n-cylinders $\{s^n\}$, any given n-cylinder might be observed k times, so $u(s^n)$ can be estimated by k/I.

Having defined the topological and metric entropy of the symbolic dynamics lattice system obtained from a set of observations of some physical system, we will say that the physical system is chaotic with respect to the measuring instrument being used if and only if these entropies are greater than zero. Of course computation of the $h_u(n)$ entails approximating u with frequency histograms for $u(s^n)$, and so there will be severe data base requirements for large n, making it difficult to detect long periodicities. Typically it is feasible to take $15 < n < 25$ for binary symbols.

Up to this point, we have considered the measurement process in a "black box" fashion. We will now consider the case of obtaining measurements from the observation of a deterministic dynamical system. We will consider time to be discrete, and the dynamical system to be a map f from a space of states M into itself, $f: M \to M$. We assume f has some ergodic invariant measure $\tilde{u}$ (the ~ is to distinguish it from the measure u on the symbolic dynamic lattice Σ). If f has an attractor, we will restrict our attention to the attractor, and assume that almost all (with respect to Lebesgue measure m) initial conditions approach the attractor and have trajectories that are asymptotically described by the measure $\tilde{u}$ on the attractor.

A dynamical system $f: M \to M$ can have many symbolic representations, each obtained by using a measurement partition, $P = \{P_1, \ldots, P_q\}$, to divide the state space M into a finite number of sets each of which will be labeled with a symbol $s \in \{1, \ldots, q\} = S$. The time evolution of the dynamical system $f: M \to M$ is then translated into a sequence of symbols labeling the partition elements visited by an orbit $s = \{s_0, s_1, s_2, \ldots\}$ and f itself is replaced by the shift operator σ. In the space of all possible symbol sequences Σ the observed or admissable sequences are those which satisfy $f^i(x_0) \in P_{s_i}$. The set of admissable sequences Σ_f is an invariant set in Σ, just as are the points on the original system's attractor. (Σ_f, σ) is the symbolic dynamical system induced by f using the measurement partition P.

In a sense, the symbol sequences of Σ_f are a coding for the orbits of $f: M \to M$. An n-cylinder corresponds to a set of orbits that are "close" to one another in the sense that their initial conditions and first n-1 iterates fall in the same respective partition elements. Since these orbits must follow each other for at least n-1 iterations, they must all have initial conditions that are close, belonging to some set $U \subset M$. To a different n-cylinder will correspond a different set of orbits whose initial conditions are contained in some other set $U' \subset M$. Continuing with the set of all n-cylinders, M will become partitioned into as many subsets as there are n-cylinders. As n is increased, this n-cylinder partition will become increasingly refined. The refinement caused by taking an increasing number of symbols is illustrated in Fig. 1, where M is the unit interval [0,1], and f is the quadratic logistic equation, $x_{n+1} = f(x_n) = rx_n(1-x_n)$, with $r = 3.7$, and where we have used the measurement partition formed by cutting the interval in half at the maximum, or critical point of f. We see from the Fig. 1 that the dividing points for the n-cylinder partition are simply the collection

$$\{d, f^{-1}(d), f^{-2}(d), \ldots, f^{-(n-1)}(d) \ldots\} \ ,$$

whenever the specified inverse images exist. Whenever the map is not everywhere two onto one, some of the inverse images will not exist, corresponding to the fact that some n-cylinders are non-admissable. These "gaps" cause Σ_f to have a Cantor set structure that may be visualized (as in Fig. 2) by mapping symbol sequences into [0,1] using (1).

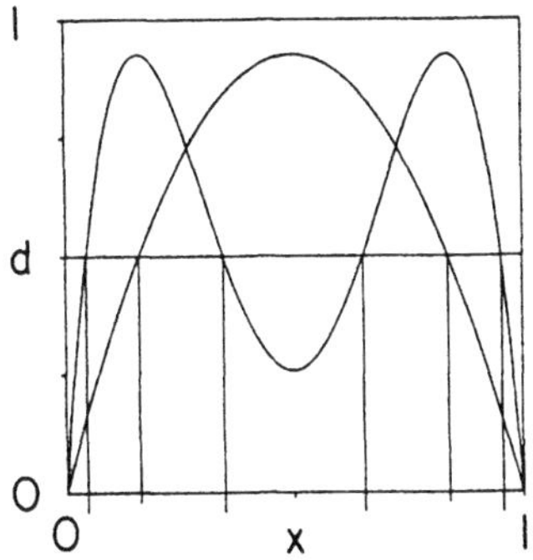

Fig. 1. Construction of the partition by taking n symbols (i.e. specifying an n-cylinder) with the measurement partition P = {[0,.5],(.5,0]}. The 1-cylinder, 2-cylinder, and 3-cylinder, partitions are shown with successively longer tic marks below the x-axis. For example, the 3-cylinder s^3 = (0,1,0) corresponds to the fourth subinterval from the left

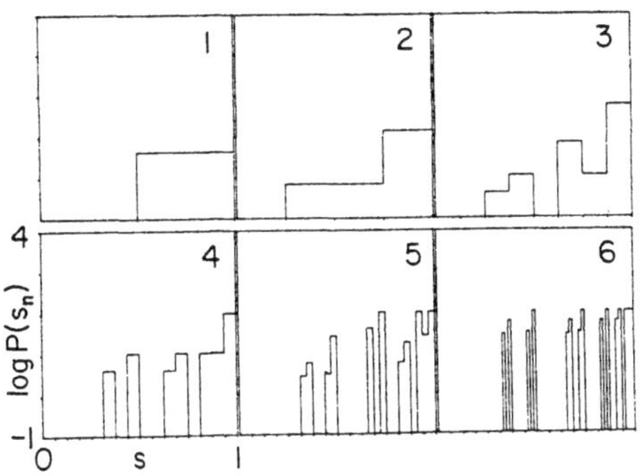

Fig. 2. The Cantor set structure of the subshift σ_f, where f is the quadratic logistic equation with r = 3.7, is shown in this sequence of probability distributions for n-cylinders, n = 1,...,6. Each n-cylinder has been mapped onto the unit interval by using its binary fraction

If the n-cylinder partition becomes arbitrarily fine as $n \longrightarrow \infty$, there is essentially a unique correspondence between symbol sequences and orbits. A measurement partition that has this property is called a generating partition. The correspondence is given by the map π:

$$\pi(s_{-1}, s_0, s_1, \ldots) = \sum_{i=0}^{\infty} f^{-i}(P_{s_i}) \ .$$

Generating partitions are particularly useful in the computation of entropy, as we shall see later. There is no general way to find generating partitions for arbitrary dynamical systems, and this will present a problem for applying symbolic dynamics to experimental data. We will, however, present numerical evidence that it is easy to find generating partitions for simple chaotic dynamical systems (e.g. piecewise monotone, one-dimensional maps).

Assuming that the measurement partition is generating, the correspondence between points on the attractor, orbits on the attractor, and symbol sequences allows us to study the simpler, albeit abstract, symbolic dynamical system in order to answer various questions about the original dynamical system. Within this construction, every point on the attractor (and each orbit that starts from each point) will have at least one symbol sequence representation. There are a few ambiguities in the labeling of orbits by symbol sequences that prevent π from being invertible, but they will not affect our numerical calculations. One example of such ambiguity is the existence of symbol sequences that label the same point on an attractor, but are nowhere equal: .10000... = .01111....

We will now embark on the task of characterizing the chaotic behavior in a deterministic dynamical system using topological and metric entropies, in that order. We will give only heuristic descriptions of these quantities, motivating their computation using the symbolic dynamic entropies described above. For complete definitions of the entropies for a deterministic system and the relationship of these definitions to the alogrithms used to compute them, see [1].

The topological entropy of a dynamical system measures the asymptotic growth rate of the number of resolvable orbits using a particular measurement partition. Since the symbol sequences simply label the resolvable orbits, the topological entropy of f with respect to a particular measurement partition is given by the topological entropy of (Σ_f,σ), using (2). The topological entropy of f is then defined as the supremum of $h(\Sigma_f,\sigma)$ over all possible measurement partitions.

The metric entropy also measures the asymptotic growth rate of the number of resolvable orbits (using a given measurement partition), but weighting each orbit with its probability of occurrence. The metric entropy with respect to the measurement partition that yields the set of observed sequences Σ_f is then given by $h_u(\Sigma_f,\sigma)$ in (4). The metric entropy of f is then defined as the supremum of $h_u(\Sigma_f,\sigma)$ over all measurement partitions, but if the measurement partition is generating, KOLMOGOROV has proven that $h_u(\Sigma_f,\sigma) = h_u(f)$.

Figure 3 shows a graph of entropy convergence for the logistic equation at several parameter values. The measurement partition used for these calculations was P = {[0,.5),[.5,1]} with symbols $\{s_i\}$ = {0,1}. The graph shows h(n) = log(N(n)) - log(N(n-1)) for the topological entropy and $h_u(n)$ = H(n) - H(n-1) for the metric entropy. Note the oscillation in h(n) for r = 3.7. This is due to the the existence of a periodic substructure in the symbol sequences: every other symbol is a "1" with high probability. In fact, at slightly lower parameter values where there are two bands, this oscillation does not die away.

If the measurement partition is changed, the set of symbol sequences change, and the entropy measured can also change. Fig. 4 shows how the entropy changes as the measurement partition is varied. The measurement partition is still a two element partition, P(d) = {[0,d),[d,1]}, and the value of d is varied across the attractor. The fact that two values of d (d =.5, the critical point, and d ≅ .839, an inverse image of the critical point) yield maximum values for the metric entropy is evidence that the resulting partitions are generating.

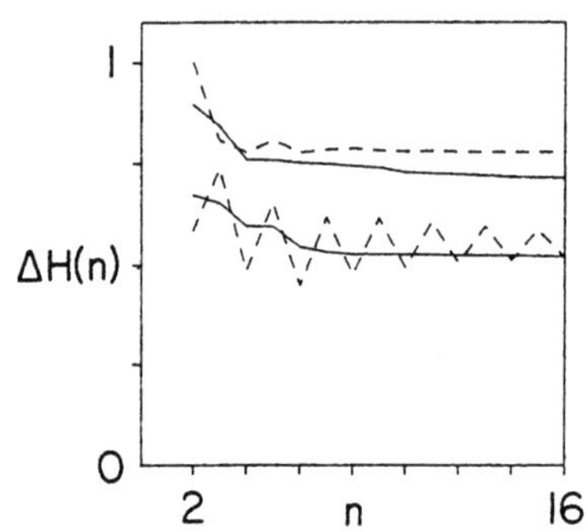

Fig. 3. Entropy convergence as a function of symbol length. Dashed lines are log N(n) - log N(n-1), solid lines are H(n) - H(n-1) for r = 3.9 (upper set) and r = 3.7 (lower set). $5x10^5$ iterations were used

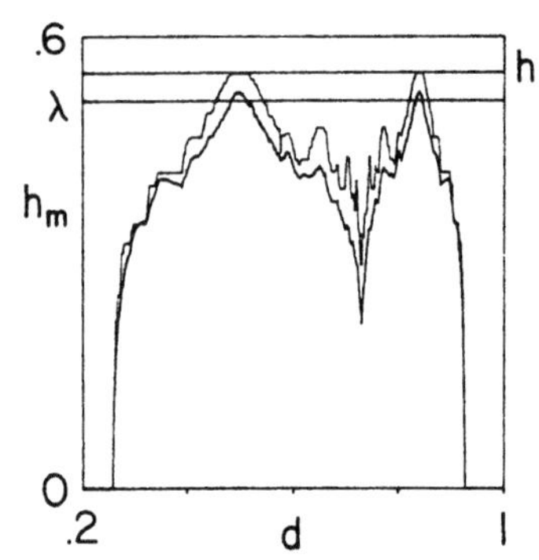

Fig. 4. Topological entropy (upper curve) and metric entropy (lower curve) of the shift induced by choosing different decision points d. The upper horizontal line is the topological entropy calculated to one part in 10^6 with the kneading determinant; see [10] for details. The lower horizontal line is the Lyapunov characteristic exponent calculated to within .1%. The parameter r is 3.7

We pause now to introduce Lyapunov characteristic exponents as another measure of chaos, and to discuss their relationship to the entropies described above. The Lyapunov characteristic exponents measure the average asymptotic divergence rate of nearby trajectories in different directions of a system's state space [11]. For our one-dimensional examples, $f: I \longrightarrow I$, there is only one characteristic exponent λ. It can be easily calculated since the divergence of nearby trajectories is simply proportional to the derivative of f [4]:

$$\lambda = \lim_{N\to\infty} \frac{1}{N} \sum_{n=1}^{N} \log|f'(x_n)| = \int_0^1 \log|f'(x)|\, d\tilde{u} .$$

The second expression assumes that an absolutely continuous invariant measure $\tilde{u}$ exists. This type of measure can be interpreted as a model for observable (asymptotic) behavior.

Our numerical experiments [1] indicate that the metric entropy is equal to the Lyapunov exponent for all chaotic parameter values of the logistic equation, thus indicating the existence of an absolutely continuous invariant measure. SHIMADA [12] obtained good agreement between the characteristic exponent and the metric entropy for the Lorenz attractor and its induced symbolic dynamics using only 9-cylinders. CURRY [13] has computed a metric entropy slightly lower than the positive characteristic exponent for Hénon's two-dimensional diffeomorphism. These results are consistent with rigorous theory [14]. Though we find equality between the metric entropy and the Lyapunov characteristic exponent for one-dimensional maps, there are many interesting entropy convergence features that depend on the order of the map's maximum. Our numerical results indicate that any map that is strictly hyperbolic, i.e. one for which the absolute value of the first derivative is everywhere greater than one, displays rapid convergence of the metric entropy to the Lyapunov characteristic exponent. Maps that are not strictly hyperbolic have slower, and sometimes complex, entropy convergence properties (cf. [1]). We will now turn to a study of some of these convergence features; viz., those that are of importance to the experimental application of symbolic dynamics.

4. Symbolic Dynamics in the Presence of Fluctuations

In modeling a dynamical system immersed in a heat bath, i.e. one in contact with a fluctuations source, previous work [15] established that fluctuations act as a disordering field for chaotic dynamics. This perspective will guide the discussion here of the symbolic dynamics derived from the stochastic difference equation

$$x_{n+1} = f(x_n) + \xi_n ,$$

where ξ_n is a zero-mean random variable of standard deviation, or noise level, σ. We assume this random variable is delta-correlated, $\langle \xi_n \xi_m \rangle = \sigma \delta_{nm}$. One general feature of adding noise to deterministic dynamics is that the resultant behavior and derived average quantities (observables), such as the entropies, depend very little on the type of noise distribution (as long as it is ergodic), and only on its standard deviation. The practical import of this is that results from different types of noise can be compared as long as the respective noise levels are used.

The general effects of fluctuations on the logistic equation and the period-doubling bifurcation have been discussed elsewhere [15,16]. Near the accumulation of the period-doubling bifurcation sequence, the effects of external noise produce a power law increase in the Lyapunov characteristic exponent, and can be described by a scaling theory and renormalization group approach [15,17].

There are various formal problems with the definition, as well as the calculation, of the entropies and Lyapunov characteristic exponents in the presence of noise. Some of the problems associated with entropy are: (i) The entropy for deterministic systems is defined as a supremum over all partitions, but as measurement partition elements become smaller than the noise level, the entropy diverges to infinity, rendering problematic the definition of a "true" entropy that is independent of partition. (ii) Even using a coarse (e.g. binary) partition, a fixed point with added noise will have nonzero entropy if a partition divider is placed on the fixed point. (iii) There is no longer any correspondence between symbol sequences and orbits, but rather between ensembles of orbits and distributions of symbol sequences. We have, then, no result analagous to KOLMOGOROV's theorem for generating partitions to ensure that the entropy we compute is the "true" entropy.

These problems are significant, but they do not prevent us from using the symbolic dynamics entropy algorithms to compute a value of the entropy with respect to a particular measurement partition. That is, we will take the approach of using information theory to quantify the observed chaos, leaving the formal interpretation for elsewhere [18].

The effect of noise on symbolic dynamics entropies was first discussed in [1]. We will summarize some of those results here. Adding external noise increases the rate of convergence of the entropies. As an example of this, at the merging of two bands into one in the logistic map, the topological entropy $h(\sigma_f)$ oscillates indefinitely, when calculated as the two-point slope $H(n) - H(n-1)$. When noise is added, the oscillation is "damped" and the topological entropy readily converges, albeit to a larger value than found with no noise added. As the metric entropy converges from above, the observer gains information about correlations between the observed symbols. When noise is added, these correlations decay, and so the metric entropy converges more rapidly to a higher value.

In the following we will concentrate on the metric entropy as it is of physical interest, being the information production rate (per iteration or per symbol) of a chaotic system.

Figure 5 shows the metric entropy $h_u = h_u(2^n,\sigma)$ as a function of length of n-cylinder and noise level σ, for the logistic map. We will also discuss results for the piecewise-linear tent map: $x_{n+1} = ax_n$, if $x_n < .5$; and $x_{n+1} = a(1-x_n)$, if $x_n \geqslant .5$. The parameter values of interest are where two bands merge into one: r = 3.678... and a = $1/\sqrt{2}$, respectively. The topological entropy in each case can be analytically calculated [10] to be 1/2. We have also looked at several larger parameter values for these maps (for example, r = 3.7 and a = 1.43, respectively) that yield the same topological entropy ($h(f) \sim .52$). The latter condition assures that the maps have similar periodic orbit structure and so, in a sense, are comparable (or topologically conjugate, in mathematical parlance).

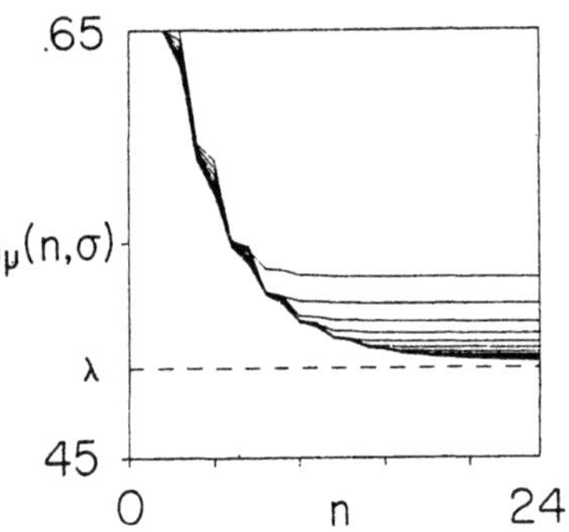

Fig. 5. Metric entropy convergence at different noise levels for the logistic map at band-merging (r = 3.678...). The noise levels are $\sigma = 0$ and $\sigma = 2^{-k}$, k = -18,...,-7. Each curve computed using $2\mathrm{x}10^7$ iterations. Uniformly distributed noise was used. Dashed curve is the Lyapunov exponent computed with 10^8 iterations and zero noise

With all other variables fixed (e.g. noise level), we call a graph of entropy versus number of symbols an entropy convergence curve. Fig. 5, then, shows a family of 13 such entropy convergence curves at increasing noise levels for the logistic map at the parameter where two bands merge into one. As the noise level is increased, the metric entropy increases, especially for large number of symbols ($n \sim 24$). The noise appears to cause the entropy to level off, or to effectively converge, at successively shorter sequences of symbols, albeit to a larger value than the zero noise entropy. The convergence also exhibits certain periodic features: the entropy decreases more rapidly in going from an odd number of symbols to an even number, than visa versa. This is due to the periodic substructure of Σ_f. In the sequences of 1's and 0's obtained for the map at band merging, every other symbol is a "1".

5. Scaling of the Metric Entropy

We now introduce notions of scaling and show how these allow one to summarize the features observed in Fig. 5, as well as making precise the notion of convergence in the presence of noise. Scaling theory describes the singularities or "critical" properties of some state function, or "order parameter". For our purposes this function is properly called a "disorder parameter", and one can take it to be either the topological or metric entropies. In the following, we will present only the results for the metric entropy h_u.

We will consider the metric entropy disorder parameter as a function of two scaling variables: (i) $N = 2^n$, the total possible number of n-cylinders; and, (ii) σ, the noise level. Thus for fixed N and σ, $h_u(N,\sigma)$ is a number that describes the observed information production rate for the system: the average amount of information one gains in observing the next symbol, knowing the previous $n = \log(N)$ symbols. In the language of information theory N is the volume of the signal space or the total possible number of messages of length n. The data shown in Fig. 5 is a plot of metric entropy versus $n = \log(N)$. It is important to keep in mind that we are considering N as the scaling parameter, not n.

In scaling theory [19], the critical exponent w of a function g(x) is defined

$$w = \lim_{x \to 0} \frac{\log(g(x))}{x}, \quad \text{or} \quad w = \lim_{x \to \infty} \frac{\log(g(x))}{x}, \tag{6}$$

where x is some normalized scaling variable. The form used depends on the type of "singular" behavior of g(x). We have introduced the latter form in (6), although it is not typically considered a critical exponent. These expressions appear often in dynamical systems theory when one defines measures of chaos, such as the topological or metric entropies, the fractal dimension, the Lyapunov characteristic exponent, or the information dimension; and, also, in information theory as, for example, the channel capacity or the dimension rate.

This type of expression extracts the dominant power law behavior that g(x) exhibits at its "singularity". The critical exponent quantifies that behavior. In other words, asymptotically (as $x \to 0$ or $x \to \infty$) the function behaves as

$$g(x) \cong x^w . \tag{7}$$

While (7) implies one of the forms in (6), the opposite is not true. And so, it is significant that the results described here typically satisfy (7) for all x and so one does not need to take the limits implied in (6). In the numerical work this saves a substantial amount of computation and, theoretically, the scaling results are more robust, in some sense, and easier to analyze.

This approach can be applied to see if there is scaling behavior in $h_u(N,\sigma)$. As a first step in this, we define a normalized metric entropy

$$\bar{h}_u(N,\sigma) = \frac{h_u(N,\sigma) - h_u(\infty,0)}{h_u(\infty,0)} .$$

This new quantity indicates the deviation of $h_u(N,\sigma)$ from the "true" entropy $h_u(\infty,0)$ at finite number of symbols N and noise level σ. One might call it the excess entropy.

The features in Fig. 5 can be summarized by two power laws and corresponding critical exponents. The first describes the zero-noise convergence critical behavior,

$$\bar{h}_u(N,0) \cong N^{-\gamma};$$

and the second describes the effect of noise,

$$\bar{h}_u(\infty,\sigma) \cong \sigma^{\beta}.$$

Table I summarizes the results for the critical exponents in four simple cases. The convergence critical exponent for the tent map at band-merging can also be analytically calculated to be exactly 1/2 [18]. The numerically obtained value in Table I is in excellent agreement with this. Details for other dynamical systems are reported in [18].

Table I Critical exponents for noise scaling of the metric entropy

map	parameter	γ	β	ω
Logistic	band-merge	.38 ± .01 (.59)	.52 ± .01 (.95)	1.37
	r = 3.7	.40 ± .05 (.51)	.53 ± .05 (1.33)	1.3
Tent	band-merge	.50 ± .01 (.82)	1.01 ± .01 (16.7)	2.00
	a = 1.43	.55 ± .1 (.76)	1.06 ± .08 (34.8)	1.7

Note: (1) coefficient of proportionality in parentheses
(2) errors are deviations from least squares fit to log-log plot of data

Figure 6 shows the log-log plot for the convergence critical exponent at zero noise of the logistic map at band merging. The periodic features of the convergence curves of Fig. 5 appear here as a pairwise grouping of points. The straight line is the least squares fit to the data points, and the good fit indicates that the convergence scaling hypothesis is correct. The slope of this line is the critical exponent γ. The same convergence plot for the tent map at band merging is virtually identical, also showing an extremely good least squares fit, but with different slope.

Figure 7 shows the scaling effect of increasing fluctuations, for the logistic map at band merging. Note that there is scaling over a wide range in noise levels. For the

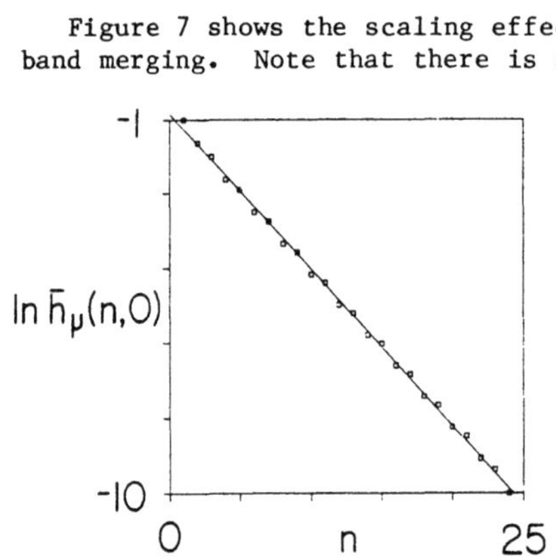

Fig. 6. Zero noise entropy convergence. Log-log display of data from Fig. 5

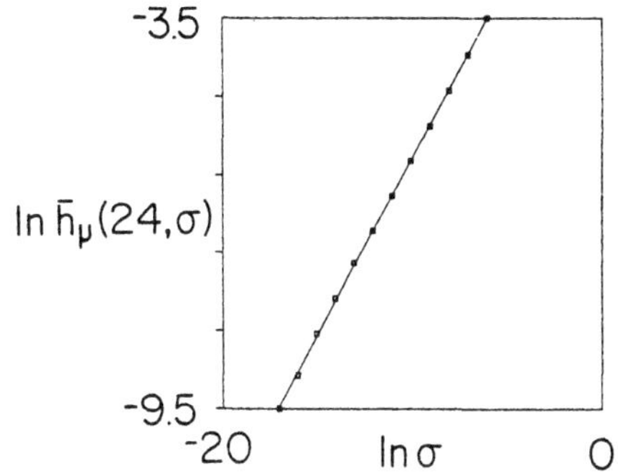

Fig. 7. Noise scaling of metric entropy. Log-log plot of data from Fig. 5 at n = 24

tent map at band merging the data again give a very good fit similar to that for the logistic map, but with a different critical exponent. It is illustrative to consider noise scaling for fixed n. Noise levels below some fixed $\sigma(n)$ do not affect the convergence of the entropy for less than n symbols. And so, there is some relationship between noise level and the number of symbols at which the entropy deviates from its zero noise convergence. We call this leveling off, as seen in Fig. 5, the convergence knee. This will be discussed shortly in greater detail as it will form the basis for the physical application of the scaling results and also because it points to a simple description of the effect of noise on the entropies.

The property of scaling is a geometrical one that says, in effect, the change in one of the scaling variables is equivalent to some corresponding change in another variable. In the present case, our "scaling hypothesis" says the metric entropy $\bar{h}_u(N,\sigma)$ is a two-dimensional surface with the property that a scale change by (say) a factor of s in the coordinates N and σ does not change the surface's shape except by a constant multiplicative factor. Mathematically, this is equivalent to the requirement that $\bar{h}_u(N,\sigma)$ is a generalized homogeneous function H(z), that takes the form

$$\bar{h}_u(N,\sigma) = \sigma^{-\beta} H(N\sigma^{-\beta/\gamma}) \; . \tag{8}$$

The homogeneity property of $\bar{h}_u(N,\sigma)$ is equivalent to its having the form of a function of $z = N\sigma^{-\beta/\gamma}$ times $\sigma^{-\beta}$. Homogeneity is the central property of scaling. Thus, if the noise effects (such as in Fig. 5) can be summarized by a single function of one variable H(z), then we have numerically verified that there is a scaling theory for the convergence of the symbolic dynamics metric entropy.

To see H(z), Eqn. (8) says to rescale each of the convergence curves in Fig. 5 by various factors of the noise level. This is shown in Figure 8 for the logistic map at band merging. The plot contains the approximately 300 data points from Fig. 5. Since Fig. 8 shows that all the data points lie on a well-defined curve, the scaling theory is verified for the metric entropy.

If we define $\log N_c(\sigma)$ as the number of symbols at which $\bar{h}_u$ has reached the knee of its convergence curve, then at twice the noise level (say) the entropy will level off at some lower number of symbols $\log N_c(2\sigma)$. This can also be summarized with another power law and a new critical exponent w:

$$N_c(\sigma) \cong \sigma^{-w} \; . \tag{9}$$

The knee also appears in Fig. 8 of the homogeneous function and we can use this to see that at the knee

$$\log(N_c\,\sigma^{-\beta/\gamma}) = \text{constant} \; .$$

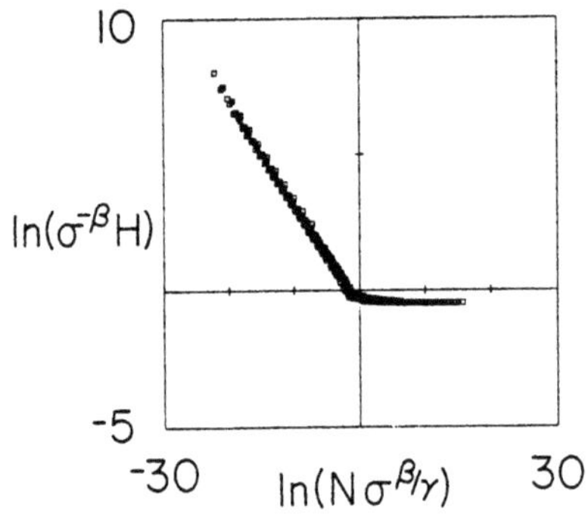

Fig. 8. Homogeneous function for noise and convergence scaling of the metric entropy. Log-log display of all data in Fig. 5

This can be rewritten as

$$N_c(\sigma) \cong \sigma^{-\beta/\gamma},$$

the power law in (9). This says then that there is a simple relationship between the critical exponents:

$$w = \beta/\gamma.$$

Table I lists the values of the knee critical exponent for our test cases.

6. Experimental Symbolic Dynamics

The use of symbolic dynamics for the study of low-dimensional chaotic behavior in an experimental context begins with the reconstruction of a one-dimensional return map from the data as outlined in [5]. For simple chaotic dynamics, once the return map is constructed, the symbolic dynamics entropy algorithms can be applied as we have discussed above. Such a calculation has been carried through by R. Shaw on data from a chaotic dripping faucet [20].

The convergence and noise scaling of the metric entropy have not yet been measured for a physical system. They should, however, be measurable with current levels of experimental accuracy.

References

1. J.P. Crutchfield and N.H. Packard, Int'l J. Theo. Phys. 21, 433 (1982)
2. C. Shannon and C. Weaver, The Mathematical Theory of Communication, University of Illinois Press, Urbana, Illinois, (1949)
3. A.N. Kolmogorov, Dokl. Akad. Nauk. 119, 754 (1959)
4. R. Shaw, Z. fur Naturforshung 36a, 80 (1981)
5. N.H. Packard, J.P. Crutchfield, J.D. Farmer, and R. Shaw, Phys. Rev. Let. 45, 712 (1980); and H. Froehling, J.P. Crutchfield, J.D. Farmer, N.H. Packard, R. Shaw, Physica 3D, 605 (1981)
6. R.L. Adler, A.G. Konheim, and M.H. McAndrew, Trans. Am. Math. Soc. 114, 309 (1965)
7. B. Mandelbrot, Fractals: Form, Chance, and Dimension, W.H. Freeman, San Francisco, California (1977)
8. J.D. Farmer, in these proceedings
9. V.M. Alekseyev and M.V. Yakobson, Physics Reports (1981); and R. Shaw, in Order in Chaos, edited by H. Haken, Springer-Verlag, Berlin (1981)
10. P. Collet, J.P. Crutchfield, and J.-P. Eckmann, "Computing the Topological Entropy of Maps", submitted to Physica 3D (1981)

11. G. Benettin, L. Galgani, and J.-M. Strelcyn, Phys. Rev. A 14, 2338 (1976); and I. Shimada and T. Nagashima, Prog. Theo. Phys. 61, 1605 (1979)
12. I. Shimada, Prog. Theo. Phys. 62, 61 (1979)
13. J. Curry, "On Computing the Entropy of the Henon Attractor", IHES preprint.
14. R. Bowen and D. Ruelle, Inv. Math. 29, 181 (1975); D. Ruelle, Boll. Soc. Brasil. Math. 9, 331 (1978); and F. Ledrappier, Ergod. Th. & Dynam. Sys. 1, 77 (1981)
15. J.P. Crutchfield and B.A. Huberman, Phys. Lett. 77A, 407 (1980); and J.P. Crutchfield, J.D. Farmer, and B.A. Huberman, to appear Physics Reports (1982)
16. H. Haken and G. Mayer-Kress, J. Stat. Phys. 26, 149 (1981)
17. J.P. Crutchfield, M. Nauenberg, and J. Rudnick, Phys. Rev. Let. 46, 933 (1981); and B. Schraiman, G. Wayne, and P.C. Martin, Phys. Rev. Let. 46, 935 (1981)
18. N.H. Packard and J.P. Crutchfield, in the Proceedings of the Los Alamos Conference on Nonlinear Dynamics, 24-28 May (1982); and to appear in Physica 3D (1982)
19. H.E. Stanley, Introduction to Phase Transitions and Critical Phenomena, Oxford University Press, New York (1971)
20. R. Shaw et al, in the Proceedings of the Los Alamos Conference on Nonlinear Dynamics, 24-28 May (1982); and to appear in Physica 3D (1982)

Dimension, Fractal Measures, and Chaotic Dynamics

J. Doyne Farmer

Center for Nonlinear Studies, Theoretical Division, MS B258
Los Alamos National Laboratory
Los Alamos, NM 87545, USA

Abstract

Dimension is an important concept to dynamics because it indicates the number of independent variables inherent in a motion. Assignment of a relevant dimension in chaotic dynamics is nontrivial since, not only do chaotic motions frequently lie on complicated "fractal" surfaces, but in addition, the natural probability measures associated with chaotic motion often possess an intricate microscopic structure that persists down to arbitrarily small length scales. I call such objects *fractal measures*;[1] and arguing by example, conjecture that the typical chaotic attractor has a fractal measure.

A probability distribution can be assigned an information theoretic dimension that is a generalization of the fractal dimension. Information dimension is more useful than fractal dimension for the description of chaotic dynamics because it has a direct physical interpretation and because it is easier to compute. For fractal measures the information dimension is strictly less than the fractal dimension.

This paper gives a nontechnical, physically motivated introduction to the concept of dimension applied to dynamics. Several examples are used to illustrate the basic ideas, followed by a discussion of potential applications.

Outline

I. INTRODUCTION, MOTIVATION

Dimension is important to dynamics because it provides a precise way to speak of the number of independent variables inherent in a motion. For a dissipative dynamical system trajectories that do not diverge to infinity approach an attractor. The dimension of an attractor may be much less than the dimension of the phase space that it sits in. In loose language, once transients are dead, the number of independent variables inherent to the motion is much less than the number of independent variables required to specify an arbitrary initial condition. Dimension provides a precise way to discuss this.

For example, if the attractor is a fixed point, there is no variation in the final phase space position; the dimension is zero. If the attractor is a limit

1. Following a suggestion of B. Mandelbrot, I have changed my terminology; in preprint editions of [5] I used the term "probabilistic fractals" to mean fractal measures.

cycle, the phase space position varies along a curve; the dimension is one. Similarly, for quasiperiodic motion with n incommensurate frequencies motion is restricted to an n dimensional torus. In these cases the dimension is unambiguous; any reasonable method of assigning dimension yields the same integer value. For chaotic attractors, however, there are typically several distinct methods of assigning dimension. The most relevant definition of dimension depends on the property that one wishes to describe.

For example, consider the Hénon [1] map:

$$x_{i+1} = 1 + y_i - ax_i^2$$
$$y_{i+1} = bx_i \quad . \tag{1}$$

Since x_o and y_o can be chosen independently, the phase space dimension of this map is two. When the map is iterated, though, the sequence of iterates appears to lie on what looks like a very tangled curve (see Fig. 1a). However, a sequence of blowups reveals the microscopic structure shown in Figs. 1b and 1c. This attractor is apparently "thicker" than a curve, but not thick enough to be two dimensional. Objects with this kind of structure on all scales are called *fractals* by MANDELBROT [2].

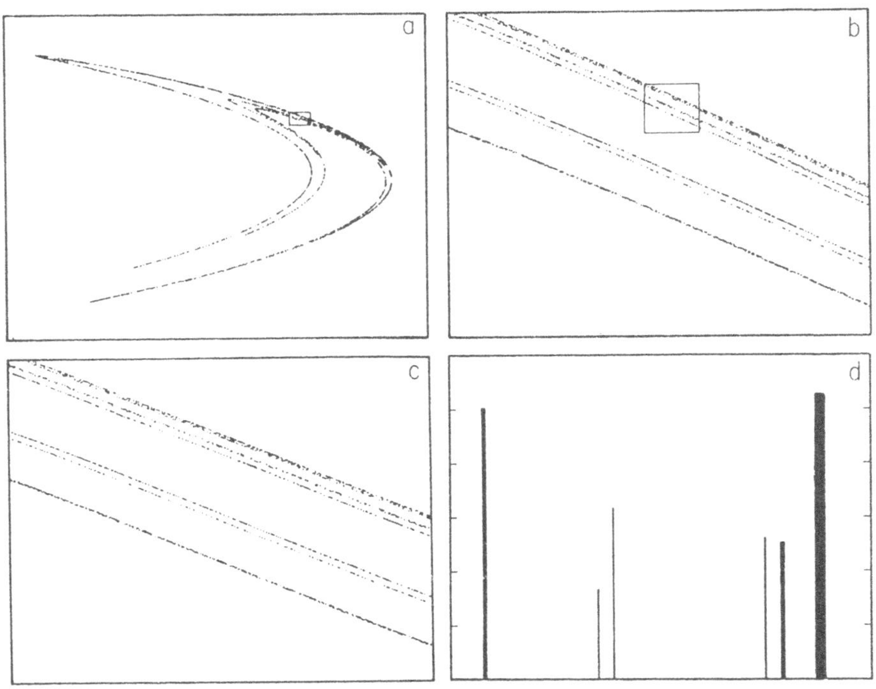

Fig. 1. The Hénon attractor. Starting with an arbitrarily chosen initial condition, a sequence of iterates is shown in (a). Figs. (b) and (c) show blowups of the regions inside the box of the previous figure. If Fig. (c) is resolved into 6 "leaves", then the relative probability of each leaf can be estimated by simply counting the number of points in each leaf. The result is shown in (d). The height of each bar is the probability, and the width is the thickness of the corresponding leaf. The fact that this microscopic structure is present in the probability distribution of the Hénon attractor is a good indication that it has a fractal measure

To assign a dimension to objects such as chaotic attractors is not trivial. I will distinguish three types of dimension:

Symbol	Dimension	Structure Needed for Definition	Invariance Class
D_T	Topological dimension	Set, (topology)	Homeomorphisms
D_F	Fractal dimension	Set, metric	Diffeomorphisms
D_I	Information dimension	Set, metric, measure	Diffeomorphisms

Note: $D_T \leq D_I \leq D_F$.

(Note that for the information dimension to remain invariant the measure must also be transformed).

This is not a complete list. There exist numerous other definitions of dimension, but it is my belief that for most if not all examples from dynamical systems other definitions are equivalent to one of these three. (See the discussion at the end of Section II, or see [3].)

For a chaotic dynamical system, most information about an initial condition is lost in a finite amount of time [4]. Thus we are left only with *statistical* information, that is information given by a probability measure. It is precisely the fact that the information dimension takes the probability measure into account that makes it important for chaotic dynamics. If the probability measures of chaotic attractors were typically smooth, this distinction between dimensions would not be important. As we shall see, however, the natural probability measures of chaotic attractors are often not smooth, but rather have structure on all scales, beyond that of any fractals they may sit on. I call objects of this type *fractal measures*. In presenting several examples of fractal measures, I hope to give you some insight into why their fractal dimension differs from their information dimension, to show you how fractal measures arise naturally from chaotic dynamics, and to convince you that the information dimension is a useful quantity.

In this paper whenever necessary technical precision will be sacrificed in favor of readability; more precise definitions, and in some cases more extensive discussions of some of these matters have already been given in [5]. For more rigor, see [8] or [12].

II. DEFINITIONS

Topological Dimension

The topological dimension is an integer that makes rigorous the number of "distinct directions" within a set. The definition of topological dimension is somewhat involved and I do not know of any general analytic or numerical methods to compute it. This makes it difficult to apply to studies in dynamical systems. The topological dimension of the Hénon attractor, for example, is probably one, reflecting its curve-like nature. But I know of no results stating this, so I will stop speculating and make no more mention of topological dimension. Please refer to HUREWICZ and WALLMAN [6] for more discussion of topological dimension.

Measurement and Information

The definition of the information dimension is motivated by the following question: How much information is contained in a measurement of an initial condition? (Assuming that all transients have died out so that the state is close to the attractor.) Because of its intimate connection to measurement, in order to motivate the definition of the information dimension properly we must begin with a description of the measurement process.

A measurement of a continuous variable is a summary of its value in terms of a finite number of digits. For convenience, assume that a measurement of any of the N variables of a dynamical system can yield one of ℓ possible numbers. (Imagine N rulers laid out along each of the N variables, each with $\ell + 1$ tick marks, spanning the attractor.) The region of the phase space containing the attractor is thereby divided into ℓ^N boxes each of dimension N. The collection of these boxes is called a *partition* (see Fig. 2). Each measurable state corresponds to a box.

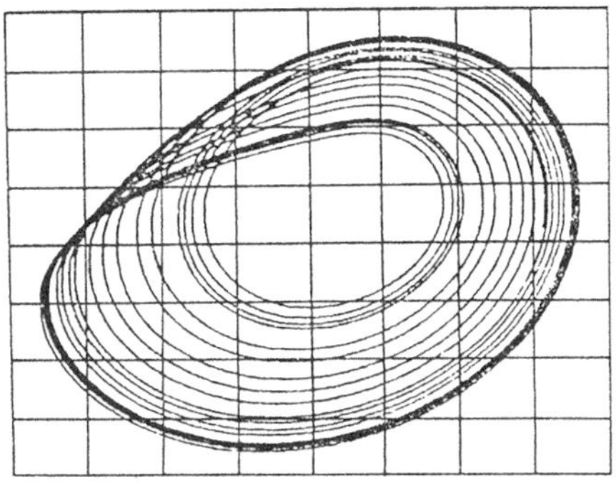

Fig. 2. An example of a two-dimensional partition of an attractor into boxes. For this partition $n = 51$, $\ell = 8$, and $r = \log_2 8 = 3$

ℓ is what experimentalists commonly refer to as the *signal to noise ratio*. Even though measurements are usually limited by instrumental noise, results are reported with the number of digits appropriate to the signal to noise ratio, inducing a partition appropriate to the experimental apparatus. The signal to noise ratio is frequently quoted in decibels or orders of magnitude; since the logarithm of ℓ occurs frequently, to simplify notation it is useful to let $r = \log \ell$. I will call r the *resolution* of the measuring instruments.

Information Dimension

Let $n(r)$ be the number of boxes with nonzero probability. Labeling these nonempty boxes by an index i, let $P_i(r)$ be the probability of occurrence of the ith box. (For a more precise discussion of what I mean by "probability of occurrence," see the Appendix.) The collection $\{P_i(r)\}$ will be referred to as a (coarse grained) probability distribution of resolution r. This can also be expressed in terms of measure; for a measure μ, the probability of a box C_i is $P_i = \mu(C_i)$. Assume there is a unique natural invariant measure. (Again, see the Appendix for discussion.) The information contained in a measurement made at resolution r is

$$I(r) = \sum_{i=1}^{n(r)} P_i(r) \log \frac{1}{P_i(r)} \quad . \tag{2}$$

Increasing r generates a sequence of successively more refined (less coarsely grained) probability distributions. The information dimension is the rate at which the information scales as the precision of measurements is increased,

$$D_I = \lim_{r\to\infty} \frac{I(r)}{r} \quad . \tag{3}$$

The information dimension was originally defined by BALATONI and RENYI [7] in 1956, but in a context unrelated to dynamics. Information dimension has also been applied to dynamics by ALEXANDER and YORKE [8] and by me [5,9].

If the information dimension of an attractor is known, the information I(r) contained in an initial measurement of resolution r can be estimated as

$$I(r) \cong D_I \, r \quad . \tag{4}$$

The information estimates the information contained in a "snapshot" of an attractor. One might also ask how much information is generated by a "movie" of the dynamical system. The metric (or Kolmogorov-Sinai) entropy measures this, and has a natural relationship to the information dimension [5].

Fractal Dimension

If the probability of all the boxes is equal, then I(r) = log n(r) and the information dimension reduces to the fractal dimension

$$D_F = \lim_{r\to\infty} \frac{\log n(r)}{r} \quad . \tag{5}$$

Note that since log n(r) $\geq$ I(r), $D_F \geq D_I$.

In this form the fractal dimension appears as a special case of the information dimension. Note, though, that to define information dimension it is necessary to have a set, a metric, and a probability measure; the fractal dimension can be defined without a measure, by simply counting nonempty boxes. (Note that the historical name for what I call fractal dimension is capacity; MANDELBROT [2] calls it similarity dimension, and refers to the Hausdorff dimension as the fractal dimension.)

Alternate Definitions

There are a variety of alternative ways to define dimensions that are probably equivalent to the information or fractal dimension for examples that come from dynamical systems. The rule of thumb is that definitions involving probability or measure are usually equivalent to the information dimension; definitions not involving probability are usually equivalent to the fractal dimension. Other probabilistic definitions of dimension have been considered by LEDRAPPIER [10], FREDRICKSON et al. [11], YOUNG [12], TAKENS [13], JANSSEN and TJON [14], and BILLINGSLEY [15], for example.

When the words "Hausdorff dimension" are used, you must be careful to ask, "of what?" The definition was originally given for set [16], but it can also be generalized to include measures [15]. Thus the Hausdorff dimension of a measure may be different than the Hausdorff dimension of its support; Hausdorff dimension of a measure should usually be equal to the information dimension. Also, fractal dimension (capacity) can be defined so that only partition elements whose measure exceeds a certain level are counted (see [10] or [11]). This depends on measure, and so again should usually be equal to the information dimension. Some results along these lines have been proved by YOUNG [12]. See also [3]. In this paper fractal dimension does not refer to a measure, but rather the support of the measure.

III. EXAMPLES OF FRACTAL MEASURES

A fractal measure is a set S with a probability measure and a metric defined on it such that:

(1) The set is *homogeneous*, i.e., any open ball contained in S with positive measure has the same information dimension D_I and the same fractal dimension D_F as S itself.

(2) D_F is strictly greater than D_I.

The key property of fractal measures is that coarse grained probability distributions show structure down to their finest scale, no matter how fine their resolution.

The following examples are intended to motivate the conjecture that the typical fractal with a measure on it is also a fractal measure. (A *fractal* is defined as something whose fractal dimension exceeds its topological dimension; see MANDELBROT [2].)

Case 0. Cantor's Set in Black and White

First, an example of the special case of fractals without fractal measures: Cantor's set. Cantor's set is formed by erasing the central third of the interval [0,1], and then successively erasing the central third of each remaining piece. The limit set has $D_F = \log 2/\log 3$, as can be seen from Fig. 3. Assuming that this construction began with Lebesgue measure on the line, the result of this deletion procedure can be thought of as creating a measure. This measure, however, is no more "fractal" than the Cantor set itself; using the sequence of (optimal) partitions depicted in Fig. 3, all partition elements that

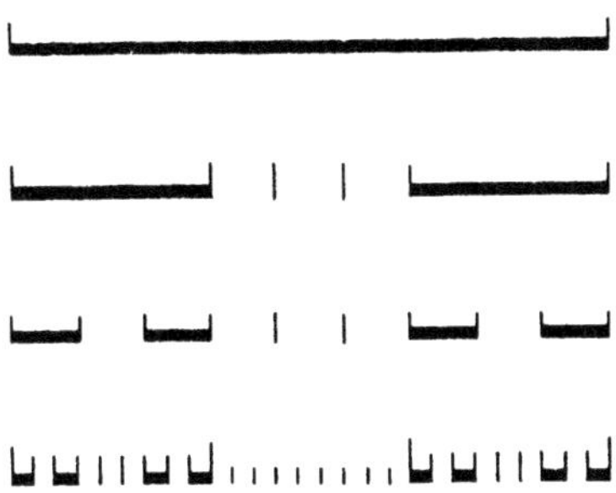

ℓ	n	D_F
3	2	$\frac{\log 2}{\log 3}$
9	4	$\frac{\log 4}{\log 9} = \frac{\log 2}{\log 3}$
27	8	$\frac{\log 8}{\log 27} = \frac{\log 2}{\log 3}$

Fig. 3. The classic Cantor set in black and white. The fractal dimension is log 2/log 3

are not empty have the same measure; the coarse grained probability distribution takes on constant values. Thus, this measure has no more structure than the fractal it sits on; the support of this measure is a fractal, but the measure is not.

As the following examples demonstrate, however, as soon as Cantor's set is made in shades of grey (by not erasing completely), or as soon as its symmetry is destroyed, extra structure appears in the measure, and the information dimension becomes different from the fractal dimension.

Case 1. Cantor's Set in Shades of Grey

Suppose that, rather than erasing the middle thirds completely in the construction of Cantor's set, the middle thirds are only partially erased. Alternatively, partially erase the outside thirds and leave the middle thirds intact. This is the case illustrated in Fig. 4. This can also be discussed in terms of probability; let the probability density be proportional to the shade of grey. Let the probability of the central third be p, and the combined probability of the two outer thirds be (1-p). At each stage of the construction, distribute the probability within each third with the same ratio. Coarse graining this at any finite degree of resolution, the resulting probability distribution has structure down to its finest scale, as can be seen in the logarithmic plot of Fig. 4e. Any finite subinterval contains finite measure, so the fractal dimension of this set is one, but the information dimension is less than one. For the case shown in Fig. 4, for example, the ratio of probabilities was chosen (in honor of Cantor) to make $D_I = \log 2/\log 3$. For the general case in which the middle third has probability p, the information dimension is [5]

$$D_I = \frac{p \log \frac{1}{p} + (1-p) \log \frac{2}{(1-p)}}{\log 3} \quad . \tag{6}$$

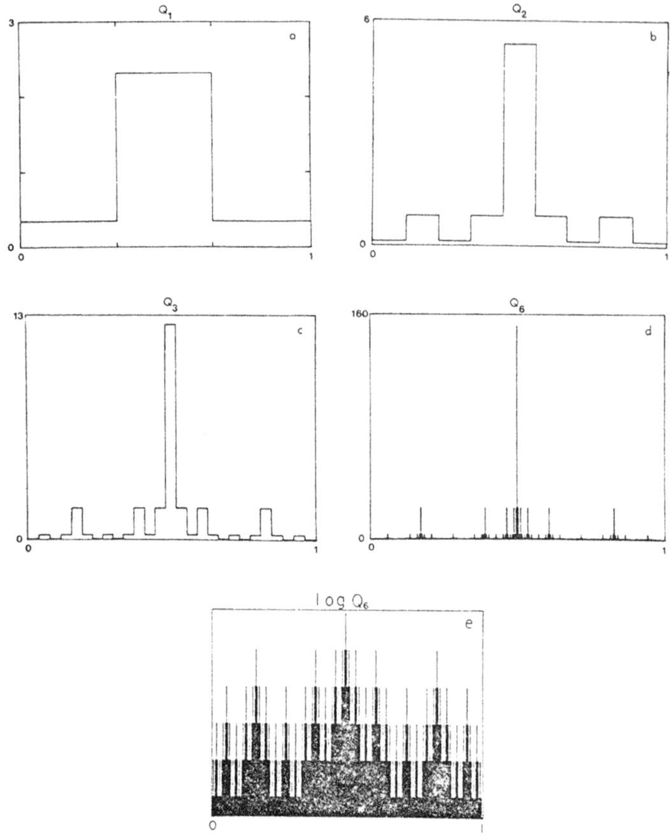

Fig. 4. Cantor's set in shades of grey. Rather than successively deleting the middle third of each piece, it is made more probable. A series of refinements shows the development of structure in the probability density. The fractal dimension is one, but the information dimension is log 2/log 3

Note that there are some similarities between this and an example discussed by BESICOVITCH [17] and BILLINGSLEY [15]. Also, MANDELBROT [18] refers to fractals made in shades of grey as "nonlacunar" fractals.

Case 2. An Asymmetric Cantor Set

Rather than deleting the central third of each piece as is done to make the classic Cantor set, delete the third fourth of each piece, as shown in Fig. 5a. The result is an asymmetric Cantor set, of fractal dimension log 3/log 4 $\cong$ 0.79. To compute the information dimension, construct a sequence of coarse grained probability distributions by partitioning the interval into successively finer pieces.

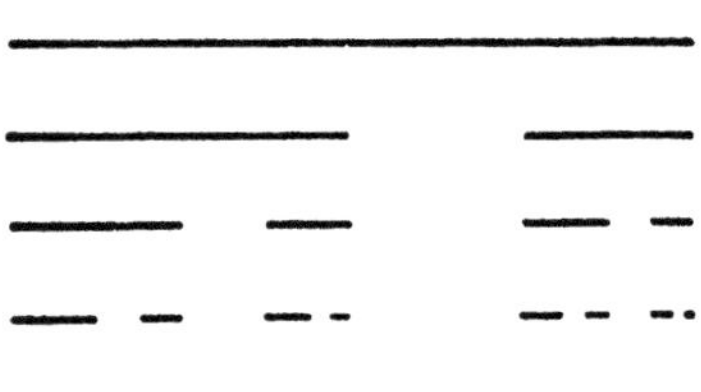

Fig. 5a. An Asymmetric Cantor Set. Begin with the interval [0,1], and successively delete the third fourth of each continuous piece

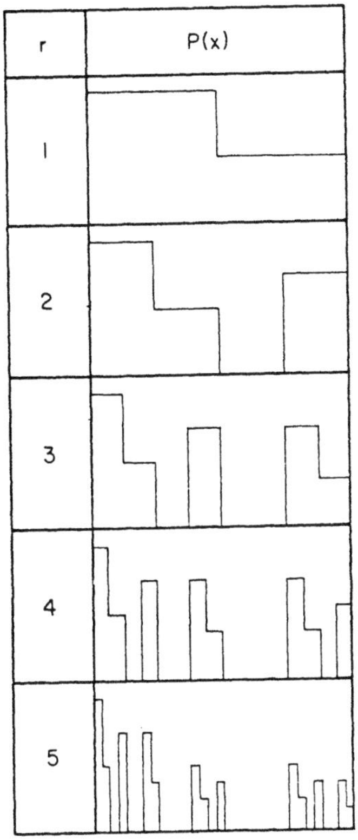

Fig. 5b. Partitioning this set into uniform partitions of 2^i elements, the resulting sequence of coarse grained probability distributions for i = 1 to 5 is shown in (b). $r = \log_2 \ell$. The asymmetry of the construction makes this a fractal measure

For example, suppose the interval is partitioned into two pieces. The measure contained on the left side is $\frac{1}{2}\cdot\frac{3}{4}\cdot\frac{3}{4}\ldots$, and the measure contained on the right is $\frac{1}{4}\cdot\frac{3}{4}\cdot\frac{3}{4}\ldots$. Thus the ratio of the probability of the left to that of the right is 2:1. Fig. 5b shows a sequence of probability distributions computed in this manner using uniform partitions of 2^i elements, with i = 1,2,...5. Note how the structure in these probability distributions becomes more pronounced as i increases. The information dimension of this asymmetric Cantor set is shown in [5] to be

$$D_I = \tfrac{3}{4}\, H(1/3) \cong 0.69$$

where

$$H(p) = p \log \frac{1}{p} + (1-p)\log \frac{1}{(1-p)} \quad . \tag{7}$$

H(p) is called the *binary entropy function*. (Logs are taken to Base 2 throughout.)

Notice that Case 1 and Case 2 are fractal measures for quite different reasons. In Case 1 structure on all scales was induced by iteratively creating a nonuniform measure, but leaving the set (the interval [0,1]) smooth. In Case 2 Lebesgue measure was used at each finite stage of iteration; coarse grained probability distributions acquire structure because the elements of the Cantor set are not distributed symmetrically, so that some elements of a partition contain more than others. These are just the two extreme cases; one expects both of these mechanisms to cause a "typical" fractal to also have a fractal measure.

IV. FRACTAL MEASURES FROM DYNAMICS

Now that we have seen some examples of fractal measures in the abstract, we are ready to see how they come from dynamics. Once again we will begin by examining the extreme cases where (1) structure is explicitly created in the invariant measure as the measure is built, and (2) at any finite approximation the measure *on the attractor* is uniform, but the attractor has asymmetry on all scales, creating a fractal measure.

Case 1. An Asymmetric Baker's Transformation

The following is a slight modification of an example given by J. YORKE [8] to show that D_F can be greater than D_I.

Consider the unit square, divided into two horizontal strips of height p and q, as shown in Fig. 6a. Flip the square about its vertical centerline. Squeeze each strip horizontally by a factor of 2, and stretch each strip vertically until it has length one. Then cut at the vertical midpoint and replace the pieces on the unit square as shown in Fig. 6a.

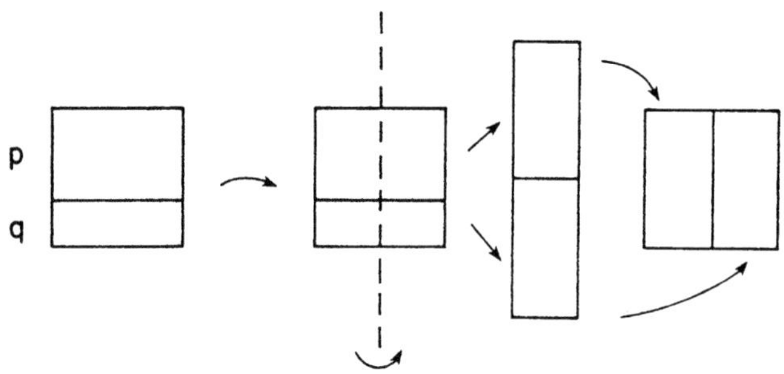

Fig. 6a. An Asymmetric Baker's Transformation. This transformation flips, squeezes and stretches, cuts, and replaces as described in the text

To construct an invariant probability measure for this map, begin with a uniform probability distribution (Lebesgue measure). (See the Appendix for a discussion and a list of technical qualifications for the following procedure.) When the map is iterated, the probability density of the narrower strip is diluted more than that of the thicker strip, so that after one iteration the normalized probabilities on each half are uneven, as shown in Fig. 6b. After iterating another time, there are four vertical strips. After iterating k times, the set of unnormalized probabilities P_i of 2^k vertical strips range over all possible products of length k of the factors p and q. That is,

$$\begin{array}{ll} \text{one strip has probability} & P_i = p^k \\ \text{k strips have probability} & P_i = p^{k-1}\, q \\ & \quad\vdots \\ \binom{k}{j} \text{ strips have probability} & P_i = p^{k-j}\, q^j \\ & \quad\vdots \\ \text{one strip has probability} & P_i = q^k \; . \end{array} \tag{8}$$

These probabilities are distributed binomially, just as k flips of a biased coin. The fractal dimension of the attractor of this map is two, since it fills the square, but the information dimension is

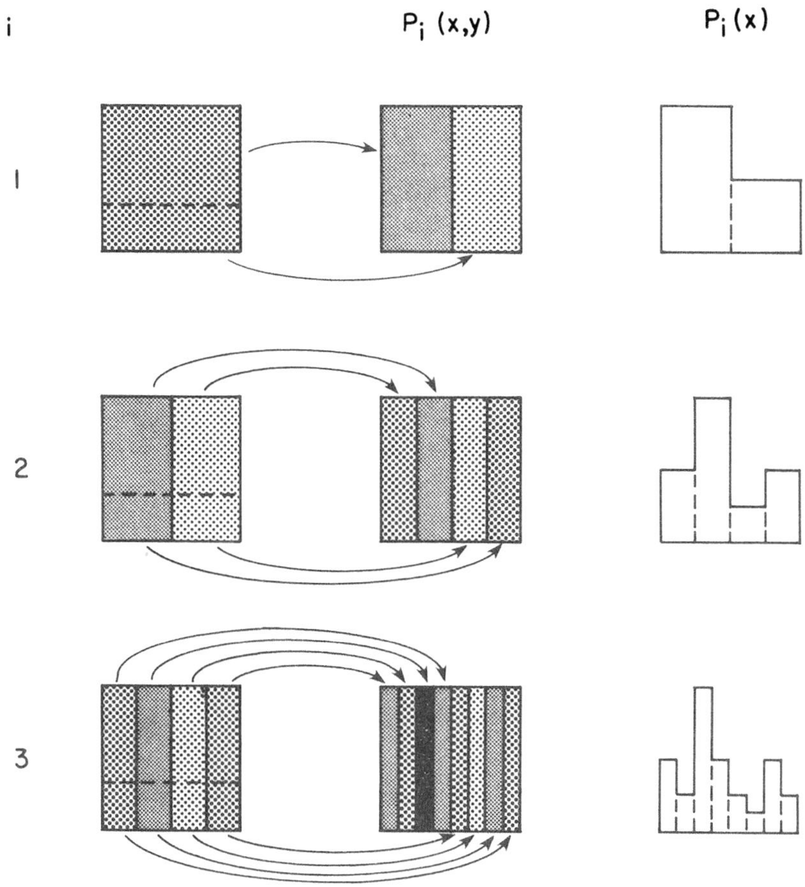

Fig. 6b. An Asymmetric Baker's Transformation. The transformation is applied several times to an initially uniform probability density. Shades of grey indicate the relative probability density. The density is also plotted on the left

$$D_I = 1 + H(p) \tag{9}$$

where H(p) is the binary entropy function, Eq. (7).

Case 2. A Uniformly Shrinking, Asymmetric Baker's Transformation

The following Baker's transformation uniformly shrinks areas, and makes an asymmetric Cantor set just like Case 2 of the previous section. Consider the unit square divided into horizontal strips, the top strip of width 2/3 and the bottom of width 1/3. Squeeze the top strip horizontally by a factor of 2, and expand it vertically by a factor of 1.5 (until it has length one), as shown in Fig. 7. Squeeze the bottom strip horizontally by a factor of 4, and expand it vertically by a factor of 3 (until it has length one). This map has a constant Jacobian determinant, i.e., it shrinks areas uniformly. Constructing a sequence of approximations to an invariant measure on the attractor by beginning with a uniform probability density and iterating, the probability density on the attractor remains uniform at any finite approximation. The limit of this process gives an attractor that is the Cartesian product of the asymmetric Cantor set of Fig. 5 and the interval [0,1]. The fractal dimension is therefore 1 + log 3/log 4, but the information dimension is $1 + \frac{3}{4} H(1/3)$. In this case the fractal measure is created entirely by the asymmetry of the spacing of the leaves of the Cantor set making up the attractor.

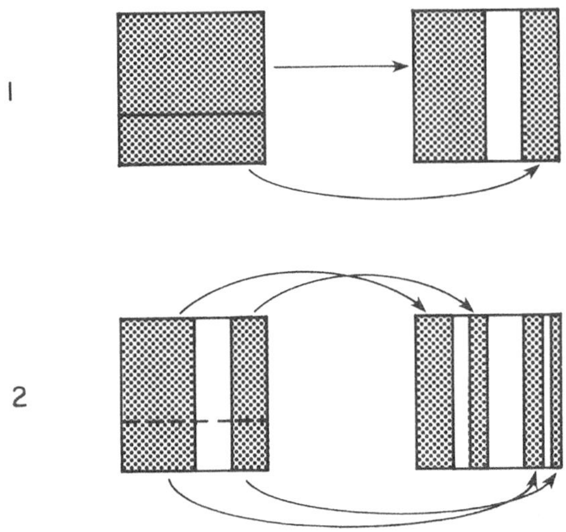

Fig. 7. A Uniformly Shrinking Baker's Transformation. A schematic illustration of the action of this map, as described in the text. The probability density on each piece of the attractor remains uniform. The attractor is the Cartesian product of the interval and the asymmetric Cantor set of Fig. 5, so it has a fractal measure

The Hénon Map
Since the Hénon map (1) is perhaps the oldest and most famous example of a mapping with a chaotic attractor, it is worth asking: Does it make a fractal measure? The Hénon map is invertible and has a constant Jacobian determinant. This implies that the measure of any area is preserved when that area is iterated. On the other hand, examine Fig. 8. A small interval is repeatedly iterated. After several iterations the shape of the image closely approximates the attractor. Notice that the spacing between the folds is not symmetric. This gives a hint that the "Cantor set" of the Hénon attractor is not symmetric.

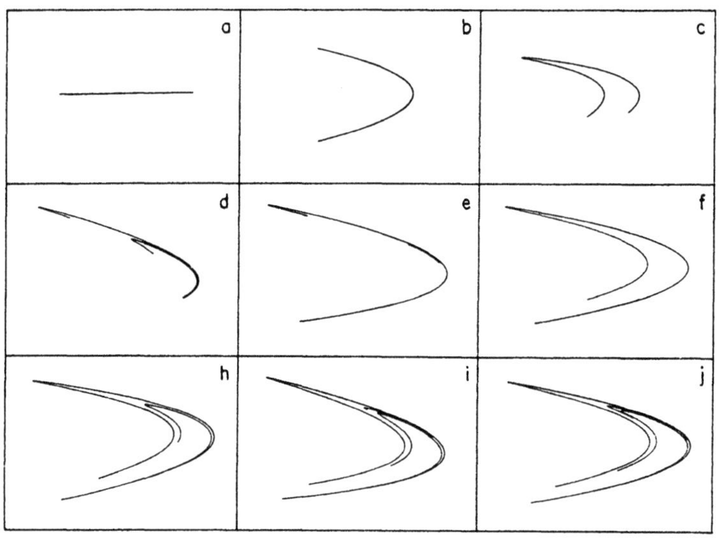

Fig. 8. A long thin rectangle is iterated by the Hénon map. The result approximates the Hénon attractor. Note that the folds are not symmetrically spaced, indicating that this may be a fractal measure

The suggestion that the Hénon attractor has a fractal measure is reinforced by a numerical examination of the microscopic structure. Notice that in the blowup of the Hénon attractor shown in Fig. 1c the points of the attractor appear to lie on the "leaves" of a Cantor set; the number of observable leaves depends on the quality of this reproduction and the keenness of your eyesight. Fig. 1c is somewhat arbitrarily divided into six leaves, and the relative probability of these leaves is estimated numerically by iterating to make a frequency histogram. The resulting distribution is as shown in Fig. 1d. Note that this piece has been blown up twice; the structure seen in the coarse grained probability distribution of Fig. 1d is definitely microscopic. This is by no means a conclusive demonstration that the Hénon attractor has a fractal measure, but it is a good indication that it may be. Future work is planned.

A Random Fractal

The sequence of blowups of the Hénon attractor shown in Fig. 1b and 1c appear roughly the same, indicating that at least in this region, the Hénon attractor is self-similar. If the blowups are not made around the unstable fixed point, however, the pictures are not the same; the attractor is apparently not self-similar [20]. Numerical experiments indicate that nonself-similar behavior is more typical. (See [9] for an example.) As the magnification of the microscope used to view the attractor is changed, each level of magnification yields apparently different pictures that never repeat themselves. This behavior suggests that typical chaotic attractors are more like random fractals than self-similar fractals; the fractal is not built in a systematic way, as the examples of Section III were, but rather are built up in a more irregular, apparently random way.

For example, consider the asymmetric Cantor set, Fig. 5, but rather than always deleting the third fouth, randomly delete either the second fourth or the third fourth at each level of resolution. This constructs a whole ensemble of Cantor sets, one example of which is drawn in Fig. 9. (Another was already shown in Fig. 5.)

Fig. 9. A random fractal. Beginning with the interval (0,1), either the second fourth or the third fourth is randomly deleted. This is successively repeated for each continuous piece, with a new random decision for each deletion. Any member of this ensemble of random fractals has a fractal measure whose dimensions are the same as the example in Fig. 5

It is possible to show that all the members of this ensemble have the same information dimension and fractal dimension as the particular member of this ensemble shown in Fig. 5 (see the appendix of [5]). All of these random Cantor sets have fractal measures.

One might worry that the dimension of a fractal may depend on the particular region of the fractal subjected to microscopic examination, i.e., that the fractal may not be homogeneous. This is certainly possible, but all the cases studied here are homogeneous. Numerical experiments indicate that this is also true for the Hénon attractor. In fact, an attractor of any smooth flow that is mixing must be homogeneous. (To see this, pick out a particular small region, and let the flow act on that region and move it to some other region. If this is done for a finite time, the transformation is smooth, and therefore leaves both dimensions invariant. If the attractor is mixing any region can be moved by the flow to overlap with any other, so the attractor must be homogenous.)

V. A UNIVERSAL PROPERTY OF FRACTAL MEASURES?

If a very fine resolution partition is made of a chaotic attractor, are there any universal properties of the resulting coarse grained probability distribution? FARMER, OTT and YORKE [3] conjecture that (with certain restrictions) the set of numbers $\{P_i(r)\}$ is distributed approximately log normally for large r. In other words $\{\log P_i\}$ is normally distributed. The underlying argument for this is of central-limit type; if P_i is the product of random numbers, $\log P_i$ is distributed normally. For the example of Fig. 6, the P_i are expressed as products. Strictly speaking, the series of numbers making up the product is not random, but the distribution nonetheless approaches a log normal.

For a more thorough discussion of this conjecture, see Ref. [3].

VI. NUMERICAL COMPUTATION OF DIMENSION

One of the advantages of the information dimension is that it is easier to compute numerically than the fractal dimension. The underlying reason for this is that the information dimension takes the probability measure into account; in a numerical experiment, points on the attractor are generated with a frequency that depends on the probability measure, so a dimension that depends on the measure is more convenient to compute than one that does not. A more significant improvement comes about, however, because the information dimension is believed to be related to the spectrum of Lyapunov exponents. Since the Lyapunov spectrum is much easier to compute than the dimension, this dramatically increases the ease of numerical computation.

It is first worth explaining why the fractal dimension is so difficult to compute. The only known numerical method of computing fractal dimension is to use the definition: the attractor is partitioned into boxes as described in Sec. II; the equations under study are integrated, and the number of boxes that contain part of the attractor is counted. The resolution of the partition is changed, and this process is repeated. Providing r is large enough, if log n is plotted against r the result should be a straight line whose slope is the fractal dimension.

The problem with this method is that if the dimension is large the computation is impossible to perform. If r is made large enough to explore the microscopic as opposed to the macroscopic properties of an attractor, n becomes very large. From (4),

$$n \sim \ell^{D_F} \quad . \tag{10}$$

The most interesting cases occur when the dimension of the attractor exceeds three, so that a Poincaré section is no longer useful to see the structure of the attractor. Some typical numbers: take $\ell = 100$, and $D_F = 3$. n is the order of 100^3 or one million, which taxes the memory of a large computer. Thus, the exponential increase of n with D_F makes a computation of the fractal dimension via this technique infeasible for D_F greater than 3. (See [21, 22]).

Furthermore, finding every box with nonzero probability can be very time consuming numerically. Even for the most favorable case (a uniform probability distribution) the number of data points needed is many times n. More typically, some regions of the attractor are very improbable and it is necessary to wait a very long time for a trajectory to visit all of the very improbable boxes. This places another severe constraint on computations of fractal dimension.

The information dimension can be computed in a similar manner to the fractal dimension. Rather than merely counting boxes, the relative frequency of each box is computed. In some cases (for example, distributions such as that discussed in Sec. V, that have long tails containing many very improbable boxes) this computation may be more efficient than the similar computation of fractal dimension. The efficiency is not, however dramatically improved; the computational difficulty still scales exponentially with D_I.

There is, however, a dramatically more efficient method to compute dimension. The method makes use of a conjectured relationship between information dimension and the spectrum of Lyapunov exponents. The Lyapunov exponents $\{\lambda_i, i = 1, 2, \ldots N\}$ are an average of the local stability properties of an attractor.

They are the average exponents of expansion or contraction in each direction. For a fixed point attractor, for example, the Lyapunov exponents are the real parts of the linearized eigenvalues. The Lyapunov exponents are generalized stability exponents, defined for any type of attractor. For a more complete discussion, see [9, 11, or 23].

Since the Lyapunov exponents are average quantities, and average quantities depend on the probability measure, it makes sense that if they are related to any dimension, this dimension should be the information dimension. KAPLAN and YORKE [24, 11] define the following dimension

$$D_L = j + \frac{\sum_{i=1}^{j} \lambda_i}{|\lambda_{j+1}|} \tag{11}$$

D_L is called the Lyapunov dimension. To understand its definition, assume that the spectrum of Lyapunov exponents is arranged in nonincreasing order, i.e., $\lambda_1 \geq \lambda_2 \geq \ldots \geq \lambda_N$. j is the largest integer such that

$$\sum_{i=1}^{j} \lambda_i \geq 0 \quad .$$

Kaplan and Yorke conjecture that for all but exceptional cases $D_L = D_I$. (Note that area conserving flows are an exceptional case.) This conjecture has been tested numerically for several cases [25, 9]. (See also [8].) In contrast, an alternate conjecture due to MORI [26] has been shown to be incorrect [9].

The Lyapunov exponents are much easier to compute than the dimension. The difficulty of computation increases roughly as the product of the information and phase space dimensions. (The difficulty does not necessarily go to infinity, however, when the phase space dimension goes to infinity; see [9] for a discussion.) The Lyapunov dimension has been computed for attractors of dimension as high as twenty [9], something that would be utterly out of the question for a direct dimension computation.

Note, though, that to compute all the Lyapunov exponents, it is necessary to move the system off of the attractor in a prescribed manner, i.e., to manipulate the dynamical system. This is easily done in numerical experiments, but is difficult if not impossible in most physical experiments. The direct method of computing dimension can be used for physical experiments, but the Kaplan-Yorke conjecture apparently cannot.

VII. APPLICATIONS AND SPECULATIONS

This section begins with a concrete example where the ideas discussed in this paper have proved to be useful. I then discuss several problems where the knowledge of dimension might add insight and conclude with some very speculative ideas about the possible role of dimension in biological systems.

Two Component Convection

One of the nicest examples that I am aware of that illustrates the physical utility of the ideas in this paper is a five mode model of convection in a two component fluid, due to VELARDE and ANTORANZ [27]. This model is a generalization of the Lorenz model [28]. Two of the variables represent concentration, two represent velocity, and one temperature. For certain parameter values, all five modes make chaotic oscillations. The physical question is: are the chaotic oscillations of the velocity slaved to those of the concentration modes, or are they independent? In order to answer this question, Velarde and Antoranz computed a dimension by computing the Lyapunov exponents. Unfortunately, they used a formula due to MORI [26] that has now been shown to be incorrect [9]. Contrary to their intuition, Mori's formula gave a value of 2.15, indicating a low-dimensional chaotic attractor and thus a strong coupling between the velocity and concentration modes. A recalculation using the Kaplan-Yorke formula [10], however, gives a dimension of 4.05. This indicates that the coupling, if any, is very weak; the dimension is what one would expect from the Cartesian product of two independent strange attractors, each of dimension close to two. In this case, then, a computation of the dimension using the Lyapunov exponents gives physical insight into this problem that is otherwise lacking.

Intrinsic Limits on Prediction

The existence of a low-dimensional attractor in a high-dimensional phase space presents the possibility that the prediction process might be simplified. Perhaps through a nonlinear change of variables the number of phase space variables can be reduced. The dimension of the attractor places a lower limit on this reduction.

At this point you should ask: Which dimension? It is not clear exactly how this dimension is related to the dimensions that have already been discussed, but perhaps the following discussion will clarify this somewhat.

Suppose an attractor is contained in a smooth manifold of dimension m. Then the Whitney embedding theorem states that the manifold can be embedded in a Euclidean space of dimension $D_E \leq 2m+1$. I will call D_E the *embedding dimension*. In other words, there is a smooth invertible transformation T that takes any point on the attractor into a D_E dimensional Euclidean space E, and induces a flow ϕ' in that space. If D_E is much less than N, dynamical predictions in E may be much simpler than they are in the original phase space. This is depicted in Fig. 10.

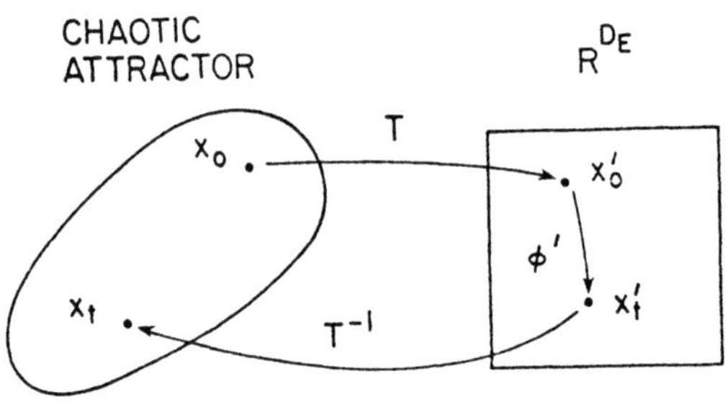

Fig. 10. A dream of dynamical simplification. If an embedding T could be found into a D_E dimensional Euclidean space E, the flow ϕ' induced by the embedding on this space could be used to simplify the dynamics. x_o is an initial point, x_t its final value, x_o and x_t' the transformed values

The problem is that no one knows how to find T. Also, it is not clear how to relate m to the dimensions discussed here. m may be the next integer larger than D_F, but this is pure speculation.

Large Scale Structures in Turbulence

One of the striking features of turbulence is that even at the highest Reynolds numbers large scale structures persist, contrary to previous intuition based on the theory of homogenous isotropic turbulence [29-32]. Why is this? What I am about to say does not answer this question, but merely rephrases it in different terms from those in which it is usually presented.

Consider a turbulent fluid in a container of finite volume. Viscosity places a lower limit on the size of the smallest eddies present in the flow, and thus an upper limit on the total number of eddies present of this size. If all of these eddies behave independently then the resulting turbulence would certainly be homogenous and isotropic, with no structures.

In a phase space picture, the dimension of the underlying chaotic attractor would have to be at least as large as the number of independent eddies. On the other hand, suppose the dimension of this attractor is significantly smaller than the number of small scale eddies. Then their motion cannot be independent; there must be some structure present in the flow to reflect this coupling. Dimensional arguments show that for fully developed turbulence the number of small scale eddies grows as $R^{9/4}$, where R is the Reynolds number. If the dimension of the underlying chaotic attractors grows slower than $R^{9/4}$, there must be structures present in the flow even at the highest Reynolds numbers. Unfortunately, as far as I know, no one knows how to predict the rate of growth of dimension as a function of the Reynolds number.

Evolution, Brains, and Behavior

Are there any natural organic functions for deterministic chaos? In several examples where chaos may occur in biological organisms, such as a heart fibrillation [33], or leukemia [34], chaos is a pathology that sickens or kills the organism. I would like to give a few very speculative examples where deterministic chaos may serve a functional purpose.

Deterministically chaotic trajectories have many of the properties customarily associated with randomness. At the same time, for a low-dimensional attractor, this randomness takes place only on a highly restricted set. Not all fluctuations can occur, but only those that have significant measure on the attractor. Out of all possible random combinations, only a few occur.

This is just what a gene pool needs during reproduction. Copying errors must occur to give the species an opportunity to evolve, but if errors occur completely at random, almost all of them are lethal. It may be possible that the DNA of higher organisms has evolved to enhance certain errors "on purpose" and to repress others. Deterministic chaos may be a good dynamical metaphor for this.

Another speculation: the EEG. When electrodes are placed on the skull, nonperiodic electrical signals are observed with a characteristic frequency of about three Hz. [35]. Is this just the "noise of the brain's motor" [36], the sum of the random firings of 10^{11} neurons? Or, it there at least a component of this signal that has a functional role and is of significantly lower dimension? Experiments on the effects of applied electromagnetic fields support a functional role for the EEG [36]. This might be compared to what one would observe placing the same electrode on the surface of a digital computer: apparently random signals, but with a basic periodicity coming from the computer's clock. In this case there is an "attractor of dimension one", whose output is superimposed on a lot of "random" stuff coming from the particular program that is executing. Does the EEG contain within it a (possibly low-dimensional) "clock" signal, produced by an internal dynamical system? Do qualitative changes of the EEG during different states of consciousness occur because of bifurcations in the attractors of this system? If so, are these attractors limit cycles with a large amount of superimposed noise, or are they chaotic attractors?

Another chaos metaphor: creative thought. I will speak personally to avoid insulting anyone. In solving a problem, my experience allows me to very quickly narrow down the range of possible solutions. (Imagine chess, for example.) Once all the obviously bad solutions are thrown out, my mind randomly picks one of the remaining possibilities. As the analysis proceeds certain fatal characteristics of the randomly chosen potential solution are noted, and it is modified or thrown out, and all other potential solutions with these properties are also thrown out. This (ideally) continues until the (apparently) best candidate is all that remains. How does my brain generate the randomization necessary to do something genuinely new? Suggestion: deterministic chaos in the neuronal net.

Human beings have many of the properties of metastable chaotic solitary waves. (I say metastable because all of us eventually die and become fixed points.) Old age might be defined as the onset of limit cycle behavior. May your chaos be always of high dimension.

References

1. M. Hénon, Comm. Math. Phys. 53 (1976) 69 .
2. B. Mandelbrot, Fractals: Form, Chance, and Dimension, Freeman, San Francisco (1977).
3. J. D. Farmer, E. Ott, and J. Yorke, "An As Yet Untitled Paper on Dimension and Universal Probability Measures," to appear in the Proceedings of the 1982 Los Alamos National Laboratory Conference on Order in Chaos, Physica D, D. Campbell, Ed.
4. R. Shaw, "Strange Attractors, Chaotic Behavior, and Information Flow," Z. Naturforsch. 36a (1981) 80.
5. J. D. Farmer, "Information Dimension and the Probabilistic Structure of Chaos," to appear in the July or September 1982 issue of Z. Naturforsch.
6. W. Hurewicz and H. Wallman, Dimension Theory, Princeton (1948).
7. J. Balatoni and A. Renyi, Publications of the Math. Inst. of the Hungarian Acad. of Sci. 1 (1956) 9 (Hungarian). In English translation in The Selected Papers of A. Renyi, 1 558, Akademiai Budapest (1976). See also A. Renyi, Acta Mathamatica (Hungary), 10 (1975) 193.
8. J. Alexander and J. Yorke, "The Fat Baker's Transformations," U. of Maryland preprint.
9. J. D. Farmer, "Chaotic Attractors of an Infinite-Dimensional Dynamical System," Physica 4D (1982) No. 3, p. 366.
10. F. Ledrappier, "Some Relations Between Dimension and Lyapunov Exponents," preprint.
11. P. Frederickson, J. Kaplan, E. Yorke, and J. Yorke, "The Lyapunov Dimension of Strange Attractors," to appear in J. Diff. Eq. (1982).
12. L.-S. Young, "Dimension, Entropy, and Lyapunov Exponents," Michigan State U. preprint.
13. F. Takens, "Invariants Related to Dimension and Entropy," to appear in "Atas do 13° Cológnio Brasiliero de Mathemática."
14. T. Janssen and J. Tjon, "Bifurcations of Lattice Structure," U. of Utrecht preprint.
15. P. Billingsley, Ergodic Theory and Information, Wiley and Sons, (1965).
16. Hausdorff, "Dimension und Außeres Maß," Math. Annalen. 79 (1918) 157.
17. A. Besicovitch, "On the Sum of Digits of Real Numbers Represented in the Dyadic System," Math. Annalen. 110 (1934) 321.
18. B. Mandelbrot, The Fractal Geometry of Nature, W. H. Freeman & Co. (1982) 375.
19. J. Yorke, private communication. See also Ref. [8].
20. I would like to thank Ed Ott for pointing this out.
21. H. Froehling, J. Crutchfield, J. D. Farmer, N. Packard, and R. Shaw, "On Determining the Dimension of Chaotic Flows," Physica 3D (1981) 605.
22. H. Greenside, A. Wolf, J. Swift and T. Pignataro, "The Impracticality of a Box Counting Algorithm for Calculating the Dimensionality of Strange Attractors," to appear in Physical Review, Rapid Communications.
23. V. Oseledec, "A Multiplicative Ergodic Theorem. Lyapunov Characteristic Numbers for Dynamical Systems", Trans. Moscow Math. Soc. 19 (1968) 197.
24. J. Kaplan and J. Yorke, Functional Differential Equations and Approximations of Fixed Points, H. O. Peitgen and H. O. Walthen, Eds., Springer-Verlag, Berlin, New York (1979) p.228.
25. D. Russel, J. Hanson and E. Ott, "The Dimension of Strange Attractors," Phys. Rev. Lect. 45 (1980) 1175.
26. H. Mori, Prog. Theor. Phys. 63 (1980) 3.
27. M. Velarde and J. C. Antoranz, Prog. Theo. Phys. Lett. 66, No. 2 (1981). See also M. Velarde, Nonlinear Phenomena at Phase Transitions and Instabilities, T. Riste, Ed., Plenum Press (1981) 205.
28. E. Lorenz, "Deterministic Non-Periodic Flow," J. Atmos. Sci. 2, (1963) 130.

29. G. Brown and A. Roshko, "On Density Effects and Large Structure in Turbulent Mixing Layers," J. Fluid Mech. 64 (1974) 775.
30. C. D. Winant and F. K. Browand, "Vortex Pairing: The Mechanism of Turbulent Mixing Layer Growth at Moderate Reynolds Number," J. Fluid Mech. 63 (1984) 237.
31. F. K. Browand and P. D. Weidman, "Large Scales in the Developing Mixing Layer," J. Fluid Mech. 76 (1976) 127.
32. A. Roshko, "Structure of Turbulent Shear Flows: A New Look," AIAA Journal 14 (1976) 1349.
33. M. Guevara and L. Glass, "A Theory for the Entrainment of Biological Oscillators and the Generation of Cardiac Disrhythemias," submitted to J. Math. Biology.
34. L. Glass and M. C. Mackey, "Pathological Conditions Resulting from Instabilities in Physiological Control Systems," Annals of the N.Y.A.S. 316 (1979) 214.
35. E. Basar, R. Durusan, A. Gorder and P. Ungan, "Combined Dynamics of E.E.G. and Evoked Potential," Biol. Cybernetics 34 (1979) 21.
36. W. R. Adey, "Evidence for Cooperative Mechanisms in the Susceptibility of Cerebral Tissue to Environmental and Intrinsic Electric Fields," Functional Linkage in Biomolecular Systems, F. O. Schmitt, D. M. Schneider, and D. M. Crothers, Eds., Raven Press, New York (1975).

APPENDIX

The purpose of the appendix is to explain some of my terminology, as well as to discuss some of the assumptions behind the construction of invariant measures for the example of Section IV.

One may speak of probability on an attractor in any of several ways: probability density, probability measure, or coarse grained probability distribution. If it offends you to use the word "probability" in a deterministic context, it can be ignored; one may speak simply of densities, measures, and coarse grained distributions. For chaotic systems, in the absence of any recent measurements only statistical information is possible. I prefer to say probability to emphasize this fact.

The measure of a set C is the integral of the density on C, i.e., $\mu(C) = \int_C P(x)dx$. $\mu(C)$ can alternately be called the probability of C. A coarse grained probability distribution is a collection of probabilities obtained from a partition. P(x) does not have to be a function, but if it is, for a fine partition a coarse grained distribution will approximate it.

A measure is invariant if it conserves probability, i.e., if the measure of a set C is the same as that of all the sets that are moved into C by the dynamical system. In other words, letting x_o be a point at time zero, x_t a point at time t, $x_t = \phi^t x_o$ defines the flow ϕ. μ is invariant if

$$\mu(C) = \mu(\phi^{-t}C) \quad . \tag{11}$$

If ϕ is invertible, we can equivalently say $\mu(C) = \mu(\phi^t C)$. This is the case for all the examples discussed here.

Conservation of probability gives a Newton's method to construct invariant measures, called the Frobenius-Perron equation. To do this, pick an arbitrary measure, iterate the flow, and conserve probability to get a new measure, hopefully closer to an invariant measure. This is the method used here to construct invariant measures. There are two problems, however. First, this method may not converge. I will simply assume convergence. Second, there may be several invariant measures, and this method only finds one of them. We are interested in the measure corresponding to time averages, and will assume the Frobenius-Perron equation finds this measure.

Acknowledgement

I would like to thank Jim Yorke, Bernoit Mandelbrot, Erica Jen, and Steve Omohundro, Jim Crutchfield, Norman Packard, and Rob Shaw for helpful discussions.

Part VII

Chaos in Quantum Systems

Cooperative and Chaotic Effects in a Hamiltonian Model of the Free-Electron Laser

R. Bonifacio, F. Casagrande, and G. Casati

Istituto di Fisica dell' Università, Via Celoria,16
I-20133 Milano, Italy

1. Introduction

The basic principles of the laser are common knowledge by this time [1]. Furthermore, the laser has raised to a paradigm for synergetics [2],which provides the fertile framework for a unitary description of collective phenomena occurring in so many branches of science. Really,all concepts of synergetics apply to a deep understandingof the process of self-organization occurring in the dynamics of the atoms near the threshold for laser emission. Actually,by increasing the pump of the lasing atoms,they evolve from a regime of spontaneous emission,in which each atom radiates independently and the emitted radiation is incoherent,to a cooperative regime of stimulated emission,in which the radiation is coherent. This 2nd-order-like phase transition from noncooperative to cooperative behaviour occurs at a critical value of the pump parameter which plays the role of a control parameter for the system.

The applications of the laser in science,technology and even everyday life are countless. However,this device suffers an intrinsic limitation since the laser frequency is fixed,by the atomic or molecular energy levels,at the Bohr frequency of the transition involved in the lasing process. Even tunable lasers such as dye lasers are limited in this respect by the absorption bands of the dyes. Hence,one of the major goals of research in laser physics has been to get rid of this limitation and to obtain a device able to emit a coherent radiation virtually at an arbitrary frequency. This trend has matched early suggestions,formulated long before the laser itself,whose underlying concept is to obtain stimulated emission from an electron beam suitably accelerated,e.g. by injection through a magnetic or a crystal field [3]. The most promising device in this sense is the free-electron laser (FEL),which has focussed a more and more increasing interest since it has been operated at Stanford by Madey and coworkers in the mid seventies [4].

After a brief review of the basic physics involved in FEL operation,we shall consider a simple Hamiltonian model of the FEL and describe cooperative and chaotic effects which may arise in electron dynamics.

2. Basic Concepts in FEL dynamics

The basic concepts of the FEL can be discussed in the simple terms of a classical, one electron theory [5]. Let us consider one electron of rest mass m_0 travelling along the z-axis with a velocity $\vec{v}=v\hat{z}$,where v is close to the velocity of light c. The electron momentum $\vec{p}$ and energy E are

$$\vec{p} = \gamma m_0 \vec{v}\ , \qquad E = \gamma m_0 c^2\ ,$$
$$\gamma = (1 - v^2/c^2)^{-1/2} = (1-\beta^2)^{-1/2}\ . \tag{1}$$

The electron is injected through a magnetostatic field $\vec{B}_w$ which is sinusoidal near the axis :

$$\vec{B}_w = B_w(\hat{x}\cos 2\pi z/\lambda_w + y\sin 2\pi z/\lambda_w)\ , \tag{2}$$

where λ_w is the spatial period. The field configuration (2) can be realized by means of an array of magnets with alternating polarities (the ondulator structure) or by two interwoven helical coils with opposing currents in the two coils (the helical or "wiggler" magnetic field). According to the Lorentz equation which rules the electron dynamics, no energy transfer occurs between the particle and the magnetostatic field $\vec{B}_w$, since the latter is always orthogonal to the electron motion. On the contrary, $\vec{B}_w$ affects the electron trajectory: in the helical magnet we consider from now on, the trajectory is a helix around the z-axis. Hence the electron radiates by magnetic bremsstrahlung and since this process occurs in absence of a preexisting radiation, this is the FEL spontaneous emission.

Due to the wiggler geometry, the spontaneous radiation is circularly polarized in the (x-y) plane. Since $v \simeq c$, its angular distribution is strongly peaked in the forward direction, therefore it is highly directional unlike the spontaneous radiation in atomic lasers. Furthermore, the spontaneous spectrum is strongly peaked at the frequency

$$\omega_{spont} \simeq 2\gamma^{*2}\omega_w \tag{3a}$$

where

$$\gamma^* = \gamma/(1+K^2)^{1/2}, \quad K = \lambda_w e B_w / 2\pi m_o c^2, \tag{3b}$$

$$\omega_w = 2\pi c/\lambda_w . \tag{3c}$$

Actually, for a wiggler with N_w spatial periods, the radiated energy in the fundamental harmonic per unit bandwidth within a solid angle $d\Omega$, $dI(\omega)/d\Omega$, can be written as [6]

$$dI(\omega)/d\Omega \propto \sin^2(N_w \pi \Delta(\omega)) / \Delta^2(\omega),$$

$$\Delta(\omega) = (\omega - \omega_{spont})/\omega_{spont}. \tag{4}$$

The spontaneous peak frequency ω_{spont} (3a) can be understood as follows. First of all, one can treat the electron motion as a purely longitudinal one by introducing a suitable reduced velocity $v^* = \beta^* c$ so that γ is substituted by $\gamma^* < \gamma$ (3b). Then the peak frequency is determined by the wiggler periodicity ω_w (3c) as it appears in the electron rest frame; in the laboratory this frequency is Doppler-shifted, and for $v \simeq c$ one obtains (3a). Hence the wiggler parameters B_w, λ_w contribute to select ω_{spont}, whereas the parameter N_w determines the spontaneous linewidth : from (4) it follows that the fractional linewidth of the spontaneous spectrum is on the order of $1/N_w$.

Eq. (3a) exhibits the FEL tunability, showing that by varying the electron energy and/or the magnetostatic field parameters one obtains a spontaneous radiation peaked at a virtually arbitrary frequency. Stimulated emission (or absorption) can be obtained in presence of an electromagnetic field which is nearly resonant with the spontaneous radiation and has the same polarization. To this end, let us consider the Lorentz equation for the electron interacting with the static field $\vec{B}_w$ (1) plus an electric field $\vec{E}(\vec{x},t) = E_o[\hat{x}\sin(2\pi z/\lambda - \omega t + \phi_o) + \hat{y}\cos(2\pi z/\lambda - \omega t + \phi_o)]$ and a magnetic field $\vec{B}(\vec{x},t) = \hat{z} \times \vec{E}(\vec{x},t)$:

$$d\vec{p}/dt = e\left[\vec{E} + (\vec{v}/c) \times (\vec{B} + \vec{B}_w)\right]. \tag{5}$$

In this case an energy transfer can occur between the transverse electric field $\vec{E}$ and the transverse component of the electron velocity $\vec{v}_\perp$:

$$dE/dt = e\vec{E}\cdot\vec{v} . \tag{6}$$

Therefore, depending on the relative phase of the oscillations of $\vec{E}$ and $\vec{v}$, it may happen that the electron gives energy to the field (stimulated emission or stimulated magnetic bremsstrahlung) or that the electron extracts energy from the field (absorption). This is the origin of the FEL gain mechanism when one considers a beam of relativistic electrons instead of a single electron.

Besides its broad tunability, the FEL can be operated in vacuo, thus avoiding the limitations due to the presence of a lasing medium (e.g., nonlinear optical effects) like in usual lasers. However, hard experimental problems affect FEL performances and only a small gain has been achieved up to now [4,7]. This gain turns out to be proportional to the derivative of the spontaneous power with respect to the initial electron velocity. The theoretical interpretation can be derived in the approximation of the small signal regime to be discussed below.

3. Hamiltonian Model of the FEL

The relativistic Hamiltonian for one electron interacting with a vector potential $\vec{A}(\vec{x},t)$, which is the sum of a laser potential $\vec{A}_L$ and a static wiggler potential $\vec{A}_W$, is

$$
\begin{aligned}
H &= \left[\left(\vec{p} - (e/c)\vec{A}\right)^2 c^2 + m_0^2 c^4\right]^{1/2}, \\
\vec{A} &= \vec{A}_L + \vec{A}_W, \\
\vec{A}_L &= \mathcal{A}_L^* \vec{e} \exp -i(kz-\omega t) + \text{c.c.}, \\
\vec{A}_W &= \mathcal{A}_W \vec{e}^* \exp(-ik_W z) + \text{c.c.}
\end{aligned} \tag{7}
$$

The dynamics becomes remarkably transparent in a moving reference frame : the BAMBINI-RENIERI-STENHOLM (BRS) frame [8]. This frame moves along the z-axis with a velocity V close to the initial electron velocity $v_0 \simeq c$, so that the nonrelativistic approximation holds. The transverse electron motion is taken into account by replacing the electron rest mass m_0 with a renormalized mass

$$m = m_0(1 + \mathbb{K}^2)^{1/2}, \tag{8}$$

where $\mathbb{K}$ is given in (3b). Furthermore, the static field can be substituted by a suitable pseudoradiation field (Weiszäcker-Williams approximation) that we still call wiggler field. Thus the particle moves in a ponderomotive potential due to two counterpropagating fields, the laser and the wiggler fields ; this potential moves along the z-axis with a velocity proportional to the detuning between the fields. Now, the velocity V of the BRS frame is fixed at the value such that the two fields are resonant, so that the potential does not propagate and the Hamiltonian reads

$$H = p^2/2m + (2e^2/mc^2)\left|\mathcal{A}_L^* \mathcal{A}_W\right| \cos(2kz + \Delta\varphi), \tag{9}$$

where all quantities refer to the moving frame (primes are omitted), $k = 2\pi/\lambda$ is the laser wavenumber and $\Delta\varphi$ the phase difference of the two fields.

A simplified picture follows in the approximation of small signal regime, in which the fields are assumed nearly constant during the interaction. In this case (9) reduces to a simple pendulum Hamiltonian

$$H = p^2/2m + \text{const}\cdot\cos(2kz + \Delta\varphi_0). \tag{10}$$

The pendulum picture allows for a qualitative interpretation of the Stanford experiments [4] and has been extensively discussed both in the laboratory and in the moving frame (see e.g. [5]). The electron beam is described as an ensemble of pendula with unknown initial phases, due to our lack of information about the electron position within one optical wavelength at the start of the interaction. Then one can first perform a perturbative analysis around the single electron free motion (trajectories outside the separatrix in the pendulum phase plane), next averaging the calculated small signal gain over all initial phases. It follows the relation between the gain and the spontaneous power formalized in the Madey theorem [9]; for positive (negative) electron momenta, i.e. a beam injected faster (slower) than the potential, one finds a positive (negative) gain. No gain is found for closed pendulum orbits : this is the saturated regime, whereas the previous one is the unsaturated or quasi-free particle regime. In [10] we have discussed the one-electron dynamics dropping the restriction of small signal regime and describing a FEL transition from a regime of small gain amplifier to that of large gain amplifier.

The one-particle Hamiltonian (8) can be easily quantized [11]. Furthermore, the quantized Hamiltonian can be suitably generalized [12] to treat the case of many electrons interacting with a laser field and a wiggler field, thus allowing for many particle effects via the common radiation field. Starting from a uniformly distributed beam and due to the periodicity in phase space, it is only necessary to follow the time evolution of N electrons uniformly distributed within one optical wavelength. The N-electron Hamiltonian can be written as follows :

$$H = \sum_{i=1}^{N} p_i^2/2m + i\hbar\tilde{g}\left[a_L^+ \sum_{i=1}^{N} \exp(-ik_0 z_i) - h.c.\right] \tag{11}$$

where $z_i (p_i)$ is the coordinate (momentum) of the i-th electron, a_L (a_L^+) the annihilation (creation) operator for the laser field, with the commutation rules $[z_i, p_j] = i\hbar\delta_{ij}$, $[a_L, a_L^+] = 1$; $k_0 = 2k$; $\tilde{g} = g\alpha_w/\sqrt{V}$, where V is the quantization volume, $g = 4\pi c r_0/k_0$ the coupling constant, r_0 being the classical radius of the electron, and α_w the (real constant) c-number which describes the wiggler field treated from now on as a given classical field. The total momentum is an integral of motion :

$$\sum_{i=1}^{N} p_i/\hbar k_0 + a_L^+ a_L = \text{const.} \tag{12}$$

In the next section (see also [13]) we discuss the model (11) without any restriction to the small signal regime, in view of experiments in the next future in which a large gain should be achieved. Actually, we search for a description of the build-up of laser radiation from zero or negligible initial field excitation. This is intimately connected with the search for cooperative effects in the electron dynamics, in analogy e.g. with the atomic collective behaviours found in quantum optics (see e.g. [14]).

4. Numerical and analytical results

From Hamiltonian (11) one can immediately derive the Heisenberg equations of motion for z_i, p_i, a_L, a_L^+. In the classical limit in which correlations and fluctuations are neglected, we obtain a set of time evolution equations for the correspondent c-numbers $z_i, p_i, \alpha, \alpha^*$. By introducing suitable scaled variables [13], we get a classical Hamiltonian scheme in terms of overall phases $q_i = k_0 z_i + \varphi$ (φ being the laser phase) and dimensionless electron momenta $\tilde{p}_i \propto p_i$. The Hamiltonian is

$$H = \sum_{i=1}^{N} \tilde{p}_i^2/2 + (w/2)(1 - \langle\tilde{p}\rangle)^{1/2} \sum_{i=1}^{N} \sin q_i \,, \tag{13}$$

where the brackets $\langle \ldots \rangle$ indicate an average over all electrons, and w is a control parameter which is proportional to the wiggler amplitude α_w and to the square root of the electron density N/V :

$$w \propto \alpha_w (N/V)^{1/2} . \tag{14}$$

We have focussed our attention on an initial condition with N monoenergetic electrons with positions (phases) uniformly distributed within one optical wavelength (the interval $[0,2\pi]$) :

$$\begin{cases} \tilde{p}_i(0) = 1 & (i=1,2,\ldots,N) \qquad (15a) \\ q_i(0) = 2\pi i/N & (i=1,2,\ldots,N) \quad . \qquad (15b) \end{cases}$$

The choice (15a) corresponds to initial zero field excitation in our scaled variables, whereas (15b) describes a totally unbunched electron beam, i.e. the bunching parameter

$$\eta = |\langle \exp(iq) \rangle| \tag{16}$$

is initially zero.

A linear stability analysis on the initial condition (15a,b), which is also a stationary solution for the Hamilton equations, shows that for any $N>2$ an instability arises when the control parameter w reaches the critical value [13]

$$w_T = 8/3\sqrt{3}. \tag{17}$$

In the case $N = 2$, the critical value is at the lower value $w = \sqrt{2}$.

A detailed analysis of the single electron phase plane shows that at the value (17) of the parameter w one finds the disappearance of a stable elliptic point, which allows for a large momentum transfer between the electron and the field for orbits corresponding to an initially negligible field excitation. The result (17) suggests that this mechanism works also in the 2N-dimensional phase space of the model (13).

The numerical results change dramatically according to whether the equations of motion are integrated for $w < w_T$ or for $w \geq w_T$ [13]. In the former case, the electrons radiate weakly and almost independently. The motion turns from quasiperiodic ($w \ll 1$) to more and more irregular ($w \to w_T$), but for any $w < w_T$ the bunching parameter η, the normalized momentum variance $(\Delta\tilde{p})^2 = \langle(\tilde{p} - \langle\tilde{p}\rangle)^2\rangle$ and field intensity $\tilde{I} = 1 - \langle\tilde{p}\rangle$ remain at all times very close to their initial values, namely always negligible. This is clearly visualized in the merry-go-round picture of Fig.1, showing four electrons with uniformly distributed initial phases.

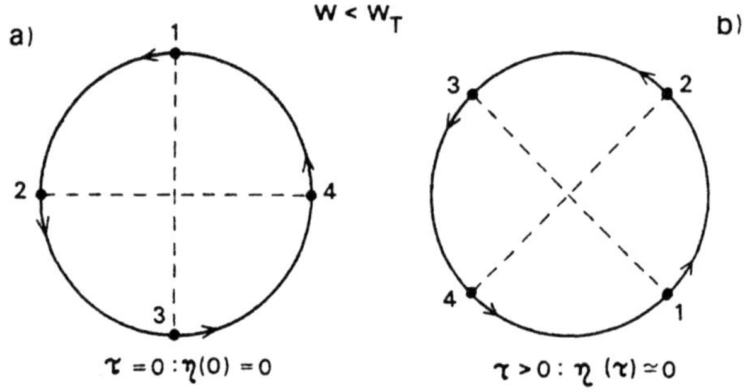

Fig.1 Merry-go-round picture of electron dynamics : for $w < w_T$ a beam initially unbunched (1a) always remains unbunched (1b)

For values of the control parameter $w \geq w_T$ the electrons strongly interact via the emitted radiation field, exhibiting strong self-bunching and giving rise to a cooperative emission of radiation. After a monotonical and lethargical growth, all physically relevant quantities (η, $(\Delta\tilde{p})^2$, $\tilde{I}$) rise to macroscopic values, and then they vary in time in a completely irregular way (e.g., see the upper part of Fig.2). The spatial modulation of the electron beam is the origin of sizeable peaks in the emitted radiation. Now a merry-go-round picture for $w=4 > w_T$ (lower part of Fig.2) looks quite different from the previous one (Fig.1) ; one clearly sees the onset of remarkable many-electron effects in FEL dynamics at times corresponding to the build-up of the first peak of the bunching parameter (upper part of Fig.2). Note that at $\tau = 27.5$ one electron has inverted its momentum, namely its motion has turned from quicker to slower than that of the potential. At $\tau=30$, corresponding to the first peak of electron bunching, all electrons are similarly slowed down.

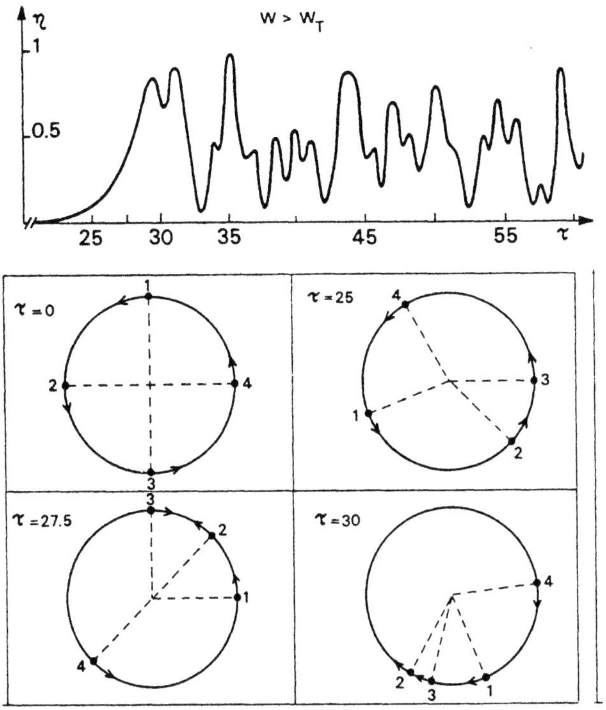

Fig.2 Upper part: time evolution of the bunching parameter η for $w>w_T$. Lower part: merry-go-round picture of electron dynamics at $\tau = 0$ (totally unbunched beam) and at later times corresponding to the build-up of the first peak on η (self-bunching)

The value $w=w_T$ turns out to be a very well defined threshold for the transition from noncooperative to cooperative electron dynamics. Actually, a plot of the first peak in the laser intensity vs. the control parameter w shows a step at $w = w_T$ which closely resembles a 1st-order phase transition, contrary to the smooth growth found in the one-particle treatment [13].

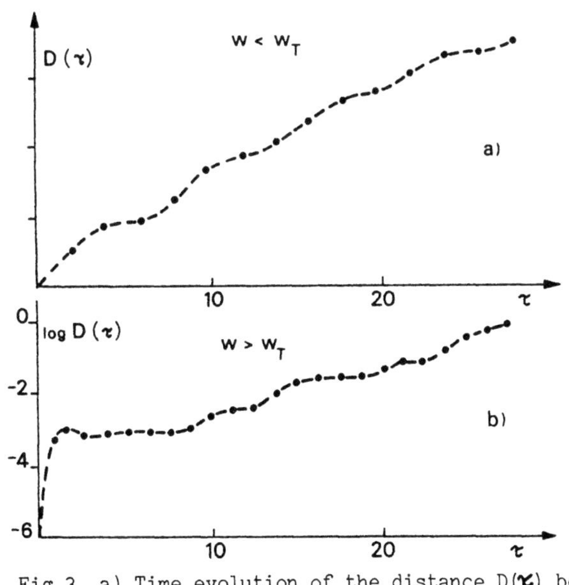

Fig.3 a) Time evolution of the distance $D(\tau)$ between two initially close phase space states for $w<w_T$. b) Time evolution of the logarithm of the distance $\log D(\tau)$ for $w>w_T$. In both cases $D(0) = 10^{-6}$

Now, due to i) the extremely irregular time evolution of all relevant physical quantities, ii) the nonlinear structure of the Hamilton equations (and iii) the many degrees of freedom involved), we are almost forced to guess the occurrence of a transition from ordered to chaotic motion when the control parameter w is above the critical value w_T . In other terms, the aforementioned disappearance of a stable stationary solution should have not only local effects.

Here we present some preliminary results concerning the criterion of local instability of motion. According to this criterion, if the Hamiltonian system is integrable the distance between two initially close phase space states grows linearly (on average) with respect to time [15]; on the contrary, if the system is chaotic, the distance has an exponential growth ruled by the maximum Ljapounov exponent [16]. Fig.3a shows the linear growth (on average) of the distance for w just below w , whereas Fig.3b exhibits the linear growth (on average) of the logarithm of the distance for $w > w_T$. Further investigations are needed in this direction.

References

1. H.Haken : Laser Theory, Handbuch der Physik XXV/2c (Springer-Verlag, Berlin 1970)

2. H.Haken : Synergetics, an Introduction (Springer-Verlag, Berlin 1977)

3. H.Motz : Contemp.Phys. 20,547 (1979) ; V.L.Bratman, N.S.Ginzburg, M.I.Petelin : Opt.Commun. 30,409 (1979)

4. L.R.Elias, W.M.Fairbank, J.H.J.Madey, H.A.Schwettman, T.I.Smith : Phys.Rev.Lett. 36,717 (1976) ; D.A.G.Deacon, L.R.Elias, J.H.J.Madey, G.J.Ramian, H.A.Schwettman T.I.Smith : Phys.Rev.Lett. 38,892 (1977)

5. W.B.Colson : In Novel Sources of Coherent Radiation, Physics of Quantum Electronics 5, ed. by S.F.Jacobs, M.Sargent III and M.O.Scully (Addison-Wesley, Reading, MA 1978) ; S.Stenholm, A.Bambini : IEEE J.Quantum Electr. QE-17, 1363 (1981)

6. B.M.Kincaid : J.Appl.Phys. 48,2684 (1977)

7. D.A.Deacon, K.E.Robinson, J.M.J.Madey, C.Bazin, M.Billardon, P.E.Elleame, Y.Farge, J.M.Ortega, M.F.Velghe : Opt.Commun. 40,373 (1982)

8. A.Bambini, A.Renieri : Lett.Nuovo Cimento 21,399 (1978) ; A.Bambini, A.Renieri, S.Stenholm : Phys.Rev.A19,2013 (1978)

9. J.M.J.Madey : Nuovo Cimento 50B,64 (1979)

10. R.Bonifacio, F.Casagrande, L.A.Lugiato : Opt.Commun. 36,159 (1981)

11. A.Bambini, S.Stenholm : Opt.Commun. 30,391 (1979)

12. R.Bonifacio, M.O.Scully : Opt.Commun. 32,291 (1980) ; R.Bonifacio, P.Meystre, G.T.Moore, M.O.Scully : Phys.Rev. 21A,2009 (1980)

13. R.Bonifacio, F.Casagrande, G.Casati : Opt.Commun. 40,219 (1982)

14. Pattern Formation by Dinamic Systems and Pattern Recognition, ed. by H.Haken, Springer Series in Synergetics 5 (Springer-Verlag, Berlin 1979)

15. G.Casati, B.V.Chirikov, J.Ford : Phys.Lett. 77A,91 (1980)

16. B.V.Chirikov : Physics Report 52,265 (1979)

Chaos in Quantum Mechanics

G. Casati

Istituto di Fisica dell' Università, Via Celoria, 16
I-20133 Milano, Italy

1. Introduction

The understanding of the qualitative features of the motion of classical dynamical systems has greatly improved in the last years due to the discovery of the so-called "stochastic motion". The latter means that the system moves as under the influence of some random force even though it is governed by purely deterministic equations. We admire, in a large variety of systems, the beautiful structure and the rich complexity of the motion described by very simple dynamical laws; the beauty is still increased by the hierarchical structure or order of the chaotic motion. This motion is beginning to display its link power among different disciplines deeply separated one from the other by centuries of tradition; its visual and perceptive aspects are even approaching the domain of art. The increasing success of inter-disciplinary meetings, such as the present one on synergetics, is witness of this. As a consequence, the impact on the applications is increasing continuously. The philosophical implications must also not be ignored. The discovery of the stochastic motion is destroying the traditional barriers between determinism and randomness, thus opening the possibility to enter new regions whose paths are still unknown even if some pioneering explorative attempts have already been made [1] . It is possible that the discovery of the stochastic motion constitutes one of the main achievements in the physics of this second half of the century and, in spite of the increasing interest, its revolutionary content might not yet be fully appreciated.

It is somehow superfluous now to explain the importance of understanding to what extent the manifestations of the classical hierarchy of chaos persist in quantum mechanics. As we will see, additional complications are introduced by the different features of quantum mechanics which, on the other hand, gives a better description of the physical phenomena and therefore renders the problem even more interesting.

The main purpose of this paper is to clarify the general basis for a correct discussion of "chaos" in quantum systems and to present some related results previously obtained [2] .

2. The Classical Hierarchy

In this section, for the reader's convenience, we briefly recall some relevant properties of classical conservative Hamiltonian systems with a finite number N of degrees of freedom. The following is a partial classification in order of increasing complexity of their motion.

A) Integrable Systems An Hamiltonian system is said to be integrable if there exist N independent first integrals of motions $F_i(\underline{q},\underline{p}) = f_i$ $(i=1,2,\dots,N)$ in involution (i.e., their Poisson bracket is identically zero: $\{F_i, F_j\} \equiv 0$ $i,j = 1,2,\dots N$).

As proved by J. Liouville these systems are integrable by quadratures. More precisely, if the equations $F_i = f_i$ define an N-dimensional compact connected manifold M, then M is diffeomorfic to a torus [3] , action-angle variables can be introduced and the motion on M is quasi-periodic. Thus integrable systems lie at one extreme of the ergodic hierarchy, their motion being predictable and, in some sense, ordered.

B) Almost-integrable or pseudo-integrable systems These are the systems in (A) for which the Poisson brackets $\{F_i, F_j\}$ are not identically zero. The invariant M-dimensional surfaces are no more tori (they are surfaces of genus >1) and action-angle variables cannot be introduced. The motion of these systems is more complicated and, as a matter of fact, it is not known, at present, how to reduce their motion to the quadratures.

C) Ergodic Systems There are different formulations of ergodicity; for example: a system is ergodic if for every integrable function f

$$\lim_{T\to\infty} \frac{1}{T}\int_0^T f(x_t)\,dt = \int_\Sigma f(x)\,d\mu(x) \quad a.e. \qquad (x \equiv (\underline{q},\underline{p})) \tag{1}$$

where $d\mu(x)$ is the invariant measure of the flow $x \longrightarrow x_t$ on the energy surface Σ . In words, time averages converge almost everywhere to phase averages.

The notion of ergodicity was introduced by Boltzmann and is associated with the idea that individual trajectories cover almost all the energy surface; it is a sufficient property to justify equilibrium statistical mechanics. For the approach to equilibrium we need the next stronger statistical property.

D) Mixing A system is mixing if for all square integrable functions f and g, the functions $f(x)$, $g(x_t)$ become statistically uncorrelated for large t, namely

$$\int_\Sigma f(x)\,g(x_t)\,d\mu(x) \xrightarrow[t\to\infty]{} \int_\Sigma f(x)\,d\mu(x) \int_\Sigma g(x)\,d\mu(x) \quad . \tag{2}$$

Mixing implies irreversibility of the motion since a nonequilibrium normalized distribution $\rho(x_t)$ tends to equilibrium:

$$\int_\Sigma f(x)\rho(x_t)\,d\mu(x) \xrightarrow[t\to\infty]{} \int_\Sigma f(x)\,d\mu(x) \quad . \tag{3}$$

E) Positive K-S entropy Systems with positive K-S (KOLMOGOROV-SINAI) entropy are those for which the solution of the variational equations, for almost all initial conditions, increases, in the average, exponentially with time. For a more precise definition we refer for example to [3] . For our purposes it is sufficient to note that these systems are very unstable and have strong statistical properties: a small error in the initial conditions propagates exponentially and, as a consequence, the motion is very irregular and unpredictable. SINAI proved that these systems are also mixing. It is interesting to note that they allow for the presence of a set of zero measure of marginally stable periodic orbits. Indeed instability of all periodic orbits characterizes the so-called hyperbolic systems.

F) Exponential decay of correlations This is a very strong statistical property; it means that for a sufficiently wide class of functions

$$\int_\Sigma f(x_t) f(x)\, d\mu(x) - \left(\int_\Sigma f(x)\, d\mu(x)\right)^2 \leq C(f)\, e^{-\alpha t} \qquad (\alpha > 0) \; . \tag{4}$$

The exponential instability characteristic of K-systems leads to an exponential loss of memory of initial conditions and, on this base, exponential decay of correlations was expected for such systems. Contrary to this expectation, numerical computations and analytical considerations showed the existence of long-time tails in correlations for K-systems such as the hard-spheres gas. However, recently, BUNIMOVICH and SINAI [4] proved that the velocity autocorrelation of a particle in a Lorentz gas with a periodic configuration of scatterers and with a uniformity bounded free path is $O(\exp(-\alpha n^{\gamma}))$ $\alpha > 0$, $0 < \gamma \leq 1$ as $n \to \infty$ n being the number of collisions. The same result holds for the dispersing billiard consisting of four circle arcs: the diamond (Fig. 1). For this latter case a numerical evaluation of γ was also given [5].

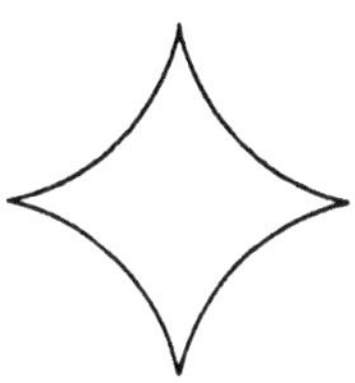

Fig. 1 A dispersive billiard: the diamond

Fig. 2 The stadium

On the other hand the billiard in a stadium (Fig. 2) for example, has also the K-property [6] but it has a power law decay of correlations [7]. Such a decay has been shown [7] to be originated by the presence of arbitrarily long integrable segments in the time evolution of a typical chaotic orbit and it is also connected with the presence of a family of zero measure periodic orbits as suggested by BERRY [8].

Now, given a classical Hamiltonian system, it is very difficult to establish to which of the above categories it belongs. Harmonic oscillators, the Toda lattice ($H = \sum p_i^2/2 + \sum \exp(q_i - q_{i+1})$), and the billiard in a circle are examples of integrable systems while the hard-spheres gas, the billiard in a stadium or in a diamond are K-systems (hence they are mixing and ergodic). There are other examples but not many. As a matter of fact generic Hamiltonian systems are neither integrable nor ergodic. They display the rich structure, already envisaged by Poincaré, of elliptic and hyperbolic fixed points with the interwoven regions of regular and chaotic motion [9]. As the total energy of the system or some other parameter is varied, the elliptic and homoclinic points undergo a sequence of bifurcations leading eventually to the widespread chaos. Nonetheless, the classification given above proved to be very useful both for understanding the foundation of classical statistical mechanics and for numerous applications.

3. The Quantum aspect

The extent to which the above mentioned complexity of the classical motion persists in quantum mechanics is important and has already attracted large interest. A main difficulty here is originated by the fact that finite bounded quantum systems have discrete spectrum which implies almost-periodicity in time of the wave function and apparently no irreversible behaviour or mixing in the sense of classical ergodic theory. This difficulty is not present for systems under some external perturbation. An example of this type, a periodically kicked pendulum, has already been studied [10,11] and some imitation of the classical stochastic motion, namely a diffusive energy growth, has been found together with some limitations of pure quantum origin. A crucial role is played here by the properties of the quasi-energy spectrum.

However, as stated at the beginning, let us confine ourselves to bounded quantum systems. Various attempts have already been made to discuss chaos in these systems [12-23] and in the following are some of the criteria on which they are based.

Avoided crossing of energy levels curves when a parameter is varied: this should correspond to classical chaotic systems [14] .

Generalization of KS-entropy to quantum systems: the fact that this quantity turns out to be zero is taken as an indication that quantum systems are not chaotic [15] .

Sensitivity of energy eigenvalues to perturbations. [16] .

Distribution of energy levels spacings [12,17-19] .

Morphologies of the WIGNER functions [12,13] .

The above list is by no means complete and a large source of references can be found in [12,17].

It is not surprising that some disagreement exists on the rôle of chaos in quantum systems since the discussion is vitiated by the ambiguity of the notion itself of "chaos" in quantum systems. In classical mechanics chaos is not a precise notion which however is connected to the K - or mixing - property and, in any case, presumes continuity of the spectrum of the Liouville operator. Thus, finite bounded quantum systems, having discrete spectrum, cannot display "chaos" in the above classical sense. It would be sterile however to drop the discussion at this point. As a matter of fact a logical question, which is also important for the foundation of statistical mechanics and for the various applications, is the identification of the peculiarities of quantum systems whose classical limit is chaotic (or integrable). It is along this direction that one may hope to establish eventually an ergodic hierarchy for quantum systems which will serve as a reference scheme for the investigation of the statistical behaviour of quantum systems.

4. The autocorrelation functions in quantum systems

In the spirit of the preceding discussion we consider here the behaviour of autocorrelation functions (ACF). As we have seen, for higly stochastic systems, correlations decay exponentially. The heart of the problem here is to discover the peculiarity of the quantum system which causes the ACF, which is almost-periodic in the quantum case, to turn into an exponentially decaying function as $\hbar \to 0$. This question has been discussed in [2] and here we give only a short summary.

Let E_n n=1,2,... be the eigenvalues and u_n the corresponding eigenfunctions. Let f be a classical quantity and $\hat{f}$ the corresponding operator. Then, using the formalism of WIGNER functions, one may show that the ACF

$$S(t) = \sum_{m,n} |c_{mn}|^2 \, e^{-\frac{i}{\hbar}(E_m - E_n)t} \tag{5}$$

where $c_{mn} = \langle u_n | \hat{f} | u_m \rangle$, converges, as $\hbar \to 0$, to the classical ACF of f obeying the classical equations of motion. From (5) it is apparent that S (t) is an almost-periodic function of time.

We adopt now the same philosophy inherent in the statistical theory of spectra by WIGNER-DYSON [24] . They handle complex systems such as heavy nuclei by introducing ensembles of matrices characterized by strong statistical properties. In the same way we consider ensembles of Hamiltonians which share the main statistical properties of the WIGNER-DYSON ensembles and show that they imply exponential decay of correlations. More precisely, under the assumptions

i) the statistics of the eigenvalues and that of the eigenvectors are mutually independent

ii) the spacings between different couples of neighbouring levels are statistically independent

we rigorously prove that in the limit $\hbar \to 0$,

$$|\langle S(t)\rangle - \langle S(\infty)\rangle| \leq K \, e^{-\alpha^2 t^2} \qquad (t \to \infty) \tag{6}$$

that is the averaged ACF decays exponentially.

On the other hand we are interested in the behaviour of the ACF of the individual system. Therefore, in order the result (6) to be meaningful, one must resort to the so-called "self-averaging" property which means that the ACF of the individual system, as $\hbar \to 0$, approaches the average ACF. In other words the statistical dispersion of the ACF should tend to zero as $\hbar \to 0$. Now, since for any fixed $\hbar$, S (t) is an almost periodic function of time, expression (6) approximates the classical behavior only for a limited amount of time which grows to infinite as $\hbar \to 0$.

Quite naturally, the question remains open whether actual Hamiltonian systems fulfil the above assumptions. We cannot answer this question but we remark that the situation is very similar in classical mechanics: it took almost hundred years, after Boltzmann's ergodic hypothesis, to provide a physical example (the hard-spheres gas)which possesses the required properties. On the other hand the study of abstract systems such as the Arnold cat map proved very fertile in the developments of classical statistical mechanics. Here we consider the WIGNER-DYSON ensemble and rise him to the same dignity of the Arnold cat map in the classical ergodic theory. For the WIGNER unitary ensemble of matrices of rank N we are able to rigorously prove exponential decay of ACF (as in (6)) for any N and the self-averaging property, i.e. $\langle S^2(t)\rangle \rightarrow \langle S(t)\rangle^2$ as $N \rightarrow \infty$. Now we do not know, presently, examples of Hamiltonian systems which fulfil the properties of the "abstract" WIGNER ensemble; in the same way it is very difficult to find examples of classical systems which share the properties of the cat map. Nevertheless, we are confident that, as was the case for the classical ergodic theory, the study of abstract models will play a crucial rôle to illuminate the fascinating problem of understanding the various degrees of chaos or complexity in quantum systems.

References

1. J.Ford : In Long-Time Predictions in Dynamics, ed. W.Horton, L.Reichl, V. Szebehely (John Wiley) 141 (1982)

2. G.Casati, I.Guarneri : statistical properties of spectra and decay of correlations. Preprint

3. V.I.Arnold, A.Avez : Ergodic Problems of Classical Mechanics (Benjamin, New York, 1968)

4. L.A. Bunimovich, Ya.G.Sinai : Commun. Math. Phys. 78,479 (1981) ; ib 247 (1981)

5. G.Casati, G.Comparin, I.Guarneri : Decay of Correlations in Certain Hyperbolic Systems. Phys. Rev. A (to appear)

6. L.A.Bunimovich : Commun. Math. Phys. 65,295 (1979)

7. G.Casati, J.Ford, I.Guarneri, F.Vivaldi : Decay of Correlations in a Class of Plane Billiards. Preprint

8. M.V.Berry : Private Communication

9. H.O.Peitgen : see the paper in the present volume

10. G.Casati, B.V.Chirikov, F.M.Izrailev, J.Ford : in Stochastic Behavior in Classical and Quantum Hamiltonian Systems (G.Casati and J.Ford eds.) Lectures Notes in Physics 93 (Springer N.Y. 1979) 334

11. B.V.Chirikov, F.M.Izrailev, D.L.Shepelyansky : Preprint 80-210 Novosibirsk · D.L.Shepelyansky, preprints 80-132, 80-157, 81-55 Novosibirsk

12. M.V.Berry : Lectures given at the Les Houches Summer School 1981. To be published by North-Holland

13. A.Voros : in Stochastic Behavior in Classical and Quantum Hamiltonian Systems (G.Casati and J.Ford, eds.) Lectures' notes in Physics 93 (Springer 1979) 326

14. D.W.Noid, M.L.Koszykowski, R.A.Marcus : Ann. Rev. Phys. Chem. 32,267 (1981)

15. R.Kosloff, S.A.Rice : J. Chem. Phys. 74,1340 (1981) ; Ib. 1947

16. J.C.Percival : Advan. Chem. Phys. 36,1 (1977)

17. G.M.Zaslawski : Physics Reports 80,157 (1981)

18. G.Casati, F.Valz-Gris, I.Guarneri : Lett. Nuovo Cimento 28,279 (1980)

19. S.W.McDonald, A.N.Kaufman : Phys. Rev. Lett. 42,1189 (1979)

20. M.C.Gutzwiller : Phys. Rev. Lett. 45,150 (1980)

21. R.M.Stratt, N.C.Handy, W.H.Miller : J. Chem. Phys. 71,3311 (1979-

22. J.S.Hutchinson, R.E.Wyatt : Chem. Phys. Lett. 72,378 (1980)

23. E.J.Heller, E.B.Stechel, M.J.Davis : J. Chem. Phys. 73,4720 (1980)

24. C.F.Porter (ed.) : Statistical Theory of Spectra : Fluctuations (Academic Press, N.Y. 1965)

Part VIII

Emergence of Order or Chaos in Complex Systems

Criticality and the Emergence of Structure

P. Whittle

Statistical Laboratory, University of Cambridge
Cambridge, England

1. Introduction

We consider a collection of particles or units which may interact, in that a bond may form between any pair of units, or, having formed, may dissolve. This is the only type of interaction permitted; spatial and dimensional aspects of the process are thus suppressed. The process is nevertheless interesting in that it can show collective and critical effects. If parameters are changed so that association is favoured relative to dissociation then, at a critical point, very large connected clusters begin to appear; the phenomenon of aggregation.

This transition corresponds to the gelation of a polymer: passage from the sol state to the gel state. Such models are indeed used to represent polymerisation, and it is convenient to refer to them as polymerisation processes. They are indeed also useful in other contexts; e.g. antigen-antibody reactions [3], [4], social grouping [11], socio-economic structure generally [19] and as mean-field approximations to collective phenomena.

The onset of aggregation could be regarded as emergence of a rather passive and featureless structure. One obtains more convincing examples if one allows the units themselves to mutate between various states, or roles, and it is this additional feature that we now investigate.

There are various strands in the literature of polymerisation processes. The classic work of FLORY [2] and STOCKMAYER [9], [10] studied non-equilibrium processes of pure association: the parameters of the process were assumed to obey appropriate deterministic dynamics, and the statistics of the process to then achieve immediately the Gibbs equilibrium distribution corresponding to current parameter values. WATSON [12], GORDON [6] and GOOD [5] attempted a more thorough-going statistical treatment, using the theory of branching (or cascade) processes. It is not clear how such a process represents the actual kinetics, although their results are certainly consistent with those of FLORY and STOCKMAYER. This approach has since been developed by GORDON in a substantial sequence of papers.

A polymerisation process can be regarded as the evolution of a random graph, polymers being identified with the connected components of the graph. In all the approaches mentioned above these components are restricted to being trees. Mathematicians [1], [7] have also worked on random graphs, without the restriction to tree components, and have identified the phenomenon of aggregation. However, their models are not embedded in a dynamic description, and assume bonding probabilities of a physically rather degenerate form.

My own work began with a series of papers [13], [14], [15], [16] in which I tried to represent the stochastic kinetics faithfully, and to evaluate the true equilibrium distribution of the resulting process. Despite the deliberate shift in approach, results were consistent with those of FLORY/STOCKMAYER/GORDON, for reasons which have yet to be fully elucidated. However, there was still the same restriction, for technical reasons, to graphs whose components are trees (alternatively phrased, ring-formation, or intra-molecular reaction, is forbidden). In a later series [17]-[19] this restriction was removed, with, in fact, an increase in simplicity. The whole approach was yet further simplified in a subsequent paper [20] which gave the prescription in terms of the equilibrium distribution for a complete description, thus avoiding reversibility hypotheses. Equilibrium values of significant quantities can then be derived, immediately in some cases, or from known results in combinatorial graph theory.

2. The Complete Description and Reductions

Suppose that there are N units (nodes) labelled $x=1,2,\ldots,N$. Let $\xi(x)$ denote the state of unit x (colour of node x); we assume this can take values $\alpha=1,2,\ldots,p$. We shall refer to a unit in role α as an α-unit. Let $s(x,y)$ denote the number of bonds (directed arcs) from x to y. It turns out to be natural to allow multiple bonding and self-bonding, although, under the assumptions made below, these events will actually have vanishing probability for given units in the thermodynamic limit. Also, even if bonds are not intrinsically directional in character, it turns out to be natural to assign a direction in that $s(x,y)$ is the number of bonds between x and y "initiated" by x.

We regard the set of quantities $C = \{\xi(x),\ s(x,y)\ ;\ x,y=1,2,\ldots N\}$ as constituting a complete description of the system (or of the configuration of the graph Γ). Our basic assumption is that this complete description has the equilibrium distribution

$$P(C) \propto \frac{V^N}{N!}\left[\prod_x\prod_y \frac{\delta(\xi(x),\xi(y))^{s(x,y)}}{s(x,y)!}\right]\left[\prod_\alpha e^{\sigma_\alpha N_\alpha}\right]\left[\nu^{B+C-N}\right]\left[\prod_\alpha\prod_j H_{\alpha j}^{M_{\alpha j}}\right] \tag{1}$$

where V is the volume of the region of space within which the N units are confined,

$$\delta(\alpha,\beta) = \frac{\psi_{\alpha\beta}}{2V} \quad , \tag{2}$$

N_α is the total number of α-units (i.e. of x for which $\xi(x) = \alpha$), B is the total number of bonds

$$B = \sum_x\sum_y s(x,y) \quad , \tag{3}$$

C the total number of polymers (i.e. of connected components in Γ) and $M_{\alpha j}$ is the number of α units having j_β bonds (of either direction) with a β-unit $(\beta=1,2,\ldots,p)$.

The factor $V^N/N!$ in (1) becomes material only when we consider simultaneous distribution of units over several regions i of volumes V_i. The first bracket in (1) supplies the essential combinatorial component; if it were the only factor occurring and if the roles $\xi(x)$ were held fixed then the assumption would be that the $s(x,y)$ were independent Poisson variables, the expected number of bonds from a prescribed α-unit to a prescribed β-unit being given by (2). This distribution is tempered by remaining factors, representing energetic effects due to various types of interaction. The second bracket assigns differing potentials to the occupancy of differing states, and so favours some roles over others. The third factor introduces the possibility of differentiating between inter- and intra-molecular bonds. One has $B+C-N \geq 0$, with equality if and only if all polymers are trees. The quantity $B+C-N$ can thus be regarded as the number of "excess" intramolecular bonds. The final bracket lets the energy of a bond to a particular α-unit depend upon what other bonds that unit has formed.

In the 1980 and 1982 papers quoted I derived the equilibrium polymer statistics from (1), at the level of description of specifying the analogue of the quantities $M_{\alpha j}$ for each polymer. Combinatorial argument was needed, but there are results of interest which can be derived much more directly.

Suppose we assume that $\nu = 1$, $H_{\alpha j} \equiv 1$, so that the two final brackets in (1) can be dropped, and we have reduced the model to what might be termed the Poisson model. Summing the resultant simplified version of (1) over bonding numbers $s(x,y)$ and over permutations of individual units to the assigned roles we deduce the joint distributions of the "role totals" N_α as

$$P(\{N_\alpha\}) \propto \frac{V^N}{\prod_\alpha N_\alpha!} \exp[\Sigma\sigma_\alpha N_\alpha + \frac{1}{2V}\Sigma\Sigma\psi_{\alpha\beta}N_\alpha N_\beta] \quad . \tag{4}$$

This distribution is subject to the constraint

$$\Sigma N_\alpha = N \ . \tag{5}$$

There may be other constraints if there are constraints on mutation between different α-values; we shall here assume free mutation.

The quadratic term in the exponent of (4) represents interaction due to bonding effects. In coarsening the description down to specification of the role totals N_α we have seemingly lost information on polymer statistics, and so on the occurrence of critical effects such as aggregation. However, expression (4) still retains enough information to reveal criticality. Suppose the N units distributed over m identical sub-regions or compartments each of volume V/m. Let $N_{i\alpha}$ be the number of α-units in compartment i. Under plausible assumptions one finds the joint distribution $P(\{N_{i\alpha}\})$ to be a product over i of factors of type (4), with the constraint (5) now replaced by

$$\Sigma\Sigma N_{i\alpha} = N \ . \tag{6}$$

One finds that for density $\rho = N/V$ below a critical value matter tends to equidistribute itself between the compartments; above the critical value matter tends to concentrate in some one of the compartments; see [18].

Thus does criticality reveal itself in the N_α statistics. The model with compartments introduces a rudimentary concept of space, and so might be termed a semi-spatial model.

3. Structure Change and Criticality; the Farmer-Trader Model

In earlier papers [16], [19] I have considered a two-role Poisson model in which the roles were identified with those of trader or farmer, the parameters σ_α and $\psi_{\alpha\beta}$ being chosen appropriately. I looked for a discontinuous change in the trader/farmer ratio $E(N_1)/E(N_2)$ at criticality as evidence of a structural change. With the techniques of the 1977 paper groups ("polymers") were restricted to being trees, and there was in fact no discontinuity in the ratio at criticality. The 1980 paper was not thus limited, and it was found that, in the thermodynamic limit ($N,V \to \infty$ in constant ratio ρ) there was indeed a jump in the trader/farmer ratio as population density ρ increased through a critical value. However, it was not verified that this discontinuity occurred at the same value of ρ as gave the critical transition of aggregation. That is, as ρ increases there may be a discontinuous transition from an agrarian to a mercantile economy. There may also be the discontinuous transition of aggregation, i.e. of integration of the economy. It was not confirmed that these transitions were simultaneous.

Investigation shows the matter to be more complicated than was first apparent. The problem is best tackled by maximisation of

$$\log P(\{N_{i\alpha}\}) - \lambda\sum\sum N_{i\alpha}$$

with respect to the $N_{i\alpha}$, where λ is a Lagrangian multiplier corresponding to constraint (5), and by determination of N at the maximising value parametrically in terms of λ : as $N(\lambda)$. One then obtains two branches of the $N(\lambda)$ curve corresponding to solutions $\{N_{i\alpha}\}$ which are spatially homogeneous or not: let us refer to these as the sub-critical and super-critical branches respectively.

For some choices of the parameters ψ and σ both branches are monotonic, as in Fig. 1. In such a case, as N increases, the corresponding value of λ

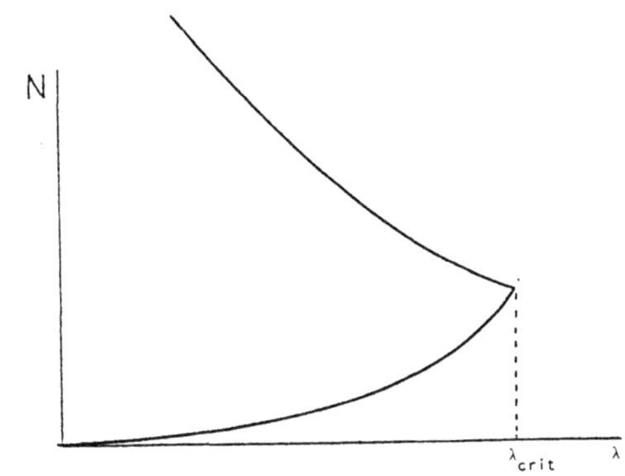

first increases and, when it reaches a value λ_{crit}, then decreases. This change marks the aggregation point which is not, however, discontinuous, since the maximising $\{N_{i\alpha}\}$ is continuous at criticality.

For other values of the ψ,σ parameters the picture is rather as in Fig.2. In this case the super-critical branch of the curve is not monotonic, allowing several values of λ for a given value of N. Indeed, as illustrated at the value $N = \overline{N}$, there may be points on both sub- and super-critical branches with this value of N. The only acceptable points on the super-critical branch are those for which $\partial N/\partial\lambda < 0$, for it is only they which can correspond to a local maximum of P.

However, given the pattern of Fig.2, there is a critical value of N, that labelled $\overline{N}$ in the figure, at which the solution on the super-critical branch overtakes that on the sub-critical branch, in that it corresponds to a local maximum of P which becomes absolute. The sequence of events as N (and so ρ) increases from zero is that the relevant solution initially moves along the sub-

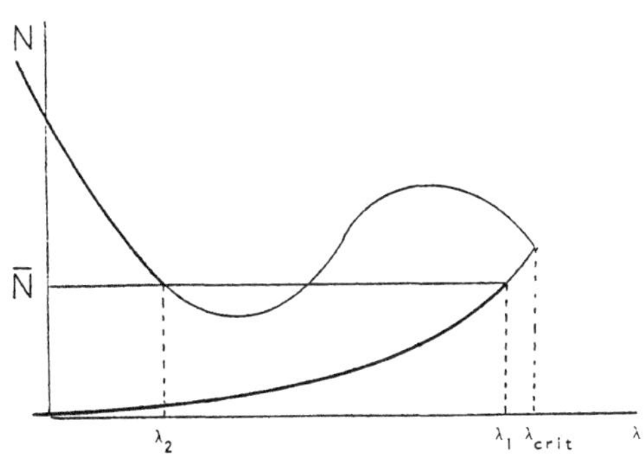

critical branch. At the value $\overline{N}$, however, corresponding to a value λ_1 of λ which is smaller than λ_{crit}, the dominating solution suddenly jumps to that on the super-critical branch, at $\lambda = \lambda_2$. This transition is both discontinuous (in that $\{N_{i\alpha}\}$ changes discontinuously) and accompanied by aggregation (in that the solution changes branches).

That is, there is a jump transition from an agrarian to a mercantile economy, accompanied by an integration of the economy. The full nature of this transition is exhibited both clearly and simply by examination of the semi-spatial model.

References

1. P. Erdös and A. Rényi, On the Evolution of Random Graphs, Mat.Kutató.Int. Közl., 5, 17-60 (1960).

2. P.J. Flory, Principles of Polymer Chemistry (Cornell University Press, 1953).

3. R.J.J. Goldberg, A Theory of Antigen-Antibody Reactions.I., J.Amer.Chem.Soc., 74, 5715 (1952).

4. R.J.J. Goldberg, A Theory of Antigen-Antibody Reactions,II., J.Amer.Chem.Soc., 75, 3127 (1953).

5. I.J. Good, Cascade Theory and the Molecular Weight Averages of the Sol Fraction, Proc.Roy.Soc.A, 272, 54-59 (1963).

6. M. Gordon, Good's Theory of Cascade Processes Applied to the Statistics of Polymer Distributions, Proc.Roy.Soc.A, 268, 240-259 (1962).

7. V.E. Stepanov, On the Probability of Connectedness of a Random Graph, Teoriya Veroyatnostei i ee Prim., 15, 55-67.

8. V.E. Stepanov, Phase Transitions in Random Graphs, Teoriya Veroyatnostei i ee Prim., 15, 187-203 (1970).

9. W.H. Stockmayer, Theory of Molecular Size Distribution and Gel Formation in Branched Chain Polymers, J.Chem.Phys., 11, 45-55 (1943).

10. W.H. Stockmayer, Theory of Molecular Size Distribution and Gel Formation in Branched Polymers. II. General Cross-Linking, J.Chem.Phys., 12, 125-131 (1944).

11. S. P. Wasserman, Models for Binary Directed Graphs and their Applications, Adv.Appl.Prob., 10, 803-818 (1978).

12. G.S. Watson, On Goldberg's Theory of the Precipitin Reaction, J.Immunology, 80, 182-185 (1958).

13. P. Whittle, Statistical Processes of Aggregation and Polymerisation, Proc.Camb. Phil.Soc., 61, 475-495.

14. P. Whittle, The Equilibrium Statistics of a Clustering Process in the Uncondensed Phase, Proc.Roy.Soc.Lond. A, 285, 501-519 (1965b).

15. P. Whittle, Statistics and Critical Points of Polymerisation Processes, Proc. Symp.Statist. and Probab.Probl. Metallurgy, Supplement to Adv.Appl.Prob., 199-215 (1972).

16. P. Whittle, Cooperative Effects in Assemblies of Stochastic Automata, Proc. Symp. to Honour Jerzy Neyman, 335-343 (Polish Scientific Publishers, Warsaw, 1977).

17. P. Whittle, Polymerisation Processes with Intrapolymer Bonding. I. One Type of Unit, Adv.Appl.Prob., 12, 94-115 (1980a).

18. P. Whittle, Polymerisation Processes with Intrapolymer Bonding. II. Stratified Processes, Adv.Appl.Prob., 12, 116-134 (1980b).

19. P. Whittle, Polymerisation Processes with Intrapolymer Bonding. III. Several Types of Unit, Adv.Appl.Prob., 12, 135-153 (1980c).

20. P. Whittle, A Direct Derivation of the Equilibrium Distribution for a Polymerisation Process, Teoriya Veroyatnostei i ee Prim., 26, 350-361 (1982).

Strange Stability in Hierarchically Coupled Neuropsychobiological Systems

Arnold J. Mandell, Patrick V. Russo, and Suzanne Knapp

Department of Psychiatry, University of California
San Diego, La Jolla, CA 92093, USA

A major theoretical issue of concern to neuropsychobiologists today involves a meaningful integration of data and models from the spatially, temporally, and conceptually disjoint subdisciplines of brain research. Catalytic and binding events in neurotransmitter enzymes and receptors occurring over angstroms in nanoseconds and mood cycles involving brain hemispheric asymmetries over decimeters in months span electromagnetic events of a similar range of scales in time and space, yet find harmonious integration in quasi-stable patterns of observable behavior. The macroscopic phenomena have been explained in the context of deterministic elementary processes and from the perspective of a single level of experimental observation. The pursuit of the field mechanisms underlying the brain's cross-scale vertical integration requires more abstract metrics with the potential for generalization across disciplinary boundaries. During the two recent decades of radical reductionism in brain research, neurobiologists have treated as experimentally undefinable such global descriptive concepts from the 1950s as attention [1], limbic system emotionality [2], and brain function as a reflex arc through a dynamically configured network of delays [3].

As new classes of what THOM [4] would call state-space controls emerged and were followed by the discovery of many new members, each received an excited honeymoon of interest and was treated boldly as a monodimensional (and often monotonic deterministic influence on phenomena involving the entire nervous system. Subsequent reports of statistical deviations from expectation were followed by promiscuous rushes to new hope in yet-unexplored systems of experimental variables. For a while, norepinephrine deficiency caused depression; substance x was an inhibitor, and electroencephalographic theta waves signified the "pleasure" of frustrative nonreward. With the possible exception of the Hodgkin-Huxley membrane equations (and even those have not yet been extended beyond periodic solutions into more realistic uncountable periodic [5] and aperiodic [6] regiemes) and the feedback and delay models of enzyme and neuroendocrine regulation (also dominated by overly idealized analytic approaches), this most exquisite piece of biological machinery has been imaged much like a scale-invariant colon: the content of neurotransmitter in synaptic organelles, excitation in neural networks, and instinctual drives in the psychic apparatus undergo density-dependent rates of accumulation, reach critical levels leading to discharge, and the cycle begins again.

Our technologically advanced and conceptually primitive approach to the brain sciences is dying of its own success. Current estimates of the number of neurally active substances soon to be known are in the dozens, many in the same nerve cell. The number of different nerve cell types ranges in the same order of magnitude. Numbers of cells, each with multiple receptors and myriad interconnections, generate communication channels in the exponential billions. The overwhelming number and heterogeneity of microscopic variables in this many-body system, each with its own equation of motion, require a more statistical mechanical approach to charac-

---

This work is supported by a grant from the U.S. Public Health Service, National Institute on Drug Abuse, DA-00265-10.

terization, one in which, for example, the probability density distribution and the time integral over the autocorrelation function, rather than parameter values of differential equations, serve as descriptors. The difficulties inherent in closure of a deterministic equation set describing behavior in an infinite dimensional space, the non-ideal patterns of nonlinear couplings and dissipations to be anticipated in this dense, intrinsically unstable (sensitive) pot of electrochemical jelly, and the uncertainty lengths (fluctuations) of the measures themselves multiplied many fold over the iterative process of time passing allow us to search only for low-dimensional mathematical objects as qualitative, metaphorical representations of reality.

Strong new evidence that human brain function at the macroscopic scale manifests characteristic cooperative dynamic structures justifies attempts at qualitative portrayal. In the wildest psychotic and in normal sleeping man, mean whole brain energy utilization is the same [7] but patterned differently in time and space. Recent evidence suggests distinctive spatial asymmetries in some psychopathological syndromes [8]. Characteristic time- and space-dependent configurations of indeterminacies (variations around the mean expectation in a system whose energy is conserved) may mean that organizational constraints emerge from geometric and topologic issues such as uniqueness (non self-intersection), connectivity, shape, and dimension rather than from the relative depths of potential wells. These laws of nature suggest the use of more global entropic descriptors: dynamic stability, indices of mixing properties, the geometry of phase plane trajectories and the behavior inferred from their transverse sections, characteristic exponents and multipliers, dimension, and morphologic approaches to spectral decomposition [9]. Using these tools, can we make qualitative predictions about an infinite dimensional system in a space much smaller than that necessary to simulate the microscopic equations of motion for all the brain's elements? Will these descriptions apply cross-disciplinarily to the brain as a complex, interdependent field of non-periodic recurrent and periodic activities?

Freud faced much the same scientific problem. Thousands of hours of silent listening to patients given the ambiguous task of saying "anything that comes to mind" placed a semi-structured set of indeterminacies at the disposal of the human brain as a dynamic system. As in the history of psychopathological description or the taxonomy of the apparently few attractors that emerge from a wide variety of specific density-dependent (single humped) difference and differential functions [10], there emerge only a few styles of macroscopic organization. The scenarios, time-dependent evolution of the psychoanalytic process, as well as the clinical courses of the disorders themselves, are often as stereotyped as (perhaps metaphorically analogous to) the RUELLE-TAKENS circular route through turbulence: stability, oscillation, bifurcation, chaos, oscillation, and again, stability [11]. Freud actually resolved an infinity of individual differences in free associative style into two variously combined and weighted fundamental motions: the expansive affectual and cognitive "mixing" of the hysteric and the characteristic contraction of the obsessional--reminiscent of the expanding $\bar{\lambda}(+)$ and contracting $\bar{\lambda}(-)$ exponential contributors to stability inferred from the methods of LYAPOUNOV [12].

In non-equilibrium statistical mechanics, the evolution of the dynamics of a many-body system with the intrinsic indeterminacy of the assumption of repeated randomness led to FOKKER-PLANCK equations in which the autocorrelation function of the stochastic process, $Rx(\tau)$, supplied the diffusion term [13]. The same style of shaping the system's indeterminacies, its mixing properties, is sought in the context of ergodic theory in indices of global stability such as the spectrum of characteristic exponents, $\bar{\lambda}$, [14] treated as a time-dependent measure of the rate of loss of the information in the initial conditions [15] and the related geometric dimension d [16], which has been treated both as the mean of the spectrum [17] and, more recently, as $d \simeq n[\bar{\lambda}(+),\bar{\lambda}(0)] + [\bar{\lambda}(+)/-\bar{\lambda}(-)]$ [18]. Characteristic spectral morphology, $Gx(f)$, has also been found useful in describing the behavior of complex, interactive dissipative dynamical structures [19,20].

As hyperbolic stability of equilibria and orbits derives from a mixture of stable, E^s, and unstable, E^u, manifolds [21], Freud thought that normal psychological stability resulted from a balanced combination of hysterical and obsessional mixing properties. The two ends of the continuum of characterological style find resonant modes in the two brain hemispheres, for evidence is accruing that one is loose, variable, impulsive, expansive, coarse-grained, timeless, and hysteric and the other is more tightly fine-grained, time-locked, contracting, and obsessional in cognitive and affectual style [22].

Qualitative approaches to mathematical representations of dynamical systems exploit similar low-dimensional descriptions. The differential equation $\dot{x} = ax$, in which for every t, $x'(t) = ax(t)$, finds solution as $f(t) = Ke^{\alpha t}$ in which K is a constant and the sign of α determines the pattern of convergence of the function [23]. If $\alpha > 0$, $\lim_{t\to\infty} Ke^{\alpha t} \to \infty$ when $K > 0$; if $\alpha = 0$, $Ke^{\alpha t}$ is constant; if $\alpha < 0$, $\lim_{t\to\infty} Ke^{\alpha t} \to 0$. Eigenvalue and characteristic exponent reflections of stability, derived from the linear transformations of tangent subspaces of vectorial functions at limit points, manifest a similar array of motional indices, complex numbers for which coordinates to the left of the imaginary axes in the case of hyperbolic points (or inside the unit circle for hyperbolic periodicity) indicate insets, and points in the right half plane (or outside the unit circle) indicate outsets, and complex conjugate points represent periodic motion. There are as many characteristic exponents as there are dimensions of the phase space of dynamical systems, and the dynamics of the aggregate and their stability reflect a "permanent inequality restricting the coordinates" [24]. The LYAPOUNOV characteristic exponent, the average steepness of slopes, $\bar{\lambda} = \lim_{n\to\infty} (1/n)\Sigma\log_2|dy/dx|$ which predicts the stability of the time dynamics on the manifold [15] and d, the complexity of the covering of the function as a Jordan curve [12] can also be viewed as the qualities of the map that predict contraction, magnification, or maintenance of the indeterminacy that entered the system with the ensemble of initial conditions (fluctuations). The lifespan of the initial information, the characteristic time, has been seen as $\hat{t} = H_{in}/|\bar{\lambda}_t|$ where H_{in} is the amount of initial data [15]. This measure is, of course, intuitively analogous to the time integral of the $Rx(\tau)$ which changes inversely to d with perturbation [16]. Considering $\bar{\lambda}$ as a sign-independent absolute value, $|\bar{\lambda}|$ suggests that increased rate of loss of the initial transients facilitating emergent stability can occur in association with the dampening of convergence to a torus at high negative values of the LYAPOUNOV, $\bar{\lambda}(-)$, and in the statistical stability seen in the expanding (then folding and reinsertion, continuation) bounded mixing of the strange attractor, with these three motions represented in R^3 by the characteristic exponents $\bar{\lambda}(+,-,0)$ [25] in the domain characterized by LORENZ as one of "noisy periodicity and inverse bifurcation" [25a]. When a zone of statistical stability is found in the $\bar{\lambda}(+)$, aperiodic, domain its LYAPOUNOV exponent becomes (-) [25b]. Extreme values for either $\bar{\lambda}(+)$ or $\bar{\lambda}(-)$ signify domains of dynamic systems that resist perturbation by increasing amounts of random noise [26], which suggests that these are two fundamentally different forms of dynamical systems stability: 1) non-transitive, countably periodic, non-mixing toroidal flow with more discrete spectra; 2) transitive, uncountably periodic and aperiodic chaotic, bounded, mixing flow of the strange attractor in which the spectrum is more continuous. These were the two fundamental kinds of solutions found in systems of constant energy in classical mechanics as described by KOLMOGOROV [19] in 1954 and correspond to the two generic responses of our complex brain enzyme kinetic scattering systems in the presence of ions, polypeptide ligands, or psychotropic drugs.

"Strange stability" sounds like a paradox, particularly because hydrodynamic turbulence is currently the most specific physical locus for the mathematical structure of strange attractors [27]. However, there is considerable structure in turbulence [28], and whereas the quasi-periodic solutions of the LANDAU-LIPSCHITZ concept of repeated toroidal bifurcations to hydrodynamic turbulence are unstable with respect to small perturbations of the equations, the RUELLE-TAKENS route through the chaos of the strange attractor has been called the stabilization of the LANDAU-LIPSCHITZ picture [29]. We shall present evidence that lithium, an ion with the unique psychotropic effects of increasing stability in many syndromes of intermittent behavioral pathology, preventing or dampening the actions of stimulant drugs such as amphetamine or cocaine [30], and preventing both periodicity and critical phase transitions to either "high" or "low" in the clinical course of the mood disorders, induces bounded ("frozen") regions of phase space within which there is chaotic mixing, a qualitative picture not unlike that of a strange attractor. The bounded, chaotic mixing that ensues on the system's manifold prevents entrainment of macromolecular and neuronal relaxation oscillators, promoting a "gaussian stability," and reducing the system's potential for emergent toroidal periodicity and bifurcational phase transitions, prominent clinical features of the bipolar affective disorders [31].

The dynamics of two complex brain enzymatic kinetic scattering systems that are rate-limiting for the biosynthesis of the most diffusely distributed neurotransmitter modulator systems in the brain, the two most intimately related to current pathophysiological theories of mental disease, dopamine and serotonin--tyrosine hydroxylase (TOH) from nigrostriatal dopaminergic projections and tryptophan hydroxylase (TPOH) from the midbrain raphé to limbic serotonergic pathways [32]--will be examined in some detail, leading to a metaphorical model of the lithium effect. Lithium-induced changes in the global properties of these dynamical enzyme systems find "self-similar" [16] expression in hierarchically coupled levels of brain function reflecting the cross-scale invariance of gaussian-like random processes [16] in the actions of these neurotransmitters.

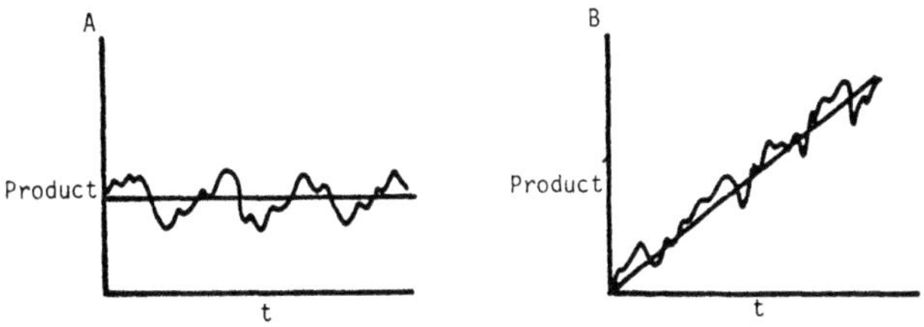

$A = (EV - V_i)/(V_o + \dot{V})$ $\qquad$ $P_A = \Sigma[(s-s')^2 + (A-A')^2]^{1/2}$

$RMS_A = (\Sigma A^2)^{1/2}$ $\qquad$ $m = \Delta\log_{10}P_A/\Delta\log_{10}n_s$

$d_A = 1 - m$

Fig.1 Analytic techniques for the kinetic scattering paradigm

As exemplified in Fig.1, variations in product accumulation rates in rat brain enzyme preparations from brain stem and striatal regions are studied in a kinetic scattering paradigm as described elsewhere [33,34]. A complex mixture of reaction components simulating physiological circumstances is in contact with the catalytic task, conversion of substrate to product, for 1.5 minutes (short residence time, Fig.1A) or continuously for 60 minutes and sampled every minute (long residence time, Fig.1B) in duplicate or triplicate. The fundamental data set is composed of A values, deviations from expectations normalized for average levels (intercepts) and slopes. RMS_A is treated as the average value of the deviations. Representing the Hausdorff-Besicovitch dimension of the A plot, $d_A = \lim_{\varepsilon\to\infty} \log N(\varepsilon)/\log (1/\varepsilon)$ where $N(\varepsilon)$ is the number of objects of measure ε needed to cover the outside of the A function as a Jordan curve [16]. The method of calculating d_A from the perimeter P_A is indicated in Fig. 1. Orbits of the self map $\dot{A}$ versus A, graphs of the autocorrelation functions of the A plots, the spectra of their Fourier transforms, and their probability density distributions and higher moments are determined for these systems [33,34]. Characteristic exponents are calculated as $(1/N)\Sigma_{i=1}^{N} \log_2|dA_i/dA_i|$ [14].

Sources of instability in these complex brain enzyme systems are myriad. As in all the enzymology of complex reaction systems, pre-experimental manipulations in-

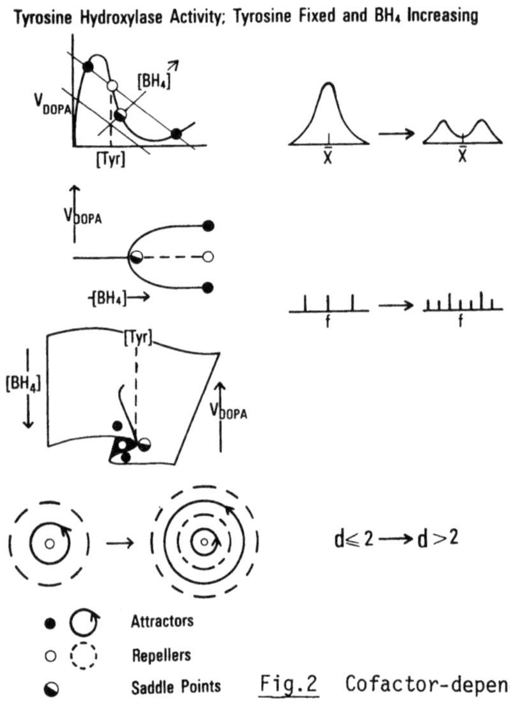

Fig.2 Cofactor-dependent bistability of tyrosine hydroxylase

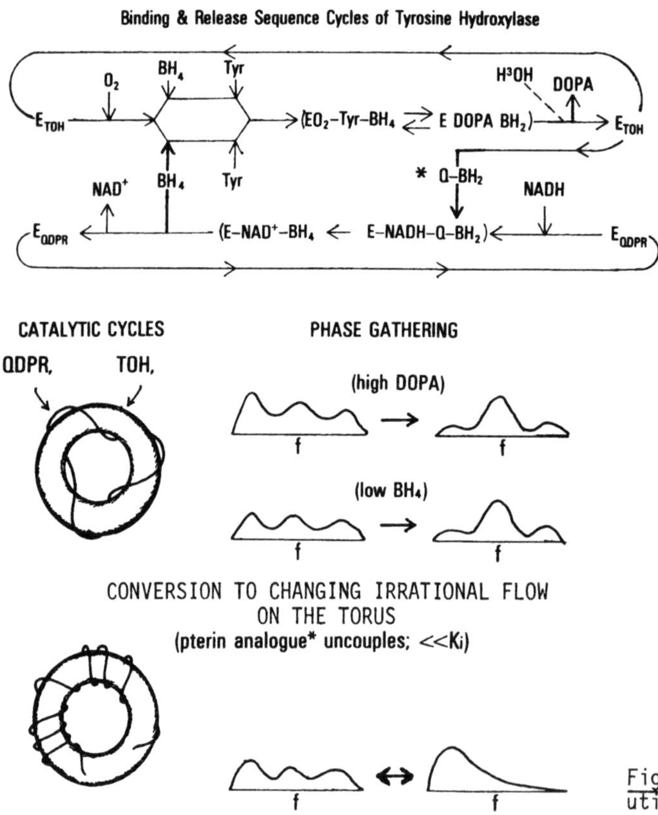

Fig.3 Kinetic coupling of BH_4 utilization and regeneration

volve the adjustment of reaction conditions until a suitable "saturation curve" is achieved. Buffers, ions, and other reactants are used to sculpt a path to hyperbolic stability, a smooth motion to equilibrium across increasing substrate concentrations or time. Known sources of dynamic instability include 1) a "substrate inhibition" saturation curve revealing tetrahydrobiopterin (BH_4)-dependent conformational bistability (Fig. 2; tyrosine is the cosubstrate; dihydroxyphenylalanine (DOPA) is the product, the immediate precursor of dopamine); and 2) two variously coupled, cyclic kinetic processes involving the use and regeneration of BH_4 by quinonoid dihydropteridine reductase (QDPR). In Fig.3 the sequences of binding and release of reactants are shown for both TOH and QDPR [32]. This aspect reveals the potential for both constructive and destructive interference, depending on the relative phasing of the two processes. Even small amounts of uncoupling lead to spontaneous rearrangement of the pterin intermediate so it can no longer serve as substrate [32], and spectral and exponential indices of variational behavior change dramatically with nanomolar concentrations of anti-cancer pterin analogues that have been shown to alter the reactant binding sequences [32,35]. These two BH_4-dependent contributors to dynamic instability, which themselves in the short term determine BH_4 concentration [35a], are coupled in parallel, which leads to an array of possible emergent dynamics (Fig.4).

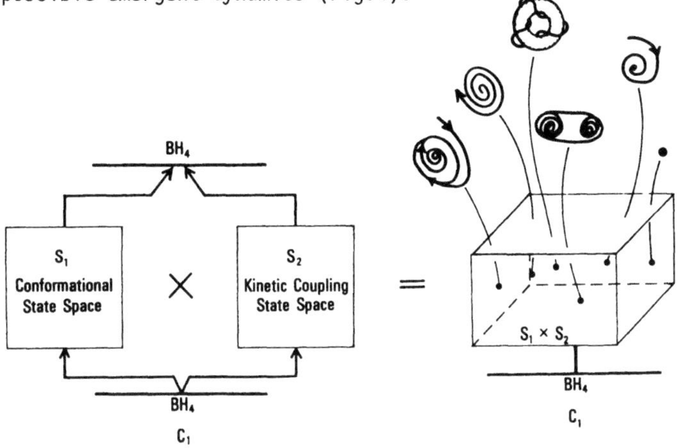

Fig.4 Parallel coupling of conformational and kinetic dynamics under cofactor control

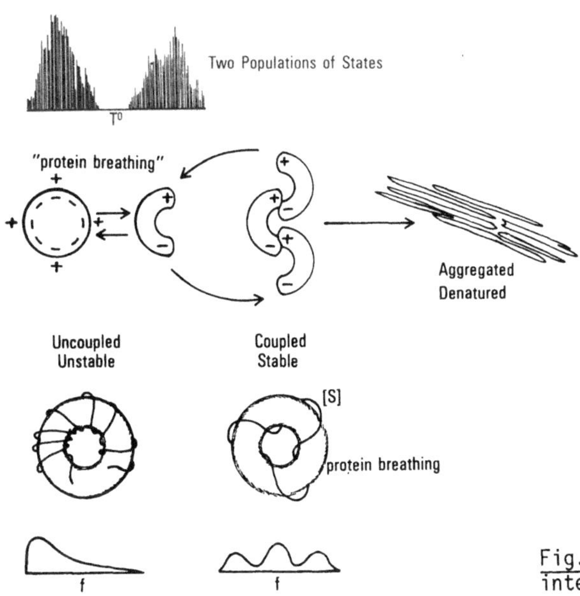

Fig.5 Dynamics of enzyme proteins and interactive populations

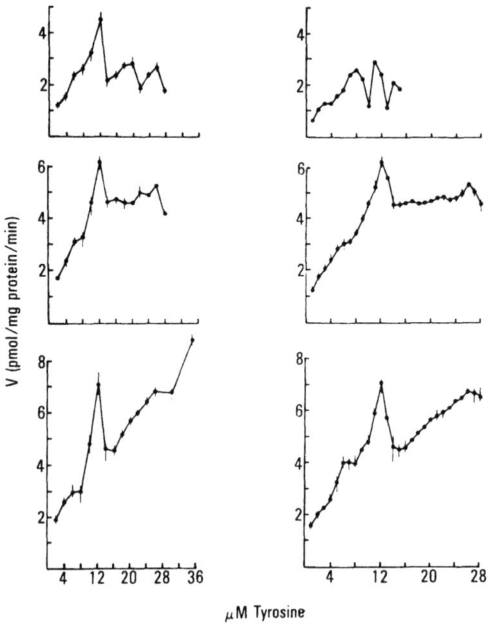

Fig.6 Saturation functions of tyrosine hydroxylase kinetic scattering system with BH_4 cofactor at 3 µM

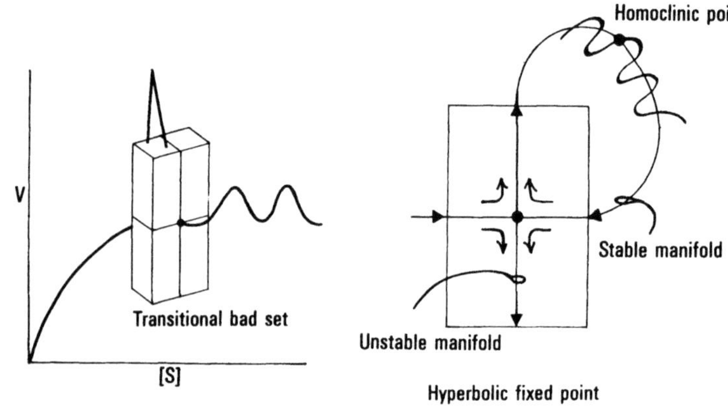

Fig.7 Poincaré surface of section in the region of hyperbolic equilibrium

Other sources of cooperative nonlinearity involve the interactions of the stability-dependent autonomous motions of globular proteins called "breathing", first elegantly applied to enzyme dynamics by CARERI et al. [36], and the electromagnetic coupling of macromolecules [37], which can configure the approach of substrate to the active site and, by changing the normal pattern of macromolecular entrainment, generate both resonance and destructive interference in the enzyme protein-cosubstrate interactions (Fig.5).

As might be anticipated from these and other sources of instability, at physiological reactant ratios [38] the substrate saturation functions of rat striatal TOH display "humps and bumps" like those reported for similar regulatory enzymes by TEIPEL and KOSHLAND [39]. A relatively smooth approach to an equilibrium is followed by a phase transition to recurrent periodic and aperiodic behavior as in Fig.6 where data points represent medians of triplicates from six independently determined saturation functions of the TOH kinetic scattering system at 3 µM BH_4. A Poincaré transverse section of the flow in the neighborhood of the hyperbolic fixed point (Fig.7) might portray stable and unstable manifolds describing intersection of the orbit with this co-dimension one hypersurface. The joining of these two manifolds at a homoclinic point can generate an infinite number of periodic and aperiodic recurrent motions [5,6]; so it is no surprise that a smoothed (three-point moving average of median values from triplicate determinations) phase plane portrait of a TOH saturation curve inscribes an initial linear increase in A followed by two regiemes of semi-periodic recurrence (Fig.8). Fig.9 portrays typical product concentration fluctuations in short residence time experiments under control conditions and in the presence of 5 μM propranolol, a drug used to stabilize the rhythm of the heart; here it appears to increase coherence in product concentration frequencies [33].

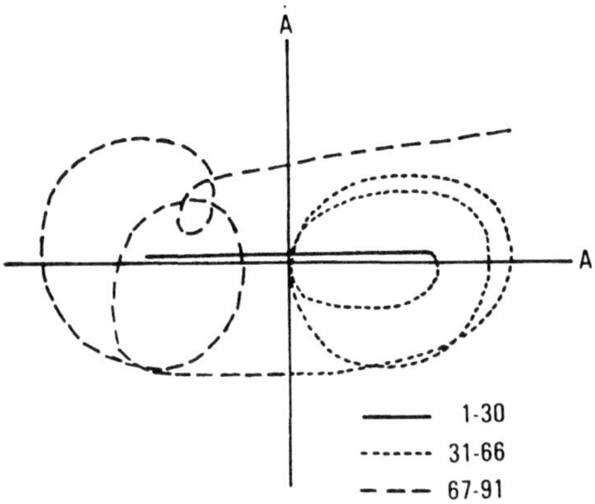

Fig.8 Phase-plane portrait of a 91-point tyrosine hydroxylase substrate-velocity function

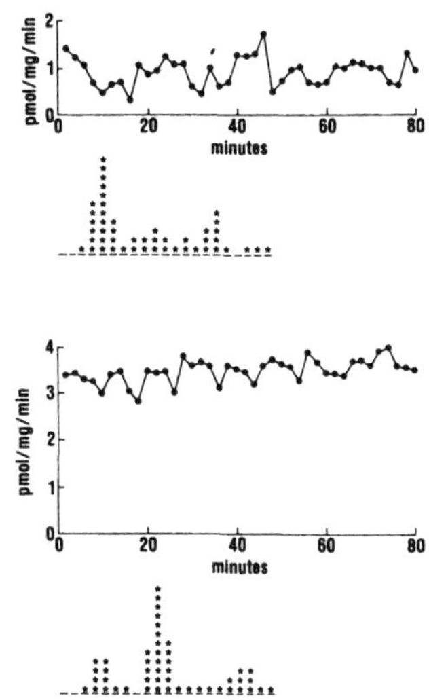

Fig.9 Variational frequencies in tyrosine hydroxylase product concentrations in the absence (top) and presence (bottom) of 5 μM propranolol

When amphetamine was added to TOH preparations in increasing concentrations [40], three dose-related domains of dynamical behavior appeared (Fig.10). With a low dose (1 μM) d was low, associated with a continuous 1/f spectrum in most of our studies; with 5-15 μM, d ≃ 2, characteristically associated with a more indeterminate spectrum; with 20-25 μM, d > 2, suggesting quasi-periodic behavior on the torus associated with more discrete spectra. Three similar zones of statistical behavior have been seen across increasing amphetamine concentrations in the dynamics of dopamine receptor binding, in the spontaneous activity of single dopaminergic neurons in the substantia nigra, in field recordings of the unit activities in the neuronal network of the mesencephalic reticular formation, in limbic-cortical electroencephalographic patterns, in animal exploratory behavior, and in human psychological state (see [40]). In the clinical realm, low doses of amphetamine stabilize, medium

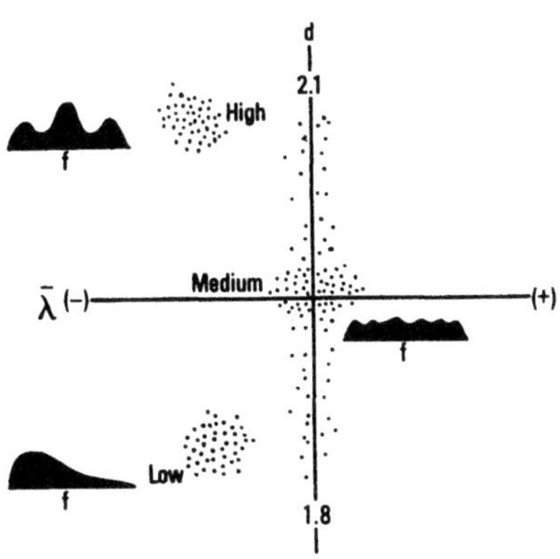

Fig.10 Three amphetamine dose effects on brain tyrosine hydroxylase kinetics

doses energize, and high doses generate repetitious behavior ("stereotypy") and obsessionally fixed paranoid delusion [40]. A low d and a continuous 1/f-like spectrum induced by low doses of amphetamine suggest a regieme of stability, $\bar{\lambda}(-)$, in the behavior of a strange attractor. More discrete spectra, a $d > 2$, and cyclicly repetitious behavior suggest quasi-periodicity on a torus, also $\bar{\lambda}(-)$. These resemble the two spectral patterns of stable solutions to constant energy dynamical systems described by KOLMOGOROV [19].

The self-similarities of these effects across disciplinary levels and the dependence of these hydrophobic brain enzymes for stability on the dynamics of the protein-water interface [41] suggest that the locus of the vertically self-similar actions of amphetamine might be the water structure in the brain as it dynamically configures the stability of neural macromolecules and membranes [42]. Lithium, which has the most powerful influence on water dynamics of any ion [43,44], serves as a cross-disciplinary probe of the hypothesis. Is lithium-induced neurobiological stability reflected also in measures suggesting the presence of a cross-disciplinary strange attractor?

Being non-Newtonian "fluids" with properties of both viscoelasticity and memory [45,46], globular proteins in solution are ideal dynamic vehicles for turbulent flows [28]. By flow is meant the time-dependent motions along the reaction trajectory [47], substrate diffusion or convection through the protein as it approaches the active site and is catalytically converted to product, and product diffusion or convection out of the enzyme to the surrounding medium. Lithium increases macromolecular inertia (intramolecular dehydration and the freezing of water motion), seen as a palpable "stiffening" of brain tissue [48], and increases solvent viscosity as well [49], which has been shown to be transferred to the interior of the protein where it configures the kinetics of transmolecular transport of substrate and product [50,51]. An increase in the ratio of nonlinear inertial to viscous terms describes an increase in the Reynolds number of a hydrodynamic system [52] leading in the direction of turbulence. Lithium-induced increase in inertia as destabilizing ($d>2$, $\bar{\lambda}\uparrow$) and increase in viscosity (dissipating momentum) as stabilizing ($d<2$, $\bar{\lambda}\downarrow$) in a system with continuing catalytic oscillations that are

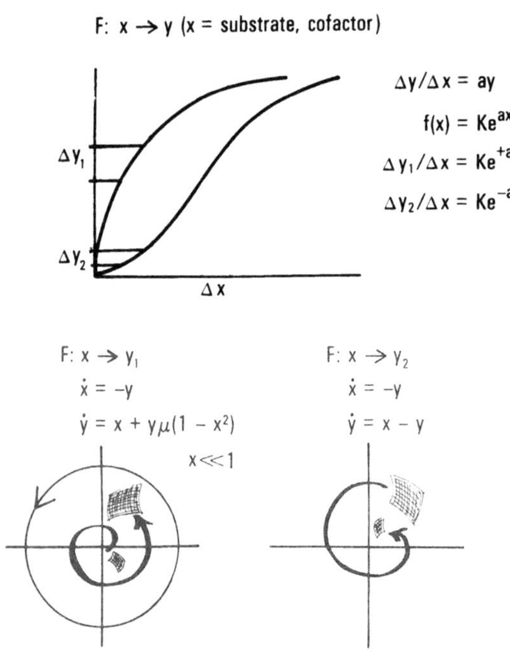

Fig.11 Two kinetic forms of tryptophan hydroxylase demonstrate capacities for expansion and concentration in the phase plane

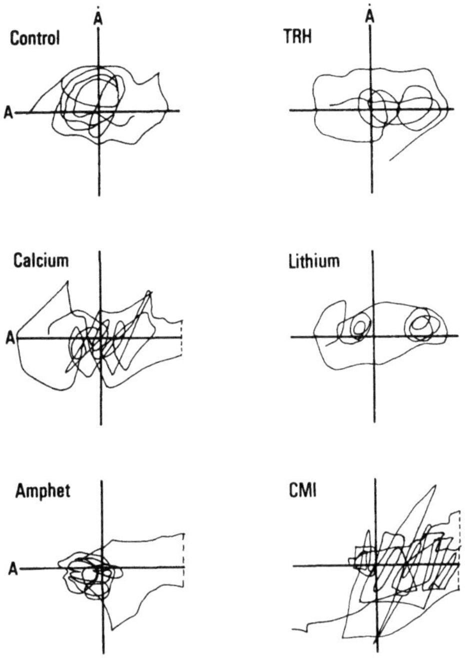

Fig.12 Phase plane trajectories of tryptophan hydroxylase in the presence of various ligands

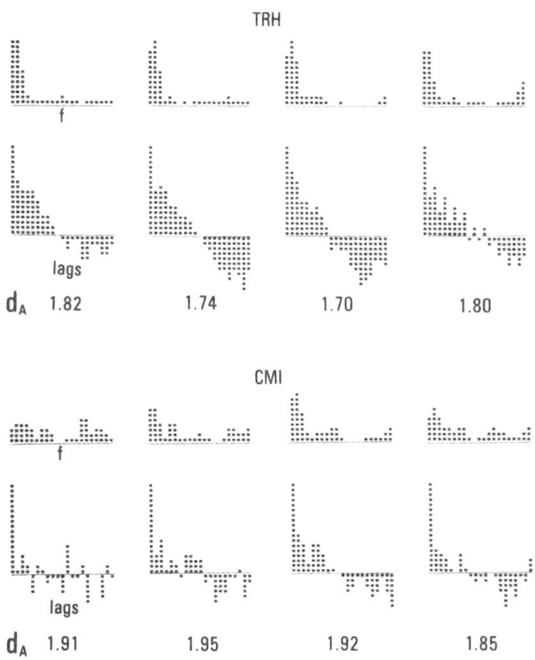

Fig.13 Ligand effects on the spectral, autocorrelational, and dimensional measures of tryptophan hydroxylase kinetic scattering

intrinsically near periodic, $d \simeq 2$, $\bar{\lambda}(0)$ [33,34] suggests a potential for the critical-valued constituent motions of a strange attractor. As in Fig.11, the two kinetic forms of tryptophan hydroxylase reflecting its intrinsic bistability [53] demonstrate a capacity for both expansion ($\Delta x \rightarrow \Delta y_1$) of the indeterminacy in an ensemble of initial conditions and contraction ($\Delta x \rightarrow \Delta y_2$) analogous to changes in the volume of the phase fluid seen in the orbits of van der Pol and damped harmonic oscillators [15].

As seen in Fig.12, tryptophan hydroxylase preparations in the presence of 1-3 μM concentrations of ions, polypeptide ligands, or drugs displayed two general kinds of characteristic $\dot{A}$ versus A phase plane behavior [54]. The polypeptide TRH, thyrotropin-releasing hormone, present with the enzyme in serotonergic neurons as a cotransmitter [55], consistently induced vortices, as did lithium. The other pattern involves periodic, aperiodic, or expanding rotations near the origin and results in more ergodic covering of the phase space. Fig.13 shows the effects of TRH and the tricyclic antidepressant chlorimipramine (CMI) on frequency spectra, autocorrelation functions, and dimensional exponents from long residence time determinations of TPOH kinetic scattering patterns. The TRH-induced pattern of vortices in the phase plane (Fig.12) was associated with a more continuous 1/f-like pattern in Gx(f) and Rx(τ) and a lower d. In contrast, the expanding pattern of phase plane behavior induced by CMI was associated with a multimodal Gx(f) and Rx(τ) and a higher d. As with TRH, 1/f-like Gx(f) and Rx(τ) and a lower d are seen in the vortex-inducing lithium condition (Fig.14), contrasting to the effects of equimolar calcium, the ion closest to lithium in ionic radius. Lithium, in addition, consistently reduced kurtosis and skew in the probability densities of the A values, engendering more nearly gaussian distributions [54]. Table 1 shows the effects of lithium and CMI on both the dimensional and LYAPOUNOV exponents.

Table 1 Exponential measures from long residence time TPOH studies

Condition	N (60-Point Assays)	$\bar{d}_A$ ± S.E.M.	$\bar{\lambda}_A$ ± S.E.M.
Control	14	1.92 ± 0.014	0.285 ± 0.013
Lithium	10	1.82 ± 0.013*	0.014 ± 0.002*
CMI	8	1.81 ± 0.034**	0.030 ± 0.007*

*p < 0.002 vs control; **p < 0.05 vs control; non-parametric t-test

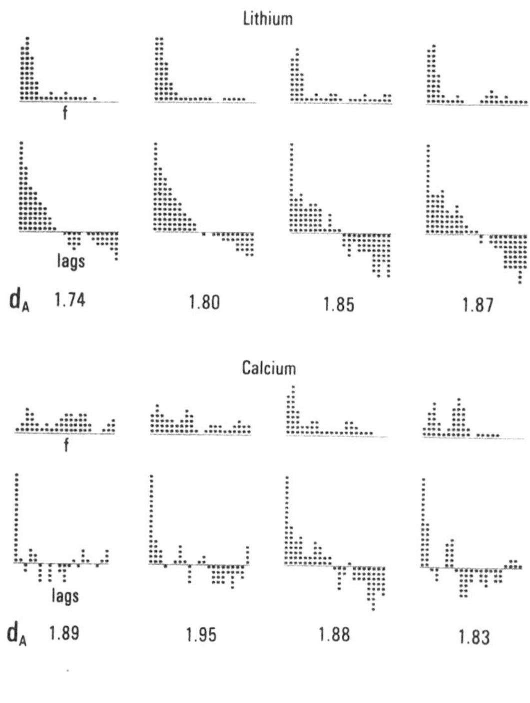

Fig.14 Ligand effects on the spectral, autocorrelational, and dimensional measures of tryptophan hydroxylase kinetic scattering

We interpret the phenomena observed in the presence of lithium as consistent with the picture of a strange attractor representing turbulent flow in the kinetic scattering paradigm, i.e. a) continuous, 1/f-like spectra [19,20]; b) the presence of vortices in the phase plane [28]; c) the decrease in dimensionality (d_A) resulting from the rule governing the behavior of strange attractors--joining but no splitting of dynamical motions with an associated decrease in degrees of freedom and/or coordinates necessary for location (irreversibility) [15]; d) the presence of low-frequency components [56]; e) more gaussian-like distributions of A values [57]; f) increased catalytic velocity suggesting turbulent convection overcoming diffusion limited enzymatic reaction rates [58]; and g) separation of scales across a broad range of lithium-influenced central nervous system measures--the "fasts" get faster and "slows" get slower [54]. The remarkable stability of chaotic strange attractors has been described [59], and Fig.15 portrays how bounded chaotic mixing seen in the transversals of flows [60] could serve to stabilize a neurotransmitter modulator system against bifurcation in time, a dynamic that may underlie the spatial bifurcation in function of the brain's hemispheres, a critical phase transition that could produce the dramatic changes in state characteristic of the manic-depressive syndrome [54]. With control values transposed to the intersection of d versus $\bar{\lambda}$, Fig.16 represents symbolically the two dynamical motions induced by lithium: short residence time kinetic scattering studies show an expansion (increase in both d and $\bar{\lambda}$); long residence time studies show a contraction (decrease in both d and $\bar{\lambda}$) [54]. This duality of motions is characteristic of a strange attractor [25]. In contrast, the CMI condition yielded both changes in the same direction, contraction.

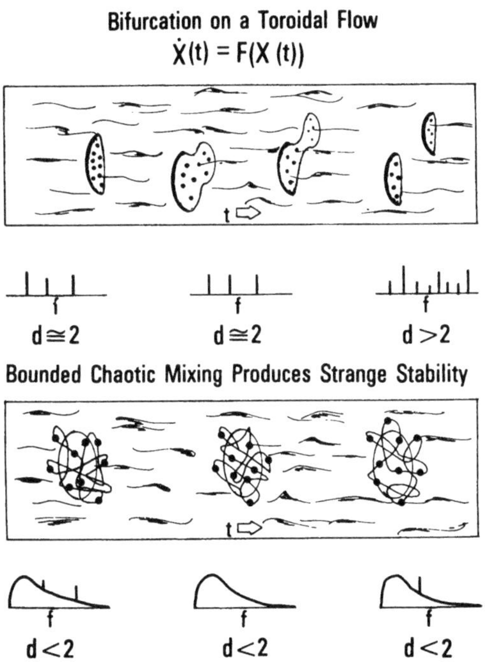

Fig.15

Lithium converts a hyperbolic to a sigmoid saturation function (Fig.17) [53], kinetic behavior of regulatory enzymes explained in other contexts as allosteric sequential (Fig.17A) [39] or concerted (Fig.17B) [60a] changes in affinities of enzyme monomers for cosubstrates. However, lithium-induced strange stability of a kinetic scattering system in which bounded chaotic mixing engendered a more nearly gaussian distribution of velocities would produce a sigmoid cumulative velocity curve. Perhaps some allosteric kinetic behavior reflects emergent properties of complex dynamical systems rather than elementary physical molecular mechanisms.

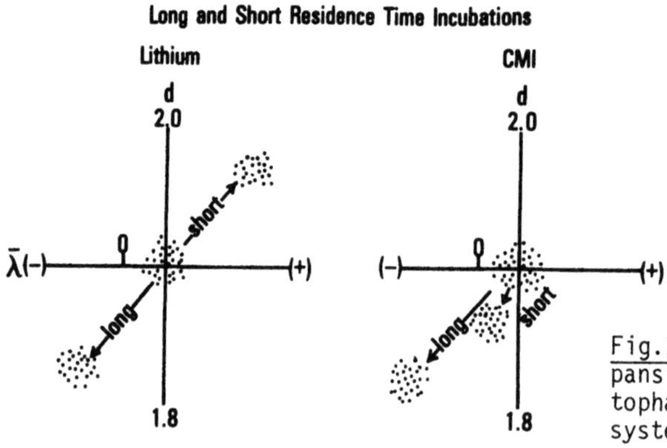

Fig.16 Pharmacologically induced expansions and contractions in the tryptophan hydroxylase kinetic scattering system

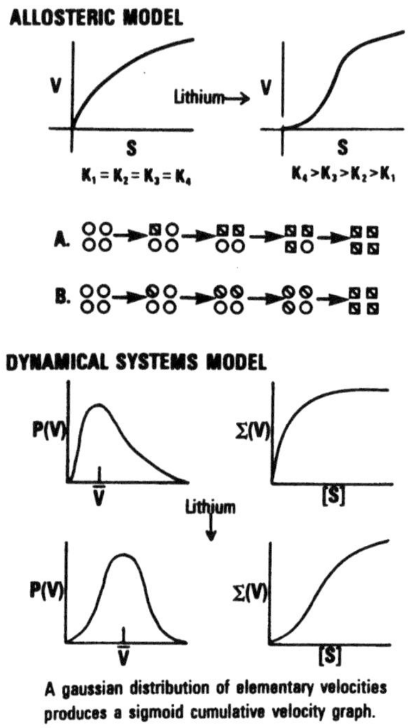

Fig.17 Two theories of nonlinear enzyme kinetics

As portrayed in Fig.18, the physical basis of the lithium effect on globular protein dynamics may be in a combination of macromolecular dehydration (removing by ionic binding some of the two or three molecules of water/residue trapped inside globular proteins [41]) and additional rigidity induced by the solvent's ionic mesh [43,44], both changes leading to a relative "freezing" of globular proteins in solution, reducing the amplitude and rate of instability-dependent "protein breathing" (see Fig.5). This structural rigidification would preclude the "sloppiness" across phase and frequencies that allows the entrainment of enzyme protein motions as relaxation oscillators. Exaggerated coherence in neurobiological function has been speculated to play an important role in the pathophysiology of the affective disorders for which lithium is a specific remedy [54]. The effect is reflected in the point-set topology of the frequency versus amplitude (d_A vs RMS_A) plots of an ensemble of studies of TPOH kinetic scattering dynamics in the lithium condition (Fig.19) [61]. The ensemble of values from studies in the presence of CMI demonstrates prototypic behavior of relaxation oscillators in which a range of frequency responses can be observed [62]. This tricyclic-induced long residence time behavior is consistent with our evidence from short residence time kinetic scattering studies suggesting that the drug may entrain molecular-kinetic motions [61] and reports that it facilitates rapid cycling in manic-depressive patients [31]. A slowing of macromolecular motions by a lithium-induced freezing of solvent at the protein-water interface would account for the motional slowing and narrowed frequency range in biosynthetic variations and would prevent their entrainment, phase differences appearing as destructive interference (mixing) patterns of uncountable periodic and aperiodic recurrences [6]--a smearing seen in the 1/f-style spectrum that results from a random distribution of phase. Lithium restrains, and the ionic mesh uncouples, leading to the dynamical system being trapped between dimensions (integer ratios of flows on a torus) in the fractal dimension of a "bad set" of irrational flows whose mixing properties prevent the emergence of nonlinear coherence which would ordinarily lead, in turn, to periodicity and critical phase transitions, hallmarks of the manic-depressive syndrome.

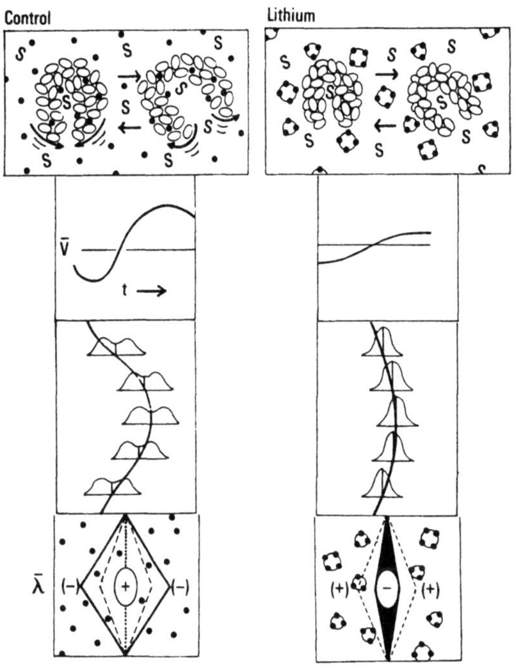

Fig.18 Lithium binds water, stiffens, and increases viscosity

Changes in water structure altering macromolecular dynamics of enzymes controlling the time-dependent patterns of biosynthesis in diffusely distributed neurotransmitter modulators of neurobiological processes would be expected to generalize vertically. In a more abstract mathematical sense, the fractal dimension of turbulence (d) has been viewed as potentially self-similar across scale in the way that some gaussian-like random distributions scale [16]. Fig.20 diagrams this potential for the hierarchical coupling of levels of brain function, vertical transport of a change in topological entropy that begins as an alteration in the structure of water and may end in altered patterns of human behavior. Low-amplitude "slows" in coarse-grained measures and faster frequencies in fine-grained measures have been reported for lithium-induced changes in enzyme and receptor binding dynamics, single neuron firing patterns, electroencephalographic spectral studies, experimental animal and human behaviors, and the clinical course of psychiatric disorders whose prominent features involve both periodicity and instability [54].

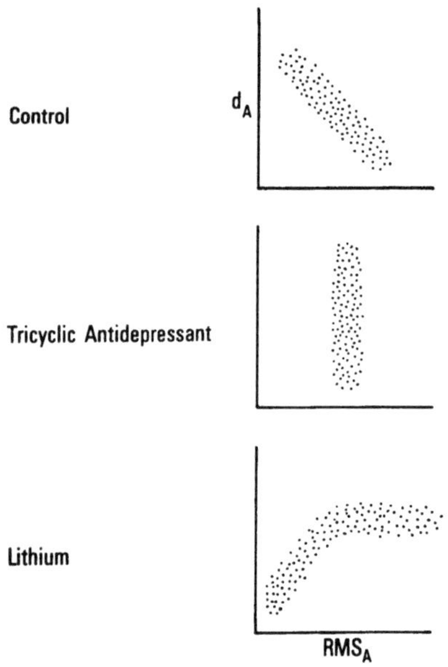

Fig.19 Frequency versus amplitude in tryptophan hydroxylase kinetic scattering

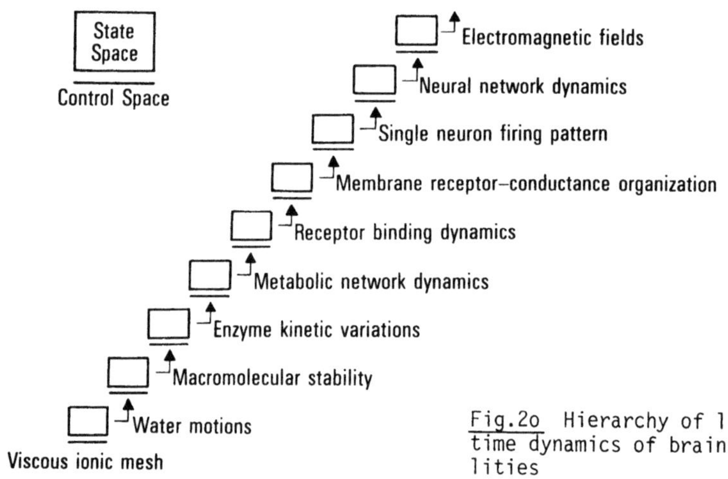

Fig.2o Hierarchy of lithium effects on the time dynamics of brain subsystem instabilities

Elsewhere, evidence has been reviewed suggesting that mechanistically the affective spectrum disorders are characterizable by a pathological degree of proneness to entrainment in neural macromolecular and cellular systems whose elements are generalized relaxation oscillators [54,61]. Lithium-induced turbulent mixing in a restricted phase space would prevent the instability of emergent dynamical structure while at the same time bounding the behavior on a compact manifold. More generally, it is possible that some gaussian-like biological processes are reflections of both the constraints and chaotic mixing of strange dynamical behavior rather than the convergence to an invariant measure of an ensemble of independent random events.

REFERENCES

1. H.W. Magoun: The Waking Brain (C.C. Thomas, Springfield 1972)
2. P.D. MacLean: Psychosom. Med. 11, 338 (1949)
3. J.C. Eccles: The Neurophysiological Basis of Mind (Oxford, London 1953)

4. R. Thom: Structural Stability and Morphogenesis (Benjamin, Reading 1975)
5. G.D. Birkhoff: Acta Math. 50, 359 (1927)
6. S. Smale: Bull. Am. Math. Soc. 73, 747 (1967)
7. S.S. Kety: Am. J. Med. 8, 205 (1950)
8. W. Bunney, L. Sokoloff, D. Kuhl, M. Buchsbaum, T. Chase, S. Rapoport, A.J. Rush, T. Farkas: Proc. Am. Coll. Neuropsychopharmacol. (1981)
9. R. Abraham, J.E. Marsden: Foundations of Mechanics (Benjamin-Cummings, Reading 1978)
10. E.N. Lorenz: Tellus 16, 1 (1964)
11. D. Ruelle, F. Takens: Commun. Math. Phys. 20, 167; 23, 343 (1971)
12. N. Minorsky: Nonlinear Oscillations (Van Nostrand, Princeton 1962)
13. N.G. van Kampen: in Perspectives in Statistical Physics, H.J. Raveche, ed. North-Holland, New York 1981) p. 89
14. V.I. Oseledec: Trans. Moscow Math. Soc. 19, 197 (1968)
15. R. Shaw: Z. Naturforsch. 36a, 80 (1981)
16. B.B. Mandelbrot: Fractals: Form, Chance, and Dimension (W.H. Freeman, San Francisco 1977)
17. H. Mori: Prog. Theor. Phys. 63, 1044 (1980)
18. J. Kaplan, J. Yorke: Springer Lect. Notes Math. 730, 204 (1979)
19. A.N. Kolmogorov: in Foundations of Mechanics, R. Abraham, J.E. Marsden, eds. Benjamin, New York 1967) p. 263
20. D. Farmer, J. Crutchfield, H. Froehling, N. Packard, R. Shaw: Ann. N.Y. Acad. Sci. 357, 453 (1980)
21. J. Guckenheimer: Prog. Math. 8, 115 (1980)
22. J. Gruzelier, P. Flor-Henry, eds: Hemisphere Asymmetries of Function in Psychopathology (Elsevier-North-Holland, New York 1979)
23. M.W. Hirsch, S. Smale: Differential Equations, Dynamical Systems, and Linear Algebra (Academic Press, New York, 1974)
24. G.D. Birkhoff: Science 51, 51 (1920)
25. H. Froehling, J.P. Crutchfield, D. Farmer, N.H. Packard, R. Shaw: Physica 3D, 605 (1981)
25a. E.N. Lorenz: Ann. N.Y. Acad. Sci. 357, 282 (1980)
25b. P. Collet, J-P. Eckmann: Iterated Maps on the Interval as Dynamical Systems (Birkhäuser, Basel 1980)
26. J.P. Crutchfield, B.S. Huberman: Phys. Lett. 77A, 407 (1980)
27. H.L. Swinney, J.P. Gollub, eds.: Hydrodynamic Instabilities and the Transition to Turbulence (Springer-Verlag, New York 1981)
28. H. Tennekes, J.L. Lumley: A First Course in Turbulence (MIT Press, Cambridge 1972)
29. J.E. Marsden: Springer Lect. Notes Math. 615, 1 (1977)
30. S. Knapp, A.J. Mandell: Life Sci. 18, 679 (1976)
31. T.A. Wehr, A. Wirz-Justice: Pharmacopsychiatry 15, 30 (1982)
32. A.J. Mandell: Ann. Rev. Pharmacol. Toxicol. 18, 461 (1978)
33. A.J. Mandell, P.V. Russo: J. Neurosci. 1, 380 (1981)
34. S. Knapp, A.J. Mandell, P.V. Russo, A. Vitto, K.D. Stewart: Brain Research 230, 317 (1981)
35. A.J. Mandell, P.V. Russo: in Second Conference on Monoamine Enzymes, E. Usdin, N. Weiner, M. Youdim, eds. (Macmillan, New York 1982)
35a. A.J. Mandell, P.V. Russo: J. Neurochem. 37, 1573 (1981)
36. G. Careri, P. Fasella, E. Gratton: CRC Crit. Rev. Biochem. 3, 141 (1975)
37. J.G. Kirkwood, J.B. Shumaker: Proc. Natl. Acad. Sci. USA 38, 863 (1952)
38. W. Lovenberg, R. Levine, L. Miller: in Second Conference on Monoamine Enzymes, E. Usdin, N. Weiner, M. Youdim, eds. (Macmillan, New York 1982)
39. J. Teipel, D.E. Koshland: Biochemistry 8, 4656 (1969)
40. A.J. Mandell, K.D. Stewart, P.V. Russo: Fed. Proc. 40, 2693 (1981)
41. R.G. Bryant: in Second Biophysical Discussion (Rockefeller Univ. Press, New York 1980)
42. C. Tanford: The Hydrophobic Effect: Formation of Micelles and Biological Membranes (Wiley-Interscience, New York 1973)
43. J.D. Bernal, R.H. Fowler: J. Chem. Phys. 1, 515 (1933)
44. F. Franks: Characterization of Protein Conformation and Function (Symposium Press, London 1978)

45. F.R.N. Gurd, T.M. Rothgeb: Adv. Prot. Chem. 33, 73 (1979)
46. B. Gavish: Biophys. Struct. Mech. 4, 37 (1978)
47. W.N. Lipscomb: Ann. N.Y. Acad. Sci. 367, 326 (1981)
48. S. Edelfors: Acta Pharmacol. Toxicol. 40, 126 (1977)
49. R.H. Stokes, R. Mills: Viscosity of Electrolytes and Related Properties (Pergamon, New York 1965)
50. B. Gavish: Phys. Rev. Lett. 44, 1160 (1980)
51. D. Beece, L. Eisenstein, H. Frauenfelder, D. Good, M.C. Marden, L. Reinisch, A.H. Reynolds, L.B. Sorensen, K.T. Yue: Biochemistry 19, 5147 (1980)
52. A.S. Monin, A.M. Yaglom: Statistical Fluid Mechanics (MIT Press, Cambridge 1965)
53. S. Knapp, A.J. Mandell: J. Neural Transmission 415, 1 (1979)
54. A.J. Mandell, S. Knapp, C.L. Ehlers, P.V. Russo: in The Neurobiology of Mood Disorders, R.M. Post, J.C. Ballenger, eds. (Williams and Wilkins, Baltimore 1982)
55. T. Hokfelt, R. Elde, O. Johansson, A. Ljungdahl, M. Schultzberg, K. Fuxe, M. Goldstein, G. Nilsson, B. Pernow, L. Terenius, D. Ganten, S.L. Jeffcoate, J. Rehfeld, S. Said: in Psychopharmacology: A Generation of Progress, M.A. Lipton, A. DiMascio, K.F. Killam, eds. (Raven Press, New York 1978) p. 39
56. P. Holmes: Phil. Trans. Roy. Soc. A292, 419 (1979)
57. A.J. Chorin: Springer Lect. Notes Math. 615, 36 (1977)
58. S. Knapp, A.J. Mandell: Science 180, 645 (1973)
59. J.A. Yorke, E.D. Yorke: Topics Appl. Phys. 45, 77 (1981)
60. O.E. Rössler: in Structural Stability in Physics, W. Guttinger, H. Eikemeier, eds. (Springer-Verlag, New York 1979) p. 290
60a. J. Monod, J. Wyman, J-P. Changeux: J. Mol. Biol. 12, 88 (1965)
61. S. Knapp, A.J. Mandell: Psychiatry Res., in press (1982)
62. A. Winfree: The Geometry of Biological Time (Springer-Verlag, New York 1980)

List of Contributors

GPSR Compliance

The European Union's (EU) General Product Safety Regulation (GPSR) is a set of rules that requires consumer products to be safe and our obligations to ensure this.

If you have any concerns about our products, you can contact us on ProductSafety@springernature.com

In case Publisher is established outside the EU, the EU authorized representative is:

Springer Nature Customer Service Center GmbH
Europaplatz 3
69115 Heidelberg, Germany

Batch number: 10620854

Printed by Printforce, the Netherlands